Holzfrei

Nr. 9 1953
S. 1281—1432 4. März

Chemisches Zentralblatt

Vollständiges Repertorium für alle Zweige der reinen und angewandten Chemie

Im Auftrage der Deutschen Akademie der Wissenschaften zu Berlin, der Akademie der Wissenschaften zu Göttingen und der Gesellschaft Deutscher Chemiker herausgegeben von

Prof. Dr. **Maximilian Pflücke**

Chefredakteure: Dr. Eugen Klever und Prof. Dr. Maximilian Pflücke

124. Jahrgang

1 9 5 3

Akademie-Verlag GmbH., Berlin — Verlag Chemie, GmbH., Weinheim/Bergstr.

Inhalt

Namenregister

Chemisches Zentralblatt

1953 Nr. 9 4. März

Geschichte. Unterricht.

—, *Nobelpreis für Physiologie und Medizin für 1952: Prof. S. A. Waksman.* Kurze Würdigung der Arbeiten von WAKSMAN (geb. 1888 in Priluki, Ukraine) aus Anlaß der Verleihung des Nobelpreises für die Entdeckung des *Streptomycins.* (Nature [London] **170.** 782. 8/11. 1952.) KLEVER. 1

Conrad Burri, *Max Berek. 1886—1949.* Nachruf auf den am 15/10. 1949 verstorbenen Leiter der wissenschaftlichen Abt. der OPTISCHEN WERKE ERNST LEITZ in Wetzlar. (Schweiz. mineralog. petrogr. Mitt. **30.** 477—85. 1950. Zürich, TH, Mineralog.-Petrograph. Inst.) GOTTFRIED. 1

B. Ja. Rosen, *Die Arbeiten von T. Je. Lowitz zur Anwendung von Kohle als Adsorptionsmittel.* Histor. Übersicht über die ab 1788 vom Apotheker LOWITZ in St. Petersburg durchgeführten ersten Arbeiten über die Anwendung der Kohle als Entfärbungsmittel. (Успехи Химии [Fortschr. Chem.] **21.** 508—12. April 1952. Leningrad.) ULMANN. 1

N. A. Maximow und **Ss. M. Manskaja,** *W. I. Palladin und die Bedeutung seiner Arbeiten für die Entwicklung der vaterländischen Biochemie und Physiologie der Pflanzen.* (Zum 30. Todestag.) Würdigung der Arbeiten des bedeutenden Pflanzenphysiologen (1878—1922), bes. seiner Theorie der Atmung der Pflanzen. (Биохимия [Biochemie] **17.** 249—54. März/April 1952.) LEBTAG. 1

Ss. A. Napolski, *Anwendung von Indicatoren bei Versuchen mit Kristallhydraten.* Als Gegenstück zum Verh. von $CuSO_4 \cdot 5\,H_2O$ beim Erhitzen u. Abkühlen empfiehlt Vf. die Erhitzung von *K-* oder *Na-Acetat* oder *Kristallsoda* unter Zusatz von wenig festem *Phenolphthalein.* Wird das Erhitzen vorsichtig gehandhabt, so verschwindet die Färbung beim Abkühlen u. liefert damit ein anschauliches Beispiel für umkehrbare chem. Reaktionen. (Химия в Школе [Chem. Schule] **1952.** Nr. 1. 57—58. Jan./Febr. Kirow.) v. WILPERT. 6

F. Blaha, *Demonstration der Emission und Absorption von Natriumdampf.* Beschreibung des einfachen Demonstrationsversuches. (Amer. J. Physics **19.** 130. Febr. 1951. Wien, Physikal. Inst.) GOTTFRIED. 6

Hans Hartmann, Schöpfer des neuen Weltbildes. Große Physiker unserer Zeit. Bonn: Athenäum-Verl. 1952. (327 S. m. Abb.) 8°. DM 14,80.

A. Allgemeine und physikalische Chemie.

J. H. Mandleberg, Physical chemistry made plain. London: Cleaver-Hume Pr. 1952. (296 S.) s. 15,—.

F. Prescott, Intermediate chemistry inorganic and physical. 5th. edn. London: Univ. Tutorial Pr. 1952. (VIII + 828 S.) s. 21,—.

—, Chemistry research, 1951. London: H. M. S. O. (for D. S. I. R.). 1952. (134 S. m. Abb.) 4 s. 6 d.

A_1. Kernphysik und Kernchemie.

James L. Anderson, *Operatoren und Feldtheorien.* (Sitzungsbericht.) Mathemat. Behandlung einiger theoret. Probleme des Quantenfeldes mit Hilfe einer Darst., bei der das Problem in eins mit einer nichtabzählbaren Anzahl von Freiheitsgraden übergeführt wird. (Physic. Rev. [2] **86.** 597. 15/5.; Bull. Amer. physic. Soc. **27.** Nr. 1. 22. 31/1. 1952. Syracuse Univ.) G. SCHMIDT. 80

J. R. Terrall und **Benjamin Lax,** *Störungsbehandlung elektromagnetischer Probleme.* 1. Mitt. *Theorie.* (Sitzungsbericht.) Ausgehend von einem vollständigen Satz charakterist. Wellenfunktionen der vektoriellen Wellengleichung werden Ausdrücke für die sukzessiven Approximationen an das elektromagnet. Feld u. an die Eigenwerte der Wellengleichung abgeleitet, wenn das Störmedium, das durch eine Tensorfunktion beschrieben worden ist, berücksichtigt wird. (Physic. Rev. [2] **86.** 595. 15/5.; Bull. Amer. physic. Soc. **27.** Nr. 1. 20. 31/1. 1952. Cambridge, Air Force Res. Cent.) G. SCHMIDT. 80

Benjamin Lax und **J. R. Terrall,** *Störungsbehandlung elektromagnetischer Probleme.* 2. Mitt. *Anwendung.* (1. vgl. vorst. Ref.) (Sitzungsbericht.) Vff. führen die Anwendung der Störungstheorie bei der Berechnung der Wrkg. komplexer inhomogener anisotroper

Medien auf die Eigenfunktionen u. Eigenwerte des elektromagnet. Feldes u. der Resonanzfrequenz durch. (Physic. Rev. [2] **86.** 595. 15/5.; Bull. Amer. physic. Soc. **27.** Nr. 1. 20. 31/1. 1952.) G. SCHMIDT. 80

J. Becker, P. Chanson, E. Nageotte, P. Treille, B. T. Price und **P. Rothwell,** *Die Zunahme der Ionisation mit dem Impuls für energiereiche Höhenstrahlteilchen.* Um den Verlauf der Ionisation bis zu sehr großen Geschwindigkeiten (v/c >0,96) zu verfolgen, messen Vff. an Höhenstrahlmesonen (vorwiegend μ-Mesonen) gleichzeitig Ionisation u. Impuls, die spezif. Ionisation mit rechtwinkligen Proportionalzählern, den Impuls durch zählerteleskopgesteuerte Nebelkammeraufnahmen in einem homogenen Magnetfeld. Die beobachteten Mesonen wurden nach ihren Geschwindigkeiten in 7 Gruppen eingeteilt u. für jede Gruppe das Maximum der spezif. Ionisation ermittelt. Die Ergebnisse sind graph. wiedergegeben, sie zeigen einen deutlichen Wiederanstieg der spezif. Ionisation nach dem Minimum bei v/c = 0,96 für sehr schnelle Teilchen in Übereinstimmung mit der theoret. Erwartung. (Proc. physic. Soc., Sect. A **65.** 437—48. 1/6. 1952. France, Centre Nat. de la Rech. Scient.; Harwell, Berks., A. E. Res. Establ.) CONRAD. 85

M. Merlin, B. Vitale und **Y. Goldschmidt-Clermont,** *Messung des positiven Überschusses bei niedriger Energie mittels Kernplattensandwichs im magnetischen Feld.* ILFORD-Kernemulsionsplatten (400 μ Dicke) wurden auf Seehöhe in Sandwichanordnung mit 3,2 mm Luftspalt in einem Magnetfeld von 30000 Oersted exponiert. Der positive Überschuß von μ-Mesonen am Ende ihrer Reichweite ergab sich aus 54 Ereignissen zu $0 \pm 0{,}27$. Die Empfindlichkeit der Meth. zur Best. von M. oder Ladungszeichen wird bzgl. der geometr. Bedingungen u. möglichen Verzerrungen der Emulsionen diskutiert. (Nuovo Cimento [9] **9.** 421—28. 1/5. 1952. Padova, Univ., Ist. di Fis., Centro di Stud. degli Ioni veloci del C. N. R.; Bruxelles, Univ. Libre, Centre de Phys. Nucl.) CONRAD. 85

M. Inoki, T. Yasaki und **Y. Matsukawa,** *Eine Suche nach neuen Mesonen mit Hilfe einer Nebelkammer.* Um festzustellen, ob Mesonen existieren, die bzgl. des β-Zerfalls stabil sind, wurde in der Nebelkammer in einer dünnen C-Platte die β-Zerfallswahrscheinlichkeit von langsamen Mesonen der Höhenstrahlung gemessen. Die Kammer wurde mit Proportionalzählrohren gesteuert. Unter 27 gestoppten Teilchen wurden 16 auf Grund ihrer Ionisierung als Mesonen erkannt, bei denen keine Zerfallselektronen auftraten u. die vermutlich Mesonen der neuen Art waren. (Physic. Rev. [2] **86.** 129—30. 1/4. 1952. Kofu, Yamanashi Univ., Phys. Inst.) POLLERMANN. 85

G. Bertolino, M. Cini, P. Colombino und **G. Wataghin,** *Mehrfacherzeugung von Mesonen in durchdringenden Schauern.* Vff. messen in 3500 m Seehöhe (500 mm Hg) die Mehrfacherzeugung von Mesonen bei Nucleonenzusammenstößen hoher Energie. In 2 ident. Anordnungen wurden bei einem Auflösungsvermögen von 0,9 μSek. die Vierfach-, Fünffach- u. Sechsfachkoinzidenzen gleichzeitig in beiden Apparaten registriert, wobei über dem einen App. eine Graphitschicht (12 g/cm^2), über dem anderen eine Paraffinschicht (12 g/cm^2 C + 2 g/cm^2 H) oder über beiden gar keine Materieschichten angebracht waren. Es ergab sich ein Barometereffekt von $21 \pm 3\%$ bzgl. der Häufigkeit der durchdringenden Schauer. In allen Fällen wurde ein Überschuß in der Häufigkeit der durchdringenden Schauer unter Paraffin gegenüber der unter Graphit beobachtet. Aus dem Vgl. der Häufigkeiten mit u. ohne Materieschichten ergibt sich die mittlere Multiplizität der durchdringenden Schauer $\bar{n} \gtrsim 10$ (für 0,4 m^2) auch für die bei Nucleon–Proton-Zusammenstößen erzeugten. Es wurden durchdringende Schauer, die auf einer Fläche von ~ 5 m^2 einfielen, mit mehr als 200 Mesonen beobachtet. (Nuovo Cimento [9] **9.** 407—12. 1/5. 1952. Torino, Univ., Ist. di Fis.) CONRAD. 85

R. E. LeLevier, *Photoerzeugung negativer Pionen aus Deuterium.* (Sitzungsbericht.) Das Mesonenergiespektr. für feste Rückstoßwinkel des Mesons u. Protons bei der Photo-π^--Erzeugung aus D wird aus der Impulsapproximation u. einer phänomenolog. spinabhängigen Wechselwrkg. berechnet. Es zeigt sich, daß der Hauptteil des Spektr. im wesentlichen dargestellt wird durch Φ_0^2 (k), wo Φ_0 (k) die FOURIER-Transformierte der Wellenfunktion des Deuterons u. k der Impuls des ursprünglichen Protons im Deuteron sind. Für eine vorgegebene Mesonenergie bestimmen die Erhaltungsgesetze k. (Physic. Rev. [2] **85.** 771. 15/2. 1952; Bull. Amer. physic. Soc. **26.** Nr. 8. 23. 27/12. 1951. Berkeley, Calif., Univ.) G. SCHMIDT. 90

Richard Madey, Kenneth C. Bandtel und **Wilson J. Frank,** *Die Photoerzeugung negativer Mesonen aus Deuterium.* (Sitzungsbericht.) Vff. weisen die Photomesonenerzeugung nach dem Prozeß $\gamma + n \rightarrow \pi^- + p$ nach, wobei als Photonenquelle die 322 MeV-Bremsstrahlung des Synchrotrons diente. π^-–p-Koinzidenzen wurden bei Laborwinkeln von 90 u. 120° beobachtet. Die vorausgesagten Paare zugehöriger Meson- u. Protonwinkel bleiben nahezu die gleichen über alle Photonenenergien in dem fraglichen Energiebereich.

Die obere Energiegrenze des Bremsstrahlungsspektr. beschränkt die Protonen auf einen Winkelbereich in der Vorwärtsrichtung innerhalb weniger als ca. 60° von der Richtung des Bündels. Die Wrkg. der losen Bindung des Neutrons im D zeigt eine berechenbare Verschmierung der Winkel- u. Energiekorrelationen. (Physic. Rev. [2] **85.** 771—72. 15/2. 1952; Bull. Amer. physic. Soc. **26.** Nr. 8. 23—24. 27/12. 1951. Berkeley, Calif., Univ.) G. Schmidt. 90

Mark J. Jakobson, Alvin G. Schulz und **R. Stephen,** *Die Erzeugung von Photomesonen aus Helium.* (Sitzungsbericht.) Vff. untersuchen Mesonen, die aus He u. *H* durch Beschuß eines Targets bei niedriger Temp. u. hohem Druck mit der (318 ± 10) MeV-Bremsstrahlung des Synchrotrons erzeugt worden sind. π^+-Mesonen wurden mittels Scintillationszählern nachgewiesen, wobei π—μ-, π—β- u. π—μ—β-verzögerte Koinzidenzen verwendet wurden. Zur Best. des π^-/π^+-Verhältnisses wurden Ilford C 2-Emulsionen von 200 μ Dicke benutzt. Die Messungen wurden unter Winkeln von 45, 90 u. 135° zur Richtung des Photonenbündels ausgeführt. Die Mittelwerte des π^-/π^+-Verhältnisses aus He bei 45, 90 u. 135° sind $0{,}99 \pm 0{,}15$, $1{,}09 \pm 0{,}14$ bzw. $1{,}00 \pm 0{,}12$. Die differentiellen u. totalen Wirkungsquerschnitte für die π^+-Erzeugung wurden durch Extrapolation erhalten. (Physic. Rev. [2] **85.** 772. 15/2. 1952; Bull. Amer. physic. Soc. **26.** Nr. 8. 24. 27/12. 1951. Berkeley, Calif., Univ.) G. Schmidt. 90

F. M. Smith, W. Birnbaum und **W. H. Barkas,** *Reichweitestreuung von μ^+-Mesonen.* (Sitzungsbericht.) Die Verss. wurden an monoenerget. μ^+-Mesonen durchgeführt, die beim Zerfall von in der photograph. Emulsion gebremsten π^+-Mesonen entstehen. In 200 μ dicker Emulsion verlieren ca. 17% der μ-Mesonen ihre gesamte kinet. Energie. Vorläufige Ergebnisse über die Reichweiteverteilung von 260 Bahnen sind in guter Übereinstimmung mit den Voraussagen der Streuungstheorie. Die Standardabweichung der Reichweite wird zu 4,4% gefunden. (Physic. Rev. [2] **85.** 771. 15/2. 1952; Bull. Amer. physic. Soc. **26.** Nr. 8. 23. 27/12. 1951. Berkeley, Calif., Univ.) G. Schmidt. 90

Raphael M. Littauer und **Darcy Walker,** *Geladene Photomesonen aus verschiedenen Kernen.* Vff. bestimmen die Ausbeute von π^-- u. π^+-Photomesonen aus einem großen Bereich von Kernen zwischen *H* u. *Bi*. Die aus dem Target austretenden Teilchen werden auf Impuls u. Ladung durch eine Spezialanordnung zweier Magneten analysiert. Der auftreffende Photonenstrom war eine 310 MeV-Bremsstrahlung, die magnet. Selektion der Mesonen mit einer Energie von 65 ± 15 MeV erfolgte unter 135°. Die experimentellen Ergebnisse zeigten, daß das π^-/π^+-Verhältnis von D nahezu 1 ist, daß die Wirkungsquerschnitte geladener Mesonen für D sehr nahe bei dem Wert für H liegen, daß sich der Gesamtwirkungsquerschnitt geladener Mesonen pro Kern wie $A^{2/3}$ ändert, daß die π^-/π^+-Verhältnisse eine merkliche Korrelation mit den Massen der Isobaren, die mit der Ordnungszahl des Targetmaterials verbunden sind, zeigen, u. daß schließlich das π^-/π^+-Verhältnis von *Be* stark energieabhängig ist. (Physic. Rev. [2] **86.** 838—46. 15/6. 1952. Ithaca, N. Y., Cornell Univ.) G. Schmidt. 90

N. Dallaporta, *Über die mittlere Lebensdauer der μ^+- und μ^--Mesonen.* Um außer den Spektralbefunden noch weitere Unterschiede im Verh. der positiven u. negativen Mesonen (μ^+, μ^-) zu suchen, prüft Vf. die Messungen der mittleren Lebensdauer nach, unter Beschränkung auf die Verss., die μ^+ u. μ^- magnet. trennen. Die mittlere Lebensdauer $\tau_+ = 1/\lambda_+$ der μ^+ ergibt sich aus Literaturdaten im Mittel zu $(2{,}215 \pm 0{,}006) \cdot 10^{-6}$, die wahre mittlere Lebensdauer der μ^- (τ_-) wird auf $2{,}5 \cdot 10^{-6}$ geschätzt. (Nuovo Cimento [9] **9.** 449—52. 1/5. 1952. Padova, Univ., Ist. di Fis.) R. K. Müller. 90

A. Borsellino, *Verteilung des Gesamtimpulses der Elektronen bei der Paarbildung durch Photonen.* (Sitzungsbericht.) Die Verteilung des Gesamtimpulses der Elektronen bei der Paarbldg. durch Photonen wird für die beiden Grenzfälle eines entblößten Kerns u. einer vollständigen Abschirmung berechnet. Die Formeln können, unabhängig von der Richtung des Photons, zur Unters. des Rückstoßimpulses der Kerne u. der Verteilung des Winkels zwischen dem Elektron u. Positron dienen. (Physic. Rev. [2] **86.** 596. 15/5.; Bull. Amer. physic. Soc. **27.** Nr. 1. 21. 31/1. 1952. Cornell Univ.) G. Schmidt. 90

F. J. Belinfante, *Eigenenergie des Elektrons.* (Sitzungsbericht.) Die Eigenenergie des Elektrons zweiter Ordnung in der gequantelten Boppschen Elektrodynamik divergiert quadrat. infolge von Zwischenzuständen mit Proca-Quanten großer negativer Energie. Durch Einführung einer indefinierten Metrik werden feldtheoret. die Ergebnisse von Pais erhalten. (Physic. Rev. [2] **86.** 596. 15/5.; Bull. Amer. physic. Soc. **27.** Nr. 1. 21. 31/1. 1952. Purdue Univ.) G. Schmidt. 90

Ming Chen W. Yu und **Eugene Guth,** *Theorie der Mehrfachstreuung, besonders von Elektronen.* (Sitzungsbericht.) Vff. wenden die vorher allg. hergeleitete Meth. der Lösung der Boltzmannschen Integro-Differentialgleichung durch Entw. nach Kugelfunktionen u. die ihr äquivalente Meth. mit der Gaussschen Quadraturformel auf die Mehrfachstreuung von Elektronen an einem begrenzten Medium an. Es wurden n-te Aprroximationen nicht nur für vorwärts, sondern auch für rückwärts gestreute Elektronen erhalten. (Physic. Rev. [2] **83.** 219. 1/7.; Bull. Amer. physic. Soc. **26.** Nr. 3. 28. 26/4. 1951. Univ. of Notre Dame.) Speer. 90

S. Leisegang, *Zur Mehrfachstreuung von Elektronen in dünnen Schichten.* Berechnung der Winkelverteilung mehrfach gestreuter Elektronen (1—10 Stöße) in Abhängigkeit von der Ordnungszahl u. Dicke der durchsetzten Schicht nach einer von Molière angegebenen Meth. (Z. Naturforsch. **3a** [1948.] 78). Streumessungen von 20—68 keV-Elektronen in Celluloid-, *Al*-, *Ag*- u. *Au*-Schichten von 100—1000 Å Dicke zeigen gute Übereinstimmung mit den berechneten Werten. (Z. Physik **132.** 183—94. 1952. Würzburg, Univ., Physikal. Inst.) Speer. 90

W. Paul und **H. Reich,** *Einzelstreuung von schnellen Elektronen um große Winkel.* Unters. der Einzelstreuung von 2,2 MeV-Elektronen um große Winkel (60, 90 u. 120°) in Abhängigkeit von der Kernladungszahl der streuenden Substanz. Der Streuquerschnitt von schweren Elementen oberhalb 60° ist kleiner, als die Mott-Feshbachsche Theorie vorhersagt. Bei leichten Elementen stimmt die Winkelabhängigkeit der Streuintensität mit der Theorie innerhalb der Fehlergrenzen überein. (Z. Physik **131.** 326—30. 1952. Göttingen, Univ., II. Physikal. Inst.) Speer. 90

R. Latham und **J. M. Cassels,** *Die unelastische Streuung sehr langsamer Neutronen durch Eisen.* Mit einer ähnlichen Anordnung wie bisher (vgl. Cassels, Proc. Roy. Soc., Ser. A **208.** [1951.] 527) wurde der totale Streuquerschnitt von Fe für sehr langsame Neutronen mit Hilfe eines Cyclotrons u. eines Neutronengeschwindigkeitsselektors bei 77, 290, 630 u. 800° K gemessen. Die Zunahme des Querschnitts mit der Temp. ergab sich 2—3mal größer, als von der Theorie vorausgesagt. Sie kann nur zum Teil durch unelast. Streuung infolge der Temperaturschwingungen des Gitters erklärt werden. Es wird vermutet, daß das unerwartete Anwachsen des totalen Querschnittes einem ferromagnet. Streuprozeß zuzuschreiben ist. (Proc. physic. Soc., Sect. A **65.** 241—45. 1/4. 1952. Cambridge, Cavendish Labor.) Conrad. 90

Gilbert N. Plass, *Die Diffusionslänge thermischer Neutronen in einem heterogenen Meiler.* Die Diffusionsgleichung für therm. Neutronen in einem Meiler mit dreidimensionaler Gitterstruktur von spaltbarem u. bremsendem Material wird in den ersten drei Ordnungen durch eine Entw. nach Kugelfunktionen gelöst. Aus dem hieraus berechneten Unterschied der therm. Wirkungsgrade von begrenzten u. unbegrenzten Meilern wird ein genauer Ausdruck für die Diffusionslänge gewonnen u. mit der vereinfachten Gleichung verglichen. Der Neutronenschwund aus einem Meiler wird ebenfalls berechnet. (J. appl. Physics **23.** 621—24. Juni 1952. Baltimore, Md., Johns Hopkins Univ.) H. Hauswald. 90

R. Bersohn, J. Weneser und **N. M. Kroll,** *Eine Strahlungskorrektur vierter Ordnung für die Energieniveaus der Atome.* (Sitzungsbericht.) Die Strahlungskorrekturen vierter Ordnung zur elast. Streuung eines Elektrons durch ein äußeres Potential werden unter Benutzung des Dysonschen S-Matrix-Formalismus berechnet. (Physic. Rev. [2] **86.** 596. 15/5.; Bull. Amer. physic. Soc. **27.** Nr. 1. 21. 31/1. 1952.) G. Schmidt. 95

Bertram J. Malenka, *Nichtlineare Mesonentheorie für schwere Kerne.* Vf. bestimmt aus der nichtlinearen Mesonentheorie für schwere Kerne in ihren Grundzuständen eine Potentialmulde, die zwischen einem dreidimensionalen isotropen Oscillator u. einer quadrat. Mulde liegt. Durch Einführung einer phänomenolog. Spin-Bahn-Kopplung lassen sich die Energieniveaus nach den mag. Zahlen einordnen. Die Existenz einer Kernschalenstruktur scheint eine Modifizierung der Auffassung konstanter Kerndichte für schwere Kerne einzuschließen. (Physic. Rev. [2] **86.** 68—72. 1/4. 1952. Cambridge, Mass., Harvard Univ., Dep. of Phys.) G. Schmidt. 95

S. I. Rubinow, *Bindungsenergie des Tritons durch eine Netzmethode mit zufälliger Punktverteilung.* Ein numer. Verf. zur Lsg. der Schrödinger-Gleichung für ein Teilchensyst. wird entwickelt, wobei die Gleichung in die Integralform gebracht u. als Summenformel für N Punkte geschrieben wird. Die Meth. wird zur Best. der Bindungsenergie des Tritons unter der Annahme einer Zentralkraft benutzt. Das für ein exponentielles Potential erhaltene Ergebnis liegt gegenüber den aus Streuwerten bei niedriger Energie erhaltenen Werten um ca. 10% zu tief. (Physic. Rev. [2] **86.** 388—90. 1/5. 1952. Philadelphia, Pa., Univ.) Werner Schulz. 95

B. Bleaney, J. M. Daniels, M. A. Grace, H. Halban, N. Kurti und **F. N. H. Robinson,** *Eine Bestimmung des magnetischen Kernmomentes von ^{60}Co nach der Methode der Kernausrichtung.* In Ergänzung früherer Arbeiten (Daniels u. Mitarbeiter, C. **1952.** 6167) wurde das magnet. Moment des ^{60}Co-Kerns durch Messung der Anisotropie der γ-Strahlung nahe dem absol. Nullpunkt (0,010° K) zu 3,0 $\pm$ 0,5 Kernmagnetonen bestimmt. (Physic. Rev. [2] **85.** 688—89. 15/2. 1952. Oxford, Clarendon Labor.) H. Hauswald. 95

James F. Norton und **Paul D. Zemany,** *Das Atomgewicht von Silicium.* Mit einem 60°-Massenspektrometer vom NIERschen Typ wurde das At.-Gew. von Si durch Messung des Massenpackungsanteils u. der Isotopenhäufigkeit neu bestimmt. Dazu wurden die Dubletts ^{28}Si–CO, ^{28}Si–N_2 u. ^{28}Si–C_2H_4 benutzt. Unter Verwendung der Werte von MATTAUCH (Nuclear Physics Tables, N. Y. 1946) für die Bezugsmassen wurde ^{28}Si = 27,986 ± 0,003 (physikal. Skala) gefunden. Die Isotopenhäufigkeit ergab sich in der Reihenfolge ^{28}Si, ^{29}Si u. ^{30}Si zu 92,14, 4,73 ± 0,10 bzw. 3,13 ± 0,10. Daraus ergibt sich das physikal. At.-Gew. zu 28,096 u. das chem. zu 28,088 ± 0,004. (J. chem. Physics **20.** 525. März 1952. Schenectady, N. Y., Gen. Electr. Comp., Gen. Engng. Labor. and Res. Labor.) CONRAD. 100

J. Teillac, *Die innere Konversion: Untersuchung einiger Anregungszustände schwerer Kerne durch ihre Konversionsstrahlung.* Mit einer Niederdruck-WILSON-Kammer werden die Elektronen mit Energien bis zu 10 keV von *MsTh₁, Ac, Pa, Io* untersucht. Für MsTh₁ u. Ac rühren diese Strahlen von der Konversion der γ-Strahlung von 30 bzw. 37 keV her, das β-Spektr. konnte nicht aufgezeichnet werden. Bei Pa zeigen sich drei neue Strahlungen, die der γ-Konversion von 44 u. 46 keV in Übereinstimmung mit den Werten der α-Feinstruktur zugeschrieben werden. Die Konversionsstrahlung von Io wird hauptsächlich durch die γ-Konversion von 68 keV hervorgerufen. Mit der Imprägnierungsmeth. von elektronenempfindlichen Kernemulsionen werden die Konversionsstrahlungen der α-Strahler *UII*, ^{239}*Pu* u. Io untersucht. UII besitzt einen Feinstrukturstrahl bei ca. 55 keV mit einer Intensität von ca. 30%. Bei ^{239}Pu rührt die Elektronenstrahlung zum größten Teil vom Übergang des 50 keV-Niveaus von ^{235}U zum Grundniveau her. Nach der Zählermeth. in Koinzidenzschaltung wird die Anzahl der Konversionselektronen untersucht u. in Übereinstimmung mit den verschied. experimentellen Ergebnissen der Messung der γ- u. L-Strahlung der α-Feinstruktur gefunden. Die verschied. Konversionskoeffizienten werden mit den theoret. Berechnungen verglichen, wobei die WEISSKOPF-Meth. zugrunde gelegt wird. (Ann. Physique [12] **7.** 396—448. Mai/Juni 1952. Paris, Inst. du Radium, Labor. Curie.) G. SCHMIDT. 103

Hilding Slätis, Elis Hjalmar und **Rune Carlsson,** *Messung von Q-Werten für* (α, *p*)-*Reaktionen an Aluminium und Bor mit photographischen Emulsionen.* Ausführliche Darst. der C. **1951.** II. 3123 referierten Arbeit. (Ark. Fysik **3.** 315—35. 1952. Stockholm, Nobel-Inst. for Phys., Acad. of Sci.) EICHHOFF. 103

J. K. Major, *K-Einfang und Positronenemission in* ^{65}*Zn.* (Sitzungsbericht.) Das 250 Tage-^{65}Zn wird mit Nebelkammer u. GEIGER-MÜLLER-Zähler in Koinzidenzschaltung untersucht. Röntgen-γ-Koinzidenzen zeigen, daß 55,2 ± 2,1% der K-Einfänge in den Grundzustand übergehen, Absolutmessungen liefern 2,5 ± 0,1% für den Anteil aller Zerfälle durch β^+-Emission. Mit der Nebelkammer wird das Verhältnis von K-Einfang zur Positronenemission zu 25 ± 10 bestimmt; die Zählmeth. liefert einen Wert von 21,3 ± 1,4. (Physic. Rev. [2] **86.** 631. 15/5.; Bull. Amer. physic. Soc. **27.** Nr. 1. 56. 31/1. 1952. Paris, Inst. du Radium, u. Coll. de France.) G. SCHMIDT. 103

S. C. Fultz und **M. L. Pool,** *Radioisotope von Brom.* Durch Beschuß von mit ^{76}Se angereichertem *Se* mit 7,3 MeV-Protonen wurde ^{76}Br gewonnen (vgl. C. **1952.** 4883), das ein komplexes β^+-Spektr. u. mehrere γ-Strahlen emittiert; die Komponenten des β^+-Spektr. haben folgende Energien: 3,57 ± 0,07 MeV (46%), 1,7 MeV (10%), 1,1 MeV (11%), 0,8 MeV (14%) u. 0,6 MeV (19%); die γ-Energien sind 0,25, 0,33, 0,37, 0,42, 0,68, 0,75, 0,96 u. 1,21 MeV; β–γ-Koinzidenzen wurden nicht beobachtet. Die beobachtete Halbwertszeit von 17,2 Std. gehört wahrscheinlich zu einem Anregungsniveau. Aus Se wurden noch weitere Br-Isotope gewonnen. ^{83}Br hat ein einfaches β^--Spektr. mit 0,94 ± 0,02 MeV Energie. Das β^--Spektr. von ^{80}Br (18 Min.) besteht aus 3 Komponenten von 1,97 ± 0,03 MeV (80%), 1,1 MeV (11%) u. 0,7 MeV (9%). Die γ-Strahlen von ^{77}Br haben Energien von 160 ± 3, 234 ± 3, 299 ± 3 u. 521 ± 4 keV u. folgen dem K-Einfang. Das β^+-Spektr. von ^{75}Br wurde in 4 Komponenten zerlegt, die Energien von 1,70 ± 0,02 MeV (46%), 0,8 MeV (20%), 0,6 MeV (15%) u. 0,3 MeV (19%) haben. (Physic. Rev. [2] **86.** 347—50. 1/5.; 631. 15/5.; Bull. Amer. physic. Soc. **27.** Nr. 1. 56. 31/1. 1952. Columbus, O., Univ.) KIRSCHSTEIN. 103

J. Walker, ^{83}*Kr — Die mögliche Existenz eines dem metastabilen Zustand vorausgehenden Kernniveaus.* Auf Nebelkammeraufnahmen des Zerfalls von radioakt. Br-Isotopen finden sich häufig die von einem Punkt ausgehenden Bahnen eines schnellen u. eines langsamen Elektrons. Zur Deutung wird ein Zerfallsschema für den aus ^{83}*Br* durch β-Übergang entstehenden Folgekern ^{83}Kr vorgeschlagen, das einen kurzlebigen angeregten Zustand des ^{83}Kr mit einer Niveaudifferenz von 46 keV enthält. Das Glied niedriger Energie im Elektronenpaar ist vermutlich das beim Zerfall dieses angeregten Zustandes entstandene Konversionselektron. Der vorgeschlagene angeregte Zustand ist mit dem erlaubten β-Übergang von ^{83}Br u. den Spinwerten u. Paritäten der anderen Zustände vereinbar. Der 46 keV-Übergang kann vom elektr. Quadrupol- oder magnet. Dipoltyp sein, für die Halbwertszeiten von 10^{-5} bzw. 10^{-8} Sek. zu erwarten sind. (Proc. physic. Soc., Sect. A **65.** 449—50. 1/6. 1952. Birmingham, Univ., Dep. of Phys.) CONRAD. 103

P. T. Barrett, *^{83}Kr — Eine Untersuchung der auf den metastabilen Zustand folgenden Strahlungen.* (Vgl. vorst. Ref.) Die von BERGSTRÖM (C. **1952.** 479) gefundenen hochkonvertierten γ-Strahlungen des metastabilen Zustandes von ^{83}Kr bei 32,2 u. 9,3 keV wurden mit Proportionalzähler untersucht u. die Impulshöhenverteilung gemessen. ^{83m}Kr wurde als Zerfallsprod. von *^{83}Se* u. *^{83}Br* nach Beschuß von Se mit 7 MeV-Deuteronen erhalten. Es zeigte sich, daß die beiden γ-Strahlungen in Kaskade ausgesandt werden u. die Halbwertszeit des 9 keV-Niveaus 10^{-7} Sek. beträgt. Das Verhältnis der Konversionskoeffizienten der K- zur L + M-Schale wurde zu 0,32 bestimmt. Während der 32 keV-Übergang von GOLDHABER u. SUNYAR (C. **1952.** 3282) als elektr. Oktopol angesehen wurde, wird für den 9 keV-Übergang magnet. Dipolcharakter vorgeschlagen. (Proc. physic. Soc., Sect. A **65.** 450—52. 1/6. 1952.) CONRAD. 103

C. E. Mandeville, E. Shapiro, R. I. Mendenhall, E. R. Zucker und **G. L. Conklin,** *Charakteristische Strahlungen von ^{97}Zr und ^{97}Nb.* (Sitzungsbericht.) $^{96}ZrO_2$ (90% ^{96}Zr) wird mit langsamen Neutronen beschossen. Das Tochterelement Nb, vom Zr chem. getrennt, hat 72,1 ± 0,7 Min. u. ^{97}Zr 17,0 ± 0,2 Std. Halbwertszeit. Beide Elemente emittieren β-Strahlen von 2,50 u. 1,40 MeV. Aus Absorptionsmessungen in Pb wurde eine γ-Energie von 0,74 MeV neben einer weicheren Komponente bestimmt. Die maximale γ-Energie aus Koinzidenzabsorptionsmessungen beträgt 1,42 MeV. Die β-γ-Koinzidenzgröße von ^{97}Nb ist konstant unabhängig von der β-Energie; der β-Strahl ist von einem 0,7 MeV-γ-Strahl gefolgt. Außerdem treten harte β-Strahlen beim Übergang vom ^{97}Zr zum metastabilen Zustand von ^{97}Nb auf. (Physic. Rev. [2] **86.** 631. 15/5.; Bull. Amer. physic. Soc. **27.** Nr. 1. 56. 31/1. 1952. Bartol. Res. Found.) G. SCHMIDT. 103

Marvin I. Kalkstein und **W. F. Libby,** *Eine Untersuchung des doppelten β-Zerfalls von ^{124}Sn.* Vff. untersuchen den doppelten β-Zerfall des ^{124}Sn mit Hilfe eines Spezialzählers, bestehend aus einem 24 in. langen Metallzylinder von 3 in. Durchmesser, in dessen Innern sich zwei von dünnen Metallgittern umgebene u. in Koinzidenz geschaltete Zähldrähte befinden. Als Präp. diente eine (95 ± 1)% ig. ^{124}Sn-Folie von 24 mg/cm² Dicke u. 83 cm² Fläche, die aus $^{124}SnO_2$ durch Red. in der KCN-Schmelze u. Auswalzen des entstandenen Regulus erhalten worden war. Vff. finden eine minimale Halbwertszeit von $x \cdot 10^{17}$ Jahren, wobei x = 1,7 für E = 1,0 MeV, 2,1 für E = 1,5 u. 2,4 für E = 2,0 MeV ist. Die Möglichkeit des Auftretens zweier sukzessiver β-Zerfälle wurde in der Weise untersucht, daß aus mehrere Jahre gealtertem Sn gegebenenfalls gebildetes *^{124}Sb* mit natürlichem Sb als Träger abgetrennt wurde. Die so gefundene Aktivität entspricht ebenfalls einem Mindestwert von 10^{17} Jahren für die Halbwertszeit des Überganges. (Physic. Rev. [2] **85.** 368—69. 15/1. 1952. Chicago, Ill., Univ., Inst. for Nucl. Stud., u. Dep. of Chem.) WEIGEL. 103

Ralph A. James, Albert Ghiorso und **Donald Orth,** *L-Elektroneneinfang und α-Zerfall beim ^{235}Np.* Vff. beschießen 95% ig. *^{238}U* mit 20 MeV-Deuteronen aus dem 60 in.-Cyclotron u. isolieren nach mehreren Monaten eine sehr reine Np-Fraktion, deren Strahlung untersucht wird. Gefunden wurden eine Reihe von Röntgenlinien, deren Energieverteilung mit einem 48-Kanal-Impulsanalysator bestimmt wurde, sowie eine geringe Zahl von α-Teilchen mit E_α = 5,06 ± 0,12 MeV. Die Daten gestatten keine exakte Zuordnung der gefundenen Röntgenlinien zu bestimmten K- oder L-Niveaus; jedoch verhält sich der K-Einfang zum L-Einfang wie <10% : >90%. Die Zahl der α-Zerfälle beträgt 0,005% der Gesamtzerfälle. Hieraus errechnen sich die folgenden partiellen Halbwertszeiten: $2 \cdot 10^4$ Jahre (α), >12 Jahre (K), < 450 Tage (L) bei einer Gesamthalbwertszeit von 410 Tagen. (Physic. Rev. [2] **85.** 369—70. 15/1. 1952. Berkeley, Calif., Univ., Radiat. Labor.) WEIGEL. 103

A. Ghiorso, S. G. Thompson, K. Street jr. und **G. T. Seaborg,** *Californium-Isotope aus dem Beschuß von Uran mit Kohlenstoffionen.* Kleine Proben natürlichen U-Metalls wurden mit C^{6+}-Ionen des 60 in.-Cyclotrons bestrahlt. Nach der Bestrahlung wurde U in HCl, das H_2O_2 enthielt, gelöst. Eine Transplutoniumfraktion wurde durch Anwendung stufenweiser Fällung von LaF_3 u. $La(OH)_3$ isoliert. Der Fällung folgte ein Ionenaustausch-Adsorptionsverfahren. Die Transplutoniumfraktionen in HCl wurden als gewichtslose Filme auf Pt-Plättchen aufgedampft, die in eine Ionisationskammer des 48-Kanal-Impulsanalysators gebracht wurden, um die Ausbeute u. Energie gegebenenfalls vorhandener α-Teilchen zu messen. Bei dem günstigsten Vers., ca. 1 Std. nach Beendigung des 90 Min.-Beschusses, wurden ca. 50 Zertrümmerungen pro Min. der 7,15 ± 0,05 MeV-α-Teilchen von ^{244}Cf beobachtet. Die Halbwertszeit dieses Zerfallsprozesses lag bei 45 Minuten.

^{244}Cf wird wahrscheinlich durch die Rk. ^{238}U (^{12}C, 6n) gebildet. Nach dem Zerfall der von ^{244}Cf herrührenden α-Teilchen wurden 5 Zertrümmerungen pro Min. von 6,75 ± 0,05 MeV-α-Teilchen beobachtet. Diese α-Aktivität zerfiel mit einer Halbwertszeit von ca. 35 Stunden. Eine Betrachtung der Systematik der α-Aktivität führt zu der Annahme, daß die 35 Std.-Aktivität von dem Isotop ^{246}Cf herrührt, das gemäß der Rk. ^{238}U (^{12}C, 4n) gebildet wird. Die gemessene Halbwertszeit stimmt mit der erwarteten α-Halbwertszeit für die beobachtete Energie für ein gerade-gerade-Isotop des Elements mit der Kernladungszahl 98 überein. Die angezeigten Ausbeuten für die (C, 6n)- u. (C, 4n)-Rkk. erwiesen sich als vergleichbar. (Physic. Rev. [2] **81.** **154.** **1/1.** **1951.** Berkeley, Calif., Univ., Radiat. Labor., u. Dep. of Chem.) G. Schmidt. 103

M. H. Wilkening, *Monitor für die natürliche Radioaktivität in der Atmosphäre.* (Sitzungsbericht.) Zur Überprüfung des Geh. der Luft an *Rn* u. *ThEm* werden deren Zerfallsprodd. elektrostat. auf ein laufendes Metallband niedergeschlagen u. dessen Aktivität registriert. (Physic. Rev. [2] **85.** 712. 15/2. 1952; Bull. Amer. physic. Soc. **26.** Nr. 6. 16. 24/10. 1951. New Mexico, Inst. of Mining and Technol.) H. Hauswald. 112

C. D. Moak, H. Reese und **W. M. Good,** *Anordnung und Merkmale der Arbeitsweise einer Gleichrichterionenquelle.* (Sitzungsbericht.) Unter Weiterführung der Arbeiten von Thonemann, Moffatt, Roaf u. Sanders (C. **1948.** E. 7) wurde eine Gleichrichterionenquelle mit einem Strom von 1 mA (positive Ionen, davon 90% Protonen) entwickelt. (Physic. Rev. [2] **83.** 232. 1/7.; Bull. Amer. physic. Soc. **26.** Nr. 3. 41. 26/4. 1951. Oak Ridge Nat. Labor.) W. E. Reichardt. 112

Detlef Kamke, *Eine Ionenquelle.* Zur Erzeugung positiv geladener Ionen hat Vf. eine Anordnung entwickelt, bei der ein von einer Glühkathode ausgehender Elektronenstrahl mit 300 V auf ein Netz beschleunigt wird, der dabei im Gas des Entladungsraumes (Druck $5 \cdot 10^{-3}$ mm Hg) Ionen erzeugt. Diese werden durch ein negatives Feld (20 kV) hinter dem Netz beschleunigt u. in einem Faraday-Käfig gemessen, nachdem sie durch eine enge Blende in einen höher evakuierten Raum (10^{-4} mm Hg) eingetreten sind. Zur Fokussierung der Elektronen ist ein longitudinales Magnetfeld vorgesehen. Es gelingt so, einen gebündelten Ionenstrom von 700 μA in H_2 zu erzeugen. (Z. Naturforsch. **7a.** 341—44. Mai 1952. Marburg/L., Univ., Physikal. Inst.) Reusse. 112

Karl Heinz Lauterjung, *Über die Einsatzspannung von Zählrohren.* Vf. teilt eine Formel mit, in der für den Auslösebereich des Geiger-Müller-Zählrohres der funktionelle Zusammenhang zwischen dem Mantelradius, dem Drahtradius, dem Fülldruck u. der Einsatzspannung dargestellt ist. Die Gleichung enthält 3 für das Gas bzw. Gas–Dampf-Gemisch (bei selbstlöschenden Zählrohren) charakterist. Konstanten, deren Wert für verschied. Gase (H_2, *He*, N_2, O_2, *Ar*) u. Gemische (Ar–*Methylal*, *A.*, *Aceton*) mitgeteilt wird. Zur schnellen Berechnung der Einsatzspannung werden zwei Nomogramme mitgeteilt. (Z. Naturforsch. **7a.** 344—51. Mai 1952. Köln, Univ., Physikal. Inst.) Reusse. 112

K. I. Mayne, *Massenspektrometrie.* Zusammenfassender Bericht über die neuesten Fortschritte der Massenspektrometrie unter besonderer Berücksichtigung der bei den einfachfokussierenden Massenspektrometern üblicher Bauart erzielten Verbesserungen in der Auflösung, Empfindlichkeit u. Registrierung. Als Anwendungsgebiete werden u. a. die Messung von Änderungen in der Isotopenzus. als Folge von Kernprozessen, sowie Ausbeutebestimmungen bei Kernspaltungen behandelt. — 86 Literaturhinweise aus den Jahren 1934—1950. (Rep. Progr. Physics **15.** 24—48. 1952. Oxford, Clarendon Labor.) Conrad. 112

L. Musumeci, *Über die Aberration in Massenspektrometern mit magnetischem Sektor.* (Vgl. Nuovo Cimento [9] **7.** [1950.] 351.) Es wird eine Berechnung der Aberration im Massenspektrometer mit magnet. Fokussierung in allg. Form gegeben. Bis zu einer anfänglichen Strahldivergenz von 20° werden die Werte für Aberration u. Dichteverteilung längs der Kollektorplatte für die Fokussierung 1. u. 2. Ordnung gegeben. Der Vorteil der polar zylindr. Ausdehnungen wird im Vgl. mit anderen geometr. Anordnungen behandelt. (Nuovo Cimento [9] **9.** 429—35. 1/5. 1952. Livorno, Accad. Navale.) Conrad. 112

A_2. Optisches Verhalten der Materie.

J. H. Oort, *Die monochromatische Emission des interstellaren Wasserstoffs.* Die Ergebnisse der von Ewen u. Purcell, von Muller u. Oort, sowie von Pawsey (Nature [London] **169.** [1951.] 356) ausgeführten Messungen der interstellaren Gase u. ihrer Strahlungen werden zusammengestellt u. erörtert. (Nederl. Tijdschr. Natuurkunde **18.** 151—54. Juni 1952.) Wesly. 113

W. Petrie und **R. Small,** *Die Intensitäten der ultravioletten Anteile des Nordlichtspektrums.* Zwischen August 1950 u. April 1951 haben Vff. 28 UV-Spektren des Nordlichts bei Saskatoon mit einem Ein-Prismen-Quarzspektrographen aufgenommen, der eine lineare Dispersion von 40 Å/mm bei einer Wellenlänge von 3600 Å hat. Sie wählten 15 Spektren davon aus u. untersuchten sie mit einem Mikrophotometer u. Intensitometer u. bestimmten die wichtigsten Intensitäten. Nachdem die Intensitäten auf den Einfl. von Rayleigh-Streuung u. Ozonabsorption korr. worden sind, werden sie ausführlich diskutiert. Es zeigt sich im Gegensatz zu früheren Messungen, daß die Schwingungstempp. bei weniger als 500° K liegen. (J. geophys. Res. **57**. 51—57. März 1952. Saskatoon, Saskatchewan, Can., Univ. of Saskatchewan, Dep. of Phys.) D. Hahn. 113

D. F. Martyn, *Der Ursprung der grünen Linie [OI] im Luftleuchten.* Der Ursprung der grünen Linie [OI] bei 5577 Å u. ihr Auftreten in F 2-Bereichniveaus ist Gegenstand der Untersuchung. Es werden Messungen zu verschied. Jahreszeiten durchgeführt. Die Intensität der grünen Linie besitzt ein Maximum 1—2 Std. vor Mitternacht im Sommer u. 1—2 Std. nach Mitternacht im Winter. Ferner beschäftigt sich Vf. mit der Lebensdauer des ^1S-O-Atoms, das für [OI] verantwortlich ist. (J. geophys. Res. **57**. 144—45. März 1952. Canberra, A. C. T., Australien, Commonwealth Observ.) D. Hahn. 113

Edward V. Ashburn, *Die Bestimmung der Höhe und der täglichen Schwankung des Nachtleuchtens der Luft.* (Sitzungsbericht.) Die nach der Meth. von Roach u. Pettit (Geophys. Research, Sept. 1951) erhaltenen Werte werden im wesentlichen bestätigt. (Physic. Rev. [2] **85**. 767. 15/2. 1952; Bull. Amer. physic. Soc. **26**. Nr. 8. 19. 27/12. 1951. Inyokern, U. S. Naval Ordnance Test Stat.) H. Hauswald. 113

J. S. Laughlin, *Physikalische Bedeutung der Röntgen-Einheit bei 22,5 MeV-Röntgenstrahlen.* Erweiterte Darst. der Messungen zum mechan. Röntgen-Energieäquivalent (vgl. C. **1952**. 7770). Als korr. Wert, nach der calorimetr. Meth. gemessen, teilt der Vf. 4690 ± 95 Erg/cm² für 1 r mit. Bei W. als absorbierender Substanz erhält man für eine Einstrahlung von 1 r ein absorbiertes Energieäquivalent von 90,1 Erg/g. (Brit. J. Radiol. **25**. 12—16. Jan. 1952. Chicago, Ill., Univ. of Illinois, Coll. of Med., Dep. of Radiol.) Reusse. 116

L. V. Spencer und **Fannie Stinson**, *Weitere Berechnungen über die Diffusion von Röntgenstrahlen in einem unendlichen Medium.* (Kurzer Sitzungsbericht.) Der Polynomausdruck für die Ausbreitung von Röntgenstrahlen wurde auf eine punktförmige sowie ebene 1,33 MeV-Strahlungsquelle in W. angewandt. Für den ersteren Fall wurde die mittlere seitliche Streuung als Funktion der Eindringtiefe, für den letzteren die Rückstrahlung der Quelle bis zu Energien entsprechend 200 keV bestimmt. Weitere Berechnungen betrafen die Winkelverteilung der gestreuten Röntgenstrahlung aus einer punktförmigen u. isotropen ^{60}Co-Quelle. (Physic. Rev. [2] **82**. 339. 15/4.; Bull. Amer. physic. Soc. **26**. Nr. 1. 52. 1/2. 1951. Nat. Bur. of Standards.) Stahl. 116

Bagher Mahmoudian und **Étienne Vassy**, *Untersuchung des Druckeinflusses auf die Hartley-Bande des Ozons.* Die Absorption des O_3 wird im Bereich von 2800—2350 Å bei verschied. Drucken gemessen. Ein Druckeinfl. besteht nicht, so daß die bei n. Druck bestimmten Absorptionskoeffizienten für O_3-Bestimmungen in der Stratosphäre verwendbar sind. (C. R. hebd. Séances Acad. Sci. **234**. 2350. 9/6. 1952.) Eichhoff. 118

Ernest Vigroux, *Absolutmessungen der Absorptionskoeffizienten des Ozons im Bereich der Huggins-Banden bei 18°.* Spektrograph. Best. der Absorptionskoeffizienten von O_3 im Bereich von 3400—3100 Å an O_3/O_2-Mischungen mit 60%—3‰ O_3. Die Absorptionskoeffizienten sind vom O_3-Partialdruck unabhängig. (C. R. hebd. Séances Acad. Sci. **234**. 2351—52. 9/6. 1952.) Eichhoff. 118

R. A. Durie, *Die Anregung und Intensitätsverteilung von CH-Banden in Flammen.* Bei der Unters. der Spektren von H_2–Luft-Flammen, die kleine Mengen organ. Verbb. (F–C-Verbb., CCl_4, CH_3J oder $CH_2{=}CH_2$) enthielten, zeigten sich u. a. die C_2- u. CH-Banden, wobei letztere unter bestimmten Umständen mit einer scheinbar selektiven Anregung des (v' = 1)-Niveaus des CH-Syst. bei 3900 Å erscheinen. Dieser Effekt ist begleitet von einem sehr intensiven Auftreten der Rotationsstruktur der CH-(1,1)-Bande. Gleichzeitig sind die üblichen Prädissoziationslinien in diesem Syst. unterdrückt. Die (1,2)-Bande wird erstmalig beobachtet. Vf. nimmt an, daß die Bedingungen in sehr H_2-reichen Flammen mit unterdrückter CH-Prädissoziation sich mehr dem therm. Gleichgewicht nähern u. das CH therm. angeregt wird, wenn kleine Mengen organ. Verbb. eingeführt werden. (Proc. physic. Soc., Sect. A **65**. 125—28. 1/2. 1952. London, Imperial Coll., Dep. of Chem. Engng.) Rudolph. 118

Jean Chapelle und **André Galy**, *Einige Bemerkungen über das Raman-Spektrum des Seignette-Salzes.* Auch auf Grund neuerer Beobachtungen ist eine eindeutige Zuordnung der gefundenen OH-Schwingungsfrequenzen zu den OH-Gruppen u. zum Kristallwasser im Raman-Spektr. des Seignette-Salzes nicht möglich. (J. Physique Radium **13**. 111—12. Febr. 1952. Nancy, Fac. des Sci.) Goubeau. 120

L. Giulotto und **A. Loinger**, *Äußere Schwingungen und spezifische Wärme von Calcit.* Kurze Mitt. zu der C. **1952.** 3285 referierten Arbeit. (J. chem. Physics **19.** 1316—17. Okt. 1951. Pavia, Univ., Ist. di Fis.) CONRAD. 120

G. Lovera, *Formel für die Schwingungsfrequenzen zweiatomiger Moleküle der Alkalimetalle.* Aus einer allg. Gleichung ergibt sich für die Wellenzahl bei einwertigen Atomen mit r_e in Å u. μ in Atommasseneinheiten die Gleichung $\tilde{\nu} = 2900{,}2/\sqrt{r_e^3 \mu}$ cm^{-1}. Die danach berechneten $\tilde{\nu}$-Werte der 2atomigen Moll. der Alkalimetalle stimmen mit den experimentellen gut überein. (Nuovo Cimento [9] **9.** 442—**44.** 1/5. 1952. Modena, Univ., Ist. di Fisica.) R. K. MÜLLER. 120

K. G. Ramanathan, *Infrarotabsorption von Metallen bei tiefen Temperaturen.* Das Absorptionsvermögen (A) im Infrarot wurde an verschied. elektrolyt. polierten Metalloberflächen bei Tempp. des fl. He gemessen. Für *Sn* bei 1,95° K u. 14 μ mittlerer Wellenlänge bleibt A für den n. u. supraleitenden Zustand bis auf $\pm$ 0,3% gleich. Für eine Reihe n. Metalle u. einige Legierungen wird A gemessen u. mit verschied. Theorien der metall. Reflexionen verglichen. Die klass. HAGEN—RUBENS-Formel ist für Legierungen gültig, sofern keine Komplikationen, wie innerer Photoeffekt, auftreten. Für reine Metalle ist A in guter Übereinstimmung mit den aus dem anomalen Skin-Effekt ohne Berücksichtigung der Relaxation berechneten Werten. (Proc. physic. Soc., Sect. A **65.** 532—40. 1/7. 1952. Cambridge, Royal Soc. Mond Labor.) EICHHOFF. 122

Martin Goldstein, *Strömungsdoppelbrechung in polydispersen Systemen von rutenähnlichen Molekülen mit Montroll-Simha-Verteilung.* Es wird eine Berechnung des Extinktionswinkels u. des opt. Faktors für polydisperse Systeme streng rutenartiger Moll. durchgeführt, wobei die Polydispersität der zufälligen Verkürzung von Moll. gleicher Anfangslänge zugeschrieben wird. Es wird dabei von den theoret. Arbeiten von SCHEREGA, EDSALL u. GADD (C. **1952.** 4568) u. von der Verteilungsfunktion von MONTROLL u. SIMHA (J. chem. Physics **8.** [1940.] 721) ausgegangen. Es werden einige vereinfachte Annahmen gemacht u. es wird ihr Einfl. auf die Resultate untersucht. (J. chem. Physics **20.** 677—82. April 1952. Brooklyn, N. Y., Polytechn. Inst.) LINDBERG. 122

Wallace R. Brode, *Optische Rotation von polarisiertem Licht durch chemische Verbindungen.* Allg., einfache Darst. von Anwendungsmöglichkeiten linear polarisierten Lichtes zur Best. der Konfiguration von asymm. organ. Verbindungen. Diskussion der Vorstellung asymm. Struktur u. Trennung von opt. Isomeren. Beschreibung von Spektralpolarimetern zur Best. der Rotationsdispersion mit Beispielen. (J. opt. Soc. America **41.** 987—96. Dez. 1951. Washington, D. C., Nat. Bur. of Standards.) LINDBERG. 122

Pierre Tauzin, *Die negative Photophorese und ihre Beziehungen zu neueren radiometrischen Versuchen.* Es wird gezeigt, daß die Anziehung eines berußten Radiometerflügelchens durch das Licht kein wirklicher Photophoreseeffekt ist u. daß man den Temperaturunterschied auf beiden Seiten eines Flügels kaum mit ausreichender Genauigkeit messen kann. Auf Grund neuerer Versuchsanordnungen mit besonderen Radiometern muß man die Erscheinungen der Photophorese lichtabsorbierender Teilchen auch als Radiometereffekt auffassen. (C. R. hebd. Séances Acad. Sci. **234.** 2265—67. 4/6. 1952.) HENTSCHEL. 122

A. K. Ramdas, *Das thermooptische Verhalten von Quarz.* Brechungsindex n, Doppelbrechung u. Dispersion von Quarz werden im Temperaturbereich von —200 bis +765° untersucht. Für α-Quarz fällt mit steigender Temp. n bis zu einem starken Absinken bei der Übergangstemp. von 573°, darüber, d. h. für β-Quarz, steigt n wieder an. Vf. gibt Dispersionsformeln für den ordentlichen u. außerordentlichen Strahl an, die mit Meßwerten anderer Vff. übereinstimmen u. die die Doppelbrechung als Folge verschied. Oscillatorenstärke in beiden Richtungen erscheinen lassen. Der Verlauf $1/\lambda \cdot d\lambda/dt$ für verschied. Wellenlängen wird aus Meßwerten anderer Autoren berechnet. Quarzglas zeigt ähnliches thermoopt. Verhalten. (Proc. Indian Acad. Sci., Sect A **35.** 89—98. Febr. 1952. Bangalore, Raman Res. Inst.) LINDBERG. 122

Clifford C. Klick, *Experimentell ermittelte Potentialkurven für Phosphore.* Ein Verf. zur Auswertung der Potentialkurven für Phosphore mit Hilfe experimenteller Daten wird beschrieben. Folgende Annahmen: 1. Die Potentialkurven sind Parabeln, 2. die Energieänderung des Syst. um die Gleichgewichtslagen im Grund- u. angeregten Zustand ist klein, verglichen mit der Energiebreite der entsprechenden Absorptions- u. Emissionsbanden. 3. die Übergänge zwischen den Potentialkurven können durch gerade Linien dargestellt werden, 4. das Syst. verhält sich wie ein harmon. Oscillator u. 5. die Übergangswahrscheinlichkeit ist unabhängig von der Lage auf der Potentialkurve. Stoffe, die diese Voraussetzungen erfüllen, haben eine GAUSSsche Verteilung der Emissions- u. Absorptionsbande bei tiefer Temp., wie bei der Emission der Wolframate, der Absorption der F-Zentren u. der Tl-aktivierten Alkalihalogenide beobachtet wurde. Für die Phosphore

KCl–Tl, *$MgWO_4$* u. *Zn_2SiO_4*-Mn wurde die Änderung von Emissions- bzw. Absorptionsbandenbreite mit der Temp. ermittelt. Die für KCl–Tl berechneten Potentialkurvenkonstanten stimmen mit den experimentellen Werten gut überein. (Physic. Rev. [2] **85.** 154—55. 1/1. 1952. Washington, Naval Res. Labor., Metallurgy Div., Crystal Branch.) RUDOLPH. 125

M. Travniçek, F. A. Kröger, Th. P. J. Botden und **P. Zalm,** *Die Luminescenz von basischem durch Mangan aktiviertem Magnesiumarsenat.* Im Syst. $xMgO \cdot yAs_2O_3$ erweist sich, wenn man durch Zusatz von $MnCO_3$ zu aktivieren sucht, die Orthoverb. ($x/y = 3$) nicht als Phosphor, wohl aber die Verb. $x/y = 6$. Das Mn ist sowohl zweiwertig (grüne Emissionsbande mit Maximum bei 5050 Å) als auch vierwertig (rote Banden bei 6200, 6300, 6400, 6500, 6580 Å) anwesend. Die Quantenausbeute der roten Luminescenz erreicht für 0,015 Mn 0,92 (bei Erregung mit 2537 Å) bzw. 0,94 (3130 Å) bzw. 0,82 (3655 Å); sie beginnt erst oberhalb 500° abzufallen. Das aus dem roten Luminescenzspektr. zu folgernde Termschema des Mn^{4+} ähnelt dem des Mn^{4+} in Mg_4GeO_6. Die Abklingkonstanten des (monomol.) Abklingens sind 130 sec^{-1} für die grüne u. 360 sec^{-1} für die rote Emission. Letztere wächst allmählich mit der Temp. bis zu der Temp., bei der die Ausbeute abzufallen beginnt; hier beginnt sie schnell zu wachsen. Der strahlungslose Prozeß verläuft also parallel dem Leuchtprozeß. Unter der Annahme einer Termbesetzung nach BOLTZMANN aus den Temperaturabhängigkeiten von Ausbeute u. Abklingkonstante berechnete Intensitätsverhältnisse im roten Spektr. zeigen die richtige Temperaturabhängigkeit. (Physica **18.** 33—42. Jan. 1952. Graz, Univ., Phys. Inst.; Eindhoven, N. V. Philips Gloeilampenfabr., Natuurkdg. Labor.) P. BRAUER. 125

A_3. Elektrizität. Magnetismus. Elektrochemie.

E. W. B. Gill und **G. F. Alfrey,** *Erzeugung elektrischer Ladungen auf Wassertropfen.* Auf Grund von Verss., bei denen ein tiefgekühlter Metallblock in dest. W. getaucht u. das Potential zwischen Block u. W. gemessen wird, wird die Theorie aufgestellt, daß zwischen Eis u. W. ein Kontaktpotential von weniger als 1 V besteht, wobei das Eis positiv ist. Bei fortschreitender Vereisung frieren die positiven Ladungen auf der Eisoberfläche laufend ein, während neue Ladungen auf den neuen Oberflächen entstehen. Die so bei schnellen Vereisungen möglichen erheblichen Spannungen sind nur durch den Isolationswiderstand des Eises begrenzt. Unmittelbar anschließendes Schmelzen setzt die eingefrorenen Ladungen wieder frei u. bewirkt vorübergehend eine geringe positive Spannung des W. gegen Eis. (Nature [London] **169.** 203—04. 2/2. 1952. Oxford, Clarendon Labor.) PIEPLOW. 130

Arthur V. Phelps, O. T. Fundingsland und **Sanborn C. Brown,** *Die Bestimmung der Stoßwahrscheinlichkeit langsamer Elektronen in Gasen mit Hilfe von Mikrowellen.* Ist die Stoßfrequenz zwischen Elektronen u. Gasatomen eine Funktion der Elektronenenergie, so können Näherungslösungen für die komplexe Mikrowellenleitfähigkeit als Funktion der Stoßfrequenz angegeben werden. Die experimentelle Best. der Leitfähigkeit erfolgt aus der Messung der Resonanzfrequenzänderung u. der Dämpfungsänderung bei einem Hohlraumschwinger, wobei im Nachleuchten einer pulsierenden Entladung gemessen wird, nachdem Gas u. Elektronen therm. Gleichgewicht erreicht haben. (Physic. Rev. [2] **84.** 559—62. 1/11. 1951. Cambridge, Mass., Massachusetts Inst. of Technol., Res. Labor. of Electronics.) PIEPLOW. 131

Lawrence J. Varnerin jr., *Messungen der Elektronenrekombination und des Stoßquerschnitts in Wasserstoff.* Ausgehend von der in vorst. referierten Arbeit entwickelten Theorie werden die Messungen nicht in einem Hohlraumschwinger, sondern an einem kurzgeschlossenen $\lambda/2$-Wellenleiter ausgeführt, u. zwar wird nach der Impulserregung Größe u. Phase der stehenden Welle als Funktion der Zeit gemessen. Die daraus ermittelten Stoßwahrscheinlichkeiten stimmen mit früher an Elektronenstrahlen ermittelten überein. Die Meßergebnisse deuten darauf hin, daß der Rekombinationskoeff. einen druckabhängigen u. einen druckunabhängigen Anteil hat u. daß die Rekombination zwischen Elektronen u. positiven Ionen sowohl als auch zwischen negativen u. positiven Ionen stattfindet. Das Auftreten negativer mol. Ionen erscheint unwahrscheinlich. (Physic. Rev. [2] **84.** 563—66. 1/11. 1951. Boston, Mass., Sylvania Electr. Prod., Inc.) PIEPLOW. 131

Manfred A. Biondi und **T. Holstein,** *Über den Rekombinationsmechanismus von Ionen und Elektronen.* Gleichzeitige Messungen der Elektronendichte u. der Strahlung im Nachleuchten von Mikrowellenentladungen in *He* zwischen 1 u. 5 mm Hg u. in *Ne* bei 10 mm Hg erbringen einen linearen Zusammenhang zwischen Elektronendichte u. Quadratwurzel aus der Strahlungsintensität: Es entsteht etwa ein Strahlungsquant je rekombiniertes Elektron. Die Strahlung rührt von Linien her, die bei He bis zu 1,5 eV, bei Ne mehr als 0,85 eV unterhalb des Ionisierungspotentials liegen. Daher ist dissoziative Rekombination von Elektronen u. mol. Ionen für Ne_2 zwar denkbar, für He_2 aber, dessen Dissoziierungsenergie wesentlich größer als 1,5 eV ist, nur dann möglich, wenn hoch angeregte He_2-Ionen mit hinreichend hoher Lebensdauer vorhanden sind. Lebensdauern von 10^5 Zusammenstößen sind indessen bereits theoret. u. experimentell sichergestellt worden, u. dies genügt, um mindestens einen Teil der beobachteten Strahlung zu erklären u. dissoziative Rekombination nach wie vor zur Deutung der sehr großen Rekombinationskoeffizienten heranzuziehen. (Physic. Rev. [2] **82.** 962—63. 15/6. 1951. East Pittsburgh, Pa., Westinghouse Res. Labors.) PIEPLOW. 131

Laura Colli und **Ugo Facchini**, *Elektronenwanderungsgeschwindigkeit in Argon.* Die Wanderungsgeschwindigkeit von Elektronen in reinem Ar u. in $Ar-N_2$-Mischungen ist mit einer Parallelplattenionisationskammer gemessen worden. Das Ar wird in einem Stromzirkulationsreiniger, der mit einer Ca-Mg-Legierung beschickt ist, gereinigt. Bei reinem Ar stimmen die Ergebnisse mit denen von NIELSEN überein. Es wurde der Einfl. der Reinheit des Ar auf die Wanderungsgeschwindigkeit der Elektronen derart untersucht, daß man dem Ar kleine Mengen N_2 hinzufügte. Es wurde die Wirksamkeit des Reinigers für die normalerweise am meisten im Ar vorkommenden Verunreinigungen geprüft, indem vor jedem Vers. dem Ar bestimmten Mengen dieser Verunreinigungen zugesetzt wurden. (Rev. sci. Instruments **23.** 39—42. Jan. 1952. Mailand, Labor. Cise.) PISTOR. 131

H. Falkenhagen und **G. Kelbg**, *Eine optische Methode zur Bestimmung der komplexen Dielektrizitätskonstanten ε und der magnetischen Permeabilität μ.* In der Arbeit wird gezeigt, wie die komplexe DK. u. die komplexe Permeabilität im Zentimeter- u. Millimeterwellenbereich durch Ermittlung des Reflexionsfaktors u. des Durchlaßfaktors einer ebenen elektromagnet. Welle an einer planparallelen Platte bestimmt werden können. Die Formeln werden mit Hilfe der Vierpolgleichungen des ebenen elektromagnet. Feldes hergeleitet. (Ann. Physik [6] **10.** 170—76. 1952. Rostock, Univ., Inst. für Theoret. Physik.) FALKENHAGEN. 132

J. G. Powles, *Die Deutung dielektrischer Messungen mit Hilfe der Cole-Cole-Darstellung.* Die COLE-COLE-Darst. (vgl. J. chem. Physics **9.** [1941.] 341) wird zur Deutung dielektr. Messungen benutzt, wobei die Darstellungen mit der Frequenz u. der Temp. als Parameter verglichen werden. Die Darst. mit Real- u. Imaginärteil der DK. als Koordinaten u. mit der Frequenz als Parameter ergibt fast immer einen Kreisbogen. Tritt im Frequenzbereich nur eine Absorption auf, ist die DK. für die Nullfrequenz ε_0' u. die Grenz-DK. für hohe Frequenzen ε'_∞ als Schnittpunkt des Bogens mit der reellen Achse gegeben. Der Winkel, den der Radius des Kreisbogens nach diesen Schnittpunkten mit der reellen Achse bildet, ist ein Maß für die Verteilung der Relaxationszeiten u. ebenso wie deren Temperaturvariation leicht übersehbar. Sind ein oder mehrere Dispersionsbereiche mit nicht zu großem Frequenzunterschied vorhanden (z. B. bei festem HBr u. DBr unterhalb E = -184^0), lassen sich mit geringem zusätzlichem Berechnungsaufwand ε_0', ε'_∞ u. die Verteilung der Relaxationszeiten für jede Dispersion so bestimmen, als ob diese allein vorhanden wäre. Die Deutung mit Hilfe der Temp. als Parameter ist wesentlich schwieriger. Tritt im Temperaturbereich ein Phasenübergang (z. B. fl.-gasförmig) auf, ist diese Darst. ungeeignet, während die frequenzabhängige für jede Temp. gültig ist. Die Endpunkte des Bogens (Schnittpunkte mit der reellen Achse) haben im allg. keine einfache physikal. Bedeutung, ebenso ist die Eliminierung der Temp. als Parameter nicht allg. möglich. Eine theoret. Deutung, warum bei vielen, aber nicht allen Substanzen einer der COLE-COLE-Darst. entsprechende Verteilung der Relaxationszeiten vorhanden ist, konnte noch nicht gegeben werden. (Proc. physic. Soc., Sect. B **64.** 81—82. 1/1. 1951. Liverpool, Univ., Dep. of Theoret. Physics.) WERNER SCHULZ. 132

G. Busch, *Elektronenleitung von Nichtmetallen.* Übersetzung eines in C. **1951.** II. 780 referierten Übersichtsberichts. (Успехи Физических Наук [Fortschr. physik. Wiss.] **47.** 258—324. Juni 1952.) KIRSCHSTEIN. 135

I. Shapiro, *Die Leitfähigkeit bei tiefer Temperatur als Funktion innerer Oberflächen.* Auf Grund überholter Ergebnisse zog MURPHY (C. **1952.** 6819) bei Messungen der inneren Oberflächen von Eis den Schluß, daß der 2. Term der Gleichstromleitfähigkeit als Maß für die inneren Oberflächen nicht geeignet ist. Vf. zeigt auf Grund eigener Messungen an *AgBr* (Druckabhängigkeit des Widerstandes bei tiefen Tempp.) (J. chem. Physics **15.** [1947.] 41; J. physic. Colloid Chem. **52.** [1948.] 1319), daß die Differenz zwischen lokaler u. Gleichstromleitfähigkeit nur gering ist u. letztere daher als Maß für innere Oberflächen geeignet ist. (J. chem. Physics **20.** 923. Mai 1952. Pasadena, Calif., Chem. Services, Consultant.) SPEER. 135

E. J. Ryder, *Beweglichkeit von Elektronen in starken elektrischen Feldern.* Inhaltlich ident. mit der C. **1952.** 809 referierten Arbeit. (Physic. Rev. [2] **82.** 330. 15/4. ; Bull. Amer. physic. Soc. **26.** Nr. 1. 43. 1/2. 1951. Bell Telephone Labors.) O. ECKERT. 135

H. Fark, *Physikalische Erklärung des Dreielektrodenkristalls und dessen moderne Anwendung.* Zusammenfassende Darst. über das Wesen der Elektronenleitung, der Defektelektronenleitung u. ihrer Bedeutung für die Wirkungsweise des Ge-Richtleiters. Arbeitsweise des *Transistors.* (Elektrotechn. Z. **72.** 690. 1/12. 1951. Wanne-Eickel.) REUSSE. 135

G. L. Pearson, W. T. Read und **W. Shockley,** *Messung der Raumladungsschicht in einer p–n-Verbindung.* In Fortführung der C. **1952.** 3287 beschriebenen Verss. an Halbleitern wurde die Potentialverteilung im Raumladungsgebiet einer p–n-Verb. im *Ge* unter Verwendung einer W-Sonde bestimmt; die Verteilung ist an der Oberfläche die gleiche wie im Innern. Die Gültigkeit der aus theoret. Betrachtungen folgenden Beziehung $C = K/4\pi W$ (C = Kapazität pro Flächeneinheit, K = DK. = 16,1, W = Dicke der Raumladungsschicht) konnte innerhalb der Meßgenauigkeit von W (30%) experimentell bestätigt werden. (Physic. Rev. [2] **85.** 1055–56. 15/3. 1952. Murray Hill, N. J., Bell Telephone Labor.) FUCHS. 135

J. Faßbender und **B. Seraphin,** *Über An- und Abklingen der Photoleitfähigkeit von CdS-Einkristallen.* Die oscillograph. Unters. der Photoleitfähigkeit von CdS-Einkristallen mittels 50 Hz Rechtecklichtimpulsen verschied. Intensität u. Wellenlänge zeigte, daß die Anklingung überwiegend einer hyperbol. Tangensfunktion folgt, während sich die Abklingung aus einem hyperbol. Anfangsteil (Exponent 0,8—1) u. einem exponentiellen Restteil zusammensetzt. Bei wachsender Belichtungsintensität nimmt die Steilheit des Anklingens u. des hyperbol. Abklingens zu, während sich die exponentielle Restabklingung nicht ändert. Abhängigkeiten von der Wellenlänge des eingestrahlten monochromat. Lichts u. von der Saugspannung wurden nicht beobachtet. Es gelingt eine quantitative Deutung der Ergebnisse unter der Annahme eines gemischt mono- u. bimol. Rekombinationsmechanismus. Für den mono- u. bimol. Rekombinationskoeff. ergeben sich Werte zwischen 30 u. 200 sec^{-1}, für den bimol. Werte zwischen $0{,}5 \cdot 10^{-12}$ u. $1{,}2 \cdot 10^{-12}\ cm^3\ sec^{-1}$. (Ann. Physik [6] **10.** 374–94. 1952. Berlin-Buch, Deutsche Akad. der Wiss., Inst. für Festkörperforsch.) SPEER. 135

B. T. Geilikman, *Über den stabilen Fluß und die Schwingungen der mit dem Gitter verbundenen Elektronenflüssigkeit.* Für die Bewegung der Elektronen-Fl. wird ein Gleichungssyst. in nullter u. in erster Näherung aufgestellt. Bei der Behandlung der nullten Näherung wird für die LONDONsche Gleichung der Supraleitung ein Zusatzglied gefunden. Bei der Berechnung der Frequenzen, die aus der 1. Näherung abgeleitet werden, stellt es sich heraus, daß die DEBYEsche Theorie, nach der die Elektronen-Fl. an den Gitterschwingungen nicht teilnimmt, für Metalle nicht ausreicht. (Журнал Экспериментальной и Теоретической Физики [J. exp. theoret. Physik] **21.** 618–26. Mai 1951. Moskau, Pädagog. Inst.) KIRSCHSTEIN. 136

E. N. Adams II, *Bewegung eines Elektrons in einem gestörten periodischen Potential.* Die WANNIERsche Theorie der Bewegung eines Elektrons in einem gestörten period. Potential (Physic. Rev. [2] **52.** [1937.] 191; vgl. auch SLATER, C. **1950.** II. 737) wird unter Einbeziehung der Übergänge zwischen den Energiebändern verallgemeinert. Ferner wird der Fall behandelt, daß das Störpotential sowohl von der Koordinate als auch vom Moment des Elektrons abhängt; der Spezialfall der langsam veränderlichen kombinierten elektr. u. magnet. Felder wird eingehender diskutiert. Schließlich wird kurz auf die Elektron–Phonon-Wechselwrkg. eingegangen. (Physic. Rev. [2] **85.** 41–50. 1/1. 1952. Chicago, Ill., Univ., Inst. of Nuclear Studies.) FUCHS. 136

Edward N. Adams II, *Bardeens Theorie der Supraleitung und die f-Summenregel.* In Fortführung der im vorst. Ref. erhaltenen Ergebnisse wird gezeigt, daß die BARDEENsche Annahme einer sehr kleinen M. der supraleitenden Elektronen (vgl. C. **1951.** I. 3302; **1952.** 3446) zu einer paramagnet. u. nicht zu einer diamagnet. Susceptibilität führt. (Physic. Rev. [2] **86.** 258–59. 15/4. 1952.) FUCHS. 136

Edward N. Adams II, *Bewegung eines Elektrons in einem gestörten periodischen Potential.* Ergänzende Bemerkungen zu den im vorletzten Ref. angeführten theoret. Betrachtungen. Speziell können die dort bzgl. der Gültigkeit der LUTTINGERschen Theorie (vgl. C. **1952.** 5843) gezogenen Schlüsse bestätigt werden. (Physic. Rev. [2] **86.** 427–28. 1/5. 1952.) FUCHS. 136

E. W. Lee, *Die Annäherung an die Sättigungsmagnetostriktion bei Nickel.* Um die von RÜDIGER u. SCHLECHTWEG (C. **1941.** I. 2505; **1942.** I. 2747) abgeleitete Formel für die Annäherung der Magnetostriktion an den Sättigungswert $dl/l = (dl/l)_s - a/H$ zu prüfen, untersuchte Vf. die differentielle Magnetostriktion $(dl/dH)/l$ als Funktion eines stetig wachsenden Feldes an im Vakuum bei 820° über 4 Std. geglühten u. mit einer Geschwindigkeit von 100°/Std. abgekühlten Ni-Streifen. Die Gleichung von RÜDIGER u. SCHLECHTWEG wurde im allg. nicht befolgt, sondern es ergab sich, daß $(dl/dH)/dl$ in einem beträchtlichen Feldgebiet gegeben ist durch eine lineare Funktion von $1/H^3$. Der mit $1/H^3$ linear gehende Teil läßt sich durch $(dl/dH)/l = (\alpha/H^3) + \beta$ darstellen, woraus sich durch Integration die Formel $dl/l = (dl/l)_s - (1 - \alpha'/H^2) + \beta \cdot H$ ableiten läßt, wo α' eine Konstante u. β ein Maß für die Feldabhängigkeit der spontanen Magnetostriktion ist, die sich aus den Messungen durch Extrapolation zu rund $1{,}3 \cdot 10^{-9}$/Oe ergibt. Da die Änderung der spontanen Magnetostriktion mit dem Feld nach den Messungen der Volumenmagnetostriktion von DÖRING klein ist, beträgt $(dl/dH)dl$ für Ni bei Raumtemp. rund $3 \cdot 10^{-11}$/Oe. Diese Tatsache zusammen mit dem vom Vf. gemessenen Wert für β ergibt, daß die Extrapolation der Geraden nach $H = \infty$ nicht gemacht werden kann u. daß bei sehr hohen Feldern eine lineare Änderung von dl/l mit $1/H$, wie vorausgesagt, eintreten kann. (Proc. physic. Soc., Sect. B **65.** 162—63. 1/2. 1952. Nottingham, Univ.) v. HARLEM. 137

M. McCaig, *Temperaturänderung der Magnetostriktion von „Alcomax“.* Es werden vorläufige Messungen der Temperaturabhängigkeit der Magnetostriktion von zwei *„Alcomax III“* — u. einer *„Ticonal“*-Probe mitgeteilt. Die Magnetostriktion wurde dabei bei 1500 Oe gemessen. Bei den Alcomax-Proben (die nicht im Magnetfeld gekühlt waren) steigt dl/l mit steigender Temp. bis 400° noch langsam an, um dann auf Null bei ca. 800° abzufallen, beim Ticonal bleibt dl/l bis 600° annähernd konstant u. fällt dann steil auf Null, ebenfalls bei 800°, ab. (Nature [London] **169.** 889—90. 24/5. 1952. Sheffield, Permanent Magnet Ass., Central Res. Labor.) v. HARLEM. 137

W. P. Osmond, *Eine Erklärung der magnetischen Eigenschaften einiger Eisenoxydpulver.* Die beobachteten magnet. Eigg. von feindispersen Pulvern aus ferromagnet. Eisenoxyden werden auf Grund der modernen Theorien der Magnetisierung der Ferrite u. der nichtmagnet. Einschlüsse enthaltenden ferromagnet. Stoffe betrachtet. Es wird gezeigt, daß die individuellen Pulverteilchen wahrscheinlich von der Größe eines Elementarbereiches sind u. daß die Koerzitivkräfte von γ-Fe_2O_3-Pulver mit annähernd kugelförmigen u. merklich nadelförmigen Körnern qualitativ in Übereinstimmung sind mit der Theorie bei Berücksichtigung der Gestaltsanisotropie. Unter Berücksichtigung der Volumenkontraktion u. kleinen Abweichungen von der stöchiometr. Zus. ergibt sich, daß das Verhältnis der Koerzitivkräfte von augenscheinlich ident. nadelförmigen Pulvern aus γ-Fe_2O_3 u. *Magnetit* eher angenähert das der Sättigungsmagnetisierungen der Fe^{3+}-Ionen als das der Sättigungsmagnetisierungen pro Volumeneinheit ist. Beide Koerzitivkräfte sind kleiner, als die Theorie es fordert. Es wird daraus gefolgert, daß auch noch die magnetokristalline Anisotropie vorhanden ist. Im Gegensatz hierzu sind die relativen u. wirklichen Werte der inneren Induktion beim Beginn des Sättigungsgebietes in befriedigender Übereinstimmung mit der Theorie, wie auch die relativen Werte für die Remanenz, obgleich die wirklichen Werte hier etwas zu niedrig sind. (Proc. physic. Soc., Sect. B **65.** 121—34. 1/2. 1952. Slough, Bucks., Minnesota Mining and Mfg. Co., Ltd., Magnetic Tapes Div.) v. HARLEM. 137

G. W. Wheland und **Sheldon L. Matlow,** *Einige Mitteilungen über die London-Brooks-Behandlung der diamagnetischen Anisotropie.* Bei der Molekularkreiselberechnung (unter Vernachlässigung aller Wechselwirkungen zwischen nichtbenachbarten Kreiseln) der diamagnet. Anisotropie werden für auftretende Integralparameter 3 verschied. Werte angenommen. Die daraus erhaltenen Ergebnisse werden mit Berechnungen von LONDON (J. Physique Radium **8.** [1937.] 397) u. BROOKS (J. chem. Physics **9.** [1941.] 463) für aromat. KW-stoffe, das Carbonation, das Triphenylmethyl- u. Allylradikal sowie Butadien u. Versuchswerten verglichen. Die letzte Annahme liefert die genauesten Ergebnisse. (Proc. nat. Acad. Sci. USA **38.** 364—71. April 1952. Chicago, Univ., Dep. of Chem.) KÖHN. 137

J. Wucher, *Thermomagnetische Untersuchung von Palladiumwasserstoff und von Palladiumlegierungen mit diamagnetischen Metallen.* Messungen der therm. Änderung der Susceptibilität, die Aufschluß über die interatomaren Kräfte u. den Ionisationsgrad der Atome im Metall geben, von Palladiumwasserstoff u. von festen Lsgg. von Pd mit den Metallen Cu, Ag, Au, Al, Sn, Pb u. Sb zeigen, daß außer Pd–Ag u. Pd–Cu die Mehrzahl dem CURIE-WEISS-Gesetz folgt. Das Verh. der CURIE-Konstanten für Pd sowie für die Legierungen wird gedeutet. Die paramagnet. CURIE-Punkte gehorchen dem linearen Gesetz $\Theta_p = -227 - 1600\ c_e$ für Elektronenkonzz. unter 20%. (Ann. Physique [12] **7.** 317—59. Mai/Juni 1952. Strasbourg, Fac. des Sci., Inst. de Phys.) KÖHN. 137

R. E. Richards und **J. A. S. Smith,** *Berichtigung: Magnetische Kernresonanzspektren einiger Säurehydrate.* Vff. geben zunächst eine Berichtigung der Formel für die Form der Kernresonanzlinie bei starrer dreieckiger Protonenanordnung in der Arbeit von ANDREW u. BERSOHN (C. **1950.** II. 376) u. vergleichen dann ihre Ergebnisse an *Salpetersäuremonohydrat* bei 70° K (C. **1952.** 5371) mit der nach der neuen Formel berechneten Kurve. Die Folgerungen aus der Arbeit der Vff. werden durch die Berichtigung nicht berührt. (Trans. Faraday Soc. **48.** 675. Juli 1952. Oxford, Phys. Chem. Labor.) v. HARLEM. 137

H. W. Knoebel und **E. L. Hahn**, *Ein Detektor für magnetische Kernresonanz nach dem Transitron-Prinzip.* Es wird eine einfache Schaltung zum Nachw. der Signale der magnet. Kernresonanz beschrieben. Die übliche Modulation des Magnetfeldes wird durch eine Frequenzmodulation des Oscillators ersetzt. Diese Meth. ist anwendbar für eine genaue Messung von Magnetfeldern im Gebiet 1000—18000 Oe. (Rev. sci. Instruments **22.** 904—11. Dez. 1951. Univ. of Illinois, Phys. Dep.) v. Harlem. 137

G. S. Kirjakow und **W. W. Stender**, *Die Stabilität von Anoden aus Blei und seinen Legierungen bei der Elektrolyse schwefelsaurer Lösungen.* 1. Mitt. Als stabilste Anodenlegierungen bei der Elektrolyse schwefelsaurer Lsgg. erweisen sich solche aus Pb + ~ 1 % Ag. Die Stabilität von Anoden aus Pb–Ag-Legierungen wird erhöht durch Hinzukommen einer dritten Komponente (Tl, Sn). Am beständigsten erwies sich eine quaternäre Legierung aus Pb, Ag, Sn, Co. Au u. Hg können die Anodenstabilität sowohl erhöhen als auch erniedrigen, die Wrkg. von Ca u. Se sind vorübergehend. Sn, Ca, Sr, Ba ermöglichen die Bldg. dicker Schutzschichten, wenig Co in einer Pb–Ag–Sn-Legierung verfestigt die Schutzschicht wesentlich; ähnlich wirken sich As-Beimengungen aus. Geringe Cl^--Mengen im Elektrolyt verdichten die Schutzschicht auf der Pb–Ag-Anode. Die in den Elektrolyten übergehende Pb-Menge hängt von der Dichte der Schutzschicht u. der Korngröße ab. Übergroße Anodenstromdichten setzen die Beständigkeit der Pb–Ag-Legierungen wenig herab, der Anodenschlamm nimmt zu, die Schutzschicht wird dünner. (Журнал Прикладной Химии [J. angew. Chem.] **24.** 1263—73. Dez. 1951.) Helms. 142

G. S. Kirjakow und **W. W. Stender**, *Potentiale der Anoden aus Blei und seinen Legierungen.* 2. Mitt. *über die Stabilität der Anoden aus Blei und seinen Legierungen bei der Elektrolyse schwefelsaurer Lösungen.* (1. vgl. vorst. Ref.) Bei großen Stromdichten wird Tl passiv, u. zwar um so früher, je niedriger die Temperatur. Die Potentiale am Pb, seinen Legierungen, Ag u. Pt haben logarithm. Abhängigkeit von der Stromdichte. Die Anodenpotentiale von Pb-Legierungen, die stabiler sind als reines Pb, sind mehr elektronegativ, die weniger stabilen mehr elektropositiv. Bes. hohe elektropositive Anodenpotentiale findet man bei Pb–Au- u. Pb–Hg-Legierungen, sehr niedrige elektronegative bei der stabilen quaternären Pb–Ag–Sn–Co-Legierung. Eine dicke Schutzschicht auf Anoden, in deren Legierungen Ba, Sr, As u. Sn vorkommen, beeinflußt die Größe des Anodenpotentials nicht. Cl- u. Co-Ionen im Elektrolyten ergeben bei allen Anoden eine Erniedrigung des Potentials. (Журнал Прикладной Химии [J. angew. Chem.] **25.** 23—29. Jan. 1952. Inst. für chem. Wiss. der Akad. der Wiss. der KasachSSR.) Helms. 142

G. S. Kirjakow und **W. W. Stender**, *Binäre elektrochemische Systeme aus Blei und Legierungszusätzen zu denselben.* 3. Mitt. *über die Stabilität der Anoden aus Blei und seinen Legierungen bei der Elektrolyse schwefelsaurer Lösungen.* (2. vgl. vorst. Ref.) Co, Hg u. Tl schützen Pb dauernd vor Korrosion. Ca u. andere elektronegative Beimengungen des Pb haben nur vorübergehende Wrkg. auf Pb, solange sie nicht aus der Oberflächenschicht herausgelöst sind. Au u. Hg schützen Pb nicht, sondern fördern seine Korrosion. Gründe für dieses Verh. werden diskutiert. (Журнал Прикладной Химии [J. angew. Chem.] **25.** 30—38. Jan. 1952.) Helms. 142

B. E. Conway, Electrochemical data. Houston: Elsevier Press. 1952. (359 S.) $ 8,75.

A_4. Thermodynamik. Thermochemie.

Walter Wittenberger, *Diagramme zur Clausius-Clapeyronschen Gleichung.* Durch Vereinfachung der Clausius-Clapeyronschen Gleichung, die dann nur in 1. Annäherung gilt, ergeben sich, wenn man den Druck logarithm. u. die Temp. reziprok aufträgt, Gerade. Im Diagrammblatt nach Schwab kann man dann, wenn man die Troutonsche Regel zu Hilfe nimmt, die zusammenhängenden Werte von Kp. u. Druck auf 1 geraden Leitlinie ablesen oder zwischen 2 Leitlinien interpolieren. In ähnlicher Weise kann man auf dem Diagrammblatt nach Bergholm-Fischer weitere Daten ablesen, sobald 2 Werte, wie z. B. Kp. u. Verdampfungswärme, oder Kp. u. Dampfdruck, bekannt sind. Es werden Anwendungsbeispiele zur Berechnung von Dampfdruckkurve, Geschwindigkeits- u. Gleichgewichtskonstanten, Löslichkeitskurven u. eutekt. Punkten gegeben. (Chemiker-Ztg. **76.** 371—73. 5/6. 1952.) Miething. 146

Daniel Massignon, *Über die Quantenhydrodynamik des Heliums bei sehr tiefen Temperaturen.* 1. Mitt. *Die Bose-Einstein-Kondensation.* Wellenmechan. Betrachtung über die Bose-Einstein-Kondensation je nach der Form des Impulsraums. (C. R. hebd. Séances Acad. Sci. **232.** 1336—38. 2/4. 1951.) Kirschstein. 149

D. D. Kimpton und **F. T. Wall**, *Bestimmung von Diffusionskoeffizienten aus Verdampfungsgeschwindigkeiten.* Vff. untersuchten den Diffusionskoeff. $D_{1,2}$ von reinem n. u. schwerem Wasserdampf u. den von Wasserdampf bei Ggw. von *Methan*, *Äthan*,

Äthylen, Propan u. SO_2. Vff. geben eine mathemat. Ableitung für $D_{1,2}$ u. den mittleren Durchmesser $\sigma_{1,2} = (\sigma_1 + \sigma_2)/2$ an, wobei die Moll. als starre elast. Kugeln der Massen m_1 u. m_2 u. der Durchmesser σ_1 u. σ_2 angenommen werden. Bei T = 24,8° bestimmten Vff. $D_{1,2}$ von W. bzw. $\sigma_{1,2}$ in Gaspaaren 1. W.–Luft: $D_{1,2}$ = 0,257 cm²/sec u. $\sigma_{1,2}$ = 3,32 Å; 2. W.–CH_4: 0,251 u. 3,60; 3. W.–C_2H_6: 0,177 u. 3,99; 4. W.–C_2H_4: 0,178 u. 4,01; 5. W.–C_3H_8: 0,156 u. 4,12; 6. W.–SO_2: 0,124 u. 4,51; 7. D_2O–Luft: 0,247 u. 3,41. Bei 40° wurden für 2. festgestellt: 0,278 u. 3,55, bei 7.: 0,277 u. 3,27. 2. ergab bei 50° 0,297 u. 3,52, bei 60° 0,313 u. 3,50; 7. bei 60° 0,314 u. 3,22. Erwartungsgemäß nimmt $\sigma_{1,2}$ mit dem Mol.-Gew. des KW-stoffes zu; die einzige beobachtete Ausnahme bei 3. wird auf Verunreinigungen zurückgeführt. Den Unterschied für $D_{1,2}$ bei n. u. schwerem W. läßt sich durch den Masseneffekt allein nicht erklären. Bei 2. ergab sich $D_{1,2}$ proportional T^2, bei 7. konnte keine eindeutige Beziehung zur Temp. festgestellt werden. Die zum Teil beobachtete Abnahme von $\sigma_{1,2}$ bei Temperaturzunahme wird durch die Zunahme der kinet. Energie bedingt, die eine Verringerung des Abstandes bei nächster Annäherung zur Folge hat. (J. physic. Chem. **56.** 715—17. Juni 1952. Urbana, Ill., Univ., Noyes Chem. Labor.)
ROEDER. 151

Leland G. Cole, M. Farber und **G. W. Elverum jr.**, *Thermodynamische Eigenschaften des Fluoratoms, Fluormoleküls und Fluorwasserstoffs bis zu 5000° K.* Auf Grund vorliegender Ergebnisse von Elektronenbeugungs-, Spektral- u. Dissoziationsmessungen wurden die thermodynam. Daten C_p, S^0, $-(F^0 - E^0_0)/T$ u. $(H^0 - E^0_0)/T$ für das F_2-Mol., das F-Atom u. für monomeren HF im Temperaturbereich von 100—5000° K berechnet. Die Werte sind in Tabellen aufgeführt. Aus den Werten der freien Energien u. der Dissoziationsenergien wurden die Gleichgewichtskonstanten der Rkk. $F_2 \rightleftharpoons 2\,F$, $HF \rightleftharpoons \frac{1}{2}H_2 + \frac{1}{2}F_2$ u. $HF \rightleftharpoons H + F$ berechnet. — Für die Dissoziations-Rkk. $ClF \rightleftharpoons \frac{1}{2}F_2 + \frac{1}{2}Cl_2$ u. $ClF \rightleftharpoons F + Cl$ errechnen sich die Änderungen der freien Energie zu 15363 bzw. 54687 cal/Mol. (J. chem. Physics **20.** 586—90. April 1952. Pasadena, Calif., California Inst. of Technol., Jet Propulsion Labor.) FORCHE. 155

P. L. Walker jr. und **C. C. Wright**, *Die Stabilität von Brennerflammen für binäre und ternäre Mischungen von Methan, Kohlenmonoxyd und Wasserdampf.* Da schon länger bekannt ist, daß eine Zugabe von Wasserdampf z. B. zu CO dessen Verbrennungsgeschwindigkeit v wesentlich erhöhen kann (v von trockenem CO = 16 cm/sec, von CO mit 9,4% Wasserdampf 55 cm/sec), untersuchten Vff. das Verh. von v für Mischungen im Syst. W.–CH_4–CO, die in Brennern von 0,573—1,273 cm Durchmesser verbrannt wurden. In 7 Diagrammen werden die Ergebnisse mitgeteilt unter Angabe, wann Erlöschen u. Rückschlagen der Flammen auftreten. Für das Auftreten dieser beiden Erscheinungen wurde für CO keine lineare Abhängigkeit von der Konz. festgestellt. (Fuel **31.** 37—44. Jan. 1952. State College, Pa., Pennsylvania State Coll., Div. of Fuel Technol.)
ROEDER. 157

P. L. Walker jr. und **C. C. Wright**, *Stabilität und Verbrennungsgeschwindigkeit in Bunsenflammen von Propan–Kohlenmonoxyd-Mischungen.* In gleicher Weise wie in vorst. Ref. untersuchten Vff. die Vorgänge am Syst. Propan–CO: v erreichte ein Maximum bei Ggw. von 4% Propan im Heizgas. Die Tendenz zum Rückschlagen erwies sich als etwa proportional v. (Fuel **31.** 45—49. Jan. 1952.) ROEDER. 157

S. Mrozowski, *Wärmeleitfähigkeit von Kohlen und Graphit.* Die in der Literatur vorliegenden Daten für die Temperaturabhängigkeit der Wärmeleitfähigkeit K von *polykrist. Graphit* (**I**) u. von eingebrannter *Kohle* (**II**) werden kurz diskutiert. K von **II** ist ca. 1000mal kleiner als K von **I**. Vor allem wird darauf hingewiesen, daß K von **I** bei tiefen Tempp. (ca. —200°) durch ein scharfes Maximum gehen müßte, das allerdings experimentell noch nicht gefunden wurde. (Physic. Rev. [2] **86.** 251—52. 15/4. 1952. Buffalo, N. Y., Univ., Dep. of Phys.) FUCHS. 158

R. Mercier, *Einige Gesichtspunkte zum Ultraschall.* Kurze Einführung in das Gebiet des Ultraschalls: Erläuterung der Wellengleichung u. der Schallfeldgrößen u. Beschreibung der Methoden der Ultraschallerzeugung (Piezoelektrizität); Phänomene bei der Schallausbreitung (Reflexion u. ferner Durchgang durch Grenzflächen u. Absorption); Messung der Schallgeschwindigkeit; Ähnlichkeit der Optik mit der Schalloptik; Auftreten der Kavitation u. techn. u. medizin. Anwendungen. (Bull. techn. Suisse romande **78.** 153—60. 31/5. 1952. Lausanne, Univ., École polytechn.) FALKENHAGEN. 159

W. M. Pierce, *Chladnische Klangfiguren.* Die von MILLER (Amer. J. Physics **18.** [1950.] 534) berichtete Beobachtung, daß bei Verwendung einer Sand–Lycopodium-Mischung zur Herst. von CHLADNI-Figuren auf einer Platte sich der Sand an den Knoten, das Lycopodium vorzugsweise an den Bäuchen sammelt, ist schon 1831 von FARADAY sowie von POYNTING u. THOMSON gemacht worden. Bei Verwendung eines der beiden

Pulver findet MILLER immer Konz. an den Knotenlinien in Diskrepanz mit CHLADNI u. Mitarbeitern. (Amer. J. Physics **19.** 436. Okt. 1951. Athens, O., Ohio Univ.)
LINDBERG. 159

Romard Barthel, *Zur Schallausbreitung in $MgSO_4$-Lösungen.* Der empir. gefundene Ausdruck für die Schallabsorptionsgröße α für Elektrolyte lautet $2\,\alpha = A_1 \cdot K\,\omega^2/(\omega^2 + K^2) + A_2\,\omega^2$. In dieser Formel bedeutet ω die Kreisfrequenz. Der erste Term dieser Formel rührt sicherlich von einem in der Fl. bestehenden Relaxationseffekt her. Nach der Theorie von LIEBERMANN (Physic. Rev. [2] **76.** [1949.] 1520), die auf der Annahme einer Dissoziations-Rk. beruht, ist K proportional zur Konz. m, während A_1 sich mit $m^{3/2}$ ändert. Nach neueren Messungen findet man jedoch, daß K konzentrationsunabhängig ist, während A_1 proportional zu m ist. Dieser Widerspruch zwischen Theorie u. Experiment erfordert eine Untersuchung. Vf. bearbeitet daher noch einmal sorgfältig dieses Problem speziell für $MgSO_4$-Lösung. Vf. diskutiert auch gewisse, von LIEBERMANN gemachte Annahmen u. kommt zum Schluß, daß das Verh. einer derartigen Lsg. sowohl von unimol. Rkk. ($G \rightleftharpoons H$) als auch von Dissoziations-Rkk. ($GH \rightleftharpoons G + H$) beeinflußt werden kann. Leider sind die vorliegenden experimentellen Daten noch ungenügend, um zu entscheiden, welche chem. Rk. im wesentlichen für die anomale Absorption in $MgSO_4$-Lsg. verantwortlich ist. (J. acoust. Soc. America **24.** 313—16. Mai 1952. Austin, Tex., Univ. of Texas, Dep. of Phys.)
FALKENHAGEN. 159

A_5. Grenzschichtforschung. Kolloidchemie.

J. J. van Deemter, *Das Theorem von Bernoulli für viscose Flüssigkeiten.* Ausgehend von der allg. Impulsgleichung wird die Ableitung von MADELUNG auf beliebige Bewegung einer viscosen Fl. ausgedehnt. u. die erhaltene Gleichung auf die beiden Sonderfälle des stationären Fließens eines idealen Gases u. einer inkompressiblen Fl. angewandt. (Physic. Rev. [2] **85.** 1049. 15/3. 1952. Amsterdam, Konink Shell Labor.) HENTSCHEL. 172

Piero Brovetto, *Über die Gasadsorption an Kristallgittern. Gültigkeit der Isothermen von Peierls, Wang und Roberts im Falle eines unbeweglichen Films.* Durch eine Umformung der Isothermen von PEIERLS (C. **1936.** II. 3401) gelangt Vf. zu einer Gleichung für den Gleichgewichtsdruck zwischen adsorbierter u. Gasphase, die für den Fall des unbeweglichen Films gilt, also die Adsorptionsisotherme darstellt, die dann gilt, wenn die Energie der Wechselwrkg. zwischen den adsorbierten Moll. gegenüber den zwischen den adsorbierten Moll. selbst wirkenden Kräften stark überwiegt. In diesem Falle werden die Moll. in den Lagen festgehalten, in denen sie zufällig auf die Oberfläche des Adsorbens gelangt sind. (Ricerca sci. **22.** 287—88. Febr. 1952. Turin, Univ., Ist. chim.)
R. K. MÜLLER. 176

R. Nelson Smith, *Phasenübergänge in Oberflächenfilmen auf Festkörpern.* Die Adsorptionsisothermen von *n-Heptan* an *Fe_2O_3* u. *Graphit* wurden erneut in dem Temperaturbereich von 8,1—41° mittels Wägung u. eines McLEOD-Manometers gemessen. Im Gegensatz zu anderen Arbeiten zeigen die der GIBBSschen Gleichung genügenden Kurven einen glatten Verlauf u. schließen damit Phasenübergänge des Adsorbats aus. (J. Amer. chem. Soc. **74.** 3477—79. 20/7. 1952. Claremont, Calif., Pomona Coll., Dep. of Chem.)
H. HAUSWALD. 176

Hussein Sadek, *Adsorption an uneinheitlichen Oberflächen.* Es werden die physikal. u. aktivierte Adsorption, die Chemisorption, die Veränderung der Aktivität an verschied. Oberflächengebieten, Vergiftungseffekte, spezif. Eigg. von Kristalloberflächen, Folgerungen aus den Adsorptionsdaten, die Topographie der Oberfläche aus magnet. Daten u. der Begriff der akt. Zentren besprochen. Ferner wird festgestellt, daß Gas-Rkk., die durch eine feste Oberfläche katalyt. beeinflußt werden, rascher stattfinden als in der homogenen Gasphase. Es wurde weiter festgestellt, daß die Eigentümlichkeit der Oberflächen u. die Notwendigkeit einer Aktivierungsenergie maßgebende Bedeutung für die Vorgänge haben. (Euclides [Madrid] **12.** 133—40. März 1952. Alexandria, Farouk I-Univ., Fac. of Sci., Dep. of Chem.)
BOYE. 176

Joseph A. Faucher jr., Raymond W. Southworth und **Henry C. Thomas,** *Adsorptionsuntersuchungen an Tonmineralien.* 1. Mitt. *Chromatographie auf Tonen.* Vff. erörtern die Bedeutung der Vorgänge beim Basenaustausch an Tonmineralien (für Erdoberflächenchemie, Pflanzenernährung, Verwertung von angefallenen radioakt. Substanzen aus Kernspaltungen u. ihre Fixierung auf Tonmineralien) u. besprechen kurz die Entw. der Best. von Adsorptionsisothermen. Sie untersuchten Ionenaustausch-Rkk. durch chromatograph. Adsorptions- u. Elutionsverss. an einem *Montmorillonit* (Polyelektrolyt) aus Chambers, Ariz. (AP 123). Dieser durch ein 100-Maschensieb gesiebte Ton wurde, mit feinzerteiltem Goochasbest gemischt, in abgewogenen Mengen als Säulenmaterial verwendet, u. an ihm u. a. der Austausch von Na- gegen Isotopen- u. Cs-Ionen beobachtet. Die Gleichgewichtsverhältnisse an den isothermen Oberflächen werden erläutert u. die verschied. Adsorptionsisothermen (beim Cs/Na-, Na/Cs- u. Isotop/Cs-Austausch) besprochen. Die mathemat. Erfassung der experimentell erhaltenen Einzelwerte von Austauschresultaten wird besprochen u. ein Korrekturverf. für die Isothermenberechnung aus den erhaltenen Elutionsdaten angegeben. (J. chem. Physics **20.** 157—60. Jan. 1952. New Haven, Conn., Yale Univ., Sterling Chem. Labor.) WINGCHEN. 177

T. Reis, *Introduction à la chimie-physique des surfaces.* Tome I. *Liquides.* Paris: Dunod. 1952. (XVI + 286 S. m. 126 Abb. u. 25 Tab.) fr. 2400,—.

Nach einer kurzen Einführung in die Theorien des fl. Zustandes (23 S.) folgt ein Hauptkapitel über die Oberflächen von reinen u. vermischten Fll. (60 S.), ein weiteres über monomol. Filme aus unlösl. Stoffen (77 S.), dann die Behandlung der Grenzfläche zwischen 2 Fll. (50 S.). Experimentelle Methoden sind ausführlich berücksichtigt. Gute Tabellen. Ca. 1200 Literaturzitate bis 1949. Kurzer u. klarer Text. Zur Orientierung über Methoden u. Ergebnisse der Messung von Oberflächeneigg. sehr geeignet. WERNER SCHULZE. 166

A_6. Strukturforschung.

W. G. Perdok, *Analyse von Kristallstrukturen mit I. B. M-(Hollerith)-Lochkartenmaschinen.* Die auf Lochkarten wiedergegebenen Eigg. von Kristallen (Symmetrie, Atomdurchmesser, Mol.-Struktur) werden mit der Hollerithmaschine ausgewertet; die von der Maschine vorgenommene Sortierung läßt die Kristallstruktur erkennen. (Nederl. Tijdschr. Natuurkunde **18.** 49—68. März 1952. Groningen, Rijksuniv., Kristallograf. Inst.) WESLY. 181

Hans Gunther Heide, *Zum Lorentz-Faktor für Drehkristallverfahren.* Im wesentlichen ident. mit der C. **1952.** 3780 referierten Arbeit. (Ann. Physik [6] **8.** (**443.**) 240—45. 1951. Berlin-Buch, Deutsche Akad. der Wiss., Inst. für Med. u. Biol., Abt. Biophysik.) B. REUTER. 181

G. B. Carpenter, *Bestimmung von Achsenwinkeln eines triklinen Kristalls aus einer einzelnen Justierung.* Es wird eine vereinfachte Meth. zur Messung der Winkel α u. β angegeben, wenn die Drehrichtung des triklinen Kristalls bei einer WEISSENBERG-Aufnahme die c-Achse ist. (Acta crystallogr. [Copenhagen] **5.** 284. März 1952. Providence, R. I., Brown Univ., Metcalf Res. Labor.) HILLER. 181

Hermann-Josef Kopineck, *Quantentheorie des N_2-Moleküls.* 2. Mitt. *Behandlung des N_2-Moleküls als Zehnelektronenproblem.* (1. vgl. C. **1953.** 806.) In Erweiterung der Berechnung des N_2-Mol. mittels der SLATERschen Theorie behandelt Vf. das N_2-Mol. als Zehnelektronenproblem. Es ergeben sich als Dissoziationsenergie $D(N_2) = 9{,}261$ eV u. als Kernabstand $R_0(N_2) = 1{,}108$ Å. In beiden Fällen wird eine Mischung von 2 s- u. 2 p_σ-Funktionen zugelassen u. das Quadrat des Mischungsparameters zu ca. 0,18 bestimmt. Z* hat, bedingt durch die SLATERsche knotenlose 2 s-Funktion, den relativ hohen Wert ≈ 5. (Z. Naturforsch. **7a.** 314—24. Mai 1952. Göttingen, Max-Planck-Inst. für Phys.) SPEER. 182

H. Seifert, *Kristalltrachtbeeinflussung wachsender Kristalle durch Lösungsgenossen als Adsorptionsproblem.* Für einen umfangreichen Teilbereich scheint die Ursache von Differenzen in der Kristalltracht in der Wirksamkeit von Lösungsgenossen zu liegen. Eine allg. Theorie des Wirkungsmechanismus fehlt bisher. Nach kurzer Skizzierung der bis heute erkannten allg. Gesetzmäßigkeiten in stat. u. dynam. Hinsicht wird die konkurrierende Adsorption verschied. Partikel an der wachsenden Kristallgrenzfläche näher analysiert u. auf den Gegensatz von „strukturgleichgültigen" u. „strukturbedingten" Adsorptionen sowie auf das Ausmaß der verschied. effektiven Ergebnisse hingewiesen; hierdurch erweisen sich trachtbeeinflußte Kristallisation u. (echte u. anomale) Mischkristalle als genet. eng verwandt. Die Trachtbeeinflussung des *Steinsalzes* durch *Glykokoll* in Richtung auf das Rhombendodekaeder war bisher nicht erklärt, u. eine kürzlich gegebene, rein stat. Deutung mittels Strukturanalogie irreführend. Durch experimentelle Unters. wird die Morphologie der Wachstumskörper bes. im Kugelvers. klargestellt. Überlegungen nach einer schon früher mehrfach angewandten dynam. Meth. unter Benutzung der rechner. Ansätze von STRANSKI erbringen ein kristallstrukturell begründetes Verständnis für die Grenzflächenvorgänge am NaCl unter Einw. des Glykokolls u. damit für die veränderte Kristalltracht. (Z. Elektrochem., Ber. Bunsenges. physik. Chem. **56.** 331—38. 1952. Münster, Univ., Mineralog. Inst.) HENTSCHEL. 190

J. B. Coon, *Strukturkonstanten von ClO_2.* (Sitzungsbericht.) Elektronenbeugungsdaten (vgl. DUNITZ u. HEDBERG, C. **1951.** II. 2845) u. Absorptionsspektraldaten (vgl. C. **1946.** I. 296) für die ClO_2-Struktur werden verglichen u. innerhalb des experimentellen Fehlers gut übereinstimmend gefunden. Die besten Werte sind $S'' = 1{,}484$ Å u. $2\,\vartheta'' = 115{,}3^0$. Aus den vorliegenden Daten u. den Konstanten $2\,(\Delta A - \Delta \overline{B}) = -1{,}188$ cm^{-1} u.

$2 \Delta \bar{B} = -0{,}0615\ cm^{-1}$, die die Schwankungen des Trägheitsmoments festlegen, kann der Bindungsabstand zu S' = 1,648 Å u. der Winkel zwischen den angeregten Elektronenzuständen zu 104° bestimmt werden. Auf anderem Wege gelangt man zu S' = 1,65 Å. (Physic. Rev. [2] **85.** 746. 15/2. 1952; Bull. Amer. physic. Soc. **26.** Nr. 7. 12. 30/11. 1951. A & M Coll. of Texas.) LEVI. 195

Alfred J. Frueh jr., *Bestätigung der Struktur von Chromborid, CrB.* Die Struktur von CrB ist fast gleichzeitig von SINDEBAND (J. Metals **1.** [1949.] 198) u. KIESSLING (C. **1949.** E. 516) ohne erhebliche Unterschiede publiziert worden. Vf. untersucht die Struktur erneut mit Hilfe von Präzessions- u. WEISSENBERG-Aufnahmen u. kommt dabei zu folgenden Ergebnissen: Raumgruppe D_{2h}^{17} — C mcm mit den Gitterkonstanten a = 2,96, b = 7,81, c = 2,94 Å. Auf Grund der gemessenen D. von 6,2 ergibt sich Z = 4. Die Cr- u. B-Atome liegen in der speziellen Punktlage 4 (c) mit folgenden Parametern: Cr: x = 0, y = 0,146 ± 0,007 (wobei ein Wert von 0,143 auf Grund der relativen Intensitäten u. aus geometr. Betrachtungen am wahrscheinlichsten ist), z = 0,25; B: x = 0, y = 0,45 ± 0,03; z = 0,25. Die Parameter stimmen innerhalb von 2,3% mit denen von KIESSLING überein. (Acta crystallogr. [London] **4.** 66—67. Jan. 1951. Chicago, Ill., Univ. of Chicago, Dep. of Geol.) B. REUTER. 195

F. Bertaut und **P. Blum**, *Existenz und Struktur einer neuen Phase im System Mo–B.* Beim Borieren von frisch polierten u. sehr reaktionsfähigen Mo-Oberflächen entsteht nicht wie beim Borieren von Mo-Drähten zunächst MoB, sondern eine neue Phase von der gleichen Struktur wie AlB_2. Vff. bezeichnen sie daher als MoB_2. Sie krist. in der Raumgruppe D_{6h}^1 — C 6/mmm mit a = 3,05, c = 3,113 Å. Atomlagen: Mo in (0 0 0), B in ±(1/3 2/3 1/2). Atomabstände: B—B = 1,76 Å, Mo—B = 2,35 Å. MoB_2 tritt nur in den beiden ersten Min. der Borierung auf, da sich gleichzeitig Mo_2B_5 bildet, das nach 5 Min. allein vorhanden ist. Die Tatsache, daß beim Borieren von Mo-Drähten MoB_2 überhaupt nicht auftritt, sondern MoB unmittelbar in Mo_2B_5 übergeht, zeigt, daß MoB_2 in Ggw. von MoB nicht beständig sein kann. Vff. erklären sein vorübergehendes Auftreten auf den Diagrammen von borierten Oberflächen durch die Tatsache, daß hier die Borierung nicht zum MoB, sondern unmittelbar zum MoB_2 führt. Die Struktur des Mo_2B_5 ist wahrscheinlich schon bei einem B-Geh. beständig, der nur wenig oberhalb des des MoB_2 liegt. (Acta crystallogr. [London] **4.** 72. Jan. 1951. Grenoble, Isère, Inst. Fourier.) B. REUTER. 195

R. A. Erickson, *Die antiferromagnetische Struktur von Mangandioxyd auf Grund von Neutronenbeugungsuntersuchungen.* (Sitzungsbericht.) Es wurden bei verschied. Tempp. zwischen 20 u. 300° K Neutronenbeugungsbilde rvon MnO_2 aufgenommen. Bei Zimmertemp. bestehen diese Beugungsbilder aus der Überlagerung kohärenter Kernreflexe auf einer charakterist. magnet. Untergrundschwärzung. Bei 20° K ist die magnet. Streuung weitgehend kohärent, was u. a. durch das Auftreten zahlreicher magnet. Überstrukturreflexe angezeigt wird. Lage u. Intensitäten dieser Reflexe werden auf Grund eines antiferromagnet. Modells erklärt, das die doppelten Einheitszellendimensionen hat wie die chem. Zelle. In diesem Modell sind die magnet. Momente n., bezogen auf die tetragonale Achse. Die raumzentrierten u. die Gittereckenmomente bilden zwei antiferromagnet. Untergitter. Mit Hilfe der Pulverbeugungsbilder allein ist es nicht möglich, eine einzige Grenzrichtung innerhalb der Basisfläche für die Momente eines der beiden Untergitter zu bestimmen. (Physic. Rev. [2] **85.** 745. 15/2. 1952; Bull. Amer. physic. Soc. **26.** Nr. 7. 11. 30/11. 1951. Oak Ridge Nat. Labor.) LEVI. 195

B. C. Frazer und **R. Pepinsky**, *Strukturänderungen beim ferroelektrischen Übergang von KH_2PO_4.* Es ist bereits bekannt, daß die Struktur von KH_2PO_4 am ferroelektr. CURIE-Punkt bei 122° K von einer tetragonalen in eine orthorhomb. sich umwandelt. Vff. untersuchen kleine Einkristalle von KH_2PO_4 dicht oberhalb (126° K) u. dicht unterhalb (116° K) des CURIE-Punktes röntgenograph. u. vergleichen die Ergebnisse mit der früher bestimmten Struktur bei Raumtemperatur. Das bei Raumtemp. verlängerte O_4-Tetraeder wird bei 126° K regelmäßig u. bleibt auch nach der Umwandlung bei 116° K regelmäßig, dagegen entfernen sich die P-Ionen aus ihren Zentralstellungen parallel zur c-Achse, der Achse der permanenten Polarisation. Die H-Bindung O—H···O wird ausgedehnter. (Physic. Rev. [2] **85.** 479—80. 1/2. 1952. State College, Pa., State Coll. of Pennsylvania.) FAHLENBRACH. 195

Berthold Stech, *Strukturänderungen an Kristallen durch Beschuß mit α-Teilchen.* Verschied. Kristallpulver wurden der Einw. von α-Teilchen ausgesetzt, indem sie zusammen mit Rn in Glasröhrchen eingeschmolzen wurden. Es wurden DEBYE-SCHERRER-Aufnahmen von beschossenen u. unbeschossenen Präpp. im gleichen MARK-Röhrchen angefertigt. Von den untersuchten Verbb. zeigten *Graphit, Ruß, metall. Se, ZnS, HgS,* CaF_2, *NaF, KCl* u. Na_2CO_3 keine röntgenograph. nachweisbaren Veränderungen. Bei $KMnO_4$, As_2O_3, $Na_2C_2O_4$ u. *Anthracen* zeigten sich Veränderungen in Richtung einer geringeren

Ordnung (z. B. Intensitätsabnahme, Verschmelzung einzelner Linien zu breiten Ringen, Verschwinden der körnigen Struktur der Interferenzlinien). Für einige Substanzen wurden Störamplituden berechnet. *Urotropin, Weinsäure* u. *Harnstoff* zeigten chem. Zersetzung. *Glasiges Se*, das mit α-Teilchen beschossen wurde, ließ in verschied. Umfang Linien des metall. (hexagonalen) Se erkennen. Auch bei unbeschossenem glasigem Se trat von Zeit zu Zeit schon bei Zimmertemp. eine spontane Umwandlung, allerdings nur in die monokline Modifikation, auf. Monoklines Se ging durch α-Beschuß in die hexagonale Modifikation über. Bestrahlung mit Röntgenstrahlen rief bei KCl, As_2O_3, $Na_2C_2O_4$ u. d-Weinsäure keine Veränderungen hervor, obgleich die eingestrahlte Energiemenge der bei α-Strahlung auftretenden vergleichbar war. Vf. faßt die Versuchsergebnisse dahingehend zusammen, daß bei Kristallen mit starker Bindung, hohem Grad der Raumerfüllung oder großer Elektronenbeweglichkeit keine Veränderungen auftreten, sofern das Mol. selbst stabil ist. Störungen nach Art eingefrorener Wärmeschwingungen, eine Verkleinerung kohärenter Kristallbereiche oder flüssigkeitsähnliche Strukturen bis zu einem makroskop. sichtbaren Zerfall werden bei nichtleitenden Stoffen mit schwacher Bindung, niedriger Raumerfüllungszahl oder geringer chem. Stabilität beobachtet. Der Einwirkungsmechanismus der α-Teilchen wird ausführlich diskutiert u. mit dem der Röntgenstrahlen verglichen. Für die auftretenden Störungen wird die starke Kolonnenionisation der α-Teilchen verantwortlich gemacht. Der beim Se beobachtete Übergang in eine höhere Ordnung wird ebenfalls kurz diskutiert. (Z. Naturforsch. **7a**. 175—85. Febr. 1952. Heidelberg, Univ., I. Physikal. Inst., u. Max-Planck-Inst. für medizin. Forschung, Inst. für Physik.) LEVI. 195

W. Seith und **G. Löpmann**, *Über die Diffusion von Metallen in gesinterten Al Proben.* Das Diffusionsverh. eines neuen, aus Al-Pulver hergestellten Sinterwerkstoffes — „*SAP*" —, dessen Herst. u. Eigg. beschrieben werden, gegen Al-Legierungen mit *Ag, Cu, Mg, Si* u. *Zn* wird im Vgl. zu Rein-Al untersucht. Die Versuchsanordnung wird beschrieben. Das Diffusionsverh. des Rein-Al wurde in guter Übereinstimmung mit früheren Ergebnissen gefunden. Entgegen der Erwartung zeigte es sich, daß die Diffusion im „SAP" wesentlich schneller verläuft als im Rein-Al. Verss. mit eloxiertem Al zeigten, daß die Eloxalschicht ebenfalls die Diffusion begünstigt. Vff. nehmen an, daß beim „SAP" neben der sehr langsamen Volumendiffusion im wesentlichen Diffusion an den Korngrenzen bzw. -oberflächen vorliegt. Außerdem wird die Möglichkeit erörtert, daß der Sauerstoff im „SAP" nicht als reines Al_2O_3, sondern als Oxyd mit Al-Überschuß vorliegt. (Z. Elektrochem., Ber. Bunsenges. physik. Chem. **56**. 373—79. 1952. Münster/Westf., Univ., Inst. für physikal. Chemie.) LEVI. 197

R. I. Garber und **Ss. Ss. Djatschenko**, *Untersuchung der Sinterprozesse von Elektrolytkupfer.* Vff. untersuchten mit Hilfe des Elektronenmikroskops die Vorgänge beim Zusammenballen u. Sintern der Kristallkonglomerate von Elektrolyt-Cu, wobei die gleichen Stellen der Konglomerate nach zwischengeschalteter Wärmebehandlung wiederholt photographiert wurden. Es wird festgestellt, daß schon bei Raumtemp. ein Zusammenballen der Kristalle u. Zuwachsen der Poren in charakterist. Weise stattfindet. Die Geschwindigkeit dieses Prozesses ist sprunghaften Veränderungen unterworfen, was auf Fluktuationserscheinungen atomarer Art hindeutet. Ähnliche Vorgänge, im verstärkten Maße, wurden bei erhöhten Tempp. (100—300°) beobachtet. (Журнал Технической Физики [J. techn. Physik] **22**. 1097—1103. Juli 1952. Charkow, Polytechn. Lenin-Inst.) EHMCKE. 197

W. I. Lichtman und **L. T. Nasarow**, *Untersuchung der Preß- und Sinterprozesse metallischer Pulver nach der elektrischen Leitfähigkeitsmethode.* Ausgehend von der Vorstellung, daß die beim Pressen u. Sintern entstehenden Kontaktoberflächen die Stellen elektr. Stromdurchflusses zwischen den Teilchen metall. Pulver sind, untersuchten Vff. an *Cu-, Fe-* u. *Pb*-Pulvern den Verlauf dieser Prozesse u. deren Temperaturabhängigkeit durch Messen des elektr. Widerstandes der verschied. Probekörper. Als Vorteile des Verf. werden genannt: die Möglichkeit einer direkten Beurteilung der Größe der Kontaktoberfläche; Gewinnung eines zum mindesten qualitativen Überblickes über den Zustand der Kontaktoberfläche u. Vorhandensein von Zwischenfilmen; Verfolgung u. Klärung der einzelnen Sinterstadien; Möglichkeit einer qualitativen Beurteilung der Haltbarkeit der bei verschied. Tempp. entstehenden Kontaktoberflächen; Klärung der Wirkungsweise beigemischter oberflächenakt. Schmiermittel. (Журнал Технической Физики [J. techn. Physik] **22**. 696—702. April 1952.) EHMCKE. 197

N. T. Gudzow und **M. G. Losinski**, *Untersuchung des Alterungsprozesses von Metallen und Legierungen durch Messung der Härte beim Erhitzen im Vakuum.* Beschreibung einer App., die es gestattet, die Härte von Metallen bei hohen Tempp. im Vakuum durch Eindrücken einer Diamantspitze zu bestimmen. An Proben aus dem austenit. Stahl der Marke DU-395, die von 1200° in W. abgeschreckt worden waren, wird der Härteverlauf beim isothermen Glühen bei 680 u. 850° durch alle 7 Min. durchgeführte Härtemessungen aufgenommen. Die aufgestellten Härte–Zeit-Kurven gestatten es, die Kinetik der Ausscheidungsprozesse u. die damit zusammenhängenden Vorgänge in den verschied. Stadien näher zu charakterisieren. (Журнал Технической Физики [J. techn. Physik] **22.** 1249—55. Aug. 1952. Inst. für Maschinenkunde der Akad. der Wiss. der UdSSR.) EHMCKE. 200

S. Bhagavantam und **T. Seshagiri Rao,** *Kompressibilitäten von kristallinen kubischen Pulvern: eine neue Meßmethode.* An Hand von Messungen an Pulvern von *KCl, KBr, KJ* u. *NaCl* zeigen Vff., daß ihre neue Meth. gut zur Messung der Kompressibilität von kristallinen kub. Pulvern geeignet ist. (Nature [London] **168.** **744.** 27/10. 1951. Heyderabad, Osmania Univ., Phys. Labor.) GOTTFRIED. 200

A_7. Gleichgewichte. Kinetik.

Karl H. Gayer und **Leo Woontner,** *Hydrolyse von Kobaltchlorid und Nickelchlorid bei 25°.* In 0,015—0,5 mol. $NiCl_2$- u. 0,01—0,075 mol. $CoCl_2$-Lsgg. bestimmen Vff. bei 25° durch p_H-Messungen die Hydrolysenkonstanten K im Vgl. zu den aus Verss. über die Löslichkeit der Hydroxyde gewonnenen Werten (C. **1950.** II. 1329) u. berechnen daraus die freie Energie ΔF^0 der hydrolyt. Reaktion. Es ergibt sich $K = 2{,}3 \cdot 10^{-13}$ u. $\Delta F^0 =$ 14000 cal/Mol $NiCl_2$ bzw. $K = 6{,}3 \cdot 10^{-13}$ u. $\Delta F^0 = 17000$ cal/Mol $CoCl_2$ in guter Übereinstimmung mit den früheren Ergebnissen. (J. Amer. chem. Soc. **74.** 1436—37. 20/3. 1952. Detroit, Mich., Wayne Univ., Dep. of Chem.) WEITBRECHT. 221

N. N. Greenwood und **R. L. Martin,** *Diskontinuitäten in unterkühlten ionischen Schmelzen.* Vff. untersuchen die Viscosität von geschmolzenen *BF_3-Koordinationsverbb.* in Abhängigkeit von der Temp. u. finden für $H[CH_3 \cdot CO \cdot OBF_3]$ beim F. (37,5°) eine Richtungsänderung der Kurve um 34%, was einer Änderung der Aktivierungsenergie B [$\eta = \eta_0$ exp. (B/RT)] um 10% entspricht. — Das spezif. Vol. zeigt keine ähnliche Diskontinuität. Die spezif. Leitfähigkeit der Verb. zeigt ein analoges Verh. wie die Viscosität, so daß Vff. annehmen, daß für die Viscositäts- u. Ionenbeweglichkeits-Diskontinuitäten am F. die gleichen Konfigurationsänderungen verantwortlich sind. Die gleichen Ergebnisse wie an der CH_3COO-Verb. des BF_3 erhielten Vff. mit den CH_3-, C_2H_5-, n-C_3H_7- u. n-C_4H_9-Verbb. des BF_3. Wie DODD u. MI (C. **1950.** I. 677) zeigten, ist dieser Effekt nicht auf ion. Schmelzen beschränkt, sondern wurde auch beim *Phenyläther* u. *m-Chlornitrobenzol* beobachtet. Die Frage, ob hier eine allg. Erscheinung unterkühlter Schmelzen vorliegt, läßt sich vorerst nicht entscheiden. (Nature [London] **168.** **344.** 25/8. 1951. Cambridge, Univ., Chem. Labor.) LEVI. 223

R. P. Bell, *Die moderne Theorie der Lösungen.* Vf. gibt einen krit. Überblick über die Entw. der modernen Theorie der Lsgg., beginnend mit der Theorie von DEBYE-HÜCKEL u. ihrer Weiterentw. durch GRONWALL, LA MER u. SANDVED bzw. ONSAGER. Daran schließt sich eine Besprechung der Ionenpaartheorie von BJERRUM u. ihrer Weiterentw. durch FUOSS, sowie der neuesten Arbeiten auf diesem Gebiet, auch hinsichtlich der unvollständigen Dissoziation vieler Salze (in erster Linie Arbeiten von DAVIES). Auch die Theorie der Nichtelektrolytlsgg. wird kurz gestreift, wie auch die Entw. der Theorie der hochpolymeren Lsgg. sowie die Bldg. von Wasserstoffbrücken u. das Verh. assoziierter Lösungsmittel, bes. gegenüber Säuren u. Basen. (Sci. Progr. **39.** 593—607. Okt. 1951. Oxford, Balliol Coll.) NIEMITZ. 224

A. Skrabal, *Von den unabhängigen Reaktionen.* Vf. diskutiert für ein gegebenes Syst. von chem. Rkk. den Begriff der unabhängigen Rkk., zwischen denen keine Reaktionsbeziehungen bestehen. Ihre Zahl entspricht der zur Best. des Zustandes des Syst. notwendigen Anzahl von unabhängigen Analysen. Die Lsg. des Problems wird sowohl chem. an Hand der Reaktionsgleichungen als auch mathemat. mit Matrizenrechnung durchgeführt u. am Syst. der „Organo-oxyde" (vgl. Z. physik. Chem., Abt. A **181.** [1938.] **449**) mit 9 möglichen Rkk. demonstriert. (Mh. Chem. **83.** 530—40. 1952. Graz.) WEITBRECHT. 225

Joseph Halperin und **Henry Taube,** *Der Übergang von Sauerstoffatomen bei Oxydations–Reduktions-Reaktionen.* 3. Mitt. *Die Reaktion von Halogenaten mit Sulfit in wässeriger Lösung.* (2. vgl. C. **1952.** 3297.) Die Frage, ob der bei Redox-Rkk. vom Reduktionsmittel aufgenommene O_2 vom Oxydations- oder Lösungsm. abgegeben wird, untersuchen Vff. für die Rkk. zwischen ClO_3^-, ClO_2^-, $HClO$, Cl_2O, ClO_2 u. BrO_3^- in 0,1n HCl-Lsg. mit SO_3^{2-} sowie die Disproportionierung von ClO_2 in Alkali mit Hilfe von ^{18}O durch massenspektrograph. Unters. des bei der Red. des gebildeten SO_4^{2-} mit C freiwerdenen CO_2. Bei den Rkk. zwischen ClO_3^-, ClO_2^-, BrO_3^- u. ClO_2 mit SO_3^{2-} ist die Zahl n der vom Oxydations- zum Reduktionsmittel übergehenden O-Atome pro Mol. Oxydationsmittel kleiner als n_{max} u. beträgt 2,29 für ClO_3^-, 1,50 für ClO_2, 1,55 für ClO_2^-, 0,36 für Cl_2O u. 2,20 für BrO_3^- bei 25°. Mit fallendem p_H-Wert steigen diese Zahlen schwach an. Zur Deutung der erhaltenen Ergebnisse nehmen Vff. für ClO_3^- u. ClO_2^- eine stufenweise Red. durch SO_3^{2-} nach $ClO_3^- \rightarrow ClO_2^-$ u. $ClO_2^- \rightarrow ClO^-$ an u. schreiben die Differenzen zwischen n u. n_{max} der letzten Reduktionsstufe $ClO^- \rightarrow Cl^-$ zu, da als Folge der verschied. Geschwindigkeiten, mit denen die einzelnen Reaktionsschritte ablaufen, verschied. ClO^- u. ClO_2^--Konzz. auftreten, je nachdem, ob die Rk. von ClO_3^- oder ClO_2^- ausgeht. Auch die für die Rk. von BrO_3^- mit SO_3^{2-} gefundenen Differenzen zwischen n u. n_{max} schreiben Vff. der Hypobromitstufe zu. Für die Rk. zwischen HO*X u. SO_3^{2-} gibt es 2 Möglichkeiten: den Übergang von O zum SO_3^{2-} nach $ClO^* + SO_3^{2-} \rightarrow Cl^- + SO_3O^{*-}$, oder die Bldg. einer leicht hydrolysierenden Verb. nach $OCl^- + SO_3^{2-} + H^+ \rightarrow ClSO_3^- + OH^-$, $ClSO_3^- + H_2O \rightarrow SO_4^{2-} + 2H^+$. (J. Amer. chem. Soc. **74**. 375—80. 20/1. 1952. Chicago, Univ., Herbert Jones Labor.) WOELK. 225

Joseph Halperin und **Henry Taube**, *Der Übergang von Sauerstoffatomen bei Oxydations-Reduktions-Reaktionen. 4. Mitt. Die Reaktion von Wasserstoffperoxyd mit Sulfit und Thiosulfat und von Sauerstoff, Mangandioxyd und Permanganat mit Sulfit.* (3. vgl. vorst. Ref.) Die Unters. der Rk. zwischen H_2O_2 u. H_2SO_3 ergibt für n, die Zahl der pro Mol. Oxydationsmittel zum Reduktionsmittel übergegangenen O-Atome, den Wert 2,0, während sich für die Rk. von $S_2O_3^{2-}$ u. H_2O_2 in Ggw. von Molybdat n zu 1,0 ergibt. Zur Deutung dieser Ergebnisse nehmen Vff. für die erste Rk. folgenden, unter Erhalt der O—O-Bindung verlaufenden Mechanismus an: $HO-\overset{O}{\overset{\|}{S}}-OH + H-\overset{\times}{O}-\overset{\times}{O}-H \rightarrow H-O-\overset{O}{\overset{\|}{S}}-\overset{\times}{O}-\overset{\times}{O}-H + H_2O$. Im Gegensatz hierzu erfolgt bei der durch Molybdat katalysierten Rk. $H_2O_2 + {}^1/_4\, S_2O_3^{2-} = {}^1/_2\, SO_4^{2-} + {}^3/_4\, H_2O + {}^1/_2\, H^+$ die Bldg. von Permolybdänsäure als Zwischenprod., die den O unter Bruch der O—O-Bindung an das SO_3^{2-} abgibt. Für die Rkk. zwischen O_2, MnO_2 u. MnO_4^- mit H_2SO_3 erhalten Vff. für n die Werte 2,2, 0,97, 0,2. (J. Amer. chem. Soc. **74**. 380—82. 20/1. 1952.) WOELK. 225

A. O. Allen, C. J. Hochanadel, J. A. Ghormley und **T. W. Davis**, *Zersetzung von Wasser und wässerigen Lösungen durch gemischte schnelle Neutronen- und γ-Strahlung.* Im Oak Ridge-Pile bestrahltes gereinigtes W. zers. sich nur bis zu einem bestimmten Ausmaß. Die Zersetzungsprodd. (H_2, H_2O_2 u. O_2) reagieren untereinander unter Strahlung, um H_2O zurückzubilden, so daß schnell ein feststehender Gleichgewichtszustand erreicht wird. Dieser Zustand wird in reinem W. von 25° erreicht, wenn die Menge an entstandenem H_2 ungefähr 20 μMol/Liter beträgt. Dieser Zustand ist sehr empfindlich gegen Verunreinigungen u. deshalb schwer reproduzierbar. Er verändert sich mit der Zeit infolge Aufnahme von Fremdkörpern, die aus dem Material der Gefäßwände stammen. Eine Zufuhr von H_2 hemmt die Zers., während O_2 oder H_2O_2 diese steigern. Bei kurzen Expositionszeiten überwiegt von den oxydierenden Stoffen das H_2O_2, mit zunehmender Bestrahlungsdauer steigt der O_2-Gehalt. Es wird angenommen, daß als prim. Reaktionsprod. überhaupt nur H_2O_2 entsteht u. der auftretende O_2 lediglich aus der nachfolgenden Zers. von H_2O_2 stammt. Vff. vermuten, daß bei der Zers. von H_2O durch energiereiche Strahlung die gleichen Faktoren wie bei der photochem. Zers. von H_2O_2 zu O_2 in wss. Lsg. wirksam sind. Die Verss. zeigten, daß die Zers. von H_2O_2 zu O_2 genau wie im UV durch die Ggw. von dispersen Glasteilchen beschleunigt wird. Die Wasserzers. kann nach folgenden Mechanismen vor sich gehen: $2\,H_2O \rightarrow H_2O_2 + H_2$; $H_2O \rightarrow H + OH$. Bei hoher Ionisationsdichte ist die Konz. an gebildeten Radikalen sehr groß. Diese reagieren dann vorzugsweise zu H_2O_2 u. H_2. Die Kinetik der Rk. zwischen gelöstem H_2 u. H_2O_2 ist reproduzierbar, wenn H_2 im Überschuß vorhanden ist. Der Zustand konstanter Zus. liegt um so höher, je größer die durchschnittliche D. der Radikale zum Zeitpunkt ihrer Entstehung ist, d. h. je größer der Bestrahlungsgeh. an schnellen Neutronen u. je geringer der Anteil an γ-Strahlen ist. Bei geringeren Ionisationsdichten wird vorwiegend eine Verteilung der Radikale im W. stattfinden, so daß diese mit gelösten Stoffen reagieren können, wie weitere Zersetzungsverss. mit wss. Lsgg. von *KBr, KJ, $CuSO_4$, KCl, HCl, KOH, H_2SO_4, K_2SO_4* u. *H_3PO_4* ergaben. Hierbei wurden die Konzz. u. die Belichtungszeiten variiert. Die resultierenden Konzz. an H_2 sind in einigen Fällen viel höher, als sie in reinem W. beobachtet wurden. Aus den Verss. wird abgeleitet, daß die Lsgg., die eine sehr hohe Lage der konstanten Zus. aufweisen, mit Radikalen reagieren u. so verhindern, daß diese mit gelöstem H_2 u. H_2O_2 in Rk. treten, so daß die Rück-Rk. zu H_2O gehemmt ist u. die Hin-Rk. fortschreitet, bis gelöster H_2 u. H_2O_2 eine genügend hohe Konz. erreichen, um, wie die gelösten Stoffe, mit den Radikalen reagieren zu können. Offenbar reagieren Br^--, J^-- u. Cu^{2+}-Ionen am schnellsten, dann folgt HCl, H_2SO_4, während H_3PO_4 u. OH-Ionen kaum oder nicht immer mit den Radikalen reagieren. Die Reproduzierbarkeit dieser Verss. ist gut, sofern die Verdünnung der Lsg. nicht zu groß ist. Im Falle von H_2SO_4 trat eine sehr hohe Peroxydkonz. auf. Es wird dies auf Bldg. einer Perschwefelsäure zurückgeführt, die gegen die Strahlung stabiler als H_2O_2 ist. Die Ergebnisse der Arbeit werden quantitativ erklärt. Der aufgestellte Reaktionsmechanismus unterscheidet sich von dem von LEA (Brit. J. Radiol., Suppl. **1.** [1947.] 59) angenommenen. (J. physic. Chem. **56.** 575—86. Mai 1952. Oak Ridge, Tenn., Oak Ridge Nat. Labor.) E. JAHN. 226

C. J. Hochanadel, *Wirkungen von Kobalt-γ-Strahlung auf Wasser und wässerige Lösungen.* Die Verss. wurden mit reiner, monoenerget. ^{60}Co-γ-Strahlung durchgeführt. Die für die Zers. wichtigen Rkk. sind: $2H_2O \rightsquigarrow H_2O_2 + H_2$ (F) u. $H_2O \rightsquigarrow OH + H$ (R). Beide Rkk. werden als getrennte Vorgänge betrachtet, die gleichzeitig ablaufen können. Der Wert für k_F beträgt 0,46 Mol. H_2O_2 u. H_2 pro 100 eV. Er wurde aus dem H_2O_2-Geh. in O_2-freien sauren Bromidlsgg. bestimmt. $k_R = 2{,}74$ Mol. H u. OH pro 100 eV. Der Wert wurde aus dem H_2O_2-Geh. von Lsgg. ermittelt, die sowohl H_2 u. O_2 enthielten. Das Minimum der Zers. ergibt sich daraus zu 3,66 Mol. H_2O pro 100 eV oder 1 Mol. H_2O pro 27 eV. Die Best. der absorbierten Energiemenge in den Lsgg. erfolgte durch Vgl. mit einem sauren Eisen(II)-sulfat-Aktinometer, das calorimetr. kalibriert wurde. Es ergab sich, daß in luftgesätt. 0,4 mol. H_2SO_4-Lsg. $15{,}5 \pm 0{,}3$ Fe^{2+}-Ionen pro 100 eV oxydiert werden. Die durch Bestrahlung induzierte Rück-Rk. zwischen H_2 u. H_2O_2 wurde in Abhängigkeit von H_2O_2-Konz., Intensität der Strahlung, Temp., p_H-Wert u. zugesetztem Acetanilid untersucht. Es werden für die Kinetik der Vorgänge Rkk. mit den freien Radikalen H, OH u. HO_2 diskutiert. (J. physic. Chem. **56.** 587—94. Mai 1952. Oak Ridge, Tenn., Oak Ridge Nat. Labor.) E. JAHN. 226

G. K. Lawrowskaja und **W. W. Wojewodski,** *Reaktionen der Wasserstoff- und Sauerstoffatome an festen Oberflächen.* Vff. bestimmen die Rekombinationskoeffizienten der Atome O u. H an der Oberfläche zahlreicher Katalysatoren (*Pt*, $ZnO \cdot Cr_2O_3$, Cr_2O_3, *MgO*, MoO_3, *Kohle*, *ZnO*, *PbO*, *Quarz*, *KCl* auf Quarz, $K_2B_4O_7$ auf Quarz) u. die Aktivierungsenergie dieser Prozesse. Danach ist MgO ein akt. Katalysator für die Rekombination der O-Atome, jedoch nicht für H. MgO kann zur O-Entfernung aus der Reaktionszone angewandt werden, wobei die H-Konz. nicht beeinflußt wird. Der Übergang $MoO_3 \rightarrow xMoO_3 \cdot yMoO_2$ erfolgt sowohl unter der Einw. von H als auch von O. (Журнал Физической Химии [J. physik. Chem.] **25.** 1050—58. Sept. 1951. Moskau, Inst. für physik. Chem. der Akad. der Wiss. der UdSSR, u. Lomonossow-Univ.) LEBTAG. 227

B. Anorganische Chemie.

Jean Chédin, *Versuch einer quantitativen Beschreibung von Hydratgemischen aus Salpetersäure und Wasser — Gleichgewichtsgleichungen — Ionisation.* Durch spektroskop. Unters. (RAMAN-Effekt) wurde in wss. Lsgg. das Monohydrat ($NO_2OH \cdot H_2O$) nachgewiesen, das keinen Dampfdruck hat. Das Anhydrid weist einen Dampfdruck auf. Außerdem sind dissoziierte Moll. NO_3^- u. H^+ vorhanden. Die Lösungs- u. Verdünnungswärme des Monohydrats wurde von mehreren Seiten bestimmt. Der gefundene niedrige Wert läßt auf das Vorhandensein eines Trihydrats schließen. Letzteres wird auch durch UV-Absorption festgestellt. Das Monohydrat gehorcht bei Konzz. von 0—40% dem BEERschen Gesetz. Der aus den Gleichgewichtsgleichungen berechnete Wert, bes. bei größeren HNO_3-Konzz., läßt ebenfalls ein Trihydrat oder eine andere Zus. vermuten. Die UV-Meth. nach DALMON u. die Berechnung der Gemische aus dem Gleichgewicht ergeben übereinstimmende Resultate. DALMON hat auch 100%ig. HNO_3 untersucht u. durch Vgl. der UV-Absorption mit verdünnteren Lsgg. gefunden, daß 85%ig. Lsg. kein Trihydrat enthält. Durch UV-Messungen wird bei hohen Konzz. (>90%) ein „Halbhydrat", $2NO_2OH \cdot H_2O$, nachgewiesen. (J. Chim. physique Physico-Chim. biol. **49.** 109—25. März 1952. Paris, Labor. Central des Services chim. de l'État.) MIETHING. 243

Hans-Albert Lehmann und **Günther Krüger,** *Zur Chemie des Schwefeltrioxyds.* 3. Mitt. *Die Umsetzung von Kaliumselenat mit Schwefeltrioxyd.* (2. vgl. C. **1952.** 6822.) Bei der Umsetzung von K_2SeO_4 mit SO_3 wird in erster Phase gemäß $K_2SeO_4 + n\,SO_3 \rightarrow K_2[SeS_nO_{3n+4}]$ SO_3 angelagert. Bei 35° bildet sich *Kaliumtriselenatosulfat*, $K_2SeS_2O_{10}$ (I) im Gemisch mit $K_2S_3O_{10}$. Ein Teil des SeO_3, das nach der in 2. Phase verlaufenden Rk. $K_2SeO_4 + n\,SO_3 \rightarrow K_2[S_nO_{3n+1}] + SeO_3$ entsteht, verflüchtigt sich beim Vertreiben des überschüssigen SO_3 im Vakuum. I geht beim Erhitzen auf ~150° unter Abgabe von 1 Mol SO_3 in K_2SeSO_7 über, das sich bei ~440° in K_2SO_4 u. $SeO_2 + 1/2\,O_2$ zersetzt. Es wird angenommen, daß das $[SeS_2O_{10}]^{2-}$ symm. gebaut ist. Die Selenatosulfate sind entsprechenden Sulfaten höchstwahrscheinlich isomorph. (Z. anorg. allg. Chem. **267.** 315—23. März 1952. Berlin, Humboldt-Univ., I. Chem. Inst.) H.-A. LEHMANN. 253

Hans-Albert Lehmann und **Günther Krüger,** *Zur Chemie des Schwefeltrioxyds.* 4. Mitt. *Darstellung von reinem Selentrioxyd.* (3. vgl. vorst. Ref.) Zur Darst. von SeO_3 wird

K_2SeO_4 mit SO_3 am Rückflußkühler gekocht. Die Umsetzung verläuft vollständig nach $K_2SeO_4 + nSO_3 \rightarrow K_2[S_nO_{3n+1}] + SeO_3$. Es bilden sich 2 fl. Schichten, von denen die untere das Kaliumpolysulfat enthält, während die obere eine Lsg. von SeO_3 in SO_3 darstellt. Nach Trennung der Schichten wird aus der oberen das SO_3 verdampft u. als Rückstand SeO_3 erhalten. F. 118°, D.$^{118°}$ ~ 2,75. SeO_3 besitzt keinen definierten Kp., läßt sich aber im Vakuum unzers. sublimieren. Struktur u. Modifikationen werden in Analogie zu SeO_2 bzw. SO_3 gesetzt. (Z. anorg. allg. Chem. **267**. 324—33. März 1952. Berlin, Humboldt-Univ., I. Chem. Inst.) H.-A. LEHMANN. 253

T. G. Owe Berg, *Über die Dissoziation der Schwefelsäure.* Aus strukturellen Betrachtungen wird gefolgert, daß der Dissoziationsgrad α der H_2SO_4 für die erste Stufe den Wert 1 bei einer Konz. von 4 Mol/Liter u. für die 2. Stufe den Wert 1 bei einer Konz. von 28 Mol/Liter erreicht. Die Ergebnisse werden mit den Befunden von RAO (Ind. J. Physics Proc. Indian Assoc. Cultivat. Sci. **14**. [1940.] 143) u. der Abhängigkeit der Lösungsgeschwindigkeit eines C-Stahls von der Konz. der HSO_4^--Ionen verglichen. (Z. anorg. allg. Chem. **267**. 334—36. März 1952. Avesta, Avesta Jernverks A. G.) H.-A. LEHMANN. 253

G. B. Heisig und **R. Holt,** *Kein Austausch von Schwefel zwischen Sulfid- und Thiocyanationen in wässeriger Lösung.* Unter Verwendung von ^{35}S als Indicator wurde der Austausch zwischen akt. S^{2-} u. SCN^- einerseits u. akt. SCN^- u. S^{2-} andererseits bei Tempp. bis 100° u. Versuchszeiten bis zu 47 Std. in schwach alkal. Lsg. untersucht. Die Lsgg. befanden sich in verschlossenen Gefäßen unter N_2. Geringfügige Verlagerungen der Aktivität bis zu 5% werden auf Verunreinigungen zurückgeführt. (J. Amer. chem. Soc. **74**. 1597. 20/3. 1952. Minneapolis, Minn., Univ., School of Chem.) H.-A. LEHMANN. 253

Hans Kautsky, *Probleme der Siliciumchemie — Zweidimensionale Kristallstrukturen.* Vf. gibt einen Einblick in die Probleme, die zur Zeit in seinem Institut bearbeitet werden. Neben Oberflächenverbb. u. permutoiden Netzstrukturen u. Fadenstrukturen werden vor allem die Fragen der zweidimensionalen Kristallstrukturen am Beispiel des *Siloxens* erörtert. (Z. Naturforsch. **7b**. 174—83. März 1952. Marburg, Univ., Inst. für Siliciumchemie.) LEVI. 261

Ruth Bakken und **I. Th. Rosenqvist,** *Bemerkung über verschiedene Modifikationen von Alkalifeldspat.* Unterss. über die Rk. zwischen *Albit* u. *CaO* (mittels radioakt. Ca) ergaben eine Abhängigkeit der Reaktionsgeschwindigkeit von der Temperatur. Während sonst bei steigender Temp. ein gleichmäßiges Ansteigen der Reaktionsgeschwindigkeit beobachtet wurde, zeigte sich bei ca. 835° ein plötzlicher Anstieg, der weiterhin wieder zu n. Werten abfällt. Dieser Effekt wird durch eine Modifikationsänderung des Albits (wahrscheinlich von triklin zu monoklin) gedeutet, ähnlich der Änderung bei Quarz oder Martensit. An der gleichen Stelle ergab die Differentialthermoanalyse eine endotherme Rk. von ca. 0,04 cal/g. Gleiche Ergebnisse wurden mit Albit von Kragerø, Faløen, Madagaskar u. Grönland gefunden. (Research **5**. 195—96. April 1952. Bergen, Norwegen, Univ., Geolog. Inst.) HILLER. 261

Louis Blanchin, Boris Imelik und **Marcel Prettre,** *Gefüge- und Strukturänderung eines Böhmitgels im Verlauf seiner Entwässerung.* Die Strukturänderung eines *Böhmit*(**I**)-Gels bei sukzessiver Entwässerung wird der des *Hydrargillits* (**II**) gegenübergestellt. Das Gel wurde durch Einw. warmer Säure auf Na-Aluminatlsg. erhalten u. durch temperaturstufenweises Erhitzen von 0—600° bis zur jeweiligen Gewichtskonstanz entwässert, u. zwar bei Drucken p = 750 u. p' = 0,001 mm Hg. Ergebnisse: a) **II** ändert seine Zus. bei 150° (p') sprunghaft von $Al_2O_3 \cdot 3H_2O$ auf $Al_2O_3 \cdot 0,5\,H_2O$. Die neue Phase hat **I**-Struktur. Diese bleibt mit gleicher Zus. bis 300° erhalten. Dann entsteht stetig bis 400° Al_2O_3. — b) Der Wassergeh. des **I**-Gels nimmt bis 20° (p') bzw. 60—80° (p) von x auf 1,5 H_2O ab, bleibt dann (mit B-Struktur) bis 100° (p') bzw. 150° (p) erhalten u. sinkt dann stetig (ohne Halt bei $Al_2O_3 \cdot 0,5\,H_2O$) auf Al_2O_3 (wasserfrei) bei 350—400° (p') bzw. 450—500° (p). In diesen Temperaturintervallen kommt also eindeutiger Struktur verschied. chem. Zus. zu. Erst oberhalb 500° beginnt die **I**-Struktur zu verwittern. Vff. haben damit einen neuen Fall von nichtstöchiometr. Verbb. aufgefunden. — Der Strukturbeweis der chem. anomalen Phase wurde mit Röntgenstrahlen geführt u. ergab eine Kristallgröße von 60—70 Å. (C. R. hebd. Séances Acad. Sci. **233**. 1106—08. 5/11. 1951.) R. WOLFF. 294

R. Trujillo und **J. Beltrán,** *Die Neutralisation der Metavanadate.* (Vgl. An. Real. Soc. españ. Fisica Quím., Ser. B **45**. [1949.] 719.) Mittels Leitfähigkeitsmessungen werden die Vorgänge bei der Neutralisation der Metavanadate verfolgt. Die aufeinanderfolgenden Rkk. sind danach: $2VO_3^- + H_2O \rightleftharpoons H_2V_2O_7^{2-}$; $H_2V_2O_7^{2-} + OH^- \rightleftharpoons HV_2O_7^{3-} + H_2O$; $HV_2O_7^{3-} + OH^- \rightleftharpoons V_2O_7^{4-} + H_2O$; $V_2O_7^{4-} + OH^- \rightleftharpoons HVO_4^{2-} + VO_4^{3-} + H_2O$; $HVO_4^{2-} + OH^- \rightleftharpoons VO_4^{3-} + H_2O$. (An. Real Soc. españ. Fisica Quím., Ser. B **47**. 619—24. Sept./Okt. 1951. La Laguna, Univ., Labor. de Quím. inorágn.) R. K. MÜLLER. 330

Fr. Hein und **S. Herzog**, *Über eine Verbindung des einwertigen Chroms*: $[Dipy_3Cr] \cdot ClO_4$. (Vgl. C. **1944**. II. 517.) Durch Red. einer wss. Lsg. von *Tri-α.α'-dipyridylchrom(II)-perchlorat*, $[CrDipy_3](ClO_4)_2$ (**I**) (einer im trockenen Zustand luftbeständigen Verb., die aber in ihrer tiefweinroten wss. Lsg. luftempfindlich ist) mit Mg-Pulver, Zn-Staub oder Na-Amalgam schlägt die Farbe nach Schwarzblau um. Es scheidet sich in 90% ig. Ausbeute ein schwarzblaues Pulver von der Zus. $[CrDipy_3]ClO_4$ (**II**) ab. **II** ist stark luftempfindlich, unlösl. in W., gut lösl. in CH_3OH. A., Dioxan, Aceton u. Pyridin. Magnet. Messungen ergaben für **I** 2,9 u. für **II** 2,0—2,1 Bohrsche Magnetonen u. ließen erkennen, daß der Komplex dem Durchdringungstyp angehört. (Z. anorg. allg. Chem. **267**. 337—39. März 1952. Jena, Friedrich-Schiller-Univ., Inst. für anorgan. Chem.) Moslé. 335

Giuseppe Parravano, *Die Reduktion von Nickeloxyden durch Wasserstoff*. Die Red. von NiO durch H_2 sowie den Einfl. oxyd. Beimengungen, wie Ag_2O, Al_2O_3, Cr_2O_3, Li_2O, *MgO*, WO_3, ThO_2 u. $NiCl_2$, auf den Reduktionsvorgang hat Vf. zwischen 150 u. 350° bei H_2-Drucken von 200—500 mm untersucht. In diesem Bereich ist die Reduktionsgeschwindigkeit bei konstanter Temp. eine lineare Funktion des Anfangsdrucks. Nach Beendigung einer Inkubationszeit wird die Rk. durch ein parabol. oder lineares Gesetz wiedergegeben, je nachdem ob das Reaktionsprod. einen metall. Film bildet oder nicht. Nach Ansicht des Vf. verläuft der Reduktionsvorgang in folgenden Einzelschritten: Adsorption von H_2 an der Oberfläche, Rk. zwischen diesem adsorbierten H_2 u. dem NiO unter Bldg. von H_2O u. Metallkernen u. Verdampfung des H_2O. Im Gegensatz zu dem von Pease u. Taylor (1921) für Kupferoxyd erhaltenen Ergebnis findet Vf. keine Beeinflussung der Inkubationszeit durch dem Oxyd beigemischtes Metall. Durch vorheriges Glühen des Oxyds in He wird die Reduktionsgeschwindigkeit gegenüber der des in Luft geglühten Oxyds herabgesetzt, die Aktivierungsenergie bleibt jedoch die gleiche. Auch durch Zugabe von fremden Ionen wird eine Abnahme der Reduktionsgeschwindigkeit bewirkt, während die Aktivierungsenergie durch höherwertige Kationen, Cr^{3+}, W^{6+}, u. niederwertige Anionen erniedrigt, durch niederwertige Kationen aber erhöht wird. Steigende Li^+-Konzz. vermindern die Reduktionsgeschwindigkeit u. erhöhen die Aktivierungsenergie, während Al^{3+} u. Th^{4+} weder die Reduktionsgeschwindigkeit noch die Aktivierungsenergie beeinflussen. Auf Grund der erhaltenen Ergebnisse ist die Ableitung einer direkten Beziehung zwischen positiven Leerstellen u. Reduktionsgeschwindigkeit nicht möglich. Damit steht Vf. im Gegensatz zu dem von Wagner (Acta chem. scand. **1**. [1948.] 547) sowie von Gentsch u. Hauffe (C. **1952**. 6025) erhaltenen Ergebnissen über den Einfl. von Fremdionen auf die Oxydationsgeschwindigkeit von Ni u. Zn. Tritt als Folge von Verbindungsbldg. oder Löslichkeitsbeschränkung Phasentrennung auf, z. B. bei Zugabe von 1 Mol-% Al u. 1 Mol-% Th, bleiben die Beimengungen ohne Einfluß. Vf. kommt zu dem Schluß, daß sich für den Zusammenhang zwischen der Aktivierungsenergie der Red. von NiO durch H_2 u. dem Beimengungstyp eine direkte Beziehung ableiten lassen wird. (J. Amer. chem. Soc. **74**. 1194—98. 5/3. 1952. Princeton, N. J., Univ., Frick. Chem. Labor.) Woelk. 356

—, Handbuch der präparativen anorganischen Chemie. Hrsg. von **Georg Brauer**. Stuttgart: Enke. 1952. (S. 801—960 m. zahlr. Abb.) 8°. DM 21,—.

C. Mineralogische und geologische Chemie.

Richard Foster Flint, *Die wichtigen Ereignisse des Pleistozäns, datiert mit Hilfe des Radiokohlenstoffs* ^{14}C. Die zusammenfassende Arbeit befaßt sich zuerst mit den Grundlagen u. Methoden der Altersbest. mit ^{14}C. Sodann werden Meßergebnisse angeführt u. mit Angaben der Stratigraphie u. Pollenanalyse verglichen: Horizont von Two Creeks 11400 Jahre, Blüte der Mankatozeit 11000, Horizont von Alleröd 10767, Zone der Kiefernpollen im NO der USA 9500, 8300, 6000, 5000, 7100, Lac Algonquin III 4930, Lac Nipissing Beginn 3656, Ende 3469, Mont Mazama (Vulkan in Oregon) 6453, Mensch von Folsom 9883, Grotte de Lascaux 15616. (Rev. sci. **90**. 25—30. Jan./Febr. 1952.) Hiller. 378

G. W. Alexandrow, *Paramorphose von Quarz nach Tridymit*. Bei der goniometr. u. röntgenometr. Unters. eines als *Tridymit* (**I**) bezeichneten Minerals zeigte sich, daß die äußere Form dem α-**I**, die Kristallstruktur dem β-Quarz (**II**) entsprach. Das Mineral ist demnach eine Paramorphose von **II** nach α-**I**. Statt der für das Rotationsröntgenogramm charakterist. Schichtlinien mit symm. Punkten werden symm. Ringe mit einzelnen Punkten erhalten. Der Kristall des ursprünglichen α-**I** ist kein Einkristall, sondern besteht aus 5 Blöcken. Innerhalb jedes Blockes findet eine wellenförmige Auslöschung statt. Die Umwandlung von α-**I** in **II** wird so gedeutet, daß bei der schroffen Abkühlung der Lava unterhalb 870° α-**I** in der instabilen Form erhalten blieb u. bei 163° in β-**I**, bei 120° in γ-**I** überging. Bei tiefer Temp. u. bei Atmosphärendruck ging γ-**I** allmählich in **II**

über. Diese Umwandlungen erfolgten unter nur geringem Gitterumbau. Bei der Umwandlung von α-**I** in β-**I** u. γ-**I** entstanden in jedem Kristall mehrere Blöcke. Bei der Umwandlung von α-**I** in **II** zerfiel jeder Block in viele gleichorientierte **II**-Kristalle. Die **II**-Orientierung innerhalb eines Blockes unterscheidet sich von der Orientierung in den übrigen. (Записки Всесоюзного Минералогического Общества [Schr. Allunions mineralog. Ges.] [2] **81.** 209—12. 1952.) LEBTAG. 378

R. Perrin und **M. Roubault**, *Überlegungen und Bemerkungen zu neueren Arbeiten über die Feldspate.* Die Hypothesen von BOWEN u. TUTTLE, nach der die Albite in Graniten bei niedrigen Tempp. in fester Phase entstanden sein sollen, wofür auch die Gesteinsstruktur spräche, werden einer krit. Prüfung unterzogen; die Theorie wird auf Grund eigener Beobachtungen abgelehnt. (Bull. Soc. géol. France [6] **1.** 105—17. Okt. 1951.) ZEDLITZ. 378

I. G. Magakjan, *Über die metallogenetische Spezialisierung in einigen Typen tektono-magmatischer Komplexe.* Auf Grund der verschied. Typen der tektono-magmat. Komplexe, ihrer räumlichen Lagerung u. des Charakters ihrer Vererzung erfolgt die metallogene Spezialisierung wahrscheinlich aus 2 Gründen: 1. Ggw. verschied. Typen von Eruptivgesteinen, die in einiger Tiefe sich absondern u. an bestimmten Metallen anreichern; eine bestimmte Reihenfolge in der Bldg. u. Intrusion dieser Gesteine, die Metalle mit sich forttragen. Als 2. wahrscheinlicher Grund ist die verschied. Differentiation der magmat. Herde von gleichem petrochem. u. metallogenem Charakter anzusehen, die sich nach den tekton. u. litholog. Umständen sowie nach der Tiefe richtet. Abzulehnen ist die Einteilung der Granitoide in selbständige Granitoide u. Derivv. des Basaltmagmas sowie der Vers., die ersteren in Beziehung zu Sn, W, Mo, Au, die letzteren zu Cu, Pb, Zn, Ag zu bringen. (Записки Всесоюзного Минералогического Общества [Schr. Allunions mineralog. Ges.] [2] **81.** 169—74. 1952. Inst. für geol. Wiss. der Akad. der Wiss. der ArmSSR.) LEBTAG. 378

Jacques Geffroy, Jean Sarcia und **Jacqueline A. Sarcia**, *Das Vorkommen von Wolfram und Wismut in Erzgängen von Ribao (Kamerun).* Der Granit enthält schmale Erzgänge pegmatit. Natur, in denen neben *Zinkblende, Bleiglanz, Pyrit* u. *Kupferkies* das W-Mineral *Hübnerit* u. ein wismuthaltiges Mineral, wahrscheinlich *Bismuthin,* auftreten. (C. R. somm. Séances Soc. géol. France **1952.** 154—55.) ENSSLIN. 383

Jean Sarcia, Jacqueline A. Sarcia und **Jacques Geffroy**, *Einige Erläuterungen über die Wolframlagerstätte von Goutchoumi (Kamerun).* (Vgl. vorst. Ref.) Als Nachfolge einer Granitbldg. wurden durch Restlsgg. mit hohen Tempp. Lithiumglimmer, Hübnerit u. Wismutmineralien gangförmig abgeschieden, welche einer späteren Zertrümmerung bei mittleren Tempp. unterlagen, wobei sulfid. Mineralien abgeschieden wurden. (C. R. somm. Séances Soc. géol. France **1952.** 182—84.) ENSSLIN. 383

G. M. Gapejewa, *Basalte von Tojun.* Die Basaltgesteine vom Flußlauf des Tojun in Kaschgarien gehören nicht, wie bisher angenommen, zur Kreide, sondern zum Tertiär oder Quaternär. Nach Struktur sowie mineralog. u. chem. Zus. weichen sie von den typ. Basalten u. Plateau-Basalten ab u. nähern sich den Ankaramiten u. Krinaniten. Die Tojun-Basalte zeigen starke Differentiationen, die zur Bldg. der Lamprophyrfazien führten. (Записки Всесоюзного Минералогического Общества [Schr. Allunions mineralog. Ges.] [2] **81.** 185—92. 1952.) LEBTAG. 385

Lewis Leigh Fermor, *Eine Bemerkung über Chromit-Marmor.* Vf. vergleicht Vorkk. von Chromit-Marmor in Indien mit solchen in Finnland. Dabei wird der *Chromit* als prim. Bldg. angesehen, die erhalten blieb, als der *Calcit* aus hydrothermaler Lsg. die Kieselsäuregesteine verdrängte. (Geol. Mag. **89.** 39—40. Jan./Febr. 1952. Bristol.) HILLER. 385

E. Jérémine, *Über einen Perthit-Syenit von Baïbokoum und über einen Perthit-Granulit von Passi (Tschad-Gebiet).* Die beiden beschriebenen Gesteinsarten zeichnen sich durch einen starken Geh. an K-Feldspat aus, der perthit. Durchwachsung erkennen läßt. Die Accessorien sowie einige opt. Daten werden hinzugefügt. (Bull. Soc. géol. France [6] **1.** 55—65. Okt. 1951.) ZEDLITZ. 385

A. I. Ssilin-Bektschurin, *Hydrochemische Zonalität von Grundwässern der Kaspischen Syneklyse.* Auf Grund des vorliegenden Materials über die hydrochem. Zonalität in den tiefen wasserführenden vorpliozän. Ablagerungen unterscheidet Vf. 3 Wassertypen: Chlorid/Na/Ca-, Chlorid/Na/Mg- u. Chlorid/Na-Typ (in tiefen Spalten); Chlorid/Na/Mg- oder Chlorid/Na-Typ (Spalten mittlerer Tiefe); Sulfat/Ca-Typ (Spalten geringer Tiefe). In den postpliozän. Ablagerungen werden ebenfalls 3 Typen von Grundwässern unterschieden: 1. Hydrocarbonat/Erdalkaliwässer an den Rändern der Syneklyse, gewöhnlich mit Chloriden u. Sulfaten, schwach mineralisiert oder süß, Grenzmineralisation 1—1,5 g/Liter; 2. Sulfat/Chlorid/Na-Wässer der nördlichen Hälfte der Syneklyse mit seltenen Einsprengungen von Chlorid/Na- u. Chlorid/Hydrocarbonat/Na-Wässern, Grenzmineralisation 10—12 g/Liter; 3. Chlorid/Sulfat/Mg-Wässer im Süden, Grenzmineralisation 175 g/Liter. Die Bildungsprozesse dieser Wässer werden beschrieben. (Известия Академии Наук СССР, Серия Геологическая [Nachr. Akad. Wiss. UdSSR, geol. Ser.] **1952.** 27—40. Juli/Aug.) LEBTAG. 393

K. K. Wotinzew, *Material über die Dynamik der biogenen Elemente im Wasser des Baikalsees.* Unterss. der biogenen Elemente des Baikalsees im Verlaufe einiger Jahre ergaben eine eindeutige Ansammlung von N-haltigen Stoffen in den Bodenablagerungen im Vgl. zu P-Verbindungen. Hiermit im Zusammenhang steht ein im Verhältnis zu anderen Elementen geringer N-Geh. des Seewassers. (Доклады Академии Наук СССР [Ber. Akad. Wiss. UdSSR] [N. S.] **84.** 353—56. 11/5. 1952. Irkutsk, Staatl. Shdanow-Univ., Inst. für phys. Chem.) ULMANN. 393

D. Organische Chemie.

D_1. Allgemeine und theoretische organische Chemie.

C. Ramasastry, *Nahe Ultraviolettabsorption von p-Chlorphenol.* Im Gasspektr. von p-Chlorphenol wurden von 2920—2680 Å über 30 Schwingungsbanden gefunden. Bei einer O—O-Bande bei 34820 cm^{-1} ergab die Analyse folgende Schwingungsfrequenzen für den angeregten Zustand: 135, 170, 346, 795, 960, 1053, 1212 u. 1450 cm^{-1}, u. für den Grundzustand: 176 u. 407 cm^{-1}. (Current Sci. **20.** 65. März 1951. Waltair, Andhra Univ.) D. BRÜCK. D 118

A. I. Schatenstein und **Je. A. Israilewitsch,** *Absorptionsspektren von Lösungen von Nitro- und Azo-Komplexverbindungen mit Kaliumamid in flüssigem Ammoniak.* Vff. beschreiben die Herst. von Quarzküvetten für Absorptionsspektren von Lsgg. in verflüssigten Gasen im UV u. Sichtbaren u. die Herst. von luft- u. wasserfreiem *Kaliumamid* (**I**) in fl. *Ammoniak* (**II**). Vff. messen im Bereich von höchstens 260—650 mμ die Absorptionsspektren von *2.4-Dinitrophenol* u. *Pikrinsäure* in wss. alkal. Lsg., in **II** u. in Lsgg. von **I**, NaCl (u. NH_4Cl) in **II**; *2.4-Dinitranilin* in A., **II** u. in einer Lsg. von NH_4Cl in **II**; *Azobenzol, Aminoazobenzol, Dimethylaminoazobenzol, Azoxybenzol* in A., **II** u. in einer Lsg. von **I** in **II**; *Benzolazo-α-naphthylamin* in A., **II**, saurer, wss.-alkoh. Lsg., konz. H_2SO_4 u. in einer Lsg. von **I** in **II**. Die bei der Einw. von **II** hervorgerufenen Änderungen im langwelligen Teil der Spektren der aromat. Nitroverbb. werden durch die Bldg. von Komplexen des Säure–Basen-Typs unter Beteiligung von NH_2-Ionen verursacht. Die Azo-, Azoxy- u. Nitroverbb. bilden mit den NH_2-Ionen gefärbte Komplexe u. können als Anionen auftreten. Vff. nehmen für alle diese Verbindungsklassen den gleichen Komplexbildungsmechanismus an. (Журнал Физической Химии [J. physik. Chem.] **26.** 377—88. März 1952. Moskau, Physikal.-Chem. Karpow-Inst.) AMBERGER. D 118

Giulio Milazzo, *Das spektrale Verhalten einiger fünfatomiger Heterocyclen bei Emission im „Schüler-Rohr“.* In einem SCHÜLERschen Rohr wurden in Emission folgende Moll. beobachtet: *Furan, Pyrrol, Thiophen, Selenophen* u. *N-Methylpyrrol.* Neben den Spektren einiger mol. Bruchstücke wird ein Kontinuum beobachtet. Aus den Ergebnissen wird auf die Elektronenstruktur geschlossen. Pyrrol ähnelt sehr dem Furan, während Thiophen, Selenophen u. Methylpyrrol dem Bzl. gleichen. Das kontinuierliche Spektr. wird als Radikalrekombinationsspektr. gedeutet. (Gazz. chim. ital. **82.** 362—72. April/Mai 1952. Rom, Ist. super. di Sanità, Labor. di chimica.) GOUBEAU. D 118

M.-L. Grenier-Besson und **R. Mathis-Noël,** *Absorptionsspektren der gasförmigen Methylhalogenide bei 1,6 μ.* Mittels Infrarotspektrographen mit ROWLAND-Gitter (5684 Striche pro cm) werden für CH_3Cl, CH_3Br u. CH_3J die Rotationsbanden um 1,6 μ aufgenommen. Alle drei Spektren zeigen eine zentrale einfache Bande zwischen zwei ähnlichen Banden, deren komplexe Beschaffenheit vom Jodid zum Chlorid hin zunimmt. (J. Physique Radium **13.** 172. März 1952. Paris, P. C. B., Labor. infrarouge.) RUDOLPH. D 120

A. R. Philpotts und **William Thain,** *Infrarotabsorptionsspektren von tertiären Peroxyden.* Die Ultrarotabsorption bei 870 bzw. 840 cm^{-1} soll für Peroxyde bzw. Hydroperoxyde charakterist. sein, Vff. prüfen die Gültigkeit dieser Regel u. besprechen ihre Anwendbarkeit bei der Identifizierung von Oxydationsprodd. der KW-stoffe im Falle der tert. Verbindungen. Die Infrarotspektren von *Di-tert.-butylperoxyd, Di-tert.-amylperoxyd* u. *Bis-[phenyldimethylmethyl]-peroxyd* (875, 869 u. 858 cm^{-1}) sowie *tert.-Butylhydroperoxyd, tert.-Amylhydroperoxyd* u. *Phenyldimethylmethylhydroperoxyd* (845, 840 u. 835 cm^{-1}) werden mit denen von *tert.-Butylalkohol, tert.-Amylalkohol* u. *Dimethylphenylcarbinol* (915, 882 u. 863 cm^{-1}) verglichen. Bei Verbb. mit 4 u. 5 C-Atomen ist eine Unterscheidung zwischen Alkoholen u. Peroxyden gut möglich, jedoch wird sie bei Verbb. mit höherem Mol.-Gew. schwierig. Aus Vgll. mit den Absorptionsspektren anderer Verbb. machen es Vff. wahrscheinlich, daß diese Absorption eher der Gruppierung $C-\overset{C}{\underset{C}{C}}-O$ zuzuordnen ist als der $-O-O-$-Kette. (Analytic. Chem. **24.** 638—43. April 1952. Epsom, Surrey, Great Burgh, Distillers Co., Ltd.) J. Mattner. D 120

H. R. Johnson und **M. W. P. Strandberg,** *Das Mikrowellenspektrum von Keten.* (Vgl. C. **1952.** 1623.) Es wurden die Mikrowellenspektren der *Keten*-Moll. $^1H_2{}^{12}C_2{}^{16}O$; $^1H^2D^{12}C_2{}^{16}O$ u. $^2D^{12}C_2{}^{16}O$ untersucht. Aus den erhaltenen Frequenzen wurden die reziproken Trägheitsmomente bestimmt. Es wurde festgestellt, daß für die Q- u. R-Zweige die zentrifugale Störungstheorie von Hillger u. Strandberg (Phys. Rev. **83.** [1951.] 575) Gültigkeit besitzt. Die Gleichgewichtsstruktur wurde aus den Gleichgewichtsträgheitsmomenten berechnet. Da diese Gleichgewichtsmomente nicht bekannt sind, wurden zur Berechnung die auf eine zentrifugale Störung Null extrapolierten Trägheitsmomente zugrunde gelegt. In der Gleichgewichtsstruktur gelten die folgenden Abstände: $C_{(1)}-O = 1{,}16 \pm 0{,}10$ Å; $C_{(2)}-O = 2{,}475 \pm 0{,}003$ Å; $C-H = 1{,}075 \pm 0{,}001$ Å; $\measuredangle$ H—C—H $= 122{,}0 \pm 2{,}5^0$. Es wurden noch die Dipolmomente aus dem Stark-Effekt des Übergangs $J = 0 \rightarrow 1$ jeden Mol. im Grundzustand u. von H_2C_2O in angeregten Schwingungszuständen bestimmt. Der Unterschied in den Dipolmomenten zwischen verschied. isotopen Formen liegt innerhalb der experimentellen Fehlergrenzen. Der Stark-Effekt ist im allg. quadratisch. Schließlich wurden die Intensitäten von Satelliten des leichtesten Mol. entsprechend den drei niedrigsten Schwingungsfundamentalen gemessen u. die Änderungen in den mittleren reziproken Momenten bestimmt. (J. chem. Physics **20.** 687—95. April 1952. Cambridge, Mass., Inst. of Technol., Res. Labor. of Electronics.) Gottfried. D 121

Takehiko Shimanouchi, Kenji Kuratani und **San-ichiro Mizushima,** *Der ultrarote Dichroismus des Diketopiperazins.* Die Messung der Absorption von polarisiertem ultraroten Licht in verschied. Richtungen eines Einkristalls von *Diketopiperazin* (parallel bzw. senkrecht zur Ringebene) führt zu verschied. Kurven. Dieser Dichroismus erlaubt die Zuordnung der Absorptionsbanden zu den Schwingungen der einzelnen Symmetrieklassen. (J. chem. Physics **19.** 1479—80. Dez. 1951. Hongo, Tokio, Univ., Fac. Sci., Chem. Labor.) Goubeau. D 122

Clyde A. Hutchison jr., Ricardo C. Pastor und **Arthur G. Kowalsky,** *Paramagnetische Resonanzabsorption in organischen freien Radikalen. Feinstruktur.* (Vgl. Holde u. Mitarbeiter, C. **1951.** I. 572.) Die paramagnet. Resonanzabsorption wurde bei ca. 23 500 MHz u. Raumtemp. für Lsgg. von *Diphenylpikrylhydrazyl,* $(C_6H_5)_2NNC_6H_2(NO_2)_3$, in Bzl. gemessen. Die Abhängigkeit der in verd. Lsgg. beobachteten Feinstruktur von der Konz. u. die Absorption in Pulver u. Einkristall werden untersucht. Als Erklärung wird Kernhyperfeinstruktur angedeutet. Die Ergebnisse von Townes u. Turkevich (C. **1951.** I. 573) an 0,07- u. 0,03 mol. Lsgg. werden krit. betrachtet. An anderen freien organ. Radikalen (untersucht auch *Di-[p-anisyl]-stickoxyd,* Na-Ketyl von *Benzophenon* u. *Spirocyclohexylporphyrexid*) wurde nur für *Porphyrindin* eine mögliche Feinstruktur beobachtet. (J. chem. Physics **20.** 534—35. März 1952. Chicago, Ill., Univ., Inst. for Nucl. Stud., u. Dep. of Chem.) Köhn. D 137

K. D. Chaudhuri und **D. R. Das Gupta,** *Über die molekulare Leitfähigkeit von Farbstoffen in Lösung und den Einfluß von Fremdsubstanzen auf dieselbe.* Vff. berichten über Messungen der mol. Leitfähigkeiten von Farbstoffen in Lösung. Im einzelnen wurden untersucht: *Eosin* in W., *Methylviolett* in W., *Erythrosin* in W. u. in A. u. *Cyanin* in W. u. in Äthylalkohol. Es wird gezeigt, daß in den meisten Fällen die mol. Leitfähigkeiten von Farbstoffen in Lsgg. nicht linear mit der Quadratwurzel der Konz. gehen. Die Abweichung der Leitfähigkeitskurve von der Geraden wird der Bldg. von Ionenmicellen zugeschrieben. Der Einfl. von Fremdmoll., wie KCl, auf die Leitfähigkeit von fluorescierenden Farbstoffen in Lsg. wird auf Grund entsprechender Verss. diskutiert. (Indian J. Physics Proc. Indian Assoc. Cultivat. Sci. **26.** 67—78. Febr. 1952. Dacca, Univ., Phys. Dep.) Niemitz. D 138

J. M. Hearn, R. A. Morton und **J. C. E. Simpson,** *Spektrophotometrische Bestimmung der zweiten Dissoziationskonstanten (pK_a) von 5- und 6-Aminochinolin.* Die Absorptionskurven von *5-* (**I**) u. *6-Aminochinolin* (**II**) wurden in konz. HCl u. in verd. HCl bei verschied. p_H gemessen u. zur Best. der pK_a-Werte benützt. Gegenüber den ersten pK_a-Werten bei 5,5 u. 5,6 nach Morley u. Simpson (C. **1949.** E. 712), die der Anlagerung eines Protons am Ringstickstoff zugehören, wurden die zweiten pK_a-Werte bei 0,97 für **I** u. 1,63 für **II** gefunden. Sie gehören zum Übergang des einwertigen Kations in das zweiwertige u. somit zur Anlagerung eines Protons an den Aminostickstoff. (J. chem. Soc. [London] **1951**. 3329—32. Dez. Liverpool. Univ., Dep. of Biochem., u. Manchester, Univ., Dep. of Organ. Chem.) D. Brück. D 139

L. Holleck und **H. J. Exner**, *Redoxpotentiale aromatischer Nitroso–Hydroxylamin-Verbindungen.* Vff. prüften die Frage der Reversibilität der Nitrosoreduktions-Rkk. durch Aufnahme polarograph. Stromspannungskurven bei 20° von wss., 20% CH_3OH enthaltenden, $5 \cdot 10^{-4}$mol., gepufferten Lsgg. von *α-Nitrosonaphthalin*, *α-* u. *β-Naphthylhydroxylamin, Nitrosobenzol* u. *Phenylhydroxylamin* bei verschied. p_H-Werten. Aus den unter gleichartigen Reduktions- bzw. Oxydationsbedingungen gleichen Halbstufenpotentialen für sämtliche Stoffe kann geschlossen werden, daß das noch nicht zugängliche β-Nitrosonaphthalin beständig u. bei gleichem Potential reduzierbar ist. Bzgl. des Redoxpotentials der betrachteten Gruppen ist es gleichgültig, ob sich diese am Benzolring oder in α- bzw. β-Stellung am Naphthalinring befinden. Auch die polarograph. Redoxpotentiale des α- u. *β-Nitronaphthalins* lassen sich beide im p_H-Bereich von 2—10 bei einer Konz. von 10^{-4}mol. durch die eine Gleichung $E_{1/2} = (-0{,}050 - 0{,}053 \cdot p_H)$ V darstellen. Es werden weitere polarograph. Beweise für die Reversibilität der Elektroden-Rkk. gebracht. Außer den erwähnten Reduktionsstufen zeigen alle untersuchten Verbb. noch irreversible Entladungsstufen, die bei negativeren Potentialen liegen u. deren Höhe vom p_H der Meßlsg. abhängig ist. (Naturwissenschaften **39**. 159—60. April 1952. Freiburg/Br., Univ., Inst. für phys. Chem.) Niemitz. D 142

R. C. Reid und **J. M. Smith**, *Thermodynamische Eigenschaften von Äthylalkohol.* Die bisherigen Literaturstellen über thermodynam. Eigg. von A. sind nicht ausreichend, es wurden daher Tabellen über Vol., Enthalpie, Entropie u. Flüchtigkeit von Zimmertemp. u. 0,017 at absol. bis zum krit. Punkt bei 242,3° u. 65,2 at berechnet. Als Berechnungsunterlagen dienten bestehende Druck–Vol.–Temp.-Daten u. spektroskop. Werte. (Chem. Engng. Progr. **47**. 415—18. Aug. 1951. Lafayette, Ind., Purdue Univ.) Sammet. D 146

Richard Mungen und **M. B. Kratzer**, *Partielle Verbrennung von Methan mit Sauerstoff.* Vff. untersuchten die partielle Verbrennung von CH_4 in Luft bei Drucken von 300 lbs./sq.in., um neue KW-stoffe als Heizmaterial zu erhalten. Bei den Verss. wurden verändert: das Verhältnis CH_4/O_2, die Vorheizung, die Strömungsgeschwindigkeit des CH_4, der Geh. an beigegebenen schwereren KW-stoffen, z. B. Äthan, u. der Geh. an zugefügtem N_2 u. Wasserdampf. Vff. vermuten, daß die Rk. in zwei Etappen vor sich geht, zunächst sind CO_2 u. W. die Hauptprodd. der Rk. $CH_4 + O_2$, dann reagiert CH_4 mit CO_2 u. W. zu CO u. H_2. Diese letzte Rk. ist für den ganzen Prozeß geschwindigkeitsbestimmend. Bei den angewandten Bedingungen wurden keine Gleichgewichte festgestellt, als Reaktionstempp. wurden 2000—2500° F geschätzt. Die partielle Verbrennung des CH_4 mit O_2 unter ähnlichen Verhältnissen verspricht eine brauchbare Meth. zu werden, um aus Heizgasen durch Synth. neue brennbare KW-stoffe zu erzeugen. (Ind. Engng. Chem. **43**. 2782—87. 10/12. 1951. Tulsa, Okla., Stanolind Oil and Gas Co.) Roeder. D 157

M. van der Waarden, *Der Vorgang der spontanen Emulgierung.* Durch Messung der Oberflächenspannung der Emulsionen wird die Verteilung einiger *Na-Alkylbenzolsulfonate* zwischen den Öltröpfchen u. der wss. Phase der betreffenden Emulsionen bestimmt. Diese Emulsionen bilden sich aus den Systemen Paraffinöl/Sulfonat entweder infolge spontaner Emulgierung oder durch Phasenumkehr. Aus den Unterss. geht hervor, daß bei der spontanen Emulgierung ein Teil des ursprünglich im Öl befindlichen Sulfonats in die wss. Phase übergeht, u. daß sich an der Grenzfläche der anschließend gebildeten Öltröpfchen ein Adsorptionsgleichgewicht zwischen dem Sulfonat in der Grenzflächenschicht u. dem in der wss. Phase einstellt. Bei der spontanen Emulgierung geben die Anteile des emulgierten Öls, die zuerst mit dem W. in Berührung kommen, einen höheren %-Satz ihres Sulfonats an das W. ab, als die später emulgierten Ölanteile. Es scheint, daß in jedem Fall ein gewisser Mindestanteil Sulfonat in die wss. Phase gelangen kann, auch im Fall der Emulsionsbldg. durch Phasenumkehr. Auf Grund der früher erhaltenen Ergebnisse über die Struktur der Sulfonatlsgg. in KW-stoffen u. der obigen Ergebnisse wird ein Bild über den möglichen Mechanismus der spontanen Emulgierung entworfen. (J. Colloid Sci. **7**. 140—50. April 1952. Amsterdam, Koninklijke Shell Labor.) Hentschel. D 166

Norman Hackerman und **E. L. Cook**, *Gleichzeitige Adsorption zweier organischer Verbindungen an Stahl.* (Vgl. C. **1952**. 658.) An Stahlpulver wird die Adsorption von *Stearinsäure* (I) u. *Octadecylamin*, I u. *Octadecylalkohol* sowie I u. *Methylstearat* aus benzol. Lsg. verfolgt, wobei die Vorbehandlung mit der einen oder anderen Komponente jedes Paares vorgenommen wurde. Bei der Kombination I–Amin befindet sich der irreversibel adsorbierte Anteil der Komponenten zum Teil an spezif. Adsorptionsstellen. Gewisse Bezirke scheinen nur I oder Amin zu adsorbieren, während andere für beide Adsorptionsvermögen zeigen. Wenn bei den Kombinationen I–Alkohol oder I–Ester I zuerst adsorbiert wird, dann erfolgt keine nennenswerte irreversible Adsorption der zweiten Komponente. Dies kann als Hinweis dafür dienen, daß Alkohol u. Ester an denselben Stellen wie I adsorbiert werden. Andererseits stört die vorhergehende Adsorption von Alkohol oder Ester an frischer Stahloberfläche nicht die folgende Adsorption von I; von letzterer wird so viel adsorbiert, daß die Menge an vorher adsorbiertem Alkohol oder Ester zusammen mit I etwa ebenso groß ist wie bei irreversibler Adsorption von I allein. Aus einem Vgl. mit der Tieftemperaturadsorption von Kr ergibt sich, daß die maximale irreversible Adsorption der organ. Moll. nur ca. 70% der für monomol. Bedeckung erforderlichen ausmacht. (J. physic. Chem. **56.** 524—26. April 1952. Austin, Tex., Univ., Dep. of Chem.) HENTSCHEL. D 176

N. D. Ssokolow, *Über die quantenmechanischen Berechnungen der Abweichungen vom additiven Schema der organischen Chemie.* Bei der quantenmechan. Berechnung der Abweichungen der Bindungsenergien für Moll. mit konjugierten Bindungen u. für Moll. der aromat. Reihe vom additiven Schema für die gesätt. u. Äthylen-KW-stoffe werden nur die π-Elektronen berücksichtigt. Sowohl nach der Meth. der Elektronenpaare als auch nach der Meth. der Molekülbahnen wird für den empir. Faktor ein etwa konstanter Wert für verschied. Moll. erhalten. Vf. zeigt mathemat. die Bedingungen auf, bei welchen dieser Faktor für verschied. Moll. Schwankungen von weniger als 10% zeigen muß. Ungeachtet der bestehenden Mängel werden die Vorteile der quantenmechan. Berechnungen hervorgehoben. (Журнал Физической Химии [J. physik. Chem.] **26.** 1036—39. Juli 1952. Moskau, Inst. für physik. Chem. der Akad. der Wiss. der UdSSR.) LEBTAG. D 182

Ch. Ss. Bagdassarjan, *Betrachtung von aromatischen Kohlenwasserstoffen nach der Methode des Elektronengases.* Für 22 mehrkernige aromat. KW-stoffe werden die Konjugationsenergien nach der Meth. der Valenzstrukturen, Molekülbahnen u. des Elektronengases sowie die Abweichungen von der thermochem. Additivität berechnet. Die Konjugationsenergien zeigen Übereinstimmung oder ähnliche Werte. Die Ermittlung nach der Meth. des Elektronengases erfolgt unter der Annahme, daß die Differenz $U' - U$ (U' = potentielle Energie des Standardmol.) im Vgl. zur Differenz der kinet. Energien gering ist. Während nach der Meth. der Molekülbahnen für die unlinearen Isomeren höhere Energiewerte erhalten werden, zeigen die isomeren KW-stoffe nach der Elektronengasmeth. keine Unterschiede. Für die KW-stoffe mit miteinander oder mit der Doppelbindung konjugierten Ringen werden nach dieser Meth. gleiche, für die Verbb. vom Typ *Pyren, Perylen* u. *Coronen* niedrigere Werte erhalten als nach der Meth. der Molekülbahnen. (Журнал Физической Химии [J. physik. Chem.] **26.** 1053—56. Juli 1952. Moskau, Physik.-chem. Karpow-Inst.) LEBTAG. D 182

Ja. M. Slobodin und **Ss. A. Sabojew,** *Über die Konfiguration der kristallisierten Butadienbromide.* Um die Konfiguration der Butadienbromide festzustellen, werden die RAMAN-Spektren untersucht u. diskutiert. Die Ergebnisse zeigen, daß das krist. Butadiendibromid, F. 53°, als *cis-1.4-Dibrombuten-(2)*, das niedrigschm. Butadientetrabromid, F. 38°, als *meso-1.2.3.4-Tetrabrombutan* u. das höherschm. Butadientetrabromid, F. 118°, als *dl-1.2.3.4-Tetrabrombutan* anzusehen ist. (Журнал Общей Химии [J. allg. Chem.] **22.** (**84.**) 603—04. April 1952.) H. FRÖHLICH. D 184

A. I. Kitaigorodski und **Ss. Ss. Kabalkina,** *Röntgenstrukturuntersuchung von 1.5-Dichloranthracen.* Die röntgenograph. Unters. der Kristalle von *1.5-Dichloranthracen* (I) mittels Schwenkaufnahmen ergab die Zugehörigkeit zum monoklinen Syst.: Raumgruppe C_{2h}^6 — A 2/a; $a = 19{,}0 \pm 0{,}1$, $b = 4{,}05 \pm 0{,}03$, $c = 14{,}4 \pm 0{,}1$ Å; $\beta = 95^0\,10 \pm 5'$; $z = 4$. Weiter wurden durch Analyse der F^2- u. F-Reihen die Atomkoordinaten u. die Orientierung der Moll. in der Elementarzelle bestimmt. Es ergaben sich folgende interatomare Abstände für I (in Å): $C_9—C_{11}$ 1,45; $C_{11}—C_1$ 1,42; $C_1—C_2$ 1,34; $C_2—C_3$ 1,42; $C_3—C_4$ 1,30; $C_4—C_{12}$ 1,42; $C_{11}—C_{12}$ 1,37; $C_{10}—C_{12}$ 1,41 u. $C_1—Cl_1$ 1,70. Auf Grund der erhaltenen Ergebnisse für I werden Schlüsse auf die Struktur des *Anthracens* gezogen u. folgende interatomare Abstände ermittelt: $C_9—C_{11}$ 1,40; $C_{11}—C_1$ 1,43; $C_1—C_2$ 1,30; $C_2—C_3$ 1,38; $C_3—C_4$ 1,30; $C_4—C_{12}$ 1,42; $C_{10}—C_{12}$ 1,40; $C_{11}—C_{12}$ 1,37. Der Abstand $C_1—C_2$ u. $C_3—C_4$ von 1,30 Å spricht für das Vorhandensein einer Doppelbindung an diesen Stellen. (Журнал Физической Химии [J. physik. Chem.] **25.** 185—202. Febr. 1951. Moskau, Inst. für organ. Chem. der Akad. der Wiss. der UdSSR.) KLEVER. D 195

S. M. Nelson und **R. C. Pink,** *Monomeres Eisen(III)-laurat in Toluol.* Im Gegensatz zu den komplizierteren Verhältnissen bei den Al-Seifen zeigt $Fe(C_{12}H_{23}O_2)_3$ auf Grund seines ebullioskop. Verh., daß es in sehr verd. Lsg. in Toluol in monomol. u. oberhalb ca. $2 \cdot 10^{-2}$ mol. in bimol. Form vorliegt. (Nature [London] **169.** 620—21. 12/4. 1952. Belfast, Queen's Univ.) HENTSCHEL. D 221

N. N. Lebedew, *Über den Mechanismus der katalytischen Wirkung von Aluminiumchlorid. 2. Mitt. Struktur der Komplexe mit Säurechloriden, Ketonen und anderen Sauerstoffverbindungen.* (1. vgl. C. **1948.** E. 381; vgl. auch C. **1948.** I. 1183.) Die Absorptionsspektren der *Komplexe* von $AlBr_3$ mit *n-Butyrylbromid* (**I**), *Acetophenon* (**II**) u. *Benzophenon* (**III**) wurden in C_2H_5Br als Lösungsm. aufgenommen. Hierbei ist die Eigenabsorption von $AlBr_3$ zu vernachlässigen, da sie sehr schwach ist. Gegenüber den Absorptionskurven von **I**, **II** u. **III** sind diejenigen der Komplexe nach längeren Wellen verschoben, u. zwar stärker bei Überschuß von $AlBr_3$, so daß beim Komplex mit **III** bereits Absorption im sichtbaren Gebiet festzustellen ist. Für die Komplexe mit **I**—**III** u. diejenigen mit *Benzoylbromid* (**IV**) wurden die Bildungswärmen unter Berücksichtigung aller in Betracht kommenden Lösungs- u. Kristallisationswärmen (Dibromäthan war Lösungsm.) ermittelt. Die Komplexe mit **III** u. **IV** sind krist., mit **I** u. **II** flüssig. Die Bildungswärmen betragen für **I** 9,1, für **II** 20,4, für **III** 19,9, für **IV** 14,3 kcal/Mol. Bei Beurteilung der Resultate wird festgestellt, daß bei der Komplexbldg. mit **I**—**III** das Absorptionsspektr. in gleicher, nur qualitativ verschied. Weise verändert wird, u. daß sich bei den Komplexen mit **I**—**IV** Bildungswärmen von der gleichen Größenordnung ergeben, während diejenigen mit Halogen-KW-stoffen um ein vielfaches geringer, mitunter sogar negativ sind. Daraus folgt, daß $AlBr_3$ in den Komplexen mit **I**—**IV** in gleichartiger Weise, u. zwar überall an O gebunden ist. Auch die Dipolmomente der Aluminiumhalogenidkomplexe mit Ketonen, Äthern, Nitrobenzol u. Säurechloriden, die von SCHEKA (Журнал Физической Химии [J. physik. Chem.] **16.** [1943.] 99) ermittelt wurden, sprechen hierfür. Demnach muß die Formulierung $R-CO-\ddot{C}l:AlCl_3$ oder $[RCO]^+[AlCl_4]^-$ abgelehnt werden, auf Grund der spektroskop. Daten auch $(R)_2CCl-OAlCl_2$ oder $RCCl_2-OAlCl_2$; denn bei Verbb. letzteren Typus würde die Absorption bei der Komplexbldg. nach kürzeren Wellen verschoben werden, weil die chromophore Gruppe zerstört wird. Da die Komplexe ionisiert sind u. doppeltes Mol.-Gew. haben, ist als beste Formulierung für Ketone **V**, für Säurechloride (-bromide) **VI** anzunehmen. Analog wären die Komplexe mit Äthern, Nitrobenzol, Sulfochloriden u. Sulfonen zu formulieren. (Журнал Общей Химии [J. allg. Chem.] **21.** (**83.**) 1788—93. Okt. 1951. Moskau, Chem.-Technol. Mendelejew-Inst.) R. KNOBLOCH. D 223

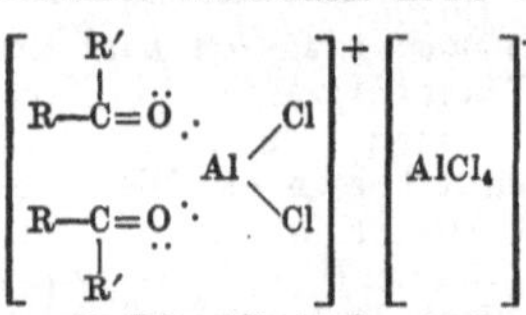

V R' = Alkyl oder Aryl
VI R' = Cl

M. B. Neiman, G. W. Maximowa und **Ju. M. Schapowalow,** *Austauschmechanismus zwischen Alkylhalogeniden und Halogensalzen.* Die Kinetik des Bromaustauschs zwischen Propylbromid u. radioakt. NaBr* wurde bei 75° in 90%ig. A. untersucht. Aus der Abhängigkeit der Geschwindigkeitskonstanten von den Konzz. wird geschlossen, daß der Austausch weder zwischen den undissoziierten Moll. über einen Komplex $C_3H_7Br-NaBr^*$ noch über eine Dissoziation in die Jonen $C_3H_7^+$ u. Br^- verläuft. Bildet sich als Zwischenstufe ein Komplex $Br^*-C_3H_7Br$, so muß die Geschwindigkeitskonstante vom Aktivitätskoeff. des NaBr* abhängen. Die Werte, die für diesen aus der Reaktionskinetik u. aus Messungen der Leitfähigkeit von NaBr in 90%ig. A. ermittelt wurden, stimmen gut überein. Sie sinken von ca. 0,9 in 0,01 mol. auf 0,4 in 1 mol. Lösung. Es ist also anzunehmen, daß letzterer Reaktionsmechanismus vorliegt. (Доклады Академии Наук СССР [Ber. Akad. Wiss. UdSSR] [N. S.] **85.** 1289—92. 21/8. 1952. Inst. für chem. Phys. der Akad. der Wiss. der UdSSR.) WIEDEMANN. D 225

A. R. Emery und **V. Gold,** *Quantitative Untersuchungen über die Reaktivität von gemischten Carbonsäureanhydriden.* 1. Mitt. *Die Zusammensetzung der Acylierungsprodukte aus der Reaktion von Essigsäure-chloressigsäureanhydrid und primären aromatischen Aminen.* Vff. untersuchen die Einw. von *Essigsäure-chloressigsäureanhydrid* auf Anilin u. 2.4-Dichloranilin in Bzl., Bzl.-Aceton, Aceton sowie Aceton-W. u. stellen die Zus. der erhaltenen Acylierungsprodd. fest. Das Verhältnis Chloracetanilid : Acetanilid nimmt ab, je polarer das Lösungsmittelgemisch wird, von 6,1 in Bzl. bis 0,39 in Aceton-W. (1 : 1) 2.4-Dichloranilin liefert annähernd das gleiche Verhältnis, während jedoch die Reaktionsgeschwindigkeit um mehrere Zehnerpotenzen abnimmt. Vff. geben eine Deutung der Versuchsergebnisse.

Versuche: *Essigsäure-chloressigsäureanhydrid*, $Kp._{0,01}$ 27—30°, F. 4,1—4,7°, aus Keten u. Chloressigsäure in Bzl., zu Tränen reizende Flüssigkeit. (J. chem. Soc. [London] **1950.** 1443—47. Juni. London, King's Coll.) G. WINKLER. D 225

A. R. Emery und **V. Gold,** *Quantitative Untersuchungen über die Reaktivität von gemischten Carbonsäureanhydriden.* 2. Mitt. *Die Bestimmung verschiedener Reaktionsgeschwindigkeiten bei Reaktionen von Essigsäure-chloressigsäureanhydrid.* (1. vgl. vorst. Ref.) Vff. bestimmen die Reaktionsgeschwindigkeit der Hydrolyse von *Essigsäure-*

chloressigsäureanhydrid (I) in Aceton/W. (4:1) unter dem Einfl. verschied. Zusätze. Durch CH_3COO- wird eine geringe, durch CH_2ClCOO^- eine stärkere Beschleunigung hervorgerufen. Die Haupteinw. der beiden Ionenarten scheint darin zu bestehen, das gemischte Anhydrid in die symm. Anhydride überzuführen, deren unterschiedliche Hydrolysegeschwindigkeiten den Ablauf der Hydrolyse nach der 1. Ordnung stören. Die Ergebnisse zeigen nichts von einer spezif. Einw. dieser beiden Anionen, wie sie bei einem ion. Mechanismus zu erwarten wäre. — Die Reaktionsgeschwindigkeiten der Gesamtacylierung, Acetylierung u. Chloracetylierung von *2.4-Dichloranilin* durch I werden bestimmt durch Kombination der Hydrolyseergebnisse mit denen von Acylierung u. Hydrolyse als Konkurrenzreaktion. Zum Vgl. werden ähnliche Unterss. mit den reinen Anhydriden angestellt. — *Chloracet-2.4-dichloranilid*, $C_8H_6ONCl_3$, F. 101,5° (A.), aus den Benzollsgg. von Chloracetylchlorid u. 2.4-Dichloranilin. (J. chem. Soc. [London] **1950.** 1447—55. Juni.) G. WINKLER. D 225

A. R. Emery und **V. Gold**, *Quantitative Untersuchungen über die Reaktivität von gemischten Carbonsäureanhydriden.* 3. Mitt. *Die Hydrolyse und einige Acylierungsreaktionen einer Reihe von Essigsäure-chlorfettsäureanhydriden.* (2. vgl. vorst. Ref.) Vff. stellen die gemischten Anhydride von Essigsäure mit Dichloressig-, Trichloressig-, α- u. β-Chlorpropion- u. γ-Chlorbuttersäure dar u. bestimmen die Geschwindigkeitskonstanten der Hydrolyse, der Acylierung von 2.4-Dichloranilin in Aceton/W. u. das Verhältnis Chloracylierungsprod.: Acylierungsprod. in Bzl., Aceton u. Aceton/Wasser. In Bzl. wirkt dem aktivierenden induktiven Effekt der Chlorsubstitution ein ster. Faktor entgegen. Die Versuchsergebnisse werden diskutiert.

V e r s u c h e (alle Verbb. aus den entsprechenden Halogenfettsäuren mit Keten in Bzl.): *Essigsäure-dichloressigsäureanhydrid*, $Kp._{\sim 0,01}$ 34—37°, $n_D^{17,5}$ 1,4498, krist. nicht beim Abkühlen auf —80°. — *Essigsäure-trichloressigsäureanhydrid*, $Kp._{\sim 0,05}$ 30 bis 34°, F. ca. —5°. — *Essigsäure-α-chlorpropionsäureanhydrid*, $Kp._{\sim 0,005}$ 35—36°, n_D^{17} 1,4295. — *Essigsäure-β-chlorpropionsäureanhydrid*, $Kp._{\sim 0,01}$ 41—43°, n_D^{16} 1,4392. — *Essigsäure-γ-chlorbuttersäureanhydrid*, $Kp._{\simeq 0.005}$ 51—54°, $n_D^{15,5}$ 1,4421. (J. chem. Soc. [London] **1950.** 1455—60. Juni.) G. WINKLER. D 225

H. I. Schiff und **E. W. R. Steacie**, *Die Reaktionen von H- und D-Atomen mit cyclischen und Paraffinkohlenwasserstoffen.* Es wird die Rk. von *Cyclopropan* (I), *Cyclobutan* (II), *Cyclopentan* (III), *Cyclohexan* (IV), *Bzl.* (V), *Propan* (VI), *n-Butan* (VII), *n-Pentan* (VIII) u. *n-Hexan* (IX) mit H- u. D-Atomen untersucht, die Reaktionsprodd. werden massenspektroskop. bestimmt. Als Hauptprod. entsteht CH_4, daneben in geringen Mengen andere niedrige KW-stoffe. Bei den Rkk. mit D entstehen vor allem CD_4 u. CHD_3. I u. II werden von H-Atomen entgegen den Ergebnissen von GUNNING u. STEACIE sowie DINGLE u. LE ROY (J. chem. Physics **17.** [1949.] 351) angegriffen u. zu CH_4 abgebaut, während sie gegen D-Atome beständig sind. Es wird als Primärschritt die Rk. angenommen: $RH + H^{\bullet} \rightarrow R^{\bullet} + H_2$, die Radikale R· zerfallen dann bzw. reagieren mit H- oder D-Atomen. Für die Rk. von $H^{\bullet}$ oder $D^{\bullet}$ mit $R^{\bullet}$ sind Dreierstöße notwendig. Die Stoßausbeute wurde berechnet. Die Aktivierungsenergie beträgt bei I 9,5; 9,3; II 8,2; 7,7; III 7,5; 6,6; IV 8,5; 7,2; V >5; <6; VI 8,6; 8,0; VII 8,9; 7,9; VIII 8,5; 7,8 u. IX 9,1; 8,0 kcal für die Rk. mit H- bzw. D-Atomen. Die höhere E bei I u. II bei der Rk. mit H· u. die Beständigkeit gegen D· wird auf die Spannung in den Ringen zurückgeführt. (Canad. J. Chem. **29.** 1—12. Jan. 1951. Ottawa, Nat. Res. Labors.) KLEINWÄCHTER. D 225

De Los F. De Tar und **Harry J. Scheifele jr.**, *Eine quantitative Untersuchung des orientierenden Einflusses der Nitrogruppe bei der Bildung von Nitrodiphenylen durch Reaktion von Nitrobenzol mit N-Nitrosoacetanilid, Benzoylperoxyd und Benzoldiazoniumchlorid und Alkali.* Früher qualitativ gefundene Abweichungen von den Orientierungsregeln bei der Bldg. von Diarylen aus aromat. Verbb. u. *N-Nitrosoacetanilid* (I), *Benzoylperoxyd* (II) bzw. *Benzoldiazoniumchlorid* (III) u. Alkali wurden an *Nitrobenzol* (IV) quantitativ untersucht, dabei wurde der Geh. an **IV**, *2-* (**V**), *3-* (**VI**) bzw. *4-Nitrodiphenyl* (**VII**) im Gemisch spektrophotometr. bestimmt. Vff. fanden eine starke ortho-para-dirigierende Wrkg. der Nitrogruppe sowie ein nahezu gleiches Verhältnis bei den durch Rk. mit I, II u. III gebildeten Isomeren (Ausbeute bei Rk. mit I gesamt 53%, Relativausbeute an V 60%, an VI 7—9%, an VII 31—33%; Rk. mit II 79—84%, V 69—76%, VI 0—5%, VII 24—26%; Rk. mit III 18—30%, V 55—61%, VI 0—4%, VII 39—41%). Diese ortho-para-dirigierende Wrkg. kann nur bei nucleophiler oder radikal. Substitution vorhanden sein. Da aus II oder III schwerlich nucleophile Reagentien gebildet werden können, scheint ein radikal. Mechanismus für die untersuchten Rkk. wahrscheinlich. Für diesen Mechanismus spricht auch die aktivierende bzw. desaktivierende Wrkg. der Substituenten am Benzolkern: Während bei elektrophiler Substitution Cl oder NO_2 die Reaktionsfähigkeit stark herabsetzen, führt, wie Vff. feststellten, die therm. Zers. von I in einer äquimol.

Mischung von Chlorbenzol u. Bzl. hauptsächlich zur Bldg. von Chlorbiphenyl. — Die bei I als prim. Zersetzungsprodd. formal anzunehmenden Acetoxyradikale zeigen anderes Verh. als die bei der therm. Zers. von Acetylperoxyd gebildeten Radikale. Eine CO_2-Bldg. aus I wurde in Übereinstimmung mit HUISGEN u. HORELD (vgl. Liebigs Ann. Chem. **562.** [1949.] 137) nicht beobachtet, beim Peroxyd dagegen tritt starke Decarboxylierung ein. Der Unterschied zeigt klar, daß Peroxyd u. Nitrosamid n i c h t einfach durch Dissoziation Acetoxylradikale bilden, die dann decarboxylieren oder mit dem Lösungsm. reagieren. Die Decarboxylierung des Acetylperoxyds scheint vielmehr gleich bei der Spaltung zu erfolgen, oder es liegt hier bzw. bei I eine induzierte Zers. (Ketten-Rk.) vor. Daß aus der Acetylgruppe von I hauptsächlich Essigsäure entsteht, konnte erneut gezeigt werden. (J. Amer. chem. Soc. **73.** 1442—45. April 1951. Ithaca, N. Y., Cornell Univ., Baker Labor. of Chem.) BEHNE. D 225

Klaus Clusius und **Hermann Rolf Weisser**, *Reaktionen mit* ^{15}N. 3. Mitt. *Zum Mechanismus der Fischerschen Indolsynthese.* (2. vgl. C. **1951.** II. 953.) Zur Prüfung des von ROBINSON vorgeschlagenen Mechanismus der FISCHERschen Indolsynth. führten Vff. den Ringschluß bei einem Acetonphenylhydrazon durch, das aus $C_6H_5NH \cdot {}^{15}NH_2$ (I) dargestellt worden war. Aller ^{15}N wurde während der Rk. als $^{15}NH_3$ abgespalten; dies beweist die Richtigkeit der Annahme, daß der kernständige Stickstoff des Phenylhydrazons in den Indolring eintritt. Das Auftreten eines Diamins als Zwischenprod. vor der NH_3-Abspaltung konnte so nicht nachgewiesen werden, wahrscheinlich gemacht wird diese Hypothese durch die Ergebnisse, die bei der Synth. von *2-Aminobenzthiazol* (II) aus I gemacht wurden. Wird das aus I-Hydrochlorid u. KSCN in absol. A. während 12 Std. auf dem sd. Wasserbad erhaltene *1-Phenylsemicarbazid* (F. 200—201°) mit HCl (1 : 1) während 10 Std. bei 125—130° cyclisiert, so enthalten gebildetes II u. NH_3 je 50% des ^{15}N, was plausibel durch Annahme eines Diamins als Zwischenprod. deutbar ist. Ein mögliches Austauschgleichgewicht $\rangle C{-}{}^{15}NH_3^+ + NH_4^+ \rightleftharpoons \rangle C{-}NH_3^+ + {}^{15}NH_4^+$, das mit den Resultaten ebenfalls in Einklang steht, existiert nach Messungen der Vff. nicht. — Darst. von I aus $Na^{15}NO_2$ vgl. CLUSIUS u. HOCH (C. **1951.** II. 953), Isotopenanalyse nach bandenspektroskop. Mikrometh. vgl. HOCH u. WEISSER (C. **1951.** II. 953). (Helv. chim. Acta **35.** 400—06. 1/2. 1952. Zürich, Univ., Physikal.-chem. Inst.) BEHNE. D 225

Camille Piffault, Paul Blanquet und **Joseph Duhamel**, *Der Einfluß des Lösungsmittels auf das Verhalten von Methylenblau in Gegenwart elektromagnetischer Strahlung.* Elektromagnet. Strahlung von der Wellenlänge der γ-Strahlung, der Röntgenstrahlung bis zu der des Infrarots wird a) in eine Lsg. von *Methylenblau* in W. (0,02—0,04 g/Liter), b) in eine solche in Glycerin eingestrahlt. Die wss. Lsg. wird stark gebleicht, aber in keinem Falle völlig entfärbt. Das Absorptionsspektr. der gebleichten Lsg., das auch die kurzwellige Bande (bei 2900 Å) der unbestrahlten Lsg. nicht mehr aufweist, ist von dem der Leukoverb. verschieden. Daraus u. aus der Tatsache, daß die entfärbte Lsg. bei Oxydation den Farbstoff nicht mehr zurückbildet, folgt, daß der Farbstoff durch die Bestrahlung zerstört wird. Bestrahlung der Glycerinlsg. führt dagegen stets zur völligen Entfärbung unter Bldg. der Leukoverb., wie aus dem Spektr. u. der bei Oxydation auftretenden reversiblen Verfärbung geschlossen wird. Auch sichtbares u. infrarotes Licht entfärbt vollständig. (J. Physique Radium **13.** 13 S—14 S. März 1952.) RUDOLPH. D 226

H. Lindlar, *Ein neuer Katalysator für selektive Hydrierungen.* Bei der Ausarbeitung der Vitamin-A-Synth. (vgl. ISLER u. Mitarbeiter, Helv. chim. Acta **32.** [1949.] 489 u. ISLER, Chem. Engng. News **29.** [1951.] 3962) wurde ein Pd-Pb-Katalysator (vgl. C. **1951.** II. 3517) zur Hydrierung von Dreifachbindungen entwickelt, der vorhandene oder während der Hydrierung entstehende Doppelbindungen nicht angreift. Eine ähnliche Desaktivierung des Palladiums wird auch durch Wismut- oder Kupfersalze erreicht. Oft wird die Selektivität durch Zugabe von Chinolin noch erhöht. Hydriert wird in PAe. bei Überdruck von 1 m Wassersäule mit 1—5% des Katalysators. Die Hydrierung bleibt von selbst stehen, wenn die theoret. Menge H_2 oder ein geringer Überschuß aufgenommen ist. Der Katalysator ist empfindlich gegen Vergiftung.

V e r s u c h e : Der Katalysator wird dargestellt durch Erhitzen eines 5%ig. Pd-Katalysators auf $CaCO_3$ bei 95° mit einer 5%ig. wss. Bleiacetatlsg., dabei schlägt sich metall. Blei auf dem Pd nieder. Trägerfreier Katalysator wird erhalten durch Erhitzen von Palladiumschwarz mit Bleiacetatlsg., wobei ca. 30% metall. Blei aufgenommen werden. Hydrierung von *1.6-Dioxy-3.7-dimethyl-9-[2'.6'.6'-trimethylcyclohexen-(1')-yl]-nonadien-(2.7)-in-(4)* liefert in 84—86%ig. Ausbeute *1.6-Dioxy-3.7-dimethyl-9-[2'.6'.6'-trimethylcyclohexen-(1')-yl]-nonatrien-(2.4.7)*, $C_{20}H_{32}O_2$, F. 73—74°, Blättchen (aus PAe.). Ferner wurden hydriert: *β-Carotinin* zu *9.9'-cis-β-Carotin*, das durch Licht u. Wärme leicht in das All-trans-β-Carotin umgewandelt werden kann, *2.6.10-Trimethyl-14-äthinylpentadecanol-(14)* zu *2.6.10-Trimethyl-14-vinylpentadecanol-(14)* u. das ungesätt. Chinon

Vitamin K_1 zum Hydrochinon unter Erhaltung aller übrigen Doppelbindungen. (Helv. chim. Acta **35.** 446—50. 15/3. 1952. Basel, F. Hoffmann-La Roche & Co., Wissenschaftl. Labors.) G. WINKLER. D 227

D_2. Präparative organische Chemie. Naturstoffe.

S. F. Birch, V. E. Gripp, D. T. McAllan und **W. S. Nathan,** *Darstellung und Eigenschaften von Kohlenwasserstoffen mit periodisch wiederkehrenden Gruppen.* Vff. synthetisieren folgende Paraffin-KW-stoffe mit period. wiederkehrenden Seitenketten: *3.3.6.6-Tetramethyloctan* (**I**), *3.3.6.6.9.9.12.12-Oktamethyltetradecan* (**II**), *3.3;6.6-Bis-[tetramethylen]-octan* (**III**), *3.3;6.6;9.9;12.12-Tetrakis-[tetramethylen]-tetradecan* (**IV**), *3.3;6.6-Bis-[pentamethylen]-octan* (**V**) u. *3.3;6.6;9.9;12.12-Tetrakis-[pentamethylen]-tetradecan* (**VI**). Die Synth. erfolgte von β.β-Dimethylglutarsäure bzw. 1.1-Cyclopentandiessigsäure bzw. 1.1-Cyclohexandiessigsäure ausgehend, die über die Anhydride in die Monomethylester übergeführt wurden, die der anod. Oxydation unterworfen wurden. Die dabei erhaltenen substituierten Korksäuredimethylester wurden mit $LiAlH_4$ zu den Glykolen red., diese in die Dibromide übergeführt u. daraus mit Zn-Staub die KW-stoffe **I, III** u. **V** erhalten. Zur Darst. von **II, IV** u. **VI** wurden die substituierten Korksäuredimethylester in die Monomethylester übergeführt, deren Na-Salze durch Elektrolyse in die entsprechenden Dodecandicarbonsäure-(1.12)-dimethylester umgewandelt wurden, die dann zu den KW-stoffen red. wurden. Von den genannten KW-stoffen wurden, sofern es sich bei Zimmertemp. um Fll. handelt, neben den üblichen physikal. Daten noch $D.^{25}$ u. n_D^{25} sowie die Brechungsindices bei 20 u. 25° bestimmt für die Wellenlängen 6562, 5460, 4861 u. 4358 Å u. die kinemat. Viscositäten in cSt bei 20, 37,8 u. 98,9° gemessen sowie der Reinheitsgrad in Mol-% errechnet.

Versuche: Elektrolyse (**E**) zwischen Pt-Anode u. Fe-Kathode (Bleche 4×6 cm in 5 mm Abstand). Die sauren Ester werden in CH_3OH + PAe. (Kp. 70—90°) bei Ggw. von 3 g metall. Na (besser ist K) am Rückfluß mit 100 V u. 2—3 A elektrolysiert, bis ca. 25% über die theoret. benötigte Strommenge verbraucht sind. — *Methylhydrogen-β.β-dimethylglutarat,* aus β.β-Dimethylglutarsäureanhydrid (F. 121°, aus der Säure mit Acetanhydrid; 100% [Ausbeute]) u. $NaOCH_3$ zuerst bei 0°, danach 1 Std. bei Zimmertemp. u. 1 Std. am Rückfluß; das Rohprod. wurde durch azeotrope Dest. mit Bzl. getrocknet; 100%. — *Dimethyl-β.β.β'.β'-tetramethylsuberat* (**VII**), $C_{14}H_{26}O_4$, $Kp._{10}$ 143,5°, $Kp._{760}$ 292°, durch **E** vorst. Verb.; n_D^{20} 1,4435; 75%. Durch Verseifung mit alkoh. KOH die freie *β.β.β'.β'-Tetramethylkorksäure,* $C_{12}H_{22}O_4$, F. 169,5° (CH_3OH). — *3.3.6.6-Tetramethyloctandiol-(1.8),* $C_{12}H_{26}O_2$, F. 48—49°, durch Red. von **VII** mit $LiAlH_4$ in absol. Ae.; $Kp._3$ 156 bis 158°; 74,5%, bei Wiederholung bis zu 92,5%. *Phenylurethan,* $C_{26}H_{36}O_4N_2$, F. 101,5 bis 102,5° (PAe.). *3.5-Dinitrobenzoat,* $C_{26}H_{30}O_{12}N_4$, F. 134—135°. — *1.8-Dibrom-3.3.6.6-tetramethyloctan,* $C_{12}H_{24}Br_2$, F. 21,5° (PAe.), durch Einleiten von HBr in vorst. Verb. bei 120° u. Extraktion mit PAe.; 85%. — *3.3.6.6-Tetramethyloctan* (**I**), $C_{12}H_{26}$, $Kp._{760}$ 189,7°, $Kp._{140}$ 130°, $Kp._{12}$ 74°, aus vorst. Verb. in Eisessig durch Red. mit Zn-Staub (48 Std. unter Rühren am Rückfluß, danach erneut Zugabe von Zn u. weitere 24 Std.), Verdünnung mit W., Wasserdampfdest. u. Extraktion mit PAe.; E. —73,59°, $D.^{20}$ 0,7617, n_D^{20} 1,4265; 82,5%. — *Methylhydrogen-β.β.β'.β'-tetramethylsuberat,* F. 27°, aus **VII** u. äquimol. Gemisch von CH_3COOH + konz. HCl am Rückfluß; 1/3 des entstehenden CH_3COOCH_3 sogleich abdest., dann Rk. durch Zugabe von Bzl. unterbrechen u. entstandenes W. azeotrop mit Bzl. abdest.; danach CH_3COOH abdest. u. fraktionieren; $Kp._{10}$ 183°, n_D^{20} 1,4530; 83% bei wiederholter Reaktion. — *2.2.5.5.8.8.11.11-Oktamethyldodecandicarbonsäure-(1.12)-dimethylester,* $C_{24}H_{46}O_4$, $Kp._{0,5}$ 137°, aus vorst. Verb. durch **E**; n_D^{20} 1,4560; 75%. Durch Verseifung mit alkoh. KOH die freie *2.2.5.5.8.8.11.11-Oktamethyldodecandicarbonsäure-(1.12),* $C_{22}H_{42}O_4$, mikrokristallines Pulver, F. 135° (CH_3OH). — *3.3.6.6.9.9.12.12-Oktamethyltetradecandiol-(1.14),* $C_{22}H_{46}O_2$, F. 82—83° (Ae.); 98%. *Phenylurethan,* $C_{36}H_{56}O_4N_2$, dünne Nadeln, F. 112—113° (PAe.). — *1.14-Dibrom-3.3.6.6.9.9.12.12-oktamethyltetradecan,* $C_{22}H_{44}Br_2$, F. 42,0—42,5° (PAe.); 67%. — *3.3.6.6.9.9.12.12-Oktamethyltetradecan* (**II**), $C_{22}H_{46}$, $Kp._{23,3}$ 191,3°, $Kp._{0,4}$ 115°, aus vorst. Verb. wie **I**, jedoch ohne Wasserdampfdest.; $D.^{20}$ 0,8061, n_D^{20} 1,4498, erstarrt glasig; 85%. — *Methylhydrogencyclopentan-1.1-diacetat,* aus 1.1-Cyclopentandiessigsäure über *1.1-Cyclopentandiessigsäureanhydrid* (F. 68° [PAe.]); 100%. — *2.2;5.5-Bis-[tetramethylen]-hexandicarbonsäure-(1.6)-dimethylester,* $C_{18}H_{30}O_4$, $Kp._{0,5}$ 139°, aus 661 g vorst. Verb. durch **E** wie oben; n_D^{20} 1,4790, $D.^{20}$ 1,043; 170 g. *Freie Säure,* $C_{16}H_{26}O_4$, rhomb. Kristalle, F. 170° (Aceton). — *3.3;6.6-Bis-[tetramethylen]-octandiol-(1.8),* $C_{16}H_{30}O_2$, mikrokristallines Pulver, F. 110 bis 111° (Ae.); 87%. — *1.8-Dibrom-3.3;6.6-bis-[tetramethylen]-octan,* $C_{16}H_{28}Br_2$, F. 59—60° (PAe. bei tiefer Temp.); 80%. — *3.3;6.6-Bis-[tetramethylen]-octan* (**III**), $C_{16}H_{30}$, F. —15,66°, $Kp._{1,5}$ 105°, $D.^{20}$ 0,8808, n_D^{20} 1,4768; 75%. — *2.2;5.5-Bis-[tetramethylen]-hexandicarbonsäure-(1.6)-monomethylester,* $Kp._{0,25}$ 150°, aus 157 g Dimethylester u. KOH in CH_3OH,

36 Std. bei 5°, 12 Std. bei Zimmertemp. u. 3 Std. am Rückfluß, nach Zugabe von W. u. Abdest. des CH_3OH wird nicht umgesetzter Dimethylester mit PAe. extrahiert u. die wss. Phase mit HCl angesäuert u. mit PAe. extrahiert; n_D^{20} 1,4891; 108,5 g. — *2.2;5.5; 8.8; 11.11-Tetrakis-[tetramethylen]-dodecandicarbonsäure-(1.12)-dimethylester*, $C_{32}H_{54}O_4$, F. 56°, durch **E** von 108 g vorst. Verb.; aus verd. CH_3OH bei tiefen Tempp. Nadeln; 18 g. *Freie Säure*, $C_{30}H_{50}O_4$, Nadeln, F. 175° (Aceton). — *3.3;6.6;9.9;12.12-Tetrakis-[tetramethylen]-tetradecandiol-(1.14)*, $C_{30}H_{54}O_2$, aus 15 g vorst. Verb., mikrokristallines Pulver, F. 110—111° (Ae.); 13 g. — *1.14-Dibrom-3.3;6.6;9.9;12.12-tetrakis-[tetramethylen]-tetradecan*, $C_{30}H_{52}Br_2$, F. 71—72° (PAe. bei tiefer Temp.); 94%. — *3.3;6.6;9.9;12.12-Tetrakis-[tetramethylen]-tetradecan* (**IV**), $C_{30}H_{54}$, Nadeln, F. 65° (CH_2Cl_2 bei tiefer Temp.); 70%. — *1.1-Cyclohexandiessigsäuremonomethylester*, aus 1.1-Cyclohexandiessigsäure über *1.1-Cyclohexandiessigsäureanhydrid* (F. 69°; 85%); 100%. — *2.2;5.5-Bis-[pentamethylen]-hexandicarbonsäure-(1.6)-dimethylester*, $C_{20}H_{34}O_4$, Kp.$_{0,3}$ 148—152°, aus Aceton große Prismen, F. 40,5°, durch **E** vorst. Verb.; 38%. *Freie Säure*, $C_{18}H_{30}O_4$, kleine Prismen, F. 194° (Aceton). — *3.3;6.6-Bis-[pentamethylen]-octandiol-(1.8)*, $C_{18}H_{34}O_2$, F. 108—109° (Ae.); 94,5%. *Phenylurethan*, $C_{32}H_{44}O_4N_2$, dünne Nadeln, F. 171—172° (CH_3OH). — *1.8-Dibrom-3.3;6.6-bis-[pentamethylen]-octan*, $C_{18}H_{32}Br_2$, sehr kleine Nadeln, F. 104,5—105,5° (Bzl.-PAe.); 80%. — *3.3;6.6-Bis-[pentamethylen]-octan* (**V**), $C_{18}H_{34}$, E. +7,06°, Kp.$_{0,8}$ 130°, Kp.$_{20,5}$ 218,7°, D.^{20} 0,9025, n_D^{20} 1,4894; 78%. — *2.2;5.5-Bis-[pentamethylen]-hexandicarbonsäure-(1.6)-monomethylester*, Kp.$_{0,6}$ 168°, durch partielle Hydrolyse des Dimethylesters mit Eisessig u. HCl; 73%. — *2.2;5.5;8.8;11.11-Tetrakis-[pentamethylen]-dodecandicarbonsäure-(1.12)-dimethylester*, $C_{36}H_{62}O_4$, F. 94,5°, durch **E** vorst. Verb.; Kp.$_{0,05}$ 180 bis 195°, aus CH_3OH Nadeln; 14,5%. *Freie Säure*, $C_{34}H_{58}O_4$, Pulver, F. 202° (Dioxan). — *3.3;6.6;9.9;12.12-Tetrakis-[pentamethylen]-tetradecandiol-(1.14)*, $C_{34}H_{62}O_2$, aus 30 g vorst. Verb.; Pulver, F. 117—118° (Ae.); 27 g. — *1.14-Dibrom-3.3;6.6;9.9;12.12-tetrakis-[pentamethylen]-tetradecan*, $C_{34}H_{60}Br_2$, aus 27 g vorst. Verb., kurze Nadeln, F. 99—100° (Ae. bei tiefer Temp.); 30 g. — *3.3;6.6;9.9;12.12-Tetrakis-[pentamethylen]-tetradecan* (**VI**), $C_{34}H_{62}$, dünne Nadeln, F. 70—71° (CH_2Cl_2 bei tiefer Temp.); 63%. (J. chem. Soc. [London] **1952**. 1363—68. April. Sunbury-on-Thames, Middlesex, Anglo-Iranian Oil Co. Ltd., Res. Stat.) KLASSKE. 510

E. E. Turner und **L. Turner**, *Verbindungen mit 2.2.4-Trimethylhexan-Skelett.* 2. Mitt. (1. vgl. C. **1952**. 4285.) Vff. beschreiben die teilweise opt. Zerlegung von *3.5.5-Trimethylhexanol-(1)* (**I**) durch fraktionierte Kristallisation des Brucinsalzes des sauren Phthalesters aus Aceton. Das dabei erhaltene (+)-**I** gibt mit HBr + H_2SO_4 (—)-*3.5.5-Trimethylhexylbromid* (**II**), dessen GRIGNARD-Verb. bei Zers. mit wss. NH_4Cl zu (+)-*2.2.4-Trimethylhexan* führt. — Bromierung von *3.5.5-Trimethylhexen-(1)* mit N-Bromsuccinimid führt zu einem Gemisch (**IV**) der isomeren Bromverbb.; dieses gibt mit Cyclohexylamin 2 verschied. *Cyclohexyltrimethylhexenylamine*, die in Form ihrer *Hydrochloride* in einem Gewichtsverhältnis 8 : 1 isoliert werden können. Einw. von **IV** auf Na-Malonester mit anschließender Hydrolyse, Decarboxylierung u. Hydrierung gibt *5.7.7-Trimethyloctansäure-(1)*. Beim Vers., von **IV** HBr abzuspalten, werden nur geringe Ausbeuten eines 1.3-Diolefins erhalten. Letzterer gibt ein Maleinsäureaddukt, dem die Konstitutionen **IIIa** oder **b** zukommen können. — Beim Erhitzen von *3.5.5-Trimethylhexansäureäthylester* in Xylol unter N_2 bei Ggw. von Na tritt Acyloinkondensation ein unter Bldg. von *6-Oxy-2.2.4.9.11.11-hexamethyldodecanon-(7)*, das durch Hydrierung in *2.2.4.9.11.11-Hexamethyldodecandiol-(6.7)* übergeführt wird. — *6.8.8-Trimethylnonanon-(2)* kondensiert sich mit Isatin bei Ggw. von wss.-alkoh. KOH; aus den Reaktionsprodd. wird *2-[4.6.6-Trimethylheptyl]-chinolin-4-carbonsäure* isoliert, deren Konst. durch Oxydation zu *Chinolin-2.4-dicarbonsäure* bewiesen wird.

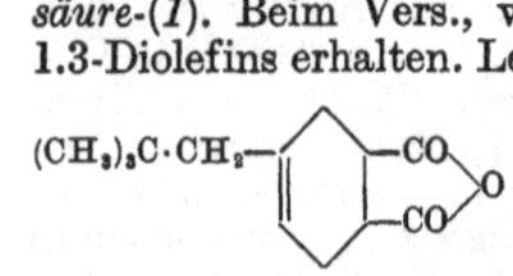

IIIa

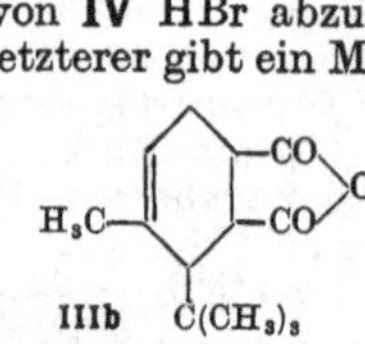

IIIb

V e r s u c h e: 252 g 3.5.5-Trimethylhexylhydrogenphthalat u. 330 g Brucin geben in sd. Aceton 121 g *Brucinsalz*; $[\alpha]_{5461}^{25}$ —25,6° (c = 1,6, l = 2; Chlf.). 88 g Salz geben in Aceton nach Eingießen in n-HCl 31,5 g (+)-*3.5.5-Trimethylhexylhydrogenphthalat*, F. 69—69,5° (PAe.); $[\alpha]_{5461}^{25}$ +7,7°, +7,6° u. +7,3° (c = 3,75, 3,00 u. 2,40, l = 2; Chlf.). Hydrolyse führt zu (+)-*3.5.5-Trimethylhexanol-(1)* [(+)-**I**], n_D^{25} 1,4303; D.^{25} 0,8240; $[\alpha]_{5461}^{25}$ +6,7°. — (—)-*3.5.5-Trimethylhexylbromid* (**II**), Kp.$_{2,1}$ 84°; n_D^{22} 1,4528; D.^{25} 1,073; $[\alpha]_{5461}^{25}$ —6,76°. — (+)-*2.4.4-Trimethylhexan*, aus **II** bei Zers. der daraus hergestellten GRIGNARD-Verb. mit wss. NH_4Cl u. Isolierung des KW-stoffes in der üblichen Weise; n_D^{20} 1,4034; D.^{25} 0,711; $[\alpha]_{5461}^{25}$ +15,2°; 40% (Ausbeute). — *Brom-3.5.5-trimethylhexene-(1)* (**IV**, Isomerengemisch), $C_9H_{17}Br$, durch Bromierung von (durch Pyrolyse von 3.5.5-Trimethylhexylacetat bei 500° über Glaswolle erhaltenem) *3.5.5-Trimethylhexen-(1)* mit N-Bromsuccinimid in CCl_4 bei Ggw. von 1 g Benzoylperoxyd (7std. Kochen); schwachgelbe, tränenreizende Fl., Kp.$_{1,5}$ 46—68°; n_D^{25} 1,4832; 49%. — Zu 30 g **IV** in absol. Ae. werden bei 40° allmählich 45 g Cyclohexylamin zugegeben, das dabei entstehende Cyclohexylaminhydrobromid (F. 197°; 28 g) wird abfiltriert, die äther. Lsg. mit W. extrahiert u. der wss. Extrakt mit HCl versetzt: Gemisch der *Cyclohexyltrimethylhexenylaminhydrochloride*, $C_{15}H_{30}NCl$, F. 162—165°; 11 g. Fraktionierte Kristallisation aus Leichtbenzin gibt 0,9 g *Hydrochlorid* vom F. 139—140° u. 7,6 g *Hydrochlorid* vom F. 182—183°; aus letzterem mit wss. KOH die *freie Base*, $C_{15}H_{29}N$, Kp.$_{0,5}$ 94°; n_D^{24} 1,4737. — Dehydrobromierung von **IV**: 1. Dest. von 9 g **IV** über festem KOH bei 150—200° gibt 1,5 g Destillat, das, mit Maleinsäureanhydrid in Bzl. erhitzt, 0,35 g *Verb.* $C_{13}H_{18}O_3$ (**IIIa** oder **b**) gibt; Blättchen, F. 115°; 2. **IV** u. CH_3COOAg, in Bzl. 6 Std. gekocht, geben ein *Nonenylacetat*, $C_{11}H_{20}O_2$, Kp.$_1$ 54—56°; n_D^{23} 1,4442—1,4460; 93%. Pyrolyse von 18 g dieser Verb. über Glaswolle bei 490—510° gibt 3,5 g Fl. vom Kp. 124—132°; n_D^{19} 1,4467—1,4508; daraus 1,1 g **IIIa** oder **b**, F. 113,5—114,5°. — *5.7.7-Trimethyloctansäure-(1)*, durch Einw. von Na u. Malonsäurediäthylester in Xylol bei 30° auf **IV** (30 Min. Zugabe, 4 std. Rk. u. 3 std. Kochen). Nach Abdest. des Xylols im Vakuum wird mit wss. KOH hydrolysiert u. die dabei erhaltene *ungesätt. Säure* (Kp.$_1$ 123—125°; n_D^{21} 1,4548—1,4558; 59%) in A. an PtO_2 bei 3—5 at hydriert: Kp.$_1$ 98—99°; n_D^{25} 1,4361; 40%. *p-Bromphenacylester*, F. 68,5°. — *6-Oxy-2.2.4.9.11.11-hexamethyldodecanon-(7)*, $C_{18}H_{36}O_2$, durch Kondensation von 18,6 g 3.5.5-Trimethylhexansäureäthylester in Xylol bei Ggw. von 4,6 g Na unter N_2 (2 Std. bei 110°); Kp.$_{0,5}$ 125—133°; n_D^{22} 1,4488; 12 g. — *2.2.4.9.11.11-Hexamethyldodecandiol-(6.7)*, $C_{18}H_{38}O_2$, durch Hydrierung vorst. Verb. in A. an PtO_2 bei 20° u. 3—5 at; Kp.$_{0,2}$ 122—124°; n_D^{20} 1,4471; 81%. — *2-[4.6.6-Trimethylheptyl]-chinolin-4-carbonsäure*, $C_{20}H_{27}O_2N$, aus 4,9 g Isatin, 7 g NaOH, 5,7 g 6.8.8-Trimethylnonanon-(2), 25 cm³ W. u. 15 cm³ A. durch 10 std. Erwärmen auf 85° u. anschließende Neutralisation mit 6n HCl; F. 139,5—142° (60%ig. A.); 85%. — *Chinolin-2.4-dicarbonsäure*, $C_{11}H_7O_4N$, durch Oxydation vorst. Säure mit alkal. $KMnO_4$-Lsg., anschließende Dampfdest. der angesäuerten Reaktionsprodd. u. Filtrierung; schwachgelber Nd., F. 243°. (J. chem. Soc. [London] **1952**. 1761—63. Mai. London, Univ., Bedford Coll.) KLASSKE. 560

R. Paul und **S. Tchelitcheff**, *Untersuchungen über Acetale.* 1. Mitt. *Kondensation von einigen Acetalen mit Dihydropyran und mit Dihydrofuran. Dihydropyran* (**I**) u. *2.3-Dihydrofuran* (**II**) kondensieren sich leicht mit Acetalen aliphat. Aldehyde (mit Ausnahme von Methylal) u. aromat. Aldehyde unter Bldg. von *2-Alkoxy-3-[1'-alkoxy-1'-alkyl (bzw. aryl)]-tetrahydropyranen* bzw. *2-Alkoxy-3-[1'-alkoxy-1'-alkyl (bzw. aryl)]-tetrahydrofuranen.* Durch Hydrolyse wurden daraus die *Monoäther* der *4-Formyldiole-(1.5)* bzw. *3-Formyldiole-(1.4)* erhalten. Bei Anwendung von Ketonacetalen oder semicycl. Acetalen verläuft die Rk. nur mit sehr schlechten Ausbeuten. Obwohl die disubstituierten Tetrahydropyrane als cis-trans-Isomere auftreten können, war es nicht möglich, durch fraktionierte Dest. eine Trennung zu erzielen. Aus diesem Grunde wird angenommen, daß nur die eine der beiden möglichen, u. zwar die trans-Form, vorliegt. *2-Äthoxy-3-[1'-äthoxy-1'-äthyl]-tetrahydropyran* (**III**) konnte durch Hydrolyse, Oximierung, Red. u. Wasserabspaltung in *3-[1'-Äthoxy-1'-äthyl]-piperidin* (**IV**) übergeführt werden, das auch durch Hydrierung von [Pyridyl-(3)]-methylketon, Äthylierung u. Hydrierung des *3-[1'-Äthoxy-1'-äthyl]-pyridins* dargestellt werden konnte.

V e r s u c h e : Nachst. *2-Alkoxy-3-[1'-alkoxy-1'-äthyl]-tetrahydropyrane* wurden durch Zugabe von **I** zu dem Acetal u. wenig BF_3-Ätherat bei 35—40°, Schütteln mit 33%ig. K_2CO_3 nach 12 std. Stehen u. Aufarbeitung der oberen Schicht dargestellt. Die Rk. konnte auch bei 110—125° in Ggw. von $FeCl_3$ durchgeführt werden: *2-Methoxy-3-[1'-methoxyäthyl]-tetrahydropyran*, $C_9H_{18}O_3$, Kp.$_{20}$ 90—91°, $n_D^{24,5}$ 1,4355, $D.^{24,5}_4$ 0,988, Mol.-Refr. 46,00; 60%. — *2-Äthoxy-3-[1'-äthoxyäthyl]-tetrahydropyran* (**III**), $C_{11}H_{22}O_3$, Kp.$_{20}$ 108°, $n_D^{25,5}$ 1,4322, $D.^{25,5}_4$ 0,943, Mol.-Refr. 55,58; 69%. — *2-Isobutoxy-3-[1'-isobutoxyäthyl]-tetrahydropyran*, $C_{15}H_{30}O_3$, Kp.$_{20}$ 143—144°, n_D^{25} 1,4361, $D.^{25}_4$ 0,915, Mol.-Refr. 73,74; 81%. — Als Nebenprodd. wurden bei den vorst. Kondensationen *2-[2'-Alkoxytetrahydropyranyl-(3')]-3-[1'-alkoxyäthyl]-tetrahydropyrane* erhalten: *2-[2'-Methoxytetrahydropyranyl-(3')]-3-[1'-methoxyäthyl]-tetrahydropyran*, $C_{14}H_{26}O_4$, Kp.$_5$ 163—165°, n_D^{25} 1,4713, $D.^{25}_4$ 1,054, Mol.-Refr. 68,46; 6%. — *2-[2'-Äthoxytetrahydropyranyl-(3')]-3-[1'-äthoxyäthyl]-tetrahydropyran*, $C_{16}H_{30}O_4$, Kp.$_3$ 159—160°; 3%. — *3-[1'.2'-Diäthoxyäthyl]-2-äthoxytetrahydropyran*, $C_{13}H_{26}O_4$, Kp.$_{20}$ 140—142°, durch Kondensation des Acetals $C_2H_5OCH_2 \cdot CH(OC_2H_5)_2$ mit **I**, n_D^{20} 1,4414, $D.^{20}_4$ 0,980, Mol.-Refr. 66,34; 37%. — *3-[1'-Äthoxybutyl]-2-äthoxytetrahydropyran*, $C_{13}H_{26}O_3$, Kp.$_{20}$ 129—130°, aus 1.1-Diäthoxybutan, $n_D^{17,5}$ 1,4397, $D.^{17,5}_4$ 0,941, Mol.-Refr. 64,39; 88%. — *3-[2'-Äthoxypropyl-(2')]-2-äthoxytetrahydropyran*, $C_{12}H_{24}O_3$, Kp.$_{20}$ 117—118°, aus 2.2-Diäthoxypropan, n_D^{26} 1,4398, $D.^{26}_4$ 0,948, Mol.-Refr. 60,23; 20%. — *3-[1'-Methoxy-1'-phenylmethyl]-2-methoxytetrahydropyran*, $C_{14}H_{20}O_3$, Kp.$_{20}$ 164—165°, aus Benzaldehyddimethylacetal, n_D^{19} 1,5139, $D.^{19}_4$ 1,064, Mol.-Refr. 66,77; 61%. — *3-[Tetrahydropyranyl-(2')]-2-alkoxytetrahydropyrane*, durch Kondensation von I mit 2-Alkoxytetrahydropyranen, dargestellt durch Erhitzen von I mit dem entsprechenden Alkohol + 0,5% HCl (R = Alkoxy): $R = OCH_3$, Kp.$_{20}$ 129—130°, n_D^{23} 1,4647, D.$^{23}_4$ 1,040; Mol.-Refr. 53,13; 36%. — $R = OC_2H_5$, Kp.$_{20}$ 137—138°, $n_D^{21,5}$ 1,4614, D.$^{21,5}_4$ 1,015, Mol.-Refr. 57,90; 27%. — $R = OCH(CH_3)_2$, Kp.$_{20}$ 142—143°, n_D^{21} 1,4595, D.$^{21}_4$ 0,996, Mol.-Refr. 62,64; 19%. — $R = OC_4H_9$-n, Kp.$_{20}$ 161—162°, $n_D^{17,5}$ 1,4627, D.$^{17,5}_4$ 0,993, Mol.-Refr. 67,09; 21%. — *3-[1-Äthoxyäthyl]-2-äthoxytetrahydrofuran*, $C_{10}H_{20}O_3$, Kp.$_{20}$ 84—85°, durch Kondensation von 30 g Diäthylacetal mit 18 g II in Ggw. von 0,5 cm³ BF_3·Ae.; $n_D^{24,5}$ 1,4253, D.$^{24,5}_4$ 0,945, Mol.-Refr. 50,90; 29 g. — *2-[2'-Äthoxytetrahydrofuryl-(3')]-3-[1'-äthoxyäthyl]-tetrahydrofuran*, $C_{14}H_{26}O_4$, Kp.$_{10}$ 148—149°, n_D^{25} 1,4525, D.$^{25}_4$ 1,015, Mol.-Refr. 68,64; 15%. — *4-Formyl-5-äthoxyhexanol-(1)-oxim*, $C_9H_{19}O_3N$, Kp.$_2$ 154—155°, durch Zugabe von 0,2 Mol III zu 1 Mol Hydroxylaminhydrochlorid in A.–W., Sättigen nach 24std. Stehen mit K_2CO_3 u. Aufnehmen der unlösl. Schicht in Ae., n_D^{29} 1,4722, D.$^{29}_4$ 1,031, Mol.-Refr. 51,35; 63%. — *4-Aminomethyl-5-äthoxyhexanol-(1)*, $C_9H_{21}O_2N$, Kp.$_{20}$ 160—161°, durch Hydrierung der vorst. Verb. in absol. A. in Ggw. von RANEY-Ni bei Raumtemp. u. 122 at, n_D^{25} 1,4623, D.$^{25}_4$ 0,963, Mol.-Refr. 49,98; 60%. — *3-[1'-Äthoxyäthyl]-piperidin* (IV), $C_9H_{19}ON$, Kp.$_{20}$ 95—97°, durch 1std. Erhitzen der vorst. Verb. mit Al_2O_3 auf 260°, Vakuumdest., Sättigen des Destillats mit K_2CO_3 u. Aufnehmen in Ae., $n_D^{27,5}$ 1,4548, D.$^{27,5}_4$ 0,914, Mol.-Refr. 46,58; 39%. *Phenylcarbamylderiv.*, $C_{16}H_{24}O_2N_2$, F. 106°, Blättchen aus Cyclohexan–Petroläther. — *[Pyridyl-(3)]-methylcarbinol*, Kp.$_3$ 112—115°, durch Hydrierung des entsprechenden Ketons bei 80° u. 100 at in Ggw. von RANEY-Ni. — *3-[1'-Äthoxyäthyl]-pyridin*, $C_9H_{13}ON$, Kp.$_{10}$ 101—102°, durch Zugabe der vorst. Verb. in Toluol zu Na in A., Abdest. des A., 1std. Kochen mit C_2H_5J u. Aufarbeitung des Filtrats, $n_D^{24,5}$ 1,4926, D.$^{24,5}_0$ 0,977; gibt durch Hydrierung in wasserfreiem Ae. in Ggw. von RANEY-Ni IV. (Bull. Soc. chim. France, Mém. [5] **17**. 1155—59. Nov./Dez. 1950. Soc. des Usines Chim. Rhône-Poulenc, Labor. de Rech. de Vitry-sur-Seine.) HORST BAGANZ. 670

R. Paul und **S. Tchelitcheff**, *Untersuchungen über Acetale*. 2. Mitt. *Bildung von Diol-(1.3)-äthern und Äthylenalkoholen durch Kondensation von Acetalen mit Äthylenkohlenwasserstoffen*. (1. vgl. vorst. Ref.) Während zwischen *Acetaldehyddiäthylacetal* (III) mit Octen u. Cyclohexen keine Rk. auftritt, kondensiert sich III leicht in Ggw. von BF_3·Ae. mit Äthylen-KW-stoffen, die einen unsymm. Molekülbau besitzen. Als Hauptprodd. wurden dabei gesätt. Diäther erhalten. Daneben wurden aber durch Einw. des BF_3 auf die Diäther in mehr oder weniger starkem Maße Äther von Äthylenalkoholen gebildet.

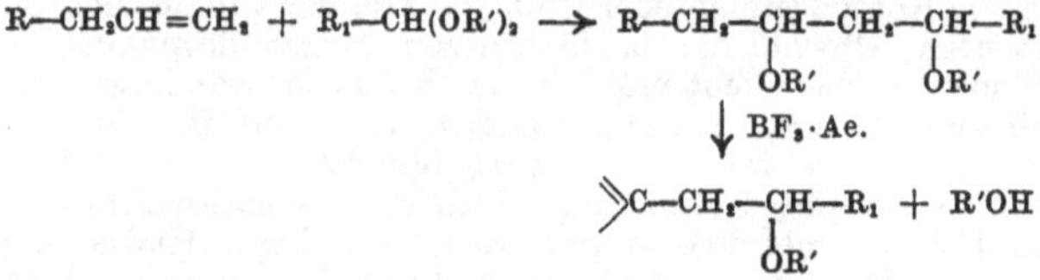

Anscheinend leiten sich diese Verbb. alle von β-Äthylenalkoholen ab. Durch Umsetzung des bei der letztgenannten Rk. auftretenden Alkohols mit dem ursprünglich angewandten Äthylen-KW-stoff entstanden im Falle des *Isobutylens* (I) Äther des Typs $(CH_3)_3C—O—R$. Durch Änderung der Versuchsbedingungen gelang es, die Ausbeuten der Reaktionsprodd. zu modifizieren. Ähnliche Ergebnisse lieferten die Acetale des Butanals u. ω-Oxypentanals.

V e r s u c h e: Die Darst. der nachst. Verbb. erfolgte im allg. durch 15std. Erhitzen von mol. Mengen Acetal u. Äthylen-KW-stoff mit 3—5 cm³ BF_3–Ae. (Kp. 125—127°) auf 85—100°. Bei Anwendung von Methyl- u. Äthylacetalen wurde diese Temp. nicht erreicht. I mußte im Autoklaven umgesetzt werden. Das Reaktionsprod. wurde durch Waschen mit $KHCO_3$ u. W. u. Dest. gereinigt. *Tert.-Butyläthyläther*, $C_6H_{14}O$, Kp. 73°, durch 15std. Erhitzen von 1.1-Diäthoxyäthan (III) u. I auf 90°, $n_D^{25,5}$ 1,3781, D.$^{25,5}_4$ 0,749, Mol.-Refr. 31,40; 39% (Ausbeute). Daneben: *2-Methyl-4-äthoxypenten-(1)* (II), $C_8H_{16}O$, Kp. 124—125°, n_D^{24} 1,4088, D.$^{24}_4$ 0,789; 13%; liefert nach Ozonolyse Methanal. *2.4-Diäthoxy-2-methylpentan*, $C_{10}H_{22}O_2$, Kp.$_{20}$ 70—71°, n_D^{24} 1,4180, D.$^{24}_4$ 0,841, Mol.-Refr. 51,35; 15,5%. *2.6-Diäthoxy-4-methylenheptan*, $C_{12}H_{24}O_2$, Kp.$_{20}$ 94—96°, durch Rk. von II u. III, n_D^{24} 1,4328, D.$^{24}_4$ 0,859, Mol.-Refr. 60,4; 2,5%. — *Tert.-Butylmethyläther*, $C_5H_{12}O$, Kp. 54—55°, aus 1.1-Dimethoxybutan u. I, n_D^{25} 1,3658, D.$^{25}_4$ 0,729, Mol.-Refr. 27,04; 42%. Daneben: *2-Methyl-4-methoxyhepten-(1)*, $C_9H_{18}O$, Kp.$_{40}$ 64—65°, n_D^{26} 1,4204, D.$^{26}_4$ 0,799, Mol.-Refr. 45,01; 11%. *2.4-Dimethoxy-2-methylheptan*, $C_{10}H_{22}O_2$, Kp.$_{20}$ 81—83°, n_D^{25} 1,4173, D.$^{27}_4$ 0,850, Mol.-Refr. 51,49; 21,5%. —*Diisobuten* (IV), Kp. 100—102°, bestand aus einem Gemisch von *2.4.4-Trimethylpenten-(1)* (51%) u. *2.4.4-Trimethylpenten-(2)*. — 17std. Erhitzen von 224 g IV mit 118 g III u. 4 cm³ BF_3–Ae. bei 96—83° lieferte nachst. Verbb.: *2-Äthoxy-2.4.4-trimethylpentan*, $C_{10}H_{22}O$, Kp. 156—157°, $n_D^{25,5}$ 1,4183, D.$^{25,5}_4$ 0,794, Mol.-Refr. 50,18; 3%. *2-Äthoxy-4-methylen-6.6-dimethylheptan*,

$C_{12}H_{24}O$, Kp.$_{20}$ 82—83°, n_D^{25} 1,4261, $D.^{25}_4$ 0,808, Mol.-Refr. 58,36; 52%. — *3-Äthyl-5-äthoxyhexen-(2)*, $C_{10}H_{20}O$, Kp. 170—171°, durch 11std. Erhitzen von **III** u. 2-Äthylbuten-(1) auf 72—73°, $n_D^{21,5}$ 1,4286, $D.^{21,5}_4$ 0,812, Mol.-Refr. 49,48; 37%. Durch Ozonisierung, Dest. mit W., Zn-Staub u. $AgNO_3$ u. Auffangen des Destillats in 2.4-Dinitrophenylhydrazinhydrochlorid wurde *Acetaldehyd-2.4-dinitrophenylhydrazon*, $C_8H_8O_4N_4$, F. 167°, isoliert. — *3-Äthyl-5-äthoxyocten-(2)*, $C_{12}H_{24}O$, Kp.$_{20}$ 92—93°, durch 16std. Erhitzen von 1.1-Diäthoxybutan u. 2-Äthylbuten-(1) auf 75°, n_D^{18} 1,4360, $D.^{18}_4$ 0,824, Mol.-Refr. 58,51; 27%. — *2.4-Diäthoxy-4-phenylbutan*, $C_{14}H_{22}O_2$, Kp.$_{20}$ 134—135°, durch 17std. Erhitzen von **III** u. Styrol in Ggw. von 1% Hydrochinon auf 100°, n_D^{21} 1,4831, $D.^{21}_4$ 0,949, Mol.-Refr. 66,82; 31,5%. — *1-[2'-Äthoxypropyl]-cyclopenten-(1)*, $C_{10}H_{18}O$, Kp.$_{20}$ 75—76°, durch 14std. Erhitzen von **III** u. Methylencyclopentan auf 80°, $n_D^{20,5}$ 1,4489, $D.^{20,5}_4$ 0,874, Mol.-Refr. 47,25; 64%. Durch Ozonolyse wurde Cyclopentanon isoliert. — *2-[Cyclopenten-(1')-yl-methyl]-tetrahydropyran*, $C_{11}H_{18}O$, Kp.$_{20}$ 109—110, durch 7std. Kochen von 2-Äthoxytetrahydropyran mit Methylencyclopentan, n_D^{18} 1,4831, $D.^{18}_4$ 0,954, Mol.-Refr. 49,70; 47%. — *1-[2'-Äthoxypropyl]-cyclohexen-(1)*, $C_{11}H_{20}O$, Kp.$_{20}$ 93—94°, durch 10std. Erhitzen von **III** mit Methylencyclohexan auf 93°, n_D^{29} 1,4517, $D.^{29}_4$ 0,879, Mol.-Refr. 51,55; 64%. (Bull. Soc. chim. France, Mém. [5] **18**. 125—29. Jan./Febr. 1951.) HORST BAGANZ. 670

C. Paquot und **C. Galletaud**, *Erstarrungspunkte von Gemischen aus Fettsäuren und ihren Estern.* Die aus Fettsäuren hergestellten Methylester sind meistens mit geringen Anteilen freier Säure verunreinigt. Umgekehrt enthalten die aus ihren Methylestern in Freiheit gesetzten Fettsäuren kleinste Estermengen. Auch kann beim Umkristallisieren von Fettsäuren in CH_3OH eine geringfügige Veresterung stattfinden. Diese Tatsachen veranlassen Vff. vor allem, den E. von Gemischen aus Fettsäuren (*Palmitin-* u. *Stearinsäure*) u. ihren *Methylestern* zu bestimmen. Die Ergebnisse sind in einem Diagramm wiedergegeben. (J. Rech. Centre nat. Rech. sci. **1952**. 138—40. März. Paris, Labor. des Gorps Gras.) POHLOUDEK-FABINI. 810

C. Paquot und **P. Hiep**, *Die Acetolfettsäureester, ihre Darstellung und ihre kristallisierten Derivate.* Vff. stellen die *Acetolester der Stearin-, Palmitin-, Myristin-, Laurin-* u. *Caprinsäure* dar, die wegen ihrer gut kristallisierenden Derivv. zur Charakterisierung der Säuren dienen können. Die Darst. der Ester erfolgt durch Erhitzen der Säure mit KOC_2H_5 u. Zugabe von Monochloraceton, 3 Std. Kochen, Verdünnen mit W. u. Extraktion mit Ae.; 90% Ausbeute. Erhalten wurden nachst. *Acetolester* der genannten Säuren (in [] der Reihe nach F. des *Oxims, Semicarbazons* u. *2.4-Dinitrophenylhydrazons*): *Stearinsäure*, $C_{21}H_{40}O_3$, E. u. F. 56,5°; [61°; 112,5°; 90,5°]. *Palmitinsäure*, $C_{19}H_{36}O_3$, E. 49,8°, F. 49,9°; [53,5°; 111°; 87,5°]. *Myristinsäure*, $C_{17}H_{32}O_3$, E. 41,4°, F. 42°; [44,5°; 109°; 83,5°]. *Laurinsäure*, $C_{15}H_{28}O_3$, E. 30,6°, F. 30,8; [39,5°; 107,5°; 79°]. *Caprinsäure*, $C_{13}H_{24}O_3$, Kp.$_{15}$ 165 bis 167°; [—; 103°; 70°]. (J. Rech. Centre nat. Rech. sci. **1952**. 136—37. März. Paris, Labor. des Corps Gras.) POHLOUDEK-FABINI. 810

A. Schöberl und **G. Lange**, *Über eine Sulfoniumsalzbildung bei der Addition von Mercaptocarbonsäuren an ungesättigte Säuren.* Bei der Anlagerung von *Thiohydracrylsäure* (**I**) an *Acrylsäure* (**II**) in stark HCl-saurer Lsg. entsteht zunächst die *Diäthylsulfid-β.β'-dicarbonsäure* (**III**), die ihrerseits mit vorhandener überschüssiger **I** u. HCl das *Tris-[β-carboxyäthyl]-sulfoniumchlorid* (**IV**, Kristalle aus A., lösl. in W., F. 163°; Zers.) bildet. Die Carboxylgruppen lassen sich alkalimetr. (Phenolphthalein), das Cl-Ion nach VOLLHARD titrieren. **IV** wurde auch durch Einleiten von HCl in eine Mischung von **III** u. **I** im mol. Verhältnis 1:1 in W. erhalten. Analog stellten Vff. das *Tris-[β-carboxyäthyl]-sulfoniumbromid* (leicht lösl. in W., krist. aus A./Ae., F. 151°; Zers.) dar. Auch *S-alkylierte Thioglykolsäuren* lassen sich auf diese Art in Sulfoniumsalze (mit asymm. substituiertem S-Atom) überführen. So entstand aus *S-Äthylthioglykolsäure* in Aceton mit **II** u. HCl bzw. HBr das entsprechende *Äthylcarboxymethyl-[β-carboxyäthyl]-sulfoniumchlorid* (F. 118°, aus A. + Aceton) bzw. *-bromid* (F. 121°, Zers.; aus A. + Ae.). (Angew. Chem. **64**. 224. 21/4. 1952. Hannover, Tierärztl. Hochschule, Chem. Inst.) KEMPF. 850

R. H. Meen und **George F. Wright**, *Die Spaltung von neuen 1-Alkyl-1.3-dinitroguanidinen und einer analogen Verbindung.* 1-Methyl- u. 1-n-Butyl-2-nitroguanidin können durch Behandeln mit HNO_3 + Acetanhydrid in *1-Methyl-* u. *1-n-Butyl-1.3-dinitroguanidin* übergeführt werden. Durch verd. KOH werden diese Verbb. zu *Methyl-* bzw. *n-Butylnitramin* u. dem K-Salz von *Nitrocyanamid* gespalten. Eine ähnliche Spaltung erleidet 1-Nitro-2-amino-Δ^2-imidazolin (**I**), das mit Alkali in *N-Nitro-N'-cyan-1.2-diaminoäthan* übergeht.

Versuche (FF. korr.): *1-Methyl-1.3-dinitroguanidin*, $C_2H_5O_4N_5$, F. 81,5—82,5°, aus 1-Methyl-2-nitroguanidin mit 99,9%ig. HNO_3 + Acetanhydrid bei 40° (20 Min.) oder 15° (30 Std.) oder mit 97%ig. HNO_3 bei 0° (3 Std.); Kristalle aus Bzl. oder Ae. +

PAe., λ_{max} 2690 Å (E = 9740), λ_{min} 2400 (E = 7100), Röntgenspektr. mit Cu K_α vgl. Original; 57 bzw. 62 bzw. 0,6% (Ausbeute). — *1-n-Butyl-1.3-dinitroguanidin*, $C_5H_{11}O_4N_5$, F. 71—72°, ebenso aus 1-n-Butyl-2-nitroguanidin bei 20—22° (1 Std.); Kristalle aus Chlf. + CCl_4; 24%. — Bei Spaltung der vorst. Dinitroguanidine durch Auflösen in 0,1n wss. KOH bei 15° entstehen *Methylnitramin* (F. 34—36°) bzw. *n-Butylnitramin* (isoliert als Monohydrat des K-Salzes) u. *Nitrocyanamid-K*, F. 135—137°. — Elektrometr. Titration von 1-Nitro-2-amino-Δ^2-imidazolin (I) mit n-HCl vgl. Original. — *N.N'-Dimethyl-N-nitro-N'-cyan-1.2-diaminoäthan*, $C_5H_{10}O_2N_4$, F. 57,0—57,3°, aus I durch Verrühren mit n-NaOH bei 0° (5 Min.) u. anschließendes Behandeln mit Dimethylsulfat bei 24—35° (2 Std.); Kristalle aus A. u. W. + Aceton; 37%. — *N.N'-Dimethyl-N.N'-dinitro-1.2-diaminoäthan*, F. 134—135°, aus vorst. Verb. mit 99,9%ig. HNO_3 + Acetanhydrid + CH_3COCl + CH_3COOH bei 0° (30 Min.) u. dann bei 25° (38 Std.); aus absol. A. Kristalle; 18%. (J. Amer. chem. Soc. **74**. 2077—79. 20/4. 1952. Toronto, Can., Univ., Dep. of Chem.)

K. FABER. 880

Janine Chauvelier und **Marcel Gaudemar**, *Über Propargylamine.* Vff. behandeln Propargylbromid (**III**) mit fl. NH_3 oder wss. NH_3 bei 30° u. erhalten ein Gemisch aus *Mono-* (Kp. 84°; n_D^{16} 1,4495; $D.^{16}_4$ 0,87; Mol.-Refr. 17,04. *Pikrat*, F. 190°. *Oxalat*, F. 143°), *Di-* (Kp.$_{10}$ 51°; $D.^{16}_4$ 0,901; n_D^{16} 1,4785; Mol.-Refr. 29,31. *Pikrat*, F. 135°. *Oxalat*, F. 210°), *Tripropargylamin* (II; Kp.$_{10}$ 76°; $D.^{16}_4$ 0,922; n_D^{16} 1,4875; Mol.-Refr. 40,91. *Pikrat*, F. 108°. *Oxalat*, F. 135°) u. *Tetrapropargylammoniumbromid* (I). Bei Verwendung wss. Mediums verschiebt sich die Rk. zugunsten der stärker substituierten Verbindungen. I läßt sich rein durch 24std. Rk. von **II** u. **III** darstellen. Es besteht die Möglichkeit, daß bei vorst. Rk. eine Umwandlung der prim. u. sek. Propargylamine in Allenylamine bzw. Acroleinimine stattfindet. Vor allem letzteres bildet leicht Harze, aus denen durch Erhitzen Picolinverbb. gewonnen werden können. Obwohl Vff. bei vorst. Rk. in geringen Mengen Harze erhalten, sprechen die RAMAN-Spektren, die nur Äthinylfrequenzen anzeigen, gegen diese Isomerisierung. Darüber hinaus wird die Propargylstruktur durch Darst. folgender kristalliner Verbb. nachgewiesen: *Propargyl-[2-(dipropargylamino)-propen-(1)-yl]-keton* (gelbe Kristalle, F. 68°), *Phenyläthinyl-[α-(dipropargylamino)-styryl]-keton* (gelbe Kristalle, F. 56°), *Propargyl-[2-(propargylamino)-propen-(1)-yl]-keton* (gelbe Kristalle, F. 73°; geht bei Erhitzen auf 150° in **IV**, F. 227°, über), u. *Phenyläthinyl-[α-(propargylamino)-styryl]-keton* [gelbe Kristalle, F. 125°; geht bei Erhitzen bei 150° in **V**, F. 183° (Zers.) u. **VI**, F. 154°, über]. Auch die Diazotierung von Propargylamin führt lediglich zur Bldg. von n. Propargylalkohol.

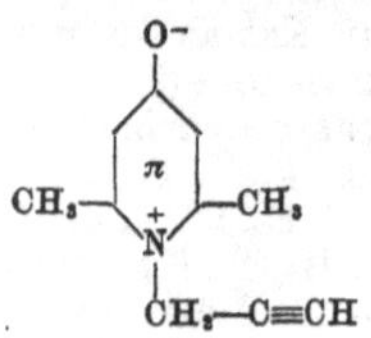

IV

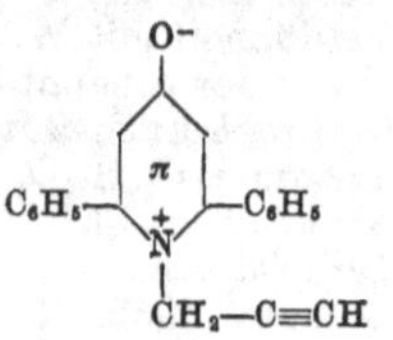

V

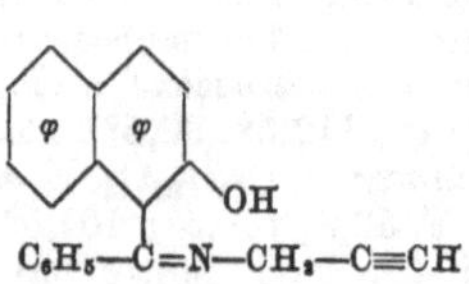

VI

Diese Verss. bestätigen somit die Arbeit von PREVOST u. Mitarbeitern (C. R. hebd. Séances Acad. Sci. **230**. [1950.] 1186), die sich mit der Umlagerung der Propargylgruppe befaßt. (C. R. hebd. Séances Acad. Sci. **232**. 167—69. 8/1. 1951.) LEHWALD. 910

Anneliese Hillmann und **Günther Hillmann**, *Über leicht abspaltbare Acylreste bei der Peptidsynthese.* Es wurde das Verh. von verschieden acylierten Peptiden gegenüber absol. alkoh. HCl untersucht. Durch mehrstd. Erwärmen auf dem Wasserbad wurden unter Bldg. der Peptidesterhydrochloride gespalten: *Formylglycylglycin* (**I**), *Acetylglycylglycin, Chloracetylglycylglycin, Dichloracetylglycylglycin.* Nicht gespalten wurden: *Carbäthoxy-, Benzoyl-, Phthalyl-, Trichloracetyl-, Phenacetyl-* u. *Phenoxyacetylglycylglycin.* Aus *p-Toluolsulfonyl-* u. *β-Naphthalinsulfonylglycylglycin* wurden unter gleichen Bedingungen die *acylierten Glycinester* u. *Glycinesterhydrochlorid* erhalten. — **I**, *Formyl-dl-alanylglycin* u. *Formyl-l-leucylglycin* konnten bei der Kupplung der Formylaminosäuren mit Glycin nach WIELAND (Liebigs Ann. Chem. **569**. [1950.] 122) oder BOISONNAS (C. **1952**. 836) nur in schlechter Ausbeute erhalten werden. — Bes. geeignet zum Schutz der Aminogruppe bei der Peptidsynth. erwies sich die Verwendung des *p-Toluolsulfonylglycyl*(TSG)-Restes. Durch alkoh. HCl wird nur die der p-Toluolsulfamidgruppe benachbarte Peptidbindung aufgespalten, während eine Spaltung nicht aktivierter Peptidbindungen oder eine Racemisierung auch bei 20std. Erwärmen nicht beobachtet werden konnten. Auf diese Weise wurden unter Bldg. der Peptid- bzw. Aminosäureesterhydrochloride gespalten: *TSG-Glycylglycylglycin, TSG-dl-Alanylglycin, TSG-dl-Valylglycin, TSG-l-Leucylglycylglycin, TSG-l-Tyrosin, TSG-l-Tryptophan, TSG-dl-Serin, Di-TSG-l-cystin* (**II**). Wenig angegriffen wurden: *TSG-dl-Phenylalanin, Tosyl-l-leucylglycin* u. *Tosyl-l-tyrosylglycin.* Durch die schonende Abspaltung des TSG-Restes wird die Synth. der nach dem Phthalylverf. nicht zugänglichen *Tryptophanyl-, Seryl-* u. *Cystylpeptide* möglich. — Darst. der

TSG-Peptide nach SCHOTTEN-BAUMANN in n-NaOH bei 0° durch portionsweise Zugabe des in Bzl. oder Essigester gelösten TSG-Chlorids; als Nebenprod. entsteht TSG-Anhydrid. Die weitere Kupplung zu den Oligopeptiden wie üblich über die Hydrazide u. Azide. Abspaltung des TSG-Restes durch 8std. Erwärmen auf dem Wasserbad mit 10—15facher Menge 4—5 n. absol. alkoh. HCl. Die Esterhydrochloride werden nach dem Einengen im Vakuum durch Fällung mit Essigester bzw. durch Extraktion der Essigesterlsg. mit W. u. Einengen zur Trockne erhalten; aus A.-Ae.; 60—80% Ausbeute. Die 60%ig. Spaltung von **II** dauert 15 Stunden. (Z. Naturforsch. **6b.** 340—41. Aug./Sept. 1951. Tübingen, Med. Klinik, Chem. Labor.) K. F. MÜLLER. 950

A. D. Petrow und **Ss. I. Ssadychsade**, *Synthese und Eigenschaften von Siliciumkohlenwasserstoffen der Enin-Reihe.* Die in der Literatur vorliegenden spärlichen u. unklaren Angaben über die Festigkeit der Si—C-Bindung in den Verbb. vom Typus $>$Si—C≡C— gaben Veranlassung, *Trialkylvinyläthinylsilane* $R_3SiC{\equiv}CCH{=}CH_2$ (**I**) mit R = CH_3, C_2H_5, n-C_3H_7 u. n-C_4H_9 u. *Dialkyl-bis-[vinyläthinyl]-silane* $R_2Si-[C{\equiv}CCH{=}CH_2]_2$ (**II**) aus $CH_2{=}CHC{\equiv}CMgBr$ u. den entsprechenden Trialkylchlor- bzw. Dialkyldichlorsilanen zu synthetisieren. Die Prüfung auf Festigkeit der Si—C-Bindung hatte nachst. Ergebnisse. 3std. Kochen mit W. löst diese Bindung nicht. Der Vers., die 3fache Bindung nach KUTSCHEROW zu hydratisieren, verlief negativ, da unter dem Einfl. schwacher Säuren die Si—C—Bindung gelöst wurde. Bemerkenswert ist, daß die Verbb. **I** bei der Bromierung nach KAUFMANN nur 2 Br addieren, während Trialkylallylsilane unter diesen Bedingungen 2 Br an die Doppelbindung u. 2 Br unter Lösung der Si—C-Bindung addieren. Im übrigen polymerisieren sich bes. die Verbb. **II** schon beim Aufbewahren zu unlösl. u. unschmelzbaren Prodd.; die Verbb. **I** werden in sd. W. polymerisiert.

V e r s u c h e: *Triäthylvinyläthinylsilan*, Kp.$_{20}$ 74—76°. Zu einer Lsg. von C_2H_5MgBr (0,51 g-Mol C_2H_5Br, 0,52 g-Atom Mg, 150 cm³ Ae.) wurden bei —10° unter N_2 0,7 g-Mol $CH_2{:}CHC{\equiv}CH$ hinzugefügt u. nach 2std. Rühren bei Zimmertemp. unter Kühlen u. energ. Rühren 0,45 g-Mol $(C_2H_5)_3SiCl$ zugetropft. Nach Einw. über Nacht wurde noch 2 Std. zum Sieden erwärmt, dann mit W. behandelt u. das Reaktionsprod. unter N_2 fraktioniert. D.$^{20}_4$ 0,8145; n_D^{20} 1,4695; Mol.-Refr. 56,83; 39 g (Ausbeute). — *Triäthylbutylsilan*, Kp.$_{19}$ 76—78°; durch Hydrieren vorst. Verb. (4 g; ca. 0,05 g $PdO/CaCO_3$; 5 g $CH_3 \cdot OH$); D.$^{20}_4$ 0,7787; n_D^{20} 1,4360. — *Triäthylbutadienylsilan*, Kp.$_{19}$ 74—75°; durch Hydrieren analog Vorst. bis zur Aufnahme von 2 H; D.$^{20}_4$ 0,7988; n_D^{20} 1,4585. *Addukt* mit *Maleinsäureanhydrid*, F. 132°. — *Trimethylvinyläthinylsilan*, Kp.$_{80}$ 52—53°; D.$^{20}_4$ 0,7714; n_D^{20} 1,4510; 55% (Ausbeute). — *Tripropylvinyläthinylsilan*, Kp.$_7$ 87—89°; D.$^{20}_4$ 0,8173; n_D^{20} 1,4700; 51,6%. — *Tributylvinyläthinylsilan*, Kp.$_8$ 108—110°; D.$^{20}_4$ 0,8201; n_D^{20} 1,4700; 53,1%. — *Dimethyl-bis-[vinyläthinyl]-silan*, Kp.$_9$ 67—68°; Herst. analog Vorst.; D.$^{20}_4$ 0,8495; n_D^{20} 1,5108; Mol.-Refr. 56,49; 57,2%. — *Diäthyl-bis-[vinyläthinyl]-silan*, Kp.$_8$ 84—86°; D.$^{20}_4$ 0,8556; n_D^{20} 1,5140; 38,4%. — *Dipropyl-bis-[vinyläthinyl]-silan*, Kp.$_5$ 84—86°; D.$^{20}_4$ 0,8561; n_D^{20} 1,5145; 36,4%. (Доклады Академии Наук СССР [Ber. Akad. Wiss. UdSSR] [N. S.] **85.** 1297—1300. 21/8. 1952.) WIEDEMANN. 980

J. H. Lengel und **V. H. Dibeler**, *Herstellung kleiner Mengen von Germaniumtetramethyl.* Die übliche Meth. zur Herst. von metallorgan. Verbb., der Umsatz von GRIGNARD-Verbb. mit den entsprechenden Metallchloriden, eignet sich zur Herst. kleiner Mengen $Ge(CH_3)_4$ (**I**) wegen dessen schwieriger Trennung von Ae. oder anderen bei GRIGNARD-Rkk. benutzten Lösungsmitteln nicht. Vff. finden, daß der Umsatz von $GeCl_4$ (**II**) mit $Zn(CH_3)_2$ bei sehr tiefen Tempp. (Reaktionsbeginn bei —78° u. vorsichtigem Erwärmen auf 0°) in einer Vakuumapp. unter N_2 nahezu reines **I** in quantitativer Ausbeute gibt. Die Synth. wurde sowohl mit einem stöchiometr. Molverhältnis der Reaktionspartner als auch mit überschüssigem **II** mit gleich gutem Erfolg durchgeführt. Massenspektroskop. wurden weniger als 1 Mol-% **II** als einzige Verunreinigung festgestellt. (J. Amer. chem. Soc. **74.** 2683—84. 20/5. 1952. Washington, D. C., Nat. Bur. of Stand.) ZIMMER. 980

F. Tatibouet und **R. Setton**, *Einwirkung von Schwefelsäure auf o-Kresol.* Es wird hier die bereits vielfach durchgeführte Unters. der Sulfurierung von o-Kresol mit konz. H_2SO_4, die in Arbeiten früherer Autoren zu verschied. Ergebnissen führte, wieder aufgegriffen. Vff. lassen konz. H_2SO_4 im Überschuß auf o-Kresol bei verschied. Tempp. einwirken, Fällen den Überschuß der H_2SO_4 als $BaSO_4$ u. trennen die Reaktionsprodd. durch fraktionierte Kristallisation ihrer Ba-Salze. Günstiger gestaltet sich die Aufarbeitung der Reaktionsprodd. durch Verwandlung in die Anilide, deren Löslichkeit erhebliche Differenzen aufweist. Nachst. die Ergebnisse: Bei 150° 87% *1-Methyl-2-oxybenzolsulfonsäure-(4)* (**I**) u. 18% *1-Methyl-2-oxybenzolsulfonsäure-(5)* (**II**). Bei 50 bis 60° 25% **I** u. 75% **II**. Bei —10° 100% **II**. *1-Methyl-2-oxybenzolsulfonsäure-(3)*, die in früheren Verss. ebenfalls als Reaktionsprod. angegeben wurde, konnte in keinem Fall ermittelt werden. Die Nichtidentität der beiden Säuren ergab sich aus den F.-Differenzen der S-Benzylisothiuroniumverbindungen. Außerdem wurden beide auf anderem Wege durch Diazotierung der entsprechenden 1-Methyl-2-aminobenzolsulfonsäuren dargestellt. Das Sulfanilid von **II** erleidet bei Erhitzen Zers., u. es entstehen o-Kresol u. p-Aminobenzolsulfonsäure, eine Rk., die ebenfalls bei anderen Amiden von **II** beobachtet wurde, die aber bei Amiden von **I** nicht eintritt.

Versuche: Reaktionsbedingungen: Bei 150° 1 Mol Kresol + 300 g 100%ig. H_2SO_4 1 Std. (längeres Erhitzen bewirkt Zers. unter SO_2-Entw.); bei Zimmertemp. 12std. Stehen der Reaktionslsg.; bei —10° langsames Zufügen des Kresols. Gießen in Eis, Neutralisieren mit $CaCO_3$, Abfiltrieren, Einengen bis zur Kristallbldg., Zufügen von H_2SO_4, Abfiltrieren des wiederum gebildeten $CaSO_4$, Neutralisieren mit $Ba(OH)_2$ [1 cm^3 wird gegen K-Rhodizonat titriert u. dann die berechnete Menge $Ba(OH)_2$ zugefügt], nach Abfiltrieren des $BaSO_4$ wird die berechnete Menge Anilin zugesetzt u. mit Aktivkohle aufgekocht; nach Filtrieren u. Einengen des Filtrats bleibt *1-Methyl-2-oxybenzolsulfanilid-(5)* (F. 195°, Zers. bei 210°); nach weiterem Eindampfen *1-Methyl-2-oxybenzolsulfanilid-(4)* (F. >300°). *1-Methyl-2-oxybenzolsulfonsäure-(4)* (I), F. 80°, kleine Lamellen. *1-Methyl-2-oxybenzolsulfonsäure-(5)* (II), F. 50—55°, Nadeln. — *S-Benzylisothiuroniumverbb.*: von **I**, F. 227°; von **II**, F. 174°. Von *1-Methyl-2-aminobenzolsulfonsäure-(4)*, F. 162°. Von *1-Methyl-2-nitrobenzolsulfonsäure-(4)*, F. 166°. (Bull. Soc. chim. France, Mém. [5] **19.** 382—84. März/April 1952. Paris, Labor. T. P. Chim. Général et Labor. de Chim. B.)

LEHWALD. 1090

Bruno Böttcher und **Fritz Bauer**, *Über die Einwirkung von Schwefel auf Schiffsche Basen.* Die Einw. von S auf Benzaldehydmethyl- u. -äthylimid liefert bei 150—200° in spontaner Rk. *N-Methyl-* (I) bzw. *N-Äthylthiobenzamid* (II) u. kein den Trithionen analoges Prod.; ebenso entsteht aus p-Methoxybenzaldehydmethylimid *p-Methoxythiobenzoesäuremethylamid* (III); Benzalanilin (IV) liefert dagegen *2-Phenylbenzothiazol*, nur bei längerem Erhitzen auf 170—190° entsteht *Thiobenzanilid*. **I, II** u. **III** geben mit CH_3J die entsprechenden *N-Alkylisothiobenzamid-S-methyläther* zunächst als Hydrojodide, aus denen die freien Basen mit KOH erhältlich sind; diese reagieren mit überschüssigem Methyljodid weiter unter Bldg. der *Jodmethylate der Thioäther*, aus denen die freien quartären Basen aber nicht dargestellt werden konnten, da bei der Behandlung mit konz. KOH die CH_3S-Gruppe abgespalten wird. — p-Methoxybenzaldehydthiosemicarbazon liefert mit S bei 220° in exothermer Rk. *p-Methoxybenzonitril* u. eine zweite, noch nicht identifizierte Verbindung.

Versuche: *N-Methylthiobenzamid* (I), C_8H_9NS, F. 81,5° (W.), a) durch Erwärmen von 240 g Benzaldehydmethylimid ($Kp._{30}$ 90—91°) mit 190 g S im Luftbad auf 190—200°; durch die einsetzende exotherme Rk. steigt die Temp. auf 250° an; nach 10 Min. wird erkalten gelassen, das Reaktionsprod. in Bzl. aufgenommen, eingedampft u. aus dem Rohprod. der S mit CS_2 herausgelöst; weitere Reinigung durch Chromatographie aus Bzl. an Al_2O_2 u. Eluierung mit Bzl. + 15% CH_3OH; 208,5 g (Ausbeute); b) ebenso in Benzoesäureäthylester als hochsd. Lösungsm.; c) aus Phenyl-MgBr u. Methylsenföl. Die Lsg. von I in Chlf. gibt mit Hg-Acetat in Eisessig nach Filtration u. Eindampfen *Benzmethylamid*, C_8H_9ON, F. 81,5—82° (PAe.). — *N-Methylisothiobenzamid-S-methylätherhydrojodid*, $C_9H_{12}NJS$, F. 128—129°, durch 1std. Kochen von 150 g I mit 120 g CH_3J in Aceton u. Einengen; 219 g Nadeln aus Aceton. *Freie Base*, $C_9H_{11}NS$, $Kp._8$ 106°, durch Schütteln von 175 g Hydrojodid mit 175 g KOH in W. u. Ausäthern; 93 g. — *Thiobenzoesäure-S-methylätherdimethylammoniumjodid*, $C_{10}H_{14}NJS$, F. 157°, aus 150 g vorst. Base in Aceton mit 90 g CH_3J (1 Std. kochen); 159 g weißgelbliche Kristalle; beim Schütteln mit KOH in W. in der Kälte, Aufnehmen des gebildeten Öls in Ae., Dest. ($Kp._{10}$ 128 bis 130°), Versetzen der Lsg. in CH_3OH mit $HgCl_2$-Lsg., Filtration, Eindampfen, Versetzen mit festem KOH, Aufnehmen in Ae., Dest. ($Kp._5$ 129°) u. Wiederholung der Behandlung mit $HgCl_2$ wurde *N-Dimethylbenzamid*, $C_9H_{11}ON$, F. 45—46° (PAe.) gebildet. — *p-Methoxythiobenzoesäuremethylamid* (III), $C_9H_{11}ONS$, F. 112° (CH_3OH), aus 200 g p-Methoxybenzaldehydmethylimid ($C_9H_{11}ON$, $Kp._{18}$ 124—131°, aus Anisaldehyd u. 33%ig. wss. Methylamin) u. 128 g S analog I a); 167 g. — *p-Methoxy-N-methylisothiobenzamid-S-methylätherhydrojodid*, $C_{10}H_{14}ONJS$, F. 114—115°, aus 75 g III u. 75 g CH_3J; aus Aceton grüngelbe Nadeln; 110 g. *Freie Base*, $C_{10}H_{13}ONS$, F. 59—60° (Aceton + W.). — *p-Methoxythiobenzoesäure-S-methylätherdimethylammoniumjodid*, $C_{10}H_{16}ONJS$, F. 161—162°, aus 40 g vorst. Base u. 40 g CH_3J in Aceton während 2 Std. auf dem Wasserbad; aus Aceton hellgelbe Nadeln; 61,5 g; gibt nach Umsetzung mit KOH u. $HgCl_2$ wie oben *p-Methoxybenzoesäuredimethylamid*, $C_{10}H_{13}O_2N$, $Kp._6$ 165—166°. — *Thiobenzoesäureäthylamid* (II), $C_9H_{11}NS$, $Kp._6$ 173—175°, aus 230 g Benzaldehydäthylimid ($C_9H_{11}N$, Kp. 195—196°, aus

Benzaldehyd u. 33%ig. wss. Äthylamin) u. 161 g S analog I; rotgelbes Öl; 170 g; als Nebenprod. bildeten sich 2 g *Stilben*. II wurde auch aus C_6H_5MgBr u. Äthylsenföl erhalten. — *N-Äthylisothiobenzamid-S-methylätherhydrojodid*, $C_{10}H_{14}NJS$, F. 120—121°, aus 75 g II u. 90 g CH_3J in Aceton (1 Std. Rückfluß); aus Aceton hellgelbe Nadeln; 105 g. *Freie Base*, $C_{10}H_{13}NS$, Kp.$_{12}$ 120°; 47 g. — *Thiobenzoesäure-S-methyläthermethyläthylammoniumjodid*, $C_{11}H_{16}NJS$, aus 60 g vorst. Base u. 60 g CH_3J; gelbe Nadeln; 65 g; gab durch Behandlung mit KOH u. $HgCl_2$ wie oben *Methyläthylbenzamid*, $C_{10}H_{13}ON$, Kp.$_9$ 133—136°. — *2-Phenylbenzthiazol*, $C_{13}H_9NS$, F. 113°, durch Erwärmen von 30 g IV u. 15 g S auf 280° unter H_2S-Entw. u. Abdest. von Anilin, nach 20 Min. sinkt die Temp. ab; das Reaktionsprod. wurde im Soxhlet mit CH_3OH extrahiert; aus PAe., dann A. lange Nadeln; 22,4 g. — *Thiobenzanilid*, F. 101° (A.-W. 2:1), durch 20std. Erhitzen von 16 g IV mit 18 g S auf 170—200°, Extraktion mit A., Einengen, Zugabe von Ae., Ausschütteln des Filtrats mit 5%ig. NaOH u. Ansäuern mit verd. HCl; 3,9 g; entsteht auch aus C_6H_5·MgBr u. Phenylsenföl. — *p-Methoxybenzonitril*, C_8H_7ON, F. 61—62° (verd. A.), durch Erhitzen von Anisaldehydthiosemicarbazon ($C_9H_{11}ON_3S$, F. 170—171°) u. S auf 220°, Extraktion der erhaltenen rotbraunen M. mit heißem Aceton (dunkelgelbe Nadeln, F. 160°, noch nicht identifiziert) u. Eindampfen. (Liebigs Ann. Chem. **568**. 218—27. 10/6. 1950. Kronach, Privatlabor. B. Böttcher.) SPAETH. 1210

R. A. Raphael und **Emanuel Vogel**, *Die angebliche Beckmannsche Umlagerung von Chinonmonoxim.* Bei der Behandlung von Chinonmonoxim (III; p-Nitrosophenol) mit Benzolsulfonylchlorid in Pyridin nach BECKMANN u. LIESCHE (Ber. dtsch. chem. Ges. **56**. [1923.] 12) entsteht nicht das Umlagerungsprod. **Ia** bzw. dessen tautomere Form **Ib**, sondern p.p'-Dioxyazoxybenzol (II); der Mechanismus der Bldg. von II ist noch ungeklärt.

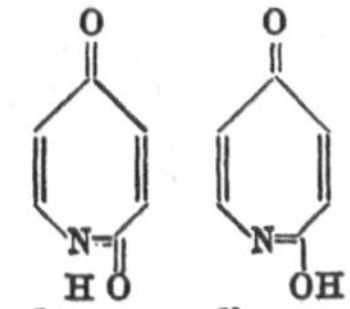

Ia Ib

V e r s u c h e: *p.p'-Dioxyazoxybenzol* (II), $C_{12}H_{10}O_3N_2$, F. u. Misch.-F. 224° (Zers.), aus 9 g III in trocknem Pyridin mit Benzolsulfonylchlorid (vorsichtiges Anwärmen bis zum Einsetzen der Rk., nach beendeter Rk. Eingießen in 25%ig. H_2SO_4 in Ae.-Extraktion); 4,7 g lange gelblichbraune Platten aus Essigsäure. *Diacetat*, $C_{16}H_{14}O_5N_2$, F. u. Misch.-F. 163—164°, blaßgelbe Nadeln aus Essigsäure. *Dibenzoat*, $C_{26}H_{18}O_5N_2$, F. u. Misch.-F. 190 bis 191°; die Schmelze zeigte starke Anisotropie; blaßgelbe Platten. (J. chem. Soc. [London] **1952**. 1958—59. Mai. Glasgow, Univ.) GROH. 1320

Robert A. Benkeser und **Philip E. Brumfield**, *Nitrierung von Organosiliciumverbindungen mit Kupfernitrat.* Die bei der Nitrierung in saurem Medium eintretende Spaltung der Si–C-Bindung in Trialkylarylsilanen wird beim Nitrieren mit $Cu(NO_3)_2 \cdot 3H_2O$ in Essigsäureanhydrid weitgehend vermieden. Es wird die Nitrierung von Phenyltrimethylsilan (I) u. Benzyltrimethylsilan (II) beschrieben. Aus dem Verhältnis 30:40:30 der o-:m-:p-Nitroverb. von I geht hervor, daß die $(CH_3)_3$Si-Gruppe sehr schwach in o- u. p-Stellung dirigiert. Aus II wurden nur o- u. p-Nitroverbb. im Verhältnis 80:20 erhalten. Während sich die $(CH_3)_3$Si-Gruppe bei m- u. p-Nitrophenyltrimethylsilan leicht mit Br_2 abspalten läßt, ist die o-Verb. erst nach Red. zum Amin spaltbar. Ähnlich wird die o-Nitroverb. von II durch Alkali schwierig gespalten, während die p-Nitroverb. sofort mit NaOH unter Bldg. von *Nitrotoluol* u. *p.p'-Dinitro-1.2-diphenyläthan* reagiert. Als Ursache für die Stabilität wird eine ster. Wrkg. der NO_2-Gruppe oder Chelatbldg. zwischen Si u. O vermutet.

V e r s u c h e: Nitrierung von I: Zugabe von 1,03 Mol $Cu(NO_3)_2 \cdot 3H_2O$ in 600 ml Essigsäureanhydrid zu 0,9 Mol I in 2 Std. bei 30—35°, 6 Std. bei 40° rühren, Reaktionsprodd.: 5,3% I, 24,7% *Nitrobenzol*, 62% *Nitrophenyltrimethylsilan*, davon ca. 20,6% *o-Nitrophenyltrimethylsilan*, Kp.$_{10}$ 117°, D^{20}_4 1,073, n_D^{20} 1,5321, Mol.-Refr. 56,30, u. 40,8% m- u. p-Nitrophenyltrimethylsilan, Kp.$_{10}$ 122—128°. Lösen in Pentan u. Kühlung mit Trockeneis gab *p-Nitrophenyltrimethylsilan*, Kp.$_{10}$ 129°, F. 38—39°, aus der Mutterlauge 95%ig. *m-Nitrophenyltrimethylsilan*, Kp.$_{10}$ 126°, D^{20}_4 1,055, n_D^{20} 1,5239, Mol.-Refr. 56,55. Strukturbeweis für die Nitrophenyltrimethylsilane durch Abbau mit Br_2 zu den entsprechenden Bromnitrobenzolen. Unterscheidung der m- u. p-Bromverb. durch Verseifung mit Piperidin. — Nitrierung von II: Analog I mit 1,17 Mol. $Cu(NO_3)_2 \cdot 3H_2O$, 400 ml Essigsäureanhydrid u. 1,06 Mol II. Reaktionsprodd.: ca. 3,9% II, 3,9% Nitrotoluol, 47,2% *o-Nitrobenzyltrimethylsilan* (III), $o\text{-}NO_2C_7H_6Si(CH_3)_3$, Kp.$_{10}$ 125°, D^{20}_4 1,045, n_D^{20} 1,5276, Mol.-Refr. 61,59, u. 13,2% *p-Nitrobenzyltrimethylsilan* (IV), Kp.$_{10}$ 147°, D^{20}_4 1,069, n_D^{20} 1,5423, Mol.-Refr. 61,65. Strukturbeweis von III durch Abspaltung von *o-Nitrotoluol* mit NaOH u. Überführung in *o-Acetotoluid* oder durch Oxydation mit HNO_3 u. KNO_3 zu *o-Nitrobenzoesäure*. Strukturbeweis von IV durch Abspaltung von *p-Nitrotoluol* mit NaOH. (J. Amer. chem. Soc. **73**. 4770—73. Okt. 1951. Lafayette, Ind., Purdue Univ., Chem. Labor.) GROSSE-RUYKEN. 1380

Jacques Dumontet, *Durch Phosphorpentoxyd bewirkte Dimerisation einiger Phenylalkene.* Es wird über die im SOXHLET durch P_2O_5 bewirkte Dimerisation von *Styrol* (**I**) u. seinen Homologen berichtet. **I** gibt nach 30 Min. 65% *Di-* u. 15% *Trimeres*; ersteres entspricht dem *1.3-Diphenylbuten-(1)* von STOERMER u. KOOTZ (Ber. dtsch. chem. Ges. **61.** [1928.] 2330). — *1-Phenylpropen-(1)* (*β-Methylstyrol*): Das mit ca. 90% Ausbeute erhaltene *Dimere, 1-Phenyl-2.3-dimethyltetrahydronaphthalin* (ca. 10% *9.10-Diäthyldihydroanthracen* enthaltend) ist ein hellgelbes, fluorescierendes Öl vom $Kp._{12}$ 175—177°; $D.^{20}_4$ 1,0065; n_D^{20} 1,5709; Mol.-Refr. 77,03. Durch H_2 bzw. HCl wird keine Addition bewirkt. Dehydrierung bei 350—400° am Cr–Ni-Kontakt führt mit merklicher Ausbeute zu öligem Prod., n_D^{15} 1,637, das aber nicht kristallisiert. Bromierung im Dunkeln bei 0° in Chlf. führt zu dem Monobromierungsprod. $C_{18}H_{19}Br$, rotes Öl, das aus Aceton krist., F. 105°. Oxydation mit CrO_3 in Eisessig gibt 3—4% *Anthrachinon*, F. 274—275°, u. 35—40% *o-Benzoylbenzoesäure*; *Hydrat*, F. 85°; *Anhydrid*, F. 127°. — *2-Phenylpropen* (*α-Methylstyrol*): Das *Dimere* entspricht der von BERGMANN (Ber. dtsch. chem. Ges. **64.** [1931.] 1494) beschriebenen Verbindung. — Die Dimerisation der höheren Homologen von **I** geschieht langsamer u. mit Ausbeuten zwischen 35 u. 65%. Die Reaktionsfähigkeit der olefin. Doppelbindung scheint mit zunehmender Kettenlänge abzunehmen. *1-Phenylbuten-(1)-Dimeres*: $Kp._{13}$ 193—196°; $D.^{19}_4$ 0,9958; n_D^{19} 1,5640; Mol.-Refr. 86,23. — *1-Phenylpenten-(1)* (**II**), $Kp._{12}$ 96—97°; $D.^{19}_4$ 0,8903; n_D^{19} 1,5342; Mol.-Refr. 50,97; *Dibromderiv.*, F. 61°. **II**-*Dimeres*, $Kp._{13}$ 199—205°; $D.^{18}_4$ 0,9787; n_D^{18} 1,5540; Mol.-Refr. 95,61. Daneben wird mit 46% Ausbeute ein Isomeres von **II** (*Phenylcyclopentan?*) erhalten, $Kp._{14}$ 98—99°; $D.^{19}_4$ 0,9455; n_D^{19} 1,5298; Mol.-Refr. 47,67, das bei erneuter Zugabe von P_2O_5 nicht polymerisiert u. bei Zugabe von Br_2 unter HBr-Entw. ein Monobromierungsprod. $C_{11}H_{13}Br$, $Kp._{15}$ 148°, bildet. — *3-Phenylpenten-(2)-Dimeres*: $Kp._{13}$ 202—204°; $D.^{18}_4$ 1,0040; n_D^{18} 1,5653; Mol.-Refr. 94,77. (C. R. hebd. Séances Acad. Sci. **234.** 1173—75. 10/3. 1952.)

KLASSKE. 1410

Kurt Alder und **Heinz Adolf Dortmann,** *Über substituierende Addition und Diensynthese beim Methylencyclobutan.* 9. Mitt. *Über substituierende Additionen.* (8. vgl. C. **1950.** I. 2094.) In der Weiterführung der Unterss. über die substituierende Addition von Methylencycloalkanen (vgl. 6. Mitt., C. **1950.** I. 2092) an *Maleinsäureanhydrid* (**I**) werden die Rkk. des *Methylencyclobutans* (**II**) untersucht. **II** liefert beim Erwärmen mit **I** nach dem Schema einer indirekten substituierenden Addition das Cyclobuten **III**, das unbeständig ist u. zum *Isoprenyl-ω-bernsteinsäureanhydrid* (**IV**) gespalten wird, das seinerseits mit einem zweiten Mol **I** unter Bldg. des Adduktes **V** als Endprod. reagiert. Die Konst. von **V** ergab sich aus der Dehydrierung zum Dianhydrid **VI**, das bei der Oxydation *Trimellitsäure* (**VII**) ergab. Neben **V** entstand das 1:1-Addukt **VIII**, dessen Bldg. auf der Neigung des **II**, unter den Versuchsbedingungen in Isopren (**IX**) überzugehen, zurückzuführen ist (vgl. ROBERTS u. SAUER, J. Amer. chem. Soc. **71.** [1949.] 3925). — Unter den gleichen Bedingungen wie **I** liefert **II** mit *Acrylsäure* (**X**) 45% eines Gemisches von drei 1:1-Addukten, von denen *4-Methyl-Δ³-tetrahydrobenzoesäure* (**XI**) u. die isomere *3-Methyl-Δ³-tetrahydrobenzoesäure* (**XII**) durch Umsetzung von **IX** (aus **II**) mit **X** entstanden sind. Das 3. Prod., *1-Oxy-1-methylcyclobutanacrylat* (**XIII**) ist das direkte Additionsprod. von **X** an **II**, das beim Verseifen *1-Oxy-1-methylcyclobutan* (**XIV**) ergibt. — Unter den gegebenen Versuchsbedingungen, aber in Abwesenheit von Philodienen wie **I** u. **X**, geht **II** in Eisessig in ein Gemisch über, aus dem das *Acetat* von **XIV** u. *α-Terpinen* (**XV**) isoliert wurden; die Bldg. von **XV** ist auf die Dimerisation von **IX** zurückzuführen (vgl. C. **1950.** II. 281).

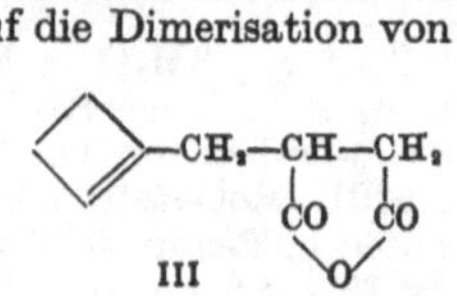
III
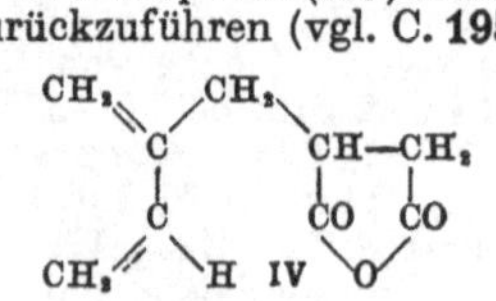
IV
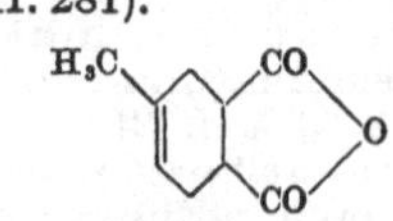
VIII
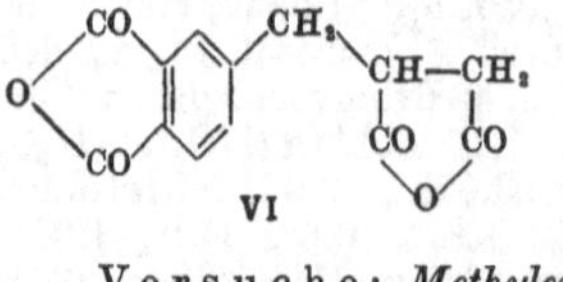
VI
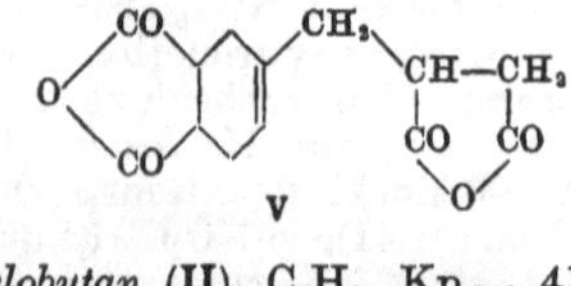
V
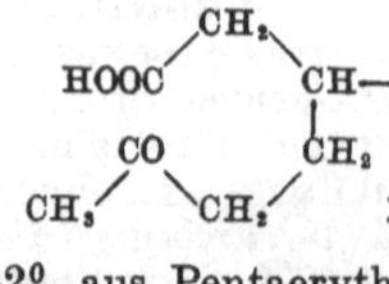
XVI

Versuche: *Methylencyclobutan* (**II**), C_5H_8, $Kp._{760}$ 41—42°, aus Pentaerythrityltetrabromid, Zn-Staub u. W. auf dem Wasserbad (85°), Übertreiben des KW-stoffgemisches (GUSTAVSON [1896]) mit Methanol, Kp. 30—45° (70—85%), Fraktionieren; 70% des KW-stoffgemischs. Daneben ein *Äther* (?) unbekannter Konst. vom $Kp._{760}$ 168°. — *Addukt* **V**, $C_{13}H_{12}O_6$, F. 170—171°, aus **II** u. **I** in Bzl. bei 190—195° im Rohr (30 Std.); aus Aceton durch langsames Verdunsten des Lösungsm.; 35%. — *Tetracarbonsäure von* **V**,

F. 165—166°, durch längeres Stehen an der Luft; aus Eisessig. *Dihydroderiv.*, $C_{13}H_{18}O_8$, F. 193°, durch Hydrieren der vorst. Säure in Essigester in Ggw. von PtO_2; aus Aceton + PAe. Kristalle. — *Tetracarbonsäure von* **VI**, durch Dehydrieren von **V** mit S bei 240—245° oder SeO_2 in Eisessig oder Essigsäureanhydrid; Öl. — *Trimellitsäure* (**VII**), $C_9H_6O_6$, F. 221°, aus **VI** durch Eindampfen mit HNO_3 (D. 1,44), später im Rohr bei 165°, aus Eisessig Kristalle. *Anhydrid*, $C_9H_4O_5$, F. 161°, durch Erhitzen über den Schmelzpunkt. — *Dicarbonsäure von Addukt* **VIII**, $C_9H_{12}O_4$, F. 155° (Essigester + Ligroin). Die aus der Mutterlauge von **V** erhaltene Fraktion vom Kp.$_{13}$ 155—160° wurde in Sodalsg. aufgenommen u. angesäuert. Liefert beim Dehydrieren wie **V** u. Oxydieren gleichfalls **VII**. *Dihydrodicarbonsäure*, $C_9H_{14}O_4$, F. 165° (Essigester + Ligroin), durch katalyt. Hydrierung von **VIII** in Essigester in Ggw. von PtO_2. — *4-Methyl-Δ^3-tetrahydrobenzoesäure* (**XI**), $C_8H_{12}O_2$, F. 100°, aus **II** u. **X** in Bzl. bei 200° (30 Std.), zusammen mit **XII** als Fraktion vom Kp.$_{13}$ 130—138°; aus PAe. durch Eindunsten im Eisschrank als krist. Anteil, aus viel W., wenig PAe. oder durch Vakuumsublimation. *Anilid*, $C_{14}H_{17}ON$, F. 154°, aus wss. Methanol Nadeln. *Dihydroanilid*, $C_{14}H_{19}ON$, F. 130—131°, durch Hydrieren von **XI** u. Überführen der Dihydrosäure in das Anilid, aus wss. Methanol Nadeln. *Hydrazid*, $C_8H_{14}ON_2$, F. 151—152°, aus W. Nadeln. — *Ketodicarbonsäure* **XVI**, $C_8H_{12}O_5$, F. 122—123°, durch Ozonisieren von **XI** in Essigester, Hydrieren des Ozonids in Ggw. von PtO_2 (+ wenig Methanol) u. Nachoxydieren an der Luft, aus Essigester + Ligroin harte Blöcke. *Semicarbazon*, $C_9H_{15}O_5N_3$, F. 178° (W.). — *p-Toluylsäure*, $C_8H_8O_2$, F. 178°, aus **XI** mit konz. H_2SO_4 auf dem Wasserbad, aus wss. Methanol u. Vakuumsublimation Kristalle. — *Terephthalsäuredimethylester*, $C_{10}H_{10}O_4$, F. 140° (Methanol), aus **XI** mit S bei 230—235° u. Verestern der erhaltenen Säure mit Diazomethan. — *m-Toluylsäure*, F. 110°, durch Dehydrieren von öliger **XII** mit S. — *Isophthalsäure*, $C_{10}H_{10}O_4$, aus der vorst. Säure mit $KMnO_4$. *Dimethylester*, F. 68°. — *1-Oxy-1-methylcyclobutanacrylat* (**XIII**), $C_8H_{12}O_2$, Kp.$_{13}$ 125°, als in KOH unlösl. Anteil nach dem Ausschütteln von **XI** + **XII**; Öl. Liefert bei der Ozonisation *Formaldehyd*. — *1-Oxy-1-methylcyclobutan* (**XIV**), Kp. 117—120°, durch Verseifen von **XIII** mit sd. methanol. KOH (6 Std.); *Phenylurethan*, $C_{12}H_{15}O_2N$, F. 139° (aus Essigester). Daneben wenig **XI**, die als Lacton vorgelegen hatte. — *1-Oxy-1-methylcyclobutanacetat*, aus **II** mit Eisessig bei 200° im Rohr (48 Std.) zusammen mit **XV** als bei 130—160° sd. Fraktion. Liefert beim Verseifen **XIV**. — *α-Terpinen* (**XV**), als zwischen 170 u. 185° sd. Fraktion. *Addukt* $C_{14}H_{18}O_3$, F. 62—63°, aus **XV** mit **I** in sd. Äther. (Chem. Ber. **85**. 556—65. 1952. Köln/Rh., Univ., Chem. Inst.) Gold. 1810

George W. Cannon und Helen L. Whidden, *Acylierungsstudien*. 1. Mitt. *Methylcyclopropylketon*. Bei Acylierung von Methylcyclopropylketon (**I**) mit Acet- u. Propionanhydrid tritt die Kondensation ausschließlich an der Methylgruppe ein. Vff. glauben die einseitige Kondensation darin begründet, daß die zur Kondensation notwendige Vorstufe von **I**, die Enolform, nur mit Hilfe des H-Atoms der Methylgruppe gebildet werden kann, das H-Atom der Methinylgruppe aber durch die Spannung des Cyclopropanringes hierzu nicht in der Lage ist. Darüber hinaus nehmen Vff. einige bas. katalysierte Kondensationen mit Dialkylcarbonat, Oxylsäurediester u. anderen Carbonsäureestern an **I** vor, bei denen ebenfalls die Kondensation an der Methylgruppe stattfindet. Das Ergebnis der Kondensation wird durch Kondensation der Prodd. mit Hydrazinderivv. zu *Pyrazolen* sowie durch die Bldg. von *Cu-Enolaten* bewiesen. Ein so gebildeter *1-Phenyl-5(3)-cyclopropylpyrazolcarbonsäure-(3[5])-äthylester*, der durch Hydrolyse in die entsprechende Carbonsäure (**IV**) verwandelt wird, läßt sich durch $KMnO_4$ oder HBr nicht angreifen. Behandlung mit Br_2 in Essigsäure liefert ein monobromiertes Prod. (Bromierung vermutlich an $C_{(4)}$), das durch $KMnO_4$ ebenfalls nicht angegriffen wird. Das Infrarotspektr. der Verb. mit einer charakterist. Bande bei 9,9 μ beweist, daß der Cyclopropylring bei den Rkk. erhalten blieb. Kondensation von **I** mit Oxalsäurediäthylester liefert *γ-Cyclopropyl-α.γ-diketobuttersäureäthylester*, wie Pyrolyse beweist, u. nicht, wie Tschelinzew (Журнал Общей Химии [J. Chim. gén.] **14**. [1944.] 1070) annahm, β-Cyclopropyl-β-ketopropionsäureäthylester (**II**).

Versuche (FF. in Fisher-Johns-App. u. korr.; Kpp. unkorr.): *1-Cyclopropylbutandion-(1.3)* (**III**), $C_7H_{10}O_2$, Kp.$_5$ 55—58°, Kp.$_{12}$ 68—70°, a) durch Kondensation von **I** u. Acetanhydrid nach Hauser u. Adams (J. Amer. chem. Soc. **66**. [1944.] 345); 57%. b) Durch Kondensation von Essigester u. **I** bei Ggw. von $NaNH_2$ (im Verhältnis 2:1:2) 2 Std. bei 35° u. 4std. Rühren bei Zimmertemp.; 75%; bei kürzerer Reaktionszeit oder längerer als 18 Std. nur 38%. c) Wie b) im Verhältnis 1:1:2 1 Std. bei 0° u. 18 Std. Stehen; n_D^{25} 1,4924; 38%. *Cu-Salz*, $C_{14}H_{18}O_4Cu$, F. 193—194°; 80%. Einw. von Phenylhydrazin in Eisessig hierauf nach Claissen u. Roosen [1893] liefert nicht kristallisierbares Öl (vermutlich *1-Phenyl-3-methyl-5-cyclopropylpyrazol*) u. hieraus durch 19std. Sieden mit KOH u. $KMnO_4$ *1-Phenyl-5(3)-cyclopropylpyrazolcarbonsäure-(3[5])* (**IV**), $C_{13}H_{12}O_2N_2$, F. 138—139° (Bzl.); läßt sich mit $KMnO_4$ nicht oxydieren. — *1-Phenyl-5(3)-cyclopropyl-4-brompyrazolcarbonsäure-(3[5])*, $C_{13}H_{11}O_2N_2Br$, F. 176—178° (A. + W.), durch Erwärmen vorst. Verb. mit Br_2 in Eisessig auf 80—85° u. Gießen auf Eis; läßt sich mit $KMnO_4$ nicht oxydieren. — *3(5)-Methyl-5(3)-cyclopropylpyrazol*, $C_7H_{10}N_2$, F. 43—45° (A.), aus III u. Hydrazin wie oben; 82%. — *1-Cyclopropylpentandion-(1.3)*, $C_8H_{12}O_2$, Kp.$_8$ 78—79°, aus I u. Propionaldehyd wie oben; n_D^{25} 1,4900; 18,9%. *Cu-Salz*, $C_{16}H_{22}O_4Cu$, F. 168—169°; 82%. — *β-Cyclopropyl-β-ketopropionsäureäthylester* (II), $C_8H_{12}O_3$, Kp.$_4$ 90—95°, aus Diäthylcarbonat, I u. $NaNH_2$ (2:1:2) 2½ Std. bei 35°; n_D^{25} 1,4542; 55%. *Cu-Salz*, $C_{16}H_{22}O_6Cu$, F. 134—135°; 80%. *2.4-Dinitrophenylhydrazon*, $C_{14}H_{16}O_6N_4$, F. 85° (CH_3OH); 60%. — *α-Butyl-β-cyclopropyl-β-ketopropionsäureäthylester*, $C_{12}H_{20}O_3$, Kp.$_{11-12}$ 125—128°, durch Alkylierung vorst. Verb. mit Butylbromid u. Na; n_D^{25} 1,4484; 44%; Hydrolyse liefert *Capronsäure*. — *1-Phenyl-3-cyclopropylpyrazolon-(5)*, $C_{12}H_{12}ON$, F. 111—114° (A.), a) aus II u. Phenylhydrazin wie oben. b) Aus nachst. Verb. u. Phenylhydrazin. — *β-Cyclopropyl-β-ketopropionsäurephenylester*, $C_{12}H_{12}O_3$, Kp.$_{10}$ 105—110°, a) aus Diphenylcarbonat, I u. Na (1:1:1) 4 Std. bei 0—5° u. 18std. Stehen; 10%. b) Wie a) mit $NaNH_2$ statt Na (1:1:2) 1,5 Std. bei 35° u. 18std. Stehen; n_D^{25} 1,5059; 60% (roh). *Cu-Salz*, krist. nicht. — *γ-Cyclopropyl-α.γ-diketobuttersäureäthylester*, $C_9H_{12}O_4$, Kp.$_{5-6}$ 124,5—125,5°, Kp.$_{15}$ 138—142°, aus Diäthyloxalat, I u. Na-Äthylat (1:1:1) 15 Std. bei 25°; n_D^{25} 1,5048; 78%. *Cu-Salz*, $C_{18}H_{22}O_8Cu$, F. 149—151°; 95%. — *Äthylester* von IV, $C_{15}H_{16}O_2N_2$, F. 59—60°, aus vorst. Verb. u. Phenylhydrazin wie oben; 95%. (J. org. Chemistry 17. 685—92. Mai 1952. Amherst, Mass., Univ., Goessman Chem. Labor.) LEHWALD. 1960

U. Steiner und **B. Willhalm**, *Darstellung von 1.1-Dimethylcyclohexanon-(3)-carbonsäureester-(2)*. In Anlehnung an die Darst. von 1.1-Dimethylcyclohexanon-(3) (VI) nach CROSSLEY u. RENOUF [1907] wurde der als Zwischenprod. für Synthesen auf dem Gebiet monocycl. Terpene wichtige *1.1-Dimethylcyclohexanon-(3)-carbonsäure-(2)-äthylester* (I), ausgehend von Mesityloxyd (II) u. Malonsäurediäthylester (III), in einer Gesamtausbeute von 50—60% in 3 Stufen dargestellt.

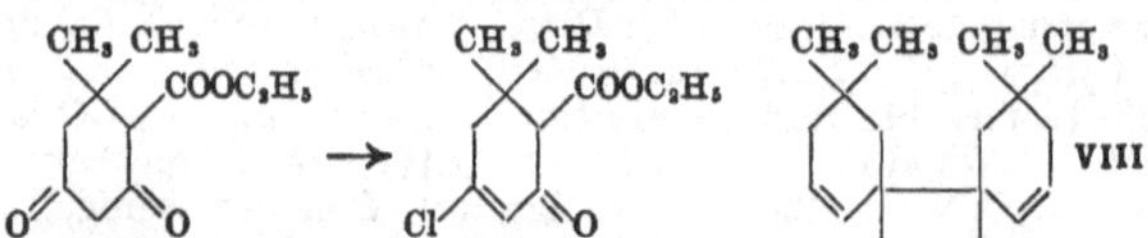

VII V VIII

Auf demselben Wege konnte auch der Methylester IV erhalten werden. Die katalyt. Hydrierung des Enolchlorids V in Ggw. von $Pd/CaCO_3$ wurde zur Bindung der entstehenden HCl unter Zusatz von Pyridin ausgeführt. Die Ketonspaltung von I ergab VI.

V e r s u c h e: *Dimedoncarbonsäureäthylester* (VII), aus II u. III mit Na-Alkoholat in A. unter Kühlen mit Eis u. späterem Kochen; der mit Ae. extrahierte Ester konnte weder dest. noch krist. werden; 95—97% (Ausbeute). *Semicarbazon*, F. 202—203°. *2.4-Dinitrophenylhydrazon*, F. 168—169° (Bzl.). — *Enolchlorid von* VII (V), $C_{11}H_{15}O_3Cl$, F. ca. 30°, Kp.$_{0,05}$ 80°, aus VII mit ⅓ Mol PCl_3 in sd. Chlf. (3 Std.) u. Entfernen der phosphorigen Säure als Öl; $D._4^{20}$ 1,1502, n_D^{20} 1,4931; 60%. — *1.1-Dimethylcyclohexanon-(3)-carbonsäure-(2)-äthylester* (I), $C_{11}H_{18}O_3$, Kp.$_{0,05}$ 65°, durch Hydrieren von V in A. + 1,2 Mol Pyridin in Ggw. von vorred. $Pd/CaCO_3$ (ca. 70 Std.); $D._4^{20}$ 1,0314, n_D^{20} 1,4613; 90%. *2.4-Dinitrophenylhydrazon*, $C_{17}H_{22}O_6N_4$, F. 116—116,5° (Methanol). — *Pinakon* VIII, $C_{16}H_{26}O_2$, F. 146° (Cyclohexan), Kp.$_{0,1}$ 129—130°, aus V mit Zn-Staub in sd. Eisessig (24 Std.). — *1.1-Dimethylcyclohexanon-(3)* (VI), Kp.$_{11}$ 62—65°, Kp.$_{12}$ 68°, als Nebenprod. von VIII bei der Zn-Staubred. von V oder aus I (bzw. IV) in sd. wss. HCl (1:1). *2.4-Dinitrophenylhydrazon*, F. 140—140,5° (Methanol). — *Dimedoncarbonsäuremethylester*, F. 92—93°, wie VII aus Malonsäuremethylester. — *Enolchlorid*, Kp.$_{0,15}$ 82—88°, wie V; 71,5%. — *1.1-Dimethylcyclohexanon-(3)-carbonsäure-(2)-methylester* (IV), $C_{10}H_{16}O_3$, Kp.$_{12}$ 115°, aus vorst. Verb. wie I aus V; $D._4^{20}$ 1,0532, n_D^{20} 1,4659; 75—84%. *2.4-Dinitrophenylhydrazon*, $C_{16}H_{20}O_6N_4$, F. 150—151° (Methanol). (Helv. chim. Acta 35. 1752—56. 1/8. 1952. Zürich, ETH, Organ.-chem. Labor.) GOLD. 2070

Robert E. Lutz und **Rosser L. Wayland jr.**, *Weitere Untersuchungen über die Stabilität von β-Oxyäthylaminen gegenüber der Oppenauer-Oxydation. cis- und trans-1-Aminoindanole-(2)*. Zur Stützung der Theorie über die Passivität von *β-Oxyäthylaminen* gegenüber der Oxydation mit Al-tert.-Butylat nach OPPENAUER infolge Bldg. ringförmiger oder linearer Komplexe, bedingt durch die Elektronenkonfiguration am N- bzw. Al-Atom (vgl. C. **1952**. 5715), wurde das Verh. von *cis-* (I) u. *trans-1-Aminoindanol-(2)* (II), *cis-* (III) u. *trans-1-Benzylaminoindanol-(2)* (IV), *trans-1-[Piperidino]-indanol-(2)* (V), *dl-Bis-[trans-indanol-(2)-yl-(1)]-amin* (VI), sowie von *erythro-* u. *threo-2-[N-Äthyl-N-(β-oxyäthyl)-amino]-1.2-diphenyläthanol* untersucht. Aus der Tatsache, daß alle Verbb., auch II, IV, V u. VI, bei denen die Bldg. cycl. Komplexe aus ster. Gründen nicht in Frage kommt, nach 24std. Kochen mit Al-tert.-Butylat u. Benzophenon unverändert

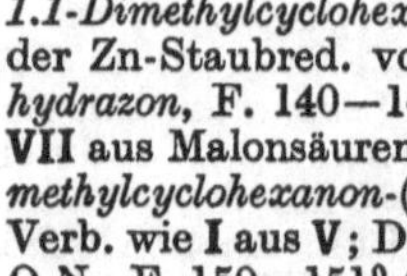

VI

zurückgewonnen wurden, schließen Vff. auf die Entstehung mehr oder weniger langer kettenförmiger Komplexe. **V** konnte mit $(CH_3)_3COK$ zum Keton oxydiert u. daraus mit Al-Isopropylat wieder gewonnen werden. Die Synth. des cis-Isomeren von **V** gelang nicht. Die Darst. der untersuchten, zum Teil neuen Verbb. wird beschrieben.

Versuche (FF. korr.): *trans-1-Aminoindanol-(2)* (**II**), aus 2-Bromindanol-(1) (**VII**) mit überschüssigem NH_4OH; 68% (Ausbeute); mit wenig NH_4OH entsteht *dl-Bis-[trans-indanol-(2)-yl-(1)]-amin* (**VI**). — *trans-1-[p-Nitrobenzoylamino]-indanol-(2)*, $C_{16}H_{14}O_4N_2$, F. 232—233° (A.), durch Zugabe einer benzol. Lsg. von p-Nitrobenzoylchlorid zu einer schwach alkal.-wss. Lsg. von **II**; fast 100%. — *2-[p-Nitrophenyl]-4.5-cis-indanooxazolin-(2)-hydrochlorid*, $C_{16}H_{12}O_3N_2 \cdot HCl$, F. 223—225° (A.), durch 12std. Einw. von $SOCl_2$ auf vorst. Verb. u. Fällen mit Ae.; 88%. Daraus die *Base*, $C_{16}H_{12}O_3N_2$, F. 208—210° (A.). — *cis-1-Aminoindanol-(2)* (**I**), $C_9H_{11}ON$, F. 133° (A., Bzl. u. Essigester), durch 3std. Kochen einer wss. Lsg. von vorst. Verb. mit H_2SO_4, Filtrieren u. Alkalisieren mit NaOH; 76%. — *cis-1-[Benzoylamino]-indanol-(2)*, $C_{16}H_{15}O_2N$, F. 155—156° (A. u. Essigester–Ligroin), durch Zugabe einer benzol. Lsg. von Benzoylchlorid zu einer wss. Lsg. von **I** u. Alkalisieren mit NaOH; 61%. — *cis-1-[Benzylamino]-indanol-(2)* (**III**), $C_{16}H_{17}ON$, F. 92—93° (A. u. Isooctan), durch Einw. von $LiAlH_4$ auf eine Lsg. von vorst. Verb. in Ae., Versetzen mit W. u. wss. NaOH; 68%. *Hydrochlorid*, $C_{16}H_{17}ON \cdot HCl$, F. 236—237° (absol. A. u. Ae.). — *trans-1-[Benzylamino]-indanol-(2)* (**IV**), $C_{16}H_{17}ON$, F. 118—120°, analog **III** aus **II** oder aus **VII** u. Benzylamin. *Hydrochlorid*, $C_{16}H_{17}ON \cdot HCl$, F. 215—216°. — *trans-1-[Piperidino]-indanol-(2)* (**V**), $C_{14}H_{19}ON$, F. 168—170°, aus **VII** u. Piperidin oder durch 1½std. Kochen einer Lsg. von nachst. Verb. u. Al-Isopropylat in Isopropylalkohol, Einengen, Versetzen mit verd. NaOH, Ausäthern, Aufnehmen in verd. HCl u. Alkalisieren; 46%. — *1-[Piperidino]-indanon-(2)-hydrochlorid*, F. 219—220°, durch 20std. Kochen einer Lsg. von **V**, $(CH_3)_3COK$ u. Benzophenon in Toluol unter N_2, Aufnehmen in verd. H_2SO_4, Alkalisieren, Ausäthern u. Fällen mit äther. HCl; 60%. Daraus die *Base*, $C_{14}H_{17}ON$, F. 87—88°. — *erythro-2-[N-Äthyl-N-(β-oxyäthyl)-amino]-1.2-diphenyläthanol*, $C_{18}H_{23}O_2N$, polymorph, F. 82—84° (verd. A.) u. 91—92°. *Hydrochlorid*, $C_{18}H_{23}O_2N \cdot HCl$, F. 182—183°. — *threo-2-[N-Äthyl-N-(β-oxyäthyl)-amino]-1.2-diphenyläthanol*, $C_{18}H_{23}O_2N$, F. 101—102° (verd. A.), durch 2std. Erhitzen von Stilbenoxyd mit Äthyläthanolamin u. dessen Hydrochlorid, Zugabe von W. u. Ausäthern; 69%. (J. Amer. chem. Soc. **73.** 1639—41. 10/4. 1951. Charlottesville, Univ. of Virginia, Cobb Chem. Labor.) W. HOFFMANN. 2650

Sandor Müller, Magda Lempert-Sréter, István Szára und **Miklós Vajda**, *Synthese alkoxylierter Derivate des 1-Phenyl-2.3-dimethyltetralins.* Vff. berichten über die Synth. des *1-Anisyl-2.3-dimethyl-7-methoxytetralins.* Sie stellen fest, daß diese Verb. mit Metanethol nicht ident. ist u. somit für dieses Isomere nur die bereits früher angenommene Struktur des 1-Anisyl-2-methyl-3-äthyl-6-methoxindans in Frage kommt. (Magyar Kémiai Folyóirat [Ung. Z. Chem.] **56.** 54—57. 1950. Budapest, Univ., Organ. Chem. Inst.) PLANK. 2700

Győző Bruckner, József Kovács und **Péter Huhn**, *Über die Struktur des Anethol–Maleinsäureanhydrid-Bis-adduktes.* Vff. führen weitere Verss. zur Stützung ihrer bereits früher (C. **1949.** I. 1364) aufgestellten u. von LORA-TAMAYO (C. **1949.** II. 1292) angezweifelten Theorie über die Struktur des Anethol–Maleinsäureanhydrid-Bis-adduktes (**I**) an. Durch Abbau von **I** mit HJ u. darauf folgende Methylierung wurde *2-Methyl-6-methoxy-1.2.3.4-tetrahydronaphthalin-cis-dicarbonsäure-(3.4)-dimethylester* erhalten, der in *2-Methyl-6-methoxy-2′.5′-diketofurano-[3′.4′ : 3.4]-tetralin* übergeführt wurde. Letzteres reagierte mit Maleinsäureanhydrid unter den bei der Bldg. von **I** eingehaltenen Versuchsbedingungen nicht. Erst bei 180° entstand eine Verb. vom F. 260°, die jedoch mit **I** nicht ident. war. (Magyar Kémiai Folyóirat [Ung. Z. Chem.] **56.** 73—74. 1950, Szeged, Univ., Organ. Chem. Inst.) PLANK. 2700

V. Prelog, K. Wiesner und **O. Häfliger**, *Zur Kenntnis des Kohlenstoffringes.* 56. Mitt. *Zwei in m-Stellung überbrückte aromatische Systeme in einem 16-gliedrigen Kohlenstoffring.* (55. vgl. C. **1951.** II. 57.) Die Unterss. über aromat. Systeme, die in m-Stellung durch einen vielgliedrigen C-Ring überbrückt sind, wurde auf Verbb. mit zwei Benzolkernen ausgedehnt. Durch Umsetzung von *Cyclohexadecandion-(1.9)* (**I**) (vgl. RUZICKA u. Mitarbeiter, Helv. chim. Acta **11.** [1928.] 501) mit *Na-Nitromalondialdehyd* (**II**) in alkal. Lsg. wurde *Bis-pentamethylen-[2.2′; 6.6′]-bis-p-nitrophenol* (**III**) dargestellt.

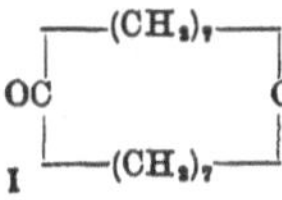

I

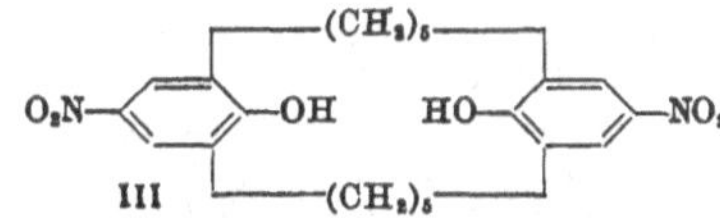

III

Aus dem entsprechenden Reaktionsprod. von Cyclodecandion-(1.6) u. **II** ließen sich keine definierten Verbb. isolieren. Die Red. von **III** zu dem nicht isolierten Bis-p-aminophenol u. dessen Oxydation lieferte *Bis-penta-*

methylen-[2.2'; 6.6']-bis-benzochinon (**IV**). — Die Lage der Maxima in den UV-Absorptionsspektren von **III** u. **IV** unterscheidet sich kaum von derjenigen der entsprechenden höheren 2.6-Polymethylenbenzolderivv. mit nur einem in m-Stellung überbrückten aromat. Syst. (vgl. C. **1949.** II. 518 u. Helv. chim. Acta **31.** [1948.] 1325); dagegen ist die Extinktion ca. doppelt so hoch, was auf zwei unabhängige chromophore Systeme hindeutet. Der elektrometr. ermittelte p_H-Wert 9,30 von **III** unterscheidet sich nur wenig von dem Mittelwert 9,13 der höheren 2.6-Polymethylen-4-nitrophenole. Das polarograph. bestimmte Reduktionspotential von **IV** in Essigsäure–A.–W.-Gemisch von p_H ca. 2,55 beträgt +0,153 V, dasjenige der höheren 2.6-Polymethylenbenzochinone +0,150 V. Demnach üben die beiden in den Polymethylenring eingebauten aromat. Systeme keinen Einfl. aufeinander aus.

Versuche: *Bis-pentamethylen-[2.2'; 6.6']-bis-p-nitrophenol* (**III**), $C_{22}H_{26}O_6N_2$, aus Methanol gelbliche Kristalle, F. 264° korr. (Zers.); aus 1,0 g **I** u. **II**; 0,68 g (Ausbeute). — *Bis-pentamethylen-[2.2'; 6.6']-bis-benzochinon* (**IV**), $C_{22}H_{24}O_4$, aus Chlf.–Methanol krist., F. 200—201° korr.; durch Red. von 0,50 g **III** mit Na-Dithionit in alkoh. Lsg., Oxydation des Prod. (0,48 g) mit CrO_3 in Eisessig u. chromatograph. Isolierung; 0,21 g. (Collect. Trav. chim. Tchécoslov. **15.** 900—03. 1950. Zürich, ETH, Organ. chem. Labor.)

FORCHE. 2950

Olden E. Paris und **Paul E. Fanta**, *Cyclohexenimin (7-Azabicyclo-[4.1.0]-heptan) und die Stereochemie von Äthyleniminringschluß und -öffnung.* *Cyclohexenimin* (**I**) entsteht bei der Behandlung des Sulfatesters **II** von *dl-trans-2-Aminocyclohexanol* (**III**) mit NaOH unter Umkehrung der Konfiguration. Die Hydrolyse von **I** mit wss. $HClO_4$ lieferte das gleiche **III** zurück, die Ringöffnung mit äther. HCl ergab gleichfalls unter Umkehrung der Konfiguration *dl-trans-2-Chlorcyclohexylamin* (**IV**). Durch Umsetzung von **III**-Hydrochlorid mit PCl_5 entstand *dl-cis-2-Chlorcyclohexylamin* (**V**), das sehr stabil ist u. dessen Cl-Atom auch durch langes Kochen mit Ag-Acetat nicht ersetzt werden kann; mit sd. wss. NaOH entstand dagegen unter Abspaltung von HCl u. NH_3 *Cyclohexanon.* **III** liefert mit p-Toluolsulfochlorid nicht das erwartete dl-trans-2-Aminocyclohexyl-p-toluolsulfonat, sondern das Sulfamid, das mit NaOH kein **I** ergab. — Einatmen größerer Mengen **I** verursacht Kopfschmerzen u. Fieber für 30 Std., die eine Überempfindlichkeit gegen **I** zurücklassen, die sich in einem juckenden Hautausschlag u. Blasenbldg. an Händen u. Gesicht äußert.

Versuche: *dl-trans-2-Aminocyclohexanolsulfat*, $(C_6H_{13}ON)_2 \cdot H_2SO_4$, F. 288,5 bis 289,5° (Zers.), aus **III** in W. mit H_2SO_4 u. Eindampfen; aus A. Tafeln. — *dl-trans-2-Aminocyclohexylschwefelsäure* (**II**), $C_6H_{13}O_4NS$, F. 304—305° (Zers.), aus vorst. Salz bei 230°/0,1 mm; aus 50%ig. A. körnige Kristalle. Liefert beim Verseifen mit HCl 70% **III** vom F. 68—69° zurück. — *Cyclohexenimin* (**I**), $C_6H_{11}N$, Kp.$_{30}$ 60—70°, Kp. 149—150°, F. 20—21°, n_D^{20} 1,4800, n_D^{24} 1,4804, D.$^{27}_{27}$ 0,9484, a) aus **II** mit sd. 20%ig. NaOH; 28% (Ausbeute); b) aus **III** mit Chlorsulfonsäure in CCl_4 unter Kühlen u. Kochen des erhaltenen Nd. mit 20%ig. NaOH; 35%. *Phenylthioharnstoffderiv.*, $C_{13}H_{16}N_2S$, F. 180°. Infrarotspektr. von **I** vgl. Original. — **I** liefert mit ca. 7%ig. $HClO_4$ auf dem Wasserbad (2 Std.) 52% **III** zurück. — *dl-trans-2-Chlorcyclohexylamin* (**IV**), Kp.$_{12}$ 69°, n_D^{25} 1,4850, aus **I** in Ae. durch Einleiten von HCl u. Spalten des Hydrochlorids mit 20%ig. NaOH. — *Verb.* $(C_6H_{12}NCl)_2 \cdot HCl$, aus **IV** beim Stehen bei Zimmertemp. als kristalline Masse. Liefert die gleiche Benzoylverb. wie **IV**. — *Cyclohexanon*, durch Kochen von **V** mit 33%ig. KOH (10 Std.); 52%. *2.4-Dinitrophenylhydrazon*, F. 153—155°, Misch-F. 155—156°. — *N-[β-Cyanäthyl]-cyclohexenimin (7-[2-Cyanäthyl]-7-azabicyclo-[4.1.0]-heptan)*, $C_9H_{14}N_2$, Kp.$_{25}$ 132—133,5°, n_D^{20} 1,4762, D.$^{20}_{20}$ 0,9796, durch Kochen von **I** mit Acrylnitril; 82%. *Pikrolonat*, $C_{19}H_{22}O_5N_6$, F. 136°, gelber Niederschlag. — *N-[γ-Aminopropyl]-cyclohexenimin (7-[3-Aminopropyl]-7-azabicyclo-[4.1.0]-heptan)*, Kp.$_{45}$ 105°, n_D^{20} 1,4859, durch Hydrieren des vorst. Nitrils in ammoniakal. A. in Ggw. von RANEY-Ni bei 90°. *N-Benzolsulfonylverb.*, $C_{15}H_{22}O_2N_2S$, F. 103—104° (A.). — *N-n-Butylcyclohexenimin (7-n-Butyl-7-azabicyclo-[4.1.0]-heptan)*, Kp.$_{50}$ 100—102°, n_D^{23} 1,4588, aus **I** in sd. n-Butylbromid (+ $NaHCO_3$). *Pikrat*, $C_{16}H_{22}O_7N_4$, F. 140—141°. — *dl-trans-2-[p-Toluolsulfonamido]-cyclohexyl-p-toluolsulfonat*, $C_{20}H_{25}O_5NS_2$, F. 149—151°, aus **III** mit p-Toluolsulfochlorid in Pyridin; aus Bzl. + Ligroin Kristalle. (J. Amer. chem. Soc. **74.** 3007—10. 20/6. 1952. Chicago, Ill., Inst. of Technol., Dep. of Chem.)

GOLD. 3030

Julius Schultz und **Murray Hauptschein**, *Fluorierung von Thiophen mit Kobalttrifluorid.* Bei der Umsetzung von Thiophen (**I**) mit CoF_3 in einer FOWLER-App. (vgl. Ind. Engng. Chem. **39.** [1947.] 292) bei 150—250° im N_2-Strom tritt Spaltung von **I** ein unter Bldg. verschied. niedrigsd. Schwefelfluoride u. Fluorkohlenstoffe, außerdem wurde aus der mit Trockeneis–Aceton gekühlten zweiten Falle ein fluoriertes Butanderiv. (*$C_4H_2F_8$*, Kp. 36,5—37°, E. ~55°, D.$^0_4$ 1,5653, D.$^{10,5}_4$ 1,5404; *Dichlorderiv.*, $C_4Cl_2F_8$, Kp. 62—63°) u. aus der mit Eiswasser gekühlten ersten Cu-Falle eine in den üblichen organ. Lösungsmitteln sowie 10%ig. Säure oder Alkali unlösl., in CS_2 etwas lösl., in rauchender HNO_3 lösl. Substanz isoliert, deren Zus. ungefähr einem I-Polymeren entsprach. CoF_3 wurde fast vollständig zu CoF_2 reduziert. (J. Amer. chem. Soc. **74**. 848. 5/2. 1952. Philadelphia, Pa., Temple Univ., Res. Inst.) SPAETH. 3071

J. Cymerman und **D. Faiers**, *Mögliche Thiophen-Chemotherapeutica*. 2. Mitt. *Ein Thiophenanalogon des „Marfanils" (Maphenids)*. (1. vgl. C. **1950**. I. 1847.) *2-Aminomethylthiophen-5-sulfonamidhydrochlorid* (**I**), aus 2-Acetamidomethylthiophen (**II**) oder 2-Phthalimidomethylthiophen hergestellt, zeigte bei der bakteriolog. Prüfung keine besondere Wirkung. Die 5-Stellung der SO_2NH_2-Gruppe in **I** ist noch nicht sicher bewiesen.

Versuche: *2-Acetamidomethylthiophen* (**II**), C_7H_9ONS, F. 44—45°, aus 2-Aminomethylthiophen, Acetanhydrid u. Essigsäure durch 2½ std. Kochen u. Dest.; $Kp._1$ 144 bis 152°, aus Ae.–PAe. Nadeln. — *2-Diacetylaminomethylthiophen*, $C_9H_{11}O_2NS$, $Kp._{1,5}$ 125 bis 130°, als fl. bleibender Anteil; n_D^{15} 1,5514, wenig lösl. in kalter nHCl. — *2-Acetamidomethylthiophen-5-sulfonylchlorid*, $C_7H_8O_3NClS_2$, F. 88—89°, aus **II** u. Chlorsulfonsäure bei < 5° mit anschließendem Erwärmen auf 50°; Prismen aus Bzl.; 37% (Ausbeute). — *2-Acetamidomethylthiophen-5-sulfonamid*, $C_7H_{10}O_3N_2S_2$, F. 123—124°, aus vorst. Verb. u. alkoh. NH_3, 30 Min. bei 0°; Verdampfungsrückstand in NaOH gelöst u. mit HCl gefällt; 17%; oder durch Erhitzen mit $(NH_4)_2CO_3$, 30 Min. auf 120°, Plättchen aus A. oder W.; 64%. — *2-Aminomethylthiophen-5-sulfonamidhydrochlorid* (**I**), $C_5H_9O_2N_2ClS_2$, F. 234—235° (Zers.), aus vorst. Verb. durch 8std. Kochen mit 3nHCl; 73%; Plättchen aus konz. HCl; λ_{max} 2440 Å (ε = 10950 in A.). — *2-Phthalimidomethylthiophen*, $C_{13}H_9O_2NS$, F. 127 bis 127,5°, aus 2-Chlormethylthiophen, Phthalimid u. K_2CO_3 durch 4std. Kochen mit Xylol; Nadeln aus A. oder Chlf. + PAe.; 55%. — *2-Phthalimidomethylthiophen-5-sulfonylchlorid*, $C_{13}H_8O_4NClS_2$, F. 147—147,5°, aus vorst. Verb. u. Chlorsulfonsäure bei < 5°; prismat. Nadeln aus Chlf. + PAe.; 76%. — *2-Phthalimidomethylthiophen-5-sulfonamid*, $C_{13}H_{10}O_4N_2S_2$, F. 171—173°, aus vorst. Verb. u. $(NH_4)_2CO_3$ durch ½ std. Erhitzen auf 180°; Prismen aus Äthylacetat; 61%. — **I**, aus vorst. Verb. durch Erhitzen mit absol. A. u. Hydrazinhydrat u. Behandeln mit HCl; 50%. — *2-Aminomethylthiophen-5-sulfonamid*, $C_5H_8O_2N_2S_2$, F. 96—97°, aus **I** mit 0,1nNaOH; stark hygroskop. Mikrokristalle. (J. chem. Soc. [London] **1952**. 165—68. Jan. Sydney, N. S. W., Univ., Organ. Chem. Dep.) SCHULENBURG. 3071

A. Je. Arbusow und **M. Sch. Basstanowa**, *Zur Tautomerie von Isatin*. Aus der Na- oder Ag-Verb. von Isatin (**I**) u. Benzylbromid (**II**) oder -chlorid (**III**), p-Xylylbromid (**IV**) u. Diphenyl-[p-tritylphenyl]-brommethan (**V**) wurden *Benzylisatin*, *p-Xylylisatin* u. *Diphenyl-[p-tritylphenyl]-methylisatin* erhalten. Diese Verbb. konnten mit Alkali oder HCl nicht verseift werden. Ob O- oder N-Derivv. vorliegen, ist fraglich. Ebenso entstanden mit Brom (**VI**)- oder Chlordimethyläther (**VII**), Brom (**VIII**)- oder Chlormethylpropyläther (**IX**) u. Brom (**X**)- oder Chlormethyläthyläther (**XI**) die *Methoxymethyl-*, *Propoxymethyl-* u. *Äthoxymethylderivv.* von **I**, die wegen ihrer leichten Verseifbarkeit als O-Derivv. betrachtet werden. Aus der Na-Verb. von **I** u. Allyljodid wurde eine nicht näher untersuchte Verb. vom F. 86—87° gebildet

Versuche: *O- oder N-Benzylisatin*, $C_{15}H_{11}O_2N$, F. 131—131,5°. Aus der Ag-Verb. von **I** bei der Einw. von **II** (oder **III**) in Bzl. bei 10tägiger (bzw. 2monatiger) Reaktionsdauer. Aus der Na-Verb. von **I** u. **II** (oder **III**) in Ae. bei 2std Erhitzen im Rohr auf 160° (bzw. 2 Std. auf 140° u. 2 Std auf 160°). Ausbeute aus der Na-Verb. 44,3 bzw. 35,8%. Aus Ae. gelbrote Kristalle. — *O- oder N-p-Xylylisatin*, $C_{16}H_{13}O_2N$, F. 141°; aus der Ag-Verb. von **I** u. **IV** in Bzl. bei 48std. Einw.; 70% (Ausbeute), oder aus der Na-Verb. von **I** u **IV** in Ae., 2 Std. im Rohr bei 100°; 45%; aus A. gelbrote Kristalle. — *O-Methoxymethylisatin*, $C_{10}H_9O_3N$, F. 90—91°; aus der Na- oder Ag-Verb. von **I** u. **VI** oder **VII** bei ½ std. Einw. in Ae.; aus Ae. orange Kristalle; 67—88%. Bei kurzem Erwärmen mit verd. KOH oder 2std. Erhitzen mit 3%ig. HCl im Rohr auf 145—150° wurden **I** u. CH_2O erhalten. — *O-Äthoxymethylisatin*, $C_{11}H_{11}O_3N$, F. 85—86°; aus der Na- oder Ag-Verb. von **I** u. **X** oder **XI** in Ae. unter Erwärmen; orange Kristalle aus Ae.; 30—68%. — *O-Propoxymethylisatin*, $C_{12}H_{13}O_3N$, F. 79—80°; analog Vorst. mit **VIII** oder **IX** in Ae., am besten mit der Na-Verb. von **I** u. **IX**; 75,8%; hellorange goldglänzende Kristalle. — *Diphenyl-[p-tritylphenyl]-methylisatin*, F. 250—252°; kanariengelb. (Известия Академии Наук СССР, Отделение Химических Наук [Nachr. Akad. Wiss. UdSSR, Abt. chem. Wiss.] **1952**. 459—70. Mai/Juni. Kasan, Chem.-Technol. Kirow-Inst.) WÖRFFEL. 3081

W. H. Davies, *Anhydrocarboxyderivate von Oxy- und Mercaptosäuren*. Vf. stellt die *Anhydrocarboxyderivv.* von *Glykol-*, *α-Mercaptoessig-*, *Milch-*, *Mandel-* u. *Salicylsäure* durch Umsetzen der freien Säuren mit Phosgen in Dioxan dar, außer im Falle des Salicylsäurederiv., welches aus dem Di-Na-Salz in Toluol dargestellt wurde. Die Verbb. reagieren heftig mit W. unter CO_2-Entwicklung. Beim Erhitzen geben alle, außer dem Milchsäurederiv., CO_2 ab u. gehen in polymere Prodd. über. Die ersten 4 Verbb. bilden mit Anilin

Anilide der ursprünglichen Säuren, das Salicylderiv. gibt *o-Carboxyphenylphenylcarbamat.* Die Derivv. von Glykolsäure u. Salicylsäure reagieren unter den Bedingungen von Friedel-Crafts mit Bzl. u. Acenaphthen unter Bldg. von *α-Oxyacetylderivv.* bzw. *o-Oxybenzophenon.* — Die Darst. der Verbb. führt über den Chlorkohlensäureester u. durch weitere HCl-Abspaltung zum Ringschluß. Großer Phosgenüberschuß u. lange Reaktionszeiten bei Zimmertemp. halten die Bldg. des Carbonates hintan. Die Ringbldg. wird durch Entzug des Lösungsm. bei niedriger Temp. u. 2std. Erhitzen des zurückbleibenden Öls bei 60°/20 mm bewirkt. Längeres Erhitzen unter diesen Bedingungen führt, ohne die Ausbeute an Endprod. zu verbessern, zur Bldg. von *Disäurechloriden.* Die Reinheit der rohen Anhydrocarboxysäuren wurde ungefähr bestimmt durch Behandeln mit W. u. Beobachten des Gewichtsverlustes, der durch die CO_2-Entw. entsteht.

Versuche: *O-Carbäthoxyglykolsäure,* $C_5H_8O_5$, F. 46—48°; Kp.$_{0,12}$ 99—100°; hygroskopisch. — *O-Carbäthoxyglykolylchlorid,* $C_5H_7O_4Cl$, Kp.$_{18}$ 88—90°, aus vorst. Verb. u. $SOCl_2$ in Ae., erst bei 35°, dann 1½ Std. bei 50°. — *1.3-Dioxolan-2.4-dion* (*Anhydro-O-carboxyglykolsäure*) (I), $C_3H_2O_4$, F. 18° (Ae.), aus 228 g Glykolsäure in Dioxan durch 1std. Zugabe zu $COCl_2$ in Dioxan bei 5°, 4tägige Rk. bei n. Temp., 4std. Erwärmen auf 30° unter verminderten Druck, 5std. Dest. bei 40°/20 mm u. 5½std. Erhitzen auf 60°/15 mm; 337 g (Ausbeute) roh. — *1.3-Oxathiolan-2.4-dion* (*Anhydro-*[*carboxythio*]*-essigsäure*), $C_3H_2O_3S$, F. 68—70° unter Zers. (Essigester), aus α-Mercaptoessigsäure, zuletzt 3 Std. bei 60°/15 mm. — *5-Methyl-1.3-dioxolan-2.4-dion* (*Anhydro-O-carboxymilchsäure*) (II), $C_4H_4O_4$, F. 27—28° (Ae.), aus 45 g Milchsäure u. $COCl_2$; Cyclisierung 2 Std. bei 60°/15 mm u. 1 Std. bei 65°; 40,5%. — *5-Phenyl-1.3-dioxolan-2.4-dion* (*Anhydro-O-carboxymandelsäure*) (III), $C_9H_6O_4$, F. 55—57° (Ae.). — *Benzo-1.3-dioxen-2.4-dion* (*Anhydro-O-carboxysalicylsäure*) (IV), $C_8H_4O_4$, F. ca. 118—120° unter Zers. (Bzl.), aus Di-Na-Salicylat u. $COCl_2$ in Toluol bei 20° (18 Std.) u. Einengen des Filtrats bei 40°/20 mm; 89%. — Alle Verbb. zers. sich mit W. unter CO_2-Entw.; wochenlanges Stehen unter Feuchtigkeitsanschluß zers. ebenfalls etwas. — I liefert nach 18std. Erhitzen auf 80° *Polyglykolid,* $(OCH_2CO)_n$, F. 207 bis 211°, II wird dabei nur wenig angegriffen, III gibt nach 16std. Erhitzen auf 120° $(OCHC_6H_5CO)_n$ als gummiartige M., IV nach 2½std. Erhitzen auf 120° u. 4½ Std. auf 170° $(C_7H_4O_2)_n$. — Bei Rk. der Anhydrocarboxysäuren mit der 2fach mol. Menge Anilin in Dioxan bei 10° spalten die Verbb. aus α-substituierten Säuren CO_2 ab. Es entstehen: *Glykolanilid,* F. 90—92°, bzw. *α-Mercaptoacetanilid,* F. 107—110°, bzw. *Milchsäureanilid,* F. 56—58° (Cyclohexan), bzw. *Mandelsäureanilid,* F. 150—152° (A.). Mit IV wird zunächst das *Anilinsalz von o-Carboxyphenylphenylcarbamat* gebildet, Prismen aus Essigester, die bei 126—130° schm., dann wieder erstarren u. schließlich bei 186—189° (Zers.) schmelzen. Daraus *o-Carboxyphenylphenylcarbamat,* $C_{14}H_{11}O_4N$, durch Digerieren mit verd. HCl; F. 148—150° unter Zers. (Chlf.). — Nach langsamer Zugabe von I zu $AlCl_3$ in Bzl. bei 10°, 2½std. Rk. bei derselben Temp. u. 16 Std. bei Zimmertemp. u. Gießen in Eis + HCl entsteht *Phenacylalkohol,* F. 84,5—86°; 84,5%. — Ähnlich *o-Oxybenzophenon,* F. 37—38°, aus IV (zuletzt 2 Std. bei 80°); Kp.$_{0,15}$ 103°; 73%. *Oxim,* F. 143—144°. — Nach Zugabe von Acenaphthen, dann von I bei 20° zu $AlCl_3$ in CS_2, 16std. Rk. bei 20°, 4std. Kochen u. Gießen in Eiswasser + etwas Säure wird *5 (?)-α-Oxyacetylacenaphthen,* $C_{14}H_{12}O_2$, F. 135—137° (Bzl. u. A.), gebildet; 29% roh. *5 (?)-α-Acetoxyacetylacenaphthen,* $C_{16}H_{14}O_3$, Nadeln, F. 111—112°. (J. chem. Soc. [London] **1951.** 1357—59. Mai. Manchester, Imp. Chem. Ind. Ltd., Res. Labors.) G. Winkler. 3112

Charles S. Miller, Samuel Gurin und **D. Wright Wilson,** *Substituierte Imidazole als Purinvorstufen.* (Vgl. C. **1951.** II. 3055.) Vff. synthetisierten einige neue Derivv. der *Imidazol-5 (4)-carbonsäure* mit NH_2- oder OH-Gruppen in 4 (5)-Stellung. Die *4 (5)-Oxyimidazole* wurden aus Iminoäthern u. α-Aminosäureestern dargestellt. Die Synth. des *4 (5)-Oxyimidazols* selbst gelang jedoch nicht. Durch ^{14}C markiertes *4 (5)-Oxyimidazol-5 (4)-carbonsäureamid* (I) wurde aus carbonylmarkiertem Aminomalonamid (II) u. Formiminoäthyläther (III) dargestellt. Analog wurde auch *2-Methyl-4 (5)-oxyimidazol-5 (4)-carbonsäureamid* erhalten. Analog der Darst von 4 (5)-Aminoimidazol-5 (4)-carbonsäureamid (V) (l. c.) wurde *2-Methyl-4 (5)-aminoimidazol-5 (4)-carbonsäureamid* synthetisiert. — Die subcutane Anwendung des markierten V führte bei Ratten zur Bldg. radioakt. Purine u. radioakt. Allantoins, während Uracil, Thymin u. Ausatmungs-CO_2 ^{14}C-frei waren. Im Guanin war ^{14}C als $C_{(4)}$ gebunden, das V wird also wohl als solches in das Purinmol. eingebaut. Dagegen konnte das markierte I in keiner Purinfraktion u. auch nicht im Allantoin oder dem Ausatmungs-CO_2 nachgewiesen werden. Diese Substanz stellt also keine biol. Purinvorstufe dar.

Versuche: *^{14}C-markiertes Äthylmalonat,* aus $Na^{14}CN$ u. $NaOOC \cdot CH_2Cl$. Daraus durch Nitrosierung u. Red. *Aminomalonester* (IX). — *Aminomalonamid* (II), aus IX mit wss. NH_3. — *^{14}C-markiertes Cyanacetamid* (VIII), aus $NC \cdot CH_2 \cdot {}^{14}COOC_2H_5$ mit wss. NH_3.

— *Markiertes Oximinocyanacetamid* (**VII**), F. 181° (Zers.), $C_3H_3O_2N_3$, aus **VIII** mit $NaNO_3$ in verd. CH_3COOH durch Stehen über Nacht in der Kälte u. anschließende Zugabe von HCl; 77% (Ausbeute). Nach dem gleichen Verf. hergestelltes unmarkiertes **VII** hatte F. 182—183° (W.). — *Aminocyanacetamid* (**VI**), aus **VII** durch Hydrierung mit RANEY-Ni in wasserfreiem Methanol in Ggw. von wasserfreiem Na_2SO_4 bei 3 at; die erhaltene **VI**-Lsg. in Methanol wurde als solche weiterverarbeitet. — *Acetylaminocyanacetamid*, $C_5H_7O_2N_3$, F. 173,5—174,5° (A.), aus inakt. **VI** mit Acetanhydrid. — *Formiminoäthylester* (**III**) u. *Acetiminoäthylester* (**IV**) wurden in 50—85%ig. Ausbeute aus ihren Hydrochloriden mit K_2CO_3 in Ae. dargestellt. **III** stellt eine dunkel gefärbte Fl. dar, die, bei —18° zu einer weißen M. erstarrt, gut haltbar ist. **IV** erstarrt nicht beim Kühlen. — *4 (5)-Oxyimidazol-5 (4)-carbonsäureäthylester*, $C_6H_8O_3N_2$, F. 229—230° (Zers.; A.-Bzl. 1 : 1), aus **IX** u. **III** in trockenem Dioxan bei 5° in 3 Tagen; gering. — *2-Methyl-4 (5)-oxyimidazol-5 (4)-carbonsäureäthylester*, $C_7H_{10}O_3N_2$, aus **IX** u. **IV**; aus absol. A., verkohlt bei 220°; 77%. — An $C_{(4[5])}$ u. dem Amid-C durch ^{14}C markiertes *4 (5)-Oxyimidazol-5 (4)-carbonsäureamid* (**I**), $C_4H_5O_2N_3$, aus 6,79 g carbonyl-C-markiertem **II** u. **III** in W. bei 5° u. Ggw. von HCl; aus W. 1,97 g, verkohlt bei 250°. — Nicht markiertes *2-Methyl-4 (5)-oxyimidazol-5 (4)-carbonsäureamid*, $C_5H_7O_2N_3$, analog aus **IV**; aus verd. NaOH mit HCl, verkohlt bei 250°; 70%. — *2-Methyl-4 (5)-aminoimidazol-5 (4)-carbonsäureamid*, aus **VI** u. **IV** in kaltem Methanol; *Pikrat*, $C_{11}H_{11}O_8N_7$, aus W. u. 50%ig. Essigsäure, F. 240° (Zers.); 37%. (J. Amer. chem. Soc. **74**. 2892—94. 5/6. 1952. Philadelphia, Univ. of Pennsylvania, School of Med., Dep. of Physiol. Chem.) IPPEN. 3122

J. R. Meadow und **J. C. Cavagnol**, *Verwendung von Saccharinderivaten für die Identifizierung von Mercaptanen.* Die von den Vff. früher (C. **1952**. 5253) beobachtete Bldg. von *S-Alkylderivv. des Thiosaccharins* aus Mercaptanen u. Saccharinchlorid (**I**) eignet sich zur Charakterisierung der Mercaptane, da Derivv. mit gut definiertem F. erhalten werden.

V e r s u c h e : *Saccharinchlorid* (*3-Chlorbenzisosulfonazol*; **I**), $C_7H_4O_2NClS$, F. 145 bis 147°, nach MEADOW u. REID (C. **1945**. I. 530); aus Bzl.-Heptan kristalline Flocken. Zur Umsetzung mit den Mercaptanen eignet sich rohes **I** oder reines **I**, dem etwas PCl_5 zugefügt wurde. Die Mercaptane wurden ohne Lösungsm. mit **I** durch kurzes Erwärmen auf dem Dampfbad bis zur Beendigung der HCl-Entw. umgesetzt, die Prodd. in warmem Bzl. aufgenommen u. mit PAe. ausgefällt. Das leichtflüchtige Methyl- u. Äthylmercaptan sowie das wenig reakt. 2-Methylpropanthiol-(2) wurden besser in Form ihrer Na-Salze in Bzl. zur Rk. gebracht. Nachst. 3 - A l k y l m e r c a p t o b e n z i s o s u l f o n a z o l e wurden dargestellt: *Methyl-*, $C_8H_7O_2NS_2$, F. 218—219°. — *Äthyl-*, $C_9H_9O_2NS_2$, F. 183 bis 184°. — *n-Propyl-*, $C_{10}H_{11}O_2NS_2$, F. 102,5—103°. — *Isopropyl-*, $C_{10}H_{11}O_2NS_2$, F. 177,5 bis 178,5°. — *n-Butyl-*, $C_{11}H_{13}O_2NS_2$, F. 92—92,5°. — *Isobutyl-*, $C_{11}H_{13}O_2NS_2$, F. 96,5—97°. — *tert.-Butyl-*, $C_{11}H_{13}O_2NS_2$, F. 122—124°. — *n-Amyl-*, $C_{12}H_{15}O_2NS_2$, F. 69—69,5°. — *n-Hexyl-*, $C_{13}H_{17}O_2NS_2$, F. 46,5—47°. — *n-Heptyl-*, $C_{14}H_{19}O_2NS_2$, F. 72—72,5°. — *n-Octyl-*, $C_{15}H_{21}O_2NS_2$, F. 45,5—46,5°. — *n-Nonyl-*, $C_{16}H_{23}O_2NS_2$, F. 73—73,5°. — *n-Decyl-*, $C_{17}H_{25}O_2NS_2$, F. 59,5—60°. — *n-Undecyl-*, $C_{18}H_{27}O_2NS_2$, F. 79,5—80°. — *n-Dodecyl-*, $C_{19}H_{29}O_2NS_2$, F. 67,5—68°. — *Phenyl-*, $C_{13}H_9O_2NS_2$, F. 219—219,5°. — *Benzyl-*, $C_{14}H_{11}$·O_2NS_2, F. 137,5—138°. (J. org. Chemistry **17**. 488—91. März 1952. Lexington, Ky., Univ., Chem. Dep.) SPAETH. 3142

Daniel Pillon, *Untersuchungen über Benzopyran. Neue Kondensationen von Phenolen mit β-Ketosäureestern.* Vf. gelingt die Kondensation von Resorcin mit β-Ketosäureestern ohne Kondensationsmittel durch Erhitzen auf 250°. Hierbei tritt die Rk. unter Abspaltung von 1 Mol H_2O u. 1 Mol A. ein, wobei eine phenol. OH-Gruppe u. ein dazu in o-Stellung stehendes H-Atom an der Kondensation beteiligt sind. Es sind somit 4 Produkte möglich: Ein 5- u. ein 7-Oxychromon u. ein 5- u. ein 7-Oxycumarin. Infolge der H-Brückenbldg. der 5-Oxychromone sind diese von den 7-Oxyderivv., die in Alkali lösl. sind, abtrennbar. Die Cumarine wiederum können von den Chromonen durch Löslichkeitsunterschiede ihrer Acylderivv. bzw. durch Löslichkeit ihrer Methoxyderivv. abgetrennt werden. Bei letzterer Rk. spalten die Chromone in Oxydiketone, die in Soda lösl. sind. — Soweit die Seitenketten nicht selbst adsorbieren, haben die 7-Oxychromone UV-Banden bei 250 u. 295 mμ, die 5-Oxychromone Banden bei 235 u. 330 mμ, die Cumarine eine Bande bei 325 mμ Folgende Kondensationen wurden mit Resorcin durchgeführt: a) mit 2-Carbäthoxycyclopentanon (**I**) zu *2.3-Cyclopenteno-5-oxy-*, *2.3-Cyclopenteno-7-oxychromon* u. *3.4-Cyclopenteno-7-oxycumarin.* b) mit Acetessigsäureäthylester (**II**) zu *2-Methyl-7-oxychromon* u. *4-Methyl-7-oxycumarin.* c) mit 2-Carbäthoxy-6-methylcyclohexanon (**III**) zu *7-Oxy-6′-methylcyclohexeno-[1′.2′ : 2.3]-chromon.* d) mit 2-Carbäthoxytetralon-(1) (**IV**) zu *7-Oxy-3′.4′-dihydronaphthalino-[1′.2′ : 2.3]-chromon.* e) mit α-Methylacetessigsäureäthylester (**V**) zu *2.3-Dimethyl-5-oxy-*, *2.3-Dimethyl-7-oxychromon* u. *3.4-Dimethyl-7-oxycumarin.* — Verss., Phenol, p-Kresol u. 1.3.5-Xylenol ebenfalls mit β-Ketosäureestern zu kondensieren, hatten keinen Erfolg.

Versuche: *2.3-Cyclopenteno-7-oxychromon*, $C_{12}H_{10}O_3$, F. 287,5°, durch 2½ std. Erhitzen von 1 Mol I mit 1,2 Mol Resorcin bei 250° u. Aufnehmen der erkalteten M. in 5%ig. Sodalsg.; aus dem Sodaextrakt; beigefarbene Nadeln aus A.; 17,6% (Ausbeute). *Acetylderiv.*, F. 139—140° (Essigester). Aus der alkoh. Mutterlauge als leichter lösl. Komponente *3.4-Cyclopenteno-7-oxycumarin*, F. 243,5°, u. aus dem sodaunlösl. Rückstand *2.3-Cyclopenteno-5-oxychromon*, $C_{12}H_{10}O_3$, F. 143—144°. *δ-[2.6-Dioxybenzoyl]-valeriansäure*, $C_{12}H_{14}O_5$, F. 138—140°, durch 5 std. Sieden vorst. Verb. in 10%ig. Sodalsg. u. Ansäuern. — *2-Methyl-7-oxychromon*, $C_{10}H_8O_3$, F. 248—249°, durch Rk. von II mit Resorcin wie vorst.; aus dem alkal. Auszug; orangefarbene Kristalle aus 60% A.; 10,5%. Aus der Mutterlauge *4-Methyl-7-oxycumarin*, rote Körnchen, F. 186°. — *7-Oxy-6'-methylcyclohexeno-[1'.2' : 2.3]-chromon*, $C_{14}H_{14}O_3$, F. 257—257,5°, aus III u. Resorcin wie vorst.; glänzende hellgelbe Kristalle aus A.; 7,2%. — *7-Oxy-3'.4'-dihydronaphthalino-[1'.2' : 2.3]-chromon*, $C_{17}H_{12}O_3$, F. 338—339°, aus IV u. Resorcin wie vorst.; Kristalle aus wss. Pyridin; 30,3%. *Acetylderiv.*, glänzende Blättchen aus A., F. 177—178°. Das entsprechende *Cumarin*, F. 283—284° (Essigsäure), wurde auf anderem Wege dargestellt; 21,8%. — Rk. von V u. Resorcin wie vorst. u. Auflösen der M. in 5%ig. NaOH. Ausäthern u. Ansäuern ergibt ein Gemisch von *2.3-Dimethyl-7-oxychromon* u. *3.4-Dimethyl-7-oxycumarin*. Hieraus durch Acetylierung *3.4-Dimethyl-7-acetoxycumarin*, F. 163—164° (neben einem Acetatgemisch vom F. < 116°). Behandlung des obigen Gemisches mit NaOH u. Methylsulfat, Abtrennen des *7-Methoxy-3.4-dimethylcumarins* (F. 140—141°) u. Ansäuern der alkal. Mutterlaugen ergibt *7-Oxy-2.3-dimethylchromon*, F. 261 (A.). *2.3-Dimethyl-5-oxychromon*, $C_{11}H_{10}O_3$, F. 125—127°, aus dem alkaliunlösl. Rückstand bei vorst. Kondensation. (Bull. Soc. chim. France, Mém. [5] **19**. 324—30. März/April 1952. Lyon, Fac. des Sci., Labor. de Chim. biol.) Lehwald. 3211

Jacques J. Panouse, *Reduktion quaternärer Pyridiniumsalze durch Kaliumborhydrid.* Bei der Red. *quaternärer Pyridiniumsalze* wurden durch Anwendung von KBH_4 an Stelle von bisher üblichem $Na_2S_2O_4$ oder $LiAlH_4$ in guter Ausbeute *N-substituierte o-Dihydropyridine* bzw. *Tetrahydropyridine* erhalten. Durch Zufügen einer 10%ig. alkal. Lsg. von KBH_4 zu einer Lsg. von Tetraacetylglucosidylpyridiniumbromid entstand quantitativ *N-Tetraacetylglucosidyl-o-dihydropyridin*, F. 156° (A. u. W.), analog aus Tetraacetylglucosidylnicotinamidbromid *N-Tetraacetylglucosidyl-o-dihydronicotinamid*, F. 163°. Bei der Red. von Pyridinjodmethylat wurde nach Reinigung durch Dampfdest. u. Dest. unter N_2 in 65%ig. Ausbeute *N-Methyl-1.2.5.6-tetrahydropyridin*, $C_6H_{11}N$, erhalten; $Kp._{760}$ 112°. *Jodmethylat*, F. 278°; *Pikrat*, $C_6H_{11}N \cdot C_6H_3O_7N_3$, F. 202°. Mit Br_2 entstand in essigsaurer Lsg. *1-Methyl-3.4-dibrompiperidin*; *Pikrat*, $C_6H_{11}NBr_2 \cdot C_6H_3O_7N_3$, F. 169° (FF. auf dem Maquenne-Block). Die Identifizierung der bei der Red. von Nicotinamidjodmethylat entstandenen Prodd. gelang bisher nicht. (C. R. hebd. Séances Acad. Sci. **233**. 260—62. 16/7. 1951.) W. Hoffmann. 3231

R. F. Feldkamp, *Antispasmodica. Ester von [1-Methylpiperidyl-(3)]-carbinol.* Vf. berichtet über die Darst. von *[1-Methylpiperidyl-(3)]-carbinylestern*, die als Hydrochloride oder quaternäre Salze isoliert wurden. Die benötigten Säuren wurden nach bekannten Methoden dargestellt.

Versuche (spasmolyt. Aktivität im Vgl. zu Atropin = 100% in [ ]; Technik nach Magnus): *Phenylthienyl-(2)-glykolsäuremethylester*, $C_{13}H_{12}O_3S$, $Kp._{0,02-0,03}$ 109—113°, aus der freien Säure mit absol. Methanol/H_2SO_4 durch 17 std. Kochen; strohfarbenes Öl, n_D^{25} 1,5694; 74% (Ausbeute). — Veresterungsmethoden: **A**: Kochen von äquimol. Mengen [1-Methylpiperidyl-(3)]-carbinol (I) mit Säurechloriden in Bzl.; dabei wurden Esterhydrochloride erhalten. — **B**: Aus I mit Methylestern in n-Heptan mit $NaOCH_3$ beim Kochen (Wasserabscheider zum Abtrennen des bei der Umesterung gebildeten Methanols). Überführung der freien Basen in Ae. in Hydrohalogenid bzw. quaternäre Base. — **C**: Aus äquimol. Mengen Säure u. I in Bzl. mit HCl-Gas beim Kochen (Wasserabscheider), Isolierung als Hydrohalogenide; 50—60%. — Dargestellt wurden folgende *[1-Methylpiperidyl-(3)]-carbinyl (= Y)-Ester Y·O·CO·X* (FF. korr.): *X = C_6H_5, Hydrochlorid*, $C_{14}H_{19}O_2N \cdot HCl$, F. 177—178,1° (A./Ae.) **A**; [< 1]. *Methojodid*, $C_{14}H_{19}O_2N \cdot CH_3J$, F. 196,6 bis 197,2° (absol. A.), **A**; [< 1]. — *X = Thienyl-(2), Hydrochlorid*, $C_{12}H_{17}O_2NS \cdot HCl$, F. 150—153,1° (A./Ae.); **A**; [< 1]. *Methojodid*, $C_{12}H_{17}O_2NS \cdot CH_3J$, F. 194,7—195,8° (absol. A.); **A**; [< 1]. — *X = Pyridyl-(3), Dihydrochlorid*, $C_{13}H_{18}O_2N_2 \cdot 2\,HCl \cdot H_2O$, F. 147—148,8° (A./Ae.); **A**. — Bei den folgenden Verbb. ist X = RR'R''C— : *R = R' = C_6H_5, R'' = H, Hydrochlorid*, $C_{21}H_{25}O_2N \cdot HCl$, F. 198,2—199,3° (Isopropanol), **A**; [6]. — *R = C_6H_5, R' = Thienyl-(2)*, R'' = H, *Hydrochlorid*, $C_{19}H_{23}O_2NS \cdot HCl$, F. 176—177,2° (Isopropanol), **C**; [10]. *Methojodid*, $C_{19}H_{23}O_2NS \cdot CH_3J$, F. 153,7—154,8° (Aceton), **C**; [16]. — *R = Cyclopentyl, R' = Isobutyl, R'' = H, Methobromid*, $C_{18}H_{33}O_2N \cdot CH_3Br$, F. 159,6 bis

162,6° (Essigester), **C**; [200]. — *R = Xenyl-(4), R' = CH₃, R'' = H, Methobromid*, $C_{22}H_{27}O_2N \cdot CH_3Br$, F. 192,0—194,2° (Isopropanol), **C**; [<1]. — *R = R' = C_6H_5, R'' = OH, Hydrochlorid*, $C_{21}H_{25}O_3N \cdot HCl$; F. 217,6—219,8 (absol. A.), **B**; [9]. *Methobromid*, $C_{21}H_{25}O_3N \cdot CH_3Br$; F. 227,7—229,8° (absol. A.), **B**; [33]. — *R = C_6H_5, R' = Thienyl-(2), R'' = OH, Methobromid*, $C_{19}H_{23}O_3NS \cdot CH_3Br$, F. 150—151° (Isopropanol/Essigester), **B**; [5]. — *R = Xenyl-(4), R' = CH_3, R'' = OH, Hydrobromid*, $C_{22}H_{27}O_3N \cdot HBr$, F. 148 bis 172° (A./Ae.); **C**; [<1]. *Methobromid*, $C_{22}H_{27}O_3N \cdot CN_3Br$, F. 117—118,6° (absol. A.), **C**; [<1]. — *R = C_6H_5, R' = $CH_3 \cdot CHOH$—, R'' = H, Methojodid*, $C_{17}H_{25}O_3N \cdot CH_3J$, F. 158—162,2° (A./Ae.), **C**; [4]. *Methobromid*, $C_{17}H_{25}O_3N \cdot CH_3Br$, F. 186,8—189,8° (A./Ae.), **C**; [2]. (J. Amer. chem. Soc. **74**. 3834—35. 5/8. 1952. Reusselaer, N. Y., Sterling-Winthrop Res. Inst.) GOEBEL. 3231

Nabakrishna Choudhuri und **Pratul Chandra Mukharji**, *Darstellung und Struktur der Mannich-Base aus γ-Acetobuttersäure.* Vff. untersuchen die von MANNICH (Ber. dtsch. chem. Ges. **57**. [1924.] 1108) aus Piperidinhydrochlorid (**I**), Formaldehyd (**II**) u. Lävulinsäure dargestellte *6-Piperidino-4-ketohexansäure*, indem sie sie als *Ester* in das *Methojodid* verwandeln, mit Malonsäurediäthylester kondensieren u. anschließend einer Säurehydrolyse unterwerfen. Sie erhalten die bekannte *γ-Ketokorksäure*. Analog führen sie eine MANNICH-Rk. mit **I**, **II** u. γ-Acetobuttersäure zu *7-Piperidino-5-ketoheptansäure* durch, deren Struktur sie wie vorst. durch Malonesterkondensation des Estermethojodids zu *δ-Ketoazelainsäure* nachweisen.

V e r s u c h e : *7-Piperidino-5-ketoheptansäure, Hydrochlorid*, $C_{12}H_{21}O_3N \cdot HCl$, F. 158 bis 159° (absol. A.), durch 20 Min. langes Erhitzen von **I**, **II** u. γ-Acetobuttersäure bei einer Badtemp. von 105—110°, Abdampfen im Vakuum, Aufnehmen in A. u. Verdünnen mit Aceton; 42—44% (Ausbeute). *Äthylester*, $C_{14}H_{25}O_3N$, Kp.$_8$ 105—107°, wird bei Stehen braun. — *δ-Ketoazelainsäure*, $C_9H_{14}O_5$, F. 107—108° (W.), durch 3std. Stehen des Methojodids vorst. Esters u. Na-Malonsäurediäthylester in absol. A. bei 0°, 12std. Stehen bei Zimmertemp. u. 10std. Stehen auf dem Wasserbad, Zers. mit H_2O, Ausäthern u. 18std. Stehen des abgedampften Ätherrückstandes mit 15%ig. HCl. — *Azelainsäure*, F. 105°, durch Red. vorst. Verb. mit amalgamiertem Zn + HCl. — *6-Piperidino-4-ketocapronsäure, Hydrochlorid*, F. 145—146°, wie oben. *Äthylester*, Kp.$_{12}$ 110—112°. — *γ-Ketokorksäure*, $C_8H_{12}O_5$, F. 130—131° (W.), a) durch Malonestersynth. von 4,9 g des Methojodids vorst. Esters u. Hydrolyse wie oben; 1 g; b) aus Na-β-Ketoadipinsäurediäthylester (ca 5 g) u. 3,7 g β-Brompropionsäureäthylester, 2 Std. in absol. A. bei 0°, dann 10std. Sieden, Zers. mit angesäuertem W., Ausäthern u. Hydrolyse der Fraktion Kp.$_{1-1,5}$ 160—165° mit 15%ig. HCl; 2 g. (J. Indian chem. Soc. **29**. 336—40. Mai 1952. Calcutta, Univ., Coll. of Sci., Organ. chem. Labor.) LEHWALD. 3231

Gabriello Illuminati und **Henry Gilman**, *Reaktionsfähigkeit von heterocyclischem Kernhalogen bei der Friedel-Crafts-Reaktion: Die Darstellung einiger Dioxyphenylchinolin- und -benzothiazolderivate.* 2-Chlorchinolin (**I**), 4.7-Dichlorchinolin (**II**) u. 2-Chlorbenzothiazol (**IV**) lassen sich nach FRIEDEL-CRAFTS mit Resorcin (**III**) u. 4-Chlorresorcin (**V**) zu gefärbten Dioxyphenyl- bzw. Chlordioxyphenylchinolin- u. Benzothiazolderivv. kondensieren. Als Medium wurde trockenes Chinolin benutzt; Nitrobenzol liefert geringere Ausbeuten. Die Rkk. wurden durchgeführt bei 100—180° (5—10 Std.). Die entstehenden Verbb. sind lösl. in kalter verd. NaOH u. bilden in kalter 10%ig. HCl unlösl. Hydrochloride; ihre Reinigung ist schwierig u. wurde zum Teil durch Gegenstromverteilung nach CRAIG erreicht (Butanol/wss. Lsg. p_H 10,7—11,0; 25—30fache Verteilung). Aus **V** u. **I** bzw. **II** bilden sich Salze, die als krist., bei Zimmertemp. beständige Verbb. isoliert wurden.

V e r s u c h e : *2-[2.4-Dioxyphenyl]-chinolin*, $C_{15}H_{11}O_2N$, F. 197,7—199,2°, aus **III** u. **I** in $C_6H_5NO_2$ mit $AlCl_3$ unter Rühren (5—10°), dann 6 Std. bei 100°; Zers. mit Eis/HCl, organ. Phase mit Ae. verdünnen u. mit NaOH-Lsg. extrahieren (ist die NaOH-Lsg. > 10%ig., so krist. das Na-Salz in orangefarbenen Nadeln), Nd. in 5%ig. HCl aufnehmen oder alkal. Lsg. mit Eisessig neutral stellen. Reinigung durch Lösen des Hydrochlorids in verd. NaOH u. Neutralisieren mit 50%ig. CH_3COOH; dünne, goldgelbe, seidige Kristalle; 25% (Ausbeute). Die Verb. erleidet mit HJ keine Ätherspaltung, enthält 2 Oxygruppen (ZEREWITINOFF) u. zeigt das Infrarotspektr. eines 1.2.4-trisubstituierten Benzolrings ohne Ätherbindung. — *4-[2.4-Dioxyphenyl]-7-chlorchinolin*, $C_{15}H_{10}O_2NCl$, F. 254—256°, aus **III** u. **II** mit $AlCl_3$ in Nitrobenzol bei —10°, dann langsam auf 120° erhitzen u. Temp. 6 Std. halten, Zers. bei 5° u. Reinigung wie vorst.; hellbraunes Pulver; 26%. — *2-[2.4-Dioxyphenyl]-benzothiazol* (**VI**), $C_{13}H_9O_2NS$, F. 194—195°, aus **III** u. **IV** in Chinolin unter Zugabe von $AlCl_3$ bei 15° innerhalb 15 Min., dann auf 150° erhitzen u. Temp. 10 Std. halten; Zers. mit 50%ig. wss. A. mit 3% HCl bei 50° (1 Std. rühren); Reinigung durch Gegenstromverteilung; braunes Pulver; 43—59%. — *2-[5-Chlor-2.4-dioxyphenyl]-chinolin*, $C_{15}H_{10}O_2 \cdot NCl$, F. 213,5—214,5°, aus **V** u. **I** mit $AlCl_3$ bei 90°, Temp. steigern auf 180° u. 2 Std. halten, dann schwaches Vakuum anlegen u. Temp. innerhalb 1½ Std. auf 150° senken; Zers. mit 80%ig. wss. A./HCl u. 4 Std. kochen, beim Kühlen auf 0° Nd., der mehrmals mit verd. H_2SO_4 ausgekocht wurde. Das Sulfat (F. 250—255°) wurde in heißem W. suspendiert u. mit wenig NH_4OH zers.; orangegelbes Pulver; 12%. — *2-[5-Chlor-2.4-dioxyphenyl]-benzothiazol*, $C_{13}H_8O_2NClS$, F. 244—247°, wie **VI** aus **V** u. **IV** mit $AlCl_3$ in Chinolin; braungefärbtes Prod.; 12,5%. — *Komplex aus* **V** *u.* **II**, $C_{15}H_{10}O_2NCl_3$, F. 131—132°, aus äquimol. Mengen der beiden Komponenten in A. oder Ae. (2 Std. 20°); aus viel PAe. Kristalle; 60%. — *Komplex aus* **V** *u.* **I**, $C_{15}H_{11}O_2NCl_2$, F. 83—86°, wie vorst.; Kristalle. Beide Komplexe werden durch heißen PAe./W. gespalten in **V** (wss. Phase) u. die freie Base (organ. Phase). (J. Amer. chem. Soc. **74**. 2896—99. 5/6. 1952. Ames, Iowa, State Coll., Chem. Labor.) GOEBEL. 3231

Alexandre Staehelin, *Synthese von α-Azaanthracenen aus dem linearen Benzoisatin.* Durch Kondensation von 5.6-Benzoisatin mit Aceton, Acetophenon bzw. Brenztraubensäure nach PFITZINGER wurden in 80—85%ig. Ausbeute dargestellt: *2-Methyl-1-azaanthracen-4-carbonsäure* (I), $C_{15}H_{11}O_2N$, F. 327—329°, aus Essigsäure gelbe Prismen; *2-Phenyl-1-azaanthracen-4-carbonsäure* (II), $C_{20}H_{13}O_2N$, F. 282—283°, aus Dioxan gelbe Nadeln; *1-Azaanthracen-2.4-dicarbonsäure* (**III**), $C_{15}H_9O_4N$, F. 316—317°, aus Dioxan orangegelbe Nadeln. — Durch Erhitzen von *N-Acetyl-5.6-benzoisatin* ($C_{14}H_9O_3N$; F. 256 bis 257°) in Ggw. von verd. Alkali wurde nach CAMPS [1899] *2-Oxy-1-azaanthracen-4-carbonsäure* (**IV**), $C_{14}H_9O_3N$, bzw. das tautomere Chinolon synthetisiert; F. 341—342°, aus Essigsäure gelbe Nadeln. — Aus **I**—**IV** entstanden durch Decarboxylierung in 45 bis 60%ig. Ausbeute: *2-Methyl-1-azaanthracen*, $C_{14}H_{11}N$, F. 129—130° (Sublimation), aus **I** bei 240° im Vakuum in Ggw. von Cu-Chromit-Katalysator, Nadeln; *2-Phenyl-1-azaanthracen*, $C_{19}H_{13}N$, F. 192,5—193° (Sublimation), aus **II** bei 280—285° im Vakuum, hellgelbe prismat. Blättchen; *1-Azaanthracen-4-carbonsäure* (**V**), $C_{14}H_9O_2N$, F. 321—322°, aus **III** bei 270—280° im Vakuum, aus Essigsäure gelbe Nadeln; daraus bei 270° in Ggw. von Cu-Chromit-Katalysator im Vakuum *1-Azaanthracen*; *2-Oxy-1-azaanthracen*, $C_{13}H_9ON$, F. 272—273°, aus **IV** bei 370°, aus Essigsäure Nadeln. — Durch Oxydation mit CrO_3 in essigsaurer Lsg. wurden aus **II**, **V** bzw. **IV** folgende Verbb. erhalten: *2-Phenyl-1-azaanthrachinon-4-carbonsäure*, $C_{20}H_{11}O_4N$, F. 269—270°, aus Essigester hellgelbe Prismen; *1-Azaanthrachinon-4-carbonsäure*, $C_{14}H_7O_4N$, F. 356—357°, aus Essigsäure hellgelbe Nadeln, die sich zu *1-Azaanthrachinon* decarboxylieren; *2-Oxy-1-azaanthrachinon-4-carbonsäure*, $C_{14}H_7O_5N$, F. 349—351°, aus Essigsäure hellgelbe rautenförmige Kristalle. Aus **I** u. **III** ließen sich keine identifizierbaren Oxydationsprodd. gewinnen. (C. R. hebd. Séances Acad. Sci. **233**. 262—64. 16/7. 1951.) W. HOFFMANN. 3231

A. M. Grigorowski, *Fortschritte der Chemie von Acridinderivaten.* Übersicht der synthet. Methoden zur Gewinnung von Acridinderivv., ihrer Eigg., Umsetzungen u. prakt. Verwendung. — 176 Literaturangaben. (Успехи Химии [Fortschr. Chem.] **21**. 615—40. Mai 1952.) WÖRFFEL. 3231

Gaetano Caronna, *Reaktionen mit Stickstoffwasserstoffsäure in schwefelsaurer Lösung.* 8. Mitt. *Über die Umwandlung von cyclischen α-Diketonen in Phenanthridone.* (7. vgl. C. **1950**. I. 1846.) Bei der Rk. von Phenanthrenchinon mit HN_3 in konz. H_2SO_4 wird als Endprod. *Phenanthridon* (**I**; $C_{13}H_9ON$, F. 290°, aus A. Nadeln) erhalten. Als Zwischenstufe entsteht durch Anlagerung der HN_3 u. Ringöffnung *Diphensäuremonoamid* [$C_{14}H_{11}O_3N$, F. 191° (W., A.)], das mit weiterer HN_3 **I** liefert. — Als Prodd. der Rk. von Retenchinon mit HN_3 werden analog *3'-Methyl-4-isopropyl-diphensäure-2-amid* (**II**; $C_{18}H_{19}\cdot O_3N$, F. 202—204° (Bzl.)] u. *3'-Methyl-4-isopropyl-2.2'-diaminodiphenyl* ($C_{16}H_{20}N_2$, F. 90°, aus CH_3OH Nadeln; Hydrochlorid, F. ~240°) gefunden. Die Rk. von **II** mit HN_3 ergibt *1-Methyl-7-isopropylphenanthridon*, $C_{17}H_{17}ON$, Nadeln, F. 220° (Bzl.). (Gazz. chim. ital. **80**. 211—16. März/Mai 1950. Palermo, Univ., Ist. di Chim. generale.) R. K. MÜLLER. 3231

Gaetano Caronna, *Reaktionen mit Stickstoffwasserstoffsäure in schwefelsaurer Lösung.* 9. Mitt. *Oxazolsynthese.* (8. vgl. vorst. Ref.) Vf. untersucht das Verh. von β-Diketonen gegenüber HN_3. Bei der Rk. von Benzoylaceton mit HN_3 in konz. H_2SO_4 entsteht statt der erwarteten Prodd. mit Tetrazolring *2-Methyl-5-phenyloxazol* ($C_{10}H_9ON$, F. 58°), daneben in geringer Menge *3-Methyl-5-phenylisoxazol* (F. 67°). Als Zwischenstufe ist auch hier die Anlagerung von HN_3 u. Bldg. von *ω-Acetaminoacetophenon* anzunehmen. Acetylaceton liefert mit HN_3 in analoger Rk. *2.5-Dimethyloxazol* (C_5H_7ON, Kp. 118°). Mit Dibenzoylmethan wird keine Rk. erhalten. (Gazz. chim. ital. **80**. 217—19. März/Mai 1950.) R. K. MÜLLER. 3132

J. W. Cook, J. D. Loudon und **D. K. V. Steel**, *Pyridotropolon.* Vff. berichten über die Synth. von *β.γ-[3.2-Pyrido]-tropolon*, $C_{10}H_7O_2N$, F. 168—169°, durch Erhitzen eines Gemisches von γ-Aminotropolon, Glycerin, Nitrobenzol u. 70%ig. H_2SO_4 während 15 Min. auf 160°; aus Bzl. hellgelbe Nadeln. *Pikrat*, $C_{16}H_{10}O_9N_4$, F. 218°; aus W. gelbe Nadeln; gibt durch HNO_3-Oxydation *Chinolinsäure*, F. 190—195° (Zers.), daraus durch Sublimation *Nicotinsäure*, F. 232—234°. (Chem. and Ind. **1952.** 562. 21/6. 1952. Glasgow, Univ.) GOEBEL. 3231

Karl Pfister, A. P. Sullivan jr., John Weijlard und **Max Tishler**, *Sulfachinoxalin.* 2. Mitt. *Eine neue Synthese von 2-Aminochinoxalin.* (1. vgl. J. Amer. chem. Soc. **66.** [1944.] 1957.) Das zur Synth. des pharmakol. wirksamen *Sulfachinoxalins* benötigte *2-Aminochinoxalin* (**I**) kann aus o-Phenylendiamin (**II**) mit HCHO + HCN bei p_H 6,5 oder mit $HOCH_2CN$ oder $ClCH_2CN$ über *N-Cyanmethyl-o-phenylendiamin* (**III**) u. *2-Amino-3.4-dihydrochinoxalin* (**IV**) dargestellt werden. Als Nebenprod. entsteht *N.N'-Bis-[cyanmethyl]-o-phenylendiamin* (**V**). Die Trennung von **III** u. **V** kann über das unlösl. **III**-*p-Toluolsulfonat* erfolgen. Die Cyclisierung von **III** zu **IV** gelingt nur in methylalkoh. Lsg. unter Verwendung einer beliebigen Base. Die Dehydrierung zu **I** findet am besten mit H_2O_2 in Ggw. von $FeCl_2$, $Fe_2(SO_4)_3$ oder PbO_2 statt. Die Isolierung der Zwischenprodd. ist nicht erforderlich. — Aus 3-Methyl-1.2-diaminobenzol (**VI**) entsteht nur das 8-Methylderiv. von **I** u. kein in 5-Stellung methyliertes Produkt. — **I** bildet mit **IV** eine Molekülverbindung.

V e r s u c h e: Darst. von rohem **III** (F. 101—106°) a) durch Einw. einer wss. Lsg. von NaCN auf eine Lsg. von **II** in CH_3OH + HCl bei <30°, langsame Zugabe von 36—38%ig. Formalin bei p_H 6,5 u. 40—45°, Abkühlen auf 0—5° u. Waschen des Reaktionsprod. mit Eiswasser; 90% (Ausbeute); besteht zu 80% aus **III**; daneben **V**; b) durch Versetzen einer wss. Lsg. von **II** u. $HOCH_2CN$ mit verd. NaOH bis zum p_H 6,5—6,7, 2std. Erhitzen auf 60—65°, Kühlen u. Waschen des Nd. mit W.; 82—85%; enthält ca. 80% **III** u. 14% **V**. Trennung über das *N-Cyanmethyl-o-phenylendiamin-p-toluolsulfonat*, $C_{15}H_{17}\cdot O_3N_3S$, durch Zugabe einer heißen Lsg. von rohem **III** in CH_3OH zu einer auf dem Dampfbad erhitzten Suspension von p-Toluolsulfonylchlorid in W., 1std. Rühren bei 0—5°, Waschen des Nd. mit 33%ig. CH_3OH; aus W. u. CH_3OH Nadeln, F. 181,5—182,5°; 84,7% (Rohprod.). Daraus durch Versetzen mit 2,5n NaOH in wss. Suspension nach 1std. Rühren reines *N-Cyanmethyl-o-phenylendiamin* (**III**), $C_8H_9N_3$, F. 110,5—111,5°; aus Isopropylalkohol hellgelbe Blättchen; 89%; gibt mit $NaNO_2$, PbO_2 oder $FeCl_3$ in 2,5n HCl rote Farbreaktion. — *2-Aminochinoxalin* (**I**), F. 155—157°, durch 15—20std. Einw. von methanol. KOH auf rohes **III** bei 35—40° unter N_2, Zugabe von 10%ig. H_2O_2 in 4std. Reaktionsdauer in Ggw. von etwas $FeCl_2$, Abdest. des CH_3OH, Versetzen mit W. u. mehrstd. Stehen; 70—75%, bei Verwendung von reinem **III** 84,7%. — *N.N'-Dicyanmethyl-o-phenylendiamin* (**V**), $C_{10}H_{10}N_4$, F. 133,5—135°, durch Einw. von NaCN auf eine Lsg. von rohem **III** in 2,5n HCl u. CH_3OH bei 50° (p_H 6,5), Behandeln mit 36—38%ig. Formalin bei 55—65° u. Stehen unter Kühlung; aus Essigester u. Isopropylalkohol hellgelbe Prismen; 86,8%; lösl. in CH_3OH, A., schwerlösl. in W. u. Benzol. — *2-Amino-3.4-dihydrochinoxalin* (**IV**), $C_8H_9N_3$, F. 142—144° (unscharf; bei Sublimation bei 0,3 Torr 155°), durch 24std. Stehen von rohem **III** u. KOH in CH_3OH unter N_2, Eindampfen, Aufnehmen in W. u. Filtrieren; aus Bzl.-PAe. hellgelbe Nadeln; 74,3%; lösl. in verd. HCl, Pyridin, Isopropylalkohol; gibt nach 1½std. Kochen mit 10%ig. NaOH u. Ansäuern mit Essigsäure *2-Oxy-3.4-dihydrochinoxalin*, F. 136—138°, braune Nadeln. Daraus durch Umkristallisieren aus W. das *Monohydrat*, F. ca. 100°. — *Molekülverb. von 2-Aminochinoxalin u. 2-Amino-3.4-dihydrochinoxalin*, F. 158—163°, entsteht bei der Darst. von **IV** bei Zutritt von Luft oder durch Zusammengeben äquimol. Mengen **I** u. **IV** in CH_3OH; orangegelb; gibt mit $FeCl_3$ nur **I**. — *2-Amino-8-methylchinoxalinmonohydrat*, $C_9H_{11}ON_3$, F. 135,5—136° (Bzl.), analog **I** aus **VI**; 51%. Daraus nach Trocknen bei 100° u. 1—2 Torr *2-Amino-8-methylchinoxalin*, $C_9H_9N_3$. (J. Amer. chem. Soc. **73.** 4955—57. Okt. 1951. Rahway, N. Y., Merck & Co., Inc., Res. Labor.) W. HOFFMANN. 3272

David M. Sharefkin und **Paul E. Spoerri**, *Synthesen in der Pyrazinreihe; Synthese des 2.5-Diaminopyrazins.* Bei der Einw. von NaN_3, H_2SO_4 u. CCl_3COOH auf *2.5-Dicarbomethoxypyrazin* (**I**) entsteht *2.5-Dicarboxypyrazindihydrat* (**II**), welches durch elektrometr. Titration als schwache zweibas. Säure charakterisiert wird. Das Ausbleiben der SCHMIDT-Rk. führen Vff. auf die n. Ionisation von **I** zurück, dessen i-Wert, ermittelt durch Best. der Schmelzpunktserniedrigung in 100%ig. H_2SO_4, sich zu 2,55 ergibt, wobei i = dT/dM · 6,154 (1 — 0,0047 t). Die Darst. von *2.5-Diaminopyrazin* (**III**) aus *Pyrazin-2.5-dibenzylurethan* (**IV**) wird beschrieben; die UV-Absorptionsspektren von **II** u. **III** zwischen 2200 u. 4400 Å werden angegeben.

V e r s u c h e: *2.5-Dicarboxypyrazindihydrat* (**II**), $C_6H_8O_6N_2$, F. 263—264° (Methanol), durch 4std. Einw. von CCl_3COOH + NaN_3 auf **I** in H_2SO_4 bei 60°, Gießen auf Eis u. Fällen mit Ae.; gibt mit $FeSO_4$ weinrote Farbreaktion. — *2.5-Bis-[carbobenzyloxyamino]-pyrazin, 2.5-Dibenzylurethanderiv. des Pyrazins* (**IV**), $C_{20}H_{18}O_4N_4$, F. 290° (Bzl.), durch Erhitzen von Pyrazin-2.5-dicarbonsäurediazid in absol. Benzylalkohol, zunächst ½ Std. auf 180°, dann ¼ Std. auf 220°, ½tägiges Stehenlassen bei 2° u. Waschen mit Bzl. u. Ae.; feine

Nadeln; 78% (Ausbeute). — *2.5-Diaminopyrazin* (III), $C_4H_6N_4$, F. 215° (Essigester), durch portionsweises Anrühren von 1,89 g **IV** mit konz. H_2SO_4, Gießen auf Eis, Einstellen auf p_H 6,9 mit 20% ig. NaOH u. Extrahieren mit Essigester; 0,4 g; Lsgg. fluorescieren blau. — *2.5-Diacetamidopyrazin*, $C_8H_{10}O_2N_4$, F. 365° (Methanol), durch 2std. Einw. von Essigsäureanhydrid auf **III**. (J. Amer. chem. Soc. **73**. 1637—38. April 1951. Brooklyn, N. Y., Polytechn. Inst., Dep. of Chem.) W. HOFFMANN. 3272

Clinton E. Ballou, Saul Roseman und **Karl Paul Link,** *Reduktive Spaltung von Benzylglykosiden mit dem Zweck, anomere Konfigurationen in Beziehung zu setzen. Darstellung einiger neuer Benzylpentoside.* Vff. geben die Bedingungen für die reduktive Spaltung von acetylierten *Benzylglykosiden* an, welche eine Isolierung der nicht-mutarotierenden acetylierten *1-Oxyaldosen* gestatten. Bei dieser Rk. ist keine Möglichkeit zur Inversion gegeben, u. die anomeren Konfigurationen der Ausgangs- u. Endprodd. werden in eindeutige Beziehung zueinander gesetzt. Die Red. wird mit Pd u. H_2 in absol. Ae. ausgeführt, in welchem die Mutarotation der Reaktionsprodd. verschwindend gering ist. Die acetylierten 1-Oxyaldosen werden kristallin, mit hohem Reinheitsgrad, definierter anomerer Konfiguration u. in guten Ausbeuten erhalten, weshalb Vff. die Meth zu ihrer Darst. empfehlen. Bemerkenswert scheint Vff., daß die Glykoside, die die glykosid. u. die 2-Acetoxygruppe in trans-Stellung tragen, wesentlich leichter gespalten werden als die cis-Verbb., bei denen eine Wechselwrkg. zwischen den Gruppen vermutet wird.

Versuche: *Benzyl-α-D-xylopyranosid* (**I**), F. 127—128,5°, aus 50 g D-Xylose in Benzylalkohol durch Sättigen mit HCl in der Kälte, 24std. Schütteln, Eingießen in W., Neutralisation mit $BaCO_3$, Ausäthern des Filtrats, Einengen bei 50° im Vakuum u. Ausziehen mit absol. A.; aus absol. A. durch Zugabe von Ae. Nadeln; $[\alpha]_D^{25}$ +139° (c = 4, W.); 10 g (Ausbeute). — Ebenso *Benzyl-β-D-arabinopyranosid*, F. 169—171° (W., dann A.), aus 30 g D-Arabinose; $[\alpha]_D^{25}$ —212° (c = 0,5, W.); 14 g. — *Benzyl-β-D-arabinopyranosidtriacetat* (**Vb**), F. 98—100°, aus 5 g vorst. Verb. in Pyridin + Acetanhydrid durch 5tägige Rk. in der Kälte; aus 50% ig. A. in Rosetten krist. Platten; $[\alpha]_D^{25}$ —200,5° (c = 3, Chlf.); 6,2 g. — *Benzyl-α-D-xylopyranosidtriacetat* (**III**), aus **I** durch 2std. Erwärmen mit Acetanhydrid + CH_3COONa auf dem Dampfbad; Sirup; $[\alpha]_D^{25}$ +142,0° (c = 3, Chlf.). — *Benzyl-β-D-xylopyranosidtriacetat* (**II**), F. 91,0—92,5°, aus 50 g Triacetyl-D-xylopyranosylbromid u. Benzylalkohol in Ae. durch $^1/_4$std. Schütteln, 3std. Schütteln mit Ag_2O, Abdest. des Ae. aus dem Filtrat u. Dampfdest.; aus 50% ig. A. kleine hexagonale Platten; $[\alpha]_D^{25}$ —86,7° (c = 1, Chlf.); 27 g. — Ebenso *Benzyl-α-D-arabinopyranosidtriacetat* (**Va**), F. 80 bis 81° (50% ig. A.); $[\alpha]_D^{25}$ +25,7° (c = 3, Chlf.). — Ebenso *Benzyl-α-L-arabinopyranosidtriacetat* (**IV**), F. 79,5—81° (A.); $[\alpha]_D^{25}$ —24,4° (c = 3, Chlf.). — *Benzyl-β-L-arabinopyranosid*, aus L-Arabinose durch 24std. Schütteln mit $C_6H_5CH_2OH$ + HCl. Daraus *Benzyl-β-L-arabinopyranosidtriacetat*, F. 98—100° (50% ig. A.); $[\alpha]_D^{25}$ +200,5° (c = 3, Chlf.). — *Benzyl-β-D-xylopyranosid*, F. 113—115° (Essigester), aus **II** durch Desacetylierung mit $(CH_3O)_2Ba$; $[\alpha]_D^{25}$ —72,1° (c = 3, A.). — Ebenso *Benzyl-α-D-arabinopyranosid*, F. 138—140° (CH_3OH); $[\alpha]_D^{25}$ +49,8° (c = 1, A.). — Ebenso *Benzyl-α-L-arabinopyranosid*, F. 138—140° (CH_3OH); $[\alpha]_D^{25}$ —44,6° (c = 1, A.). — *2.3.4-Triacetyl-β-D-xylopyranose*, $C_{11}H_{16}O_8$, F. 136—137° (Ae.), aus **II** in Ae. durch Hydrierung mit Pd; $[\alpha]_D^{25}$ —22,4° (c = 1, Chlf.) nach 5 Min.; kaum mutarotierend; nach Zugabe von Säure $[\alpha]_D^{25}$ +40,7° Endwert; 87%. — Ebenso *2.3.4-Triacetyl-α-D-xylopyranose*, F. 137—140° (Ae.), aus **III**; $[\alpha]_D^{25}$ +71,6° (c = 2, Chlf.) bei Zugabe von wenig HCl $[\alpha]_D^{25}$ +40,6° (Chlf.) nach 1 Std.; 70%. — *2.3.4.6-Tetraacetyl-β-D-glucopyranose*, F. 122—124° (Ae.), aus Benzyl-β-D-glucopyranosidtetraacetat; $[\alpha]_D^{25}$ +3,3° (c = 5, A.); 80%. — *2.3.4.6-Tetraacetyl-α-D-glucopyranose* konnte aus Benzyl-α-D-glucopyranosidtetraacetat nur als Sirup in schlechter Ausbeute erhalten werden, der sicher noch Ausgangsprodd. enthält; $[\alpha]_D^{25}$ +129° (Chlf.) → +105°. — *2.3.4-Triacetyl-α-D-arabinopyranose*, $C_{11}H_{16}O_8$, F. 105—108°, aus **Va**; aus Ae. rechteckige Platten; $[\alpha]_D^{26}$ —47,1° (c = 2, Chlf.); $[\alpha]_D^{25}$ —109° Endwert nach Zugabe von Säure; 77%. — *2.3.4-Triacetyl-α-D-arabinopyranose* wurde nur unrein als Sirup nach längerer Reduktionszeit aus **Vb** gewonnen; $[\alpha]_D^{25}$ —123,5° (Chlf.) → —107,2°. — *2.3.4-Triacetyl-α-L-arabinopyranose*, $C_{11}H_{16}O_8$, F. 105—108°, aus **IV**; $[\alpha]_D^{25}$ +50,1° (c = 2, Chlf.); $[\alpha]_D^{25}$ +110,5° Endwert nach Ansäuern; 60%. (J. Amer. chem. Soc. **73**. 1140—44. März 1951. Madison, Wis., Univ., Dep. of Biochem.) G. WINKLER. 3400

R. U. Lemieux und **Carol Brice,** *Die Mechanismen der Anomerisierung von Pentaacetylglucose und der Bildung von Lävoglucosan.* Es wurden folgende Rkk. vorgenommen: Aus *Acetobromglucose* (**I**) u. Ag-Propionat sowie aus *2.3.4.6-Tetraacetyl-β-D-glucopyranose* (**II**) u. Propionylchlorid (**III**) ließ sich *1-Propionyltetraacetyl-β-D-glucopyranose* (**IV**) erhalten. 1.2.3.4-Tetraacetyl-β-D-glucopyranose (**V**) dagegen lieferte mit **III** *Tetraacetyl-6-propionyl-β-D-glucopyranose.* **IV** wurde in Ggw. von $SnCl_4$/Chlf. zur *1-Propionyltetraacetyl-α-D-glucopyranose* isomerisiert u. daraus **I** dargestellt, das zur *1-Methyltetraacetyl-*

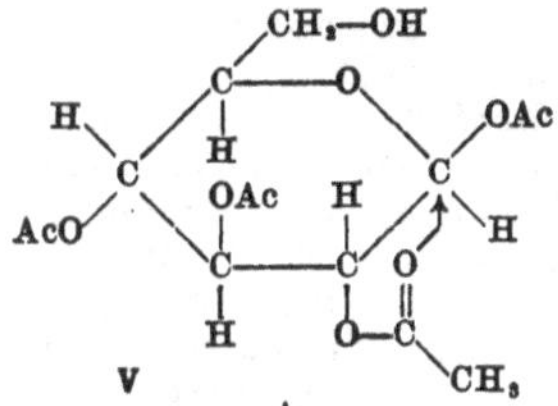

β-D-glucopyranose (**VI**) umgesetzt wurde. **VI** ließ sich auch aus **IV** direkt erhalten. Die Rkk. zeigen, daß diese Isomerisierungen nur das $C_{(1)}$ betreffen. — Es wurde mittels Markierung des $C_{(1)}$ nachgewiesen, daß bei der Anomerisierung der Pentaacetyl-β-D-glucose (**VII**) durch $SnCl_4$ in Chlf. eine intermediäre Loslösung der am $C_{(1)}$ befindlichen Acetylgruppe unter Bldg. von $SnCl_3OOCCH_3$ statthat. Die Dissoziation der Acetylgruppe vom $C_{(1)}$ geht bei **VII** viel leichter als beim entsprechenden α-Anomeren vor sich, so daß die Bldg. des letzteren bevorzugt ist. Als Zwischenprodd. bilden sich dabei

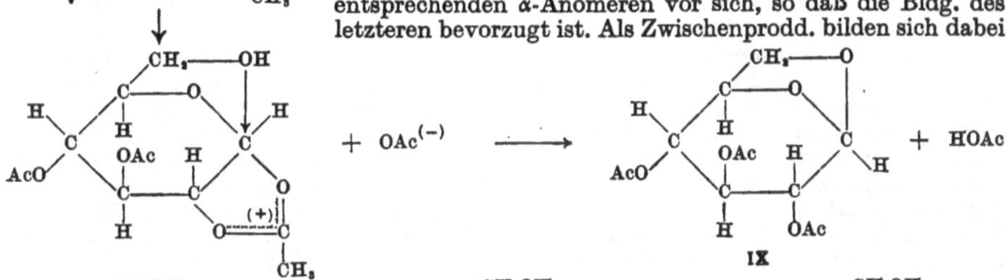

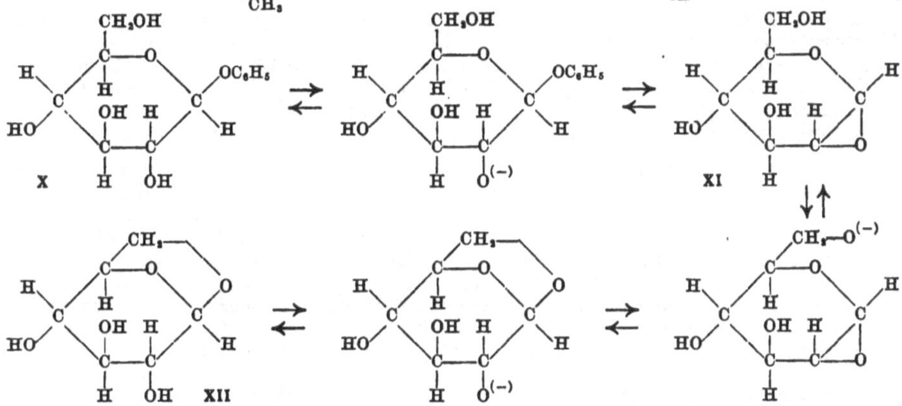

unter Mitwrkg. der Acetylgruppe am $C_{(2)}$ Carboniumverbb. der Glucose mit α-Konfiguration, aus denen durch Vereinigung mit Acetaten *Pentaacetyl-α-D-glucose* (**VIII**) entsteht. **VIII** reagiert kaum mit $SnCl_4$ bei 40°. **VIII** wurde isomerisierenden Bedingungen in Ggw. von radioakt. Acetation unterworfen u. dann zu **I** umgesetzt. Dabei wurden nur 5% der Radioaktivität des Ausgangsmaterials in **I** gefunden. — Auch bei der Behandlung mit $TiCl_4$ bei 40° bleibt **VIII** prakt. unverändert, während **VII** dabei α-Acetochlor-D-glucose bildet. Als Zwischenprod. entsteht β-Acetochlor-D-glucose, die sich bei kurzer Reaktionszeit isolieren läßt. — Durch Umsetzung von **V** mit $SnCl_4$ wurde *Triacetyl-D-glucosan-⟨1.5⟩β⟨1.6⟩* (**IX**) erhalten. Auch hier dürfte eine Carboniumverb. als Zwischenprod. auftreten. In diesem Zusammenhang werden die Unterschiede in der alkal. Hydrolyse der α- u. β-Isomeren des Phenyl-D-glucopyranosids (**X**) diskutiert. Dabei dürfte das O-Atom am $C_{(2)}$ durch Ionisierung eine Rolle spielen. Als Zwischenprod. tritt bei dieser Rk. das *D-Glucosan-⟨1.5⟩α⟨1.2⟩* (**XI**) auf, das sich wahrscheinlich über zwei anion. Zwischenformen zum *D-Glucosan-⟨1.5⟩β⟨1.6⟩* (**XII**) umlagert, wie auch das *Triacetyl-D-glucosan-⟨1.5⟩α⟨1.2⟩* in alkal. Lsg. zu **XII** umgesetzt wird.

V e r s u c h e : *1-Propionyltetraacetyl-β-D-glucopyranose* (**IV**), $C_{17}H_{24}O_{11}$, F. 104—105° (korr.), durch 15minutiges Schütteln von **I** mit Ag-Propionat u. Propionsäure bei Zimmertemp., Extraktion des Reaktionsprod. mit Chlf., Neutralisieren u. Eindampfen (82% Ausbeute) oder durch Umsetzung von **II** mit **III** in Bzl./Pyridin bei 0° bis Zimmertemp. (61% Ausbeute), $[\alpha]_D$ +3,5° (c = 1,2 in Chlf.). — *1-Propionyl-tetraacetyl-α-D-glucopyranose*, $C_{17}H_{24}O_{11}$, F. 71,3—72,3° (korr.), durch 5std. Kochen von **IV** mit $SnCl_4$ u. Chlf., $[\alpha]_D$ +102° (c = 1 in Chlf.); 47% Ausbeute. — *1-Acetobromglucose* (**I**), aus vorst. Verb. durch 2,5std. Umsetzung mit 50%ig. HBr in Propionsäure bei Zimmertemperatur. — *1-Methyl-tetraacetyl-β-D-glucopyranose* (**VI**), F. 103—104° (korr.), aus **I** durch 3std. Rk. bei Zimmertemp. mit Ag_2CO_3 + Methanol, $[\alpha]_D$ —18° (c = 0,79 in Chlf.). Herst. analog auch aus **IV** über **I** direkt (52% Ausbeute in der 1. u. 48% in der 2. Stufe). — *Tetraacetyl-6-propionyl-β-D-glucopyranose*, $C_{17}H_{24}O_{11}$, F. 112—113° (korr.), durch 3std. Umsetzung von **V** mit **III** in Bzl./Pyridin bei 0° bis Zimmertemp., $[\alpha]_D$ +5,8° (c = 1,1 in Chlf.). —

500 g mit ^{14}C in der ersten Acetylgruppe markierter Pentaacetyl-β-D-glucopyranose (**VII**) wurden mit 500 mg nicht radioakt. Pentaacetyl-β-D-galaktopyranose in Chlf./$SnCl_4$ 5 Std. gekocht u. das Reaktionsprod. mit W. gewaschen, mit Chlf. extrahiert, neutralisiert u. in 2 gleiche Teile geteilt. Zum einen Teil wurde 1 g Pentaacetyl-α-D-galaktopyranose, zum anderen 1 g **VIII** gegeben u. daraus 460 mg *Pentaacetyl-α-D-galaktopyranose* mit 300 GEIGER-Impulsen/Min. bzw. 726 mg **VIII** mit 179 Impulsen/Min. mehrfach umkrist. erhalten. — 3 mMol markiertes Silberacetat (60800 Impulse/Min.) u. 2,77 mMol **VII** wurden mit $SnCl_4$ in Chlf. 7 Std. gekocht. Daraus 368 mg **VIII** mit 12600 Impulsen/Min., entsprechend einem Austausch von 93%. — Unter gleichen Bedingungen wie vorst. wurde **VIII** behandelt; im Reaktionsprod. **VIII** mit 3940 Impulsen/Min. gefunden entsprechend einem Austausch von 29%. 301 mg dieser radioakt. **VIII** mit 50%ig. HBr-Lsg. in Eisessig 3 Std. bei Zimmertemp. umgesetzt zu **I** mit 197 Impulsen/Min. entsprechend einem Verbleib von 95% der Radioaktivität in der abgespaltenen Acetylgruppe. — 2,77 mMol **VII** wurden mit 3 mMol radioakt. Silberacetat (83100 Impulse/Min.) in Chlf./$SnCl_4$ nur 5 Min. gekocht. Aufarbeitung ergab im größtenteils noch unveränderten **VII** 13900 Impulse/Min. entsprechend einem Austausch von 75%. — *Tetraacetyl-β-D-glucopyranosylchlorid* (*β-Acetochlor-D-glucose*), $C_{14}H_{19}O_9Cl$, F. 96—97° (korr.), aus **VII** + $TiCl_4$ in Chlf. durch 5minutiges Schütteln bei 40°, $[\alpha]_D$ −8° → +16° nach 24 Std. (c = 1,1 in reinem Chlf.) → +63° in gewöhnlichem Chloroform. — *Triacetyl-D-glucosan-⟨1.5⟩β⟨1.6⟩* (**IX**), F. 109—110°, durch 5std. Kochen von 1 g **V** mit $SnCl_4$ in Chlf., $[\alpha]_D$ −51° (c = 1,1 in A.); 0,3 g Ausbeute; Identifizierung durch Infrarotspektrum. — **IX** ferner durch 15minutige Verseifung von Triacetyl-D-glucosan-⟨1.5⟩α⟨1.2⟩ in 20 ml Aceton + 25 ml n-KOH u. Acetylierung des *D-Glucosan-⟨1.5⟩β⟨1.6⟩* (**XII**) mit Essigsäureanhydrid u. Pyridin 20 Std. bei Zimmertemperatur. — 1 Tabelle, 2 Figuren. (Canad. J. Chem. **30**. 295—310. April 1952. Saskatoon, Sask., Nat. Res. Council, Prairie Regional Labor.) WILLENBERG. 3400

D. N. Chaudhury und **Paresh Chandra Dutta**, *Notiz über Corchorin, einen Bitterstoff aus Corchorus capsularis (Jutesamen)*. Vff. gewannen das mit Strophantidin ident. *Corchorin* (**I**), F. 177—178° (*Acetylderiv.*, F. 242° [Zers.]) aus den durch Perkolation mit kaltem Bzl. entfetteten Samen durch Extraktion mit Aceton (**II**) im Soxhlet. Der nach Abdest. des **II** verbleibende Rückstand wurde mit W. aufgenommen, mit Pb-Acetat gefällt u. mit H_2S entbleit. Aus dem rot gefärbten Filtrat schieden sich über Nacht Kristalle von **I** ab; nach Konz. auf dem Wasserbad erfolgte weitere Kristallisation. **I** wurde nach mehrmaligem Umkristallisieren aus A. u. Methanol durch Filtration in A. über Al_2O_3 farblos erhalten. (J. Indian chem. Soc. **28**. 167. März 1951. Muzaffarpur, G. B. B. Coll., Chem. Labor.) v. GIZYCKI. 3450

Clemens Schöpf, Hellmut Arm, Gerhart Benz und **Heinrich Krimm**, *Eine Synthese der Matridins. Aldotripiperidein* (**III**; F. 119—121°), dargestellt aus α-Tripiperidein oder Isotripiperidein durch Erhitzen mit NH_4Cl auf 220° oder in Pufferlsg. vom p_H 9,2 auf 100°, liefert bei der Hydrierung mit Pd in HCl-Lsg. *Dihydroaldotripiperidein* (**IV**; F. 64 bis 66°), welches durch sukzessiven Austausch der NH_2-Gruppe gegen OH u. Br u. Erwärmen des Bromids

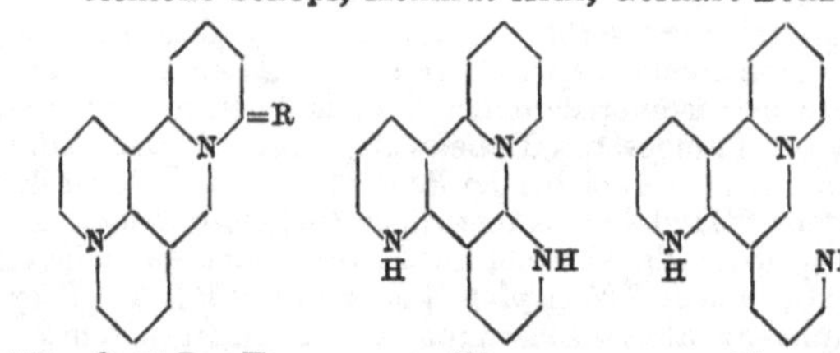

I R = O; II R = H₂ III IV

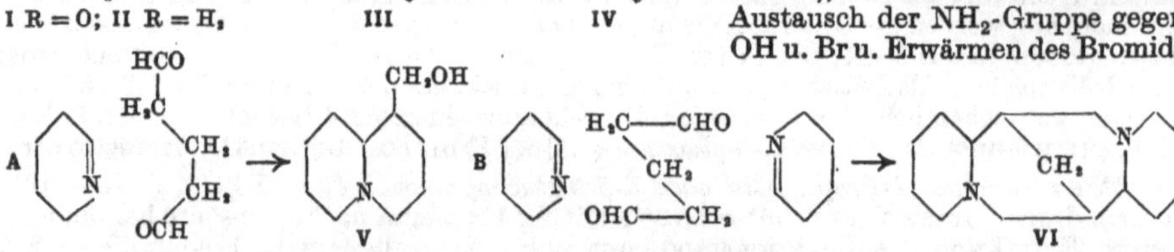

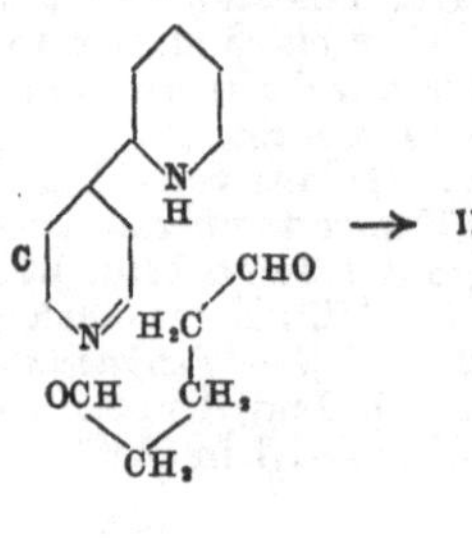

mit Alkali (oder auch durch 10—15std. Kochen mit RANEY-Ni in wss. Lsg.) in *dl-Matridin* (**II**; F. 55°) übergeht. **II** läßt sich über die sauren Dibenzoyl-d-tartrate in (−)-**II** (F. 76—77°, $[\alpha]_D^{20}$ −28,2° [A.]) u. (+)-**II** zerlegen, von denen das letztere mit der aus Matrin (**I**) durch Zinkstaubdest. oder Druckhydrierung (mit Kupferchromit-Katalysator) erhaltenen Verb. ident. ist (vgl. KONDO u. SATO, C. **1921**. III. 1427). — Bzgl. der Biogenese der Lupinen-Alkaloide wird die Hypothese aufgestellt, daß Lupinin (**V**) u. Spartein (**VI**) aus 1 bzw. 2 Mol Δ^1-Piperidein u. 1 Mol Glutardialdehyd durch Aldolkondensation u. Aldehydammoniakbldg. mit nachfolgender Red. nach Schema **A** bzw. **B** entstehen. Durch eine analoge Reaktionsfolge könnte **II** u. damit **I** aus Tetrahydroanabasin (vgl. SCHÖPF, Angew. Chem.; Ausg. A **59.** [1947.] 29) u. Glutardialdehyd nach **C** gebildet werden. (Naturwissenschaften **38.** 186—87. April 1951. Darmstadt, TH, Inst. für Organ. Chemie.) BOIT. 3500

A. R. Pinder, *Ein Alkaloid von Dioscorea hispida Dennstedt.* 1. Mitt. *Der Lactonring.* Aus Knollen von Dioscorea hispida wird eine wasserlösl. tert. *Base* $C_{13}H_{19}O_2N$ (**I**; F. 54—55°, Kp.$_{0,04}$ 145° [Badtemp.], $[\alpha]_D^{18}$ —35,0° [Chlf.]; *Hydrochlorid,* $C_{13}H_{20}O_2NCl$, F. 210—211°; *Hydrobromid,* $C_{13}H_{20}O_2NBr$, F. 207°; *Pikrat,* $C_{19}H_{22}O_9N_4$, F. 187° [Zers.]; *Jodmethylat,* $C_{14}H_{22}O_2NJ$, F. 207° [Zers.]) mit je einer N–CH_3- u. C–CH_3-Gruppe isoliert, die höchstwahrscheinlich mit *Dioscorin* (vgl. SCHÜTTE, C. **1897.** II. 130; GORTER, Recueil. Trav. chim. Pays-Bas **30.** [1911.] 161) ident. ist. **I** gibt mit alkal. Nitroprussidnatriumlsg. rotviolette, mit $KJO_3 + H_2SO_4$ violette Farb-Rk.; nach dem Erhitzen mit wss. KOH wird es nicht mehr in Chlf. aufgenommen, woraus auf die Anwesenheit einer Lactongruppe zu schließen ist. Bei der Oxydation mit $KMnO_4$ in sd. 5%ig. H_2SO_4 spaltet **I** *HCHO* (*2.4-Dinitrophenylhydrazon,* F. 163°) ab, der aber nicht einer endständigen Methylengruppe, sondern offenbar der N–CH_3-Gruppe entstammt, da bei der Ozonolyse von **I** in Eisessig erst nach mehrstd. Dauer eine sehr geringe Menge HCHO gebildet wird. Durch Hydrierung mit PtO_2 in A. geht **I** in das noch die Lactongruppe enthaltende *Dihydroderiv.* ($C_{13}H_{21}O_2N$, Kp.$_{0,06}$ 135—140° [Badtemp.]; *Pikrat,* $C_{19}H_{24}O_9N_4$, gelb, F. 164—165°; *Jodmethylat,* $C_{14}H_{24}O_2NJ$, F. 229—230°) über. Die C.C-Doppelbindung von **I** ist nach Ausweis des UV-Spektr. $\alpha.\beta$-ständig zur Lactongruppe u. befindet sich mit dieser zusammen in einem 6- oder mehrgliedrigen Ring, wie aus dem Vgl. der Infrarotspektren von **I** u. anderer Lactone hervorgeht. — *α-Benzyliden-γ-butyrolacton,* $C_{11}H_{10}O_2$, F. 116—117°, Kp.$_{0,1}$ 155 bis 160° [Badtemp.], aus γ-Butyrolacton, Benzaldehyd u. $NaOC_2H_5$ in Ae.; spaltet bei der Ozonolyse oder Oxydation mit $KMnO_4$ Benzaldehyd ab. — *α-Benzyliden-δ-valerolacton,* $C_{12}H_{12}O_2$, F. 58°, Kp.$_{0,02}$ 150—155° [Badtemp.], aus δ-Valerolacton analog dargestellt, verhält sich gegen O_3 u. $KMnO_4$ wie die vorst. Verbindung. — *δ-Hexenolacton,* Kp.$_{10}$ 98°, aus Sorbinsäure nach KUHN u. JERCHEL (C. **1943.** II. 412). — *δ-Hexanolacton,* Kp.$_{10}$ 100 bis 101°, aus vorst. Verb. durch Hydrierung. (J. chem. Soc. [London] **1952.** 2236—40. Juni; Nature [London] **168.** 1090. 22/12. 1951. Oxford, Univ., Dyson Perrins Labor.) BOIT. 3500

D. H. R. Barton, J. S. Fawcett und **B. R. Thomas,** *Triterpenoide.* 4. Mitt. *Einige Beobachtungen über die Konstitution des Lanostadienols* (*Lanosterins*). (3. vgl. C. **1952.** 3825.) Bei der Behandlung von *Diketolanostanol* (**I**) mit PCl_5 wurde ein *Isolanostendion* (**II**) erhalten, das mit Säuren weiter isomerisiert werden konnte zu einem *$\alpha.\beta$-ungesätt. Keton* (**III**). Zum weiteren Beweis, daß im *Lanosterin* (**IX**) eine $\Delta^{9,10}$-Doppelbindung vorliegt, wurde *Triketolanostadienol* (**IV**) in ähnlicher Weise mit PCl_5 behandelt, wobei ein konjugiertes *Trientrion* (**V**) erhalten wurde, dessen hinzugekommene Doppelbindung in Konjugation zum bisherigen konjugierten Syst. von **IV** sein muß; **IV**-*Acetat* wurde dagegen mit PCl_5 nicht verändert. Bei der Oxydation von **V** mit alkal. H_2O_2 wurde durch Spaltung der α-Diketogruppierung eine *Dicarbonsäure* (**VI**) erhalten, deren UV-Spektr. mit dem zu erwartenden übereinstimmte; andere Möglichkeiten zur Formulierung von **V**, die von den Vff. diskutiert werden, konnten so ausgeschlossen werden. — Zum Beweis, daß in **I** die 11-Ketogruppe ster. gehindert ist, stellten Vff. die *Monodinitrophenylhydrazone* von **II** u. **III** dar u. untersuchten sie spektrophotometrisch. Im **III**-Deriv. lag die Doppelbindung wie erwartet in Konjugation zur Dinitrophenylhydrazongruppierung. — Vff. untersuchten ferner das „*Isolanostenylacetat*" (**VII**; strukturell verschieden von **II**!), das aus dem Isomerisierungsprod. aus *Lanostenylacetat* nach HCl-Behandlung isoliert werden kann. Bei der Umsetzung von **VII** mit Perbenzoesäure wurden verschied. Prodd. isoliert; als wichtigstes Reaktionsprod. fiel *γ-Lanostadienylacetat* (**VIII**; formuliert als *2-Acetoxy-$\Delta^{8,10}$-lanostadien*) an, daneben *2-Acetoxy-Δ^9-lanosten-8-on* (**X**) u. ein gesätt. Keton, das als *2-Acetoxylanostan-8-on* formuliert wurde u. verschieden ist von dem entsprechenden 11-Ketoderivat. Die Bldg. von **VIII** aus **VII** führte zur Formulierung von **VII** als *2-Acetoxy-Δ^8-lanosten.* Formel **VII** wurde weiter gesichert durch WOLFF-KISHNER-Red. von **X** zu **VII**. — Vff. halten eine Substitution am $C_{(13)}$ u. $C_{(14)}$ im Ringgerüst des *Lanosterins* durch je eine Methylgruppe (Formel **IX**) für möglich, da es nicht gelang, $\Delta^{9,14}$-Isomere

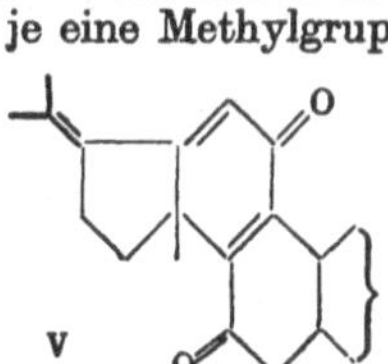
V

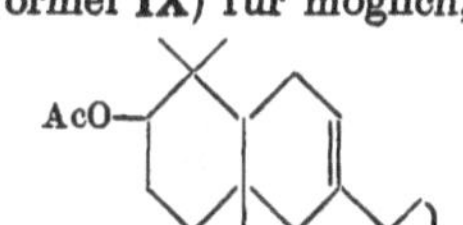
VII

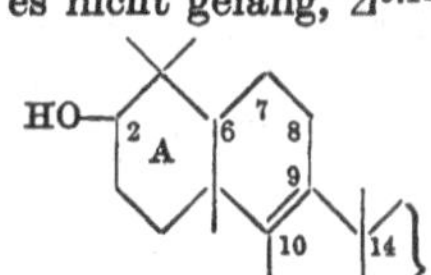
IX

darzustellen oder die Konjugation bzw. Substitution in Systemen wie **V** noch weiter auszudehnen. Bei der Se-Dehydrierung von **IX** oder *Lanosten* wurde *1.2.8-Trimethylphenanthren* erhalten; Vff. nehmen an, daß nur eine der Methylgruppen aus dem Ring A des Triterpenmol. stammt, was Teilformel **IX** (die im übrigen der Isoprenregel gehorcht) mit dem Ergebnis der Dehydrierung in Einklang bringen würde. — Für die Hinderung der 11-Ketogruppe wird eine stereochem. Formulierung diskutiert. Graph. Darst. der UV-Spektren von **II, III, IV, V, VI** sowie des H_2O_2-Oxydationsprod. aus **IV**, ebenso des Infrarotspektr. von **VIII** im Original.

Versuche (Drehungen in Chlf. bei 15—25°, UV-Spektren in A., Infrarotspektren in Chlf.): *Isomeres Isolanostadien*, $C_{30}H_{50}$, durch 20minütiges Behandeln von Isolanostadien in Chlf. mit einem starken HCl-Gasstrom bei 0°; aus Chlf.–Methanol, F. 71°, $[\alpha]_D$ +94° (c = 0,83), λ_{max} 201 mμ (ε = 10000; c = 0,0046). — Unter gleichen Bedingungen wurde Iso-γ-lanostatrien, F. 135—136°, unverändert zurückerhalten. — *8.11-Diketolanostan-2-ol* (**I**), durch alkal. Verseifung des Acetats, aus Methanol, F. 184—187°, $[\alpha]_D$ +58° (c = 1,66). — *Isolanostendion* (**II**), $C_{30}H_{48}O_2$, durch 1std. Behandeln von **I** (500 mg) mit der gleichen Menge PCl_5 in PAe. bei 0°; nach Aufarbeitung u. Al_2O_3-Chromatographie (eluiert mit Bzl.–PAe. 1:5) aus Methanol, F. 145—146°, $[\alpha]_D$ +76° (c = 1,84). *2.4-Dinitrophenylhydrazon*, $C_{36}H_{52}O_5N_4$, aus Chlf.–Methanol, F. 215—220°, λ_{max} 368 mμ (ε = 20000 in Chlf.). — *Isomeres Isolanostendion* (**III**), $C_{30}H_{48}O_2$, durch 12std. Kochen von **II** mit Eisessig–konz. HCl (2:1); aus Methanol, F. 129—130°, λ_{max} 241 mμ (ε = 9500). *2.4-Dinitrophenylhydrazon*, $C_{36}H_{52}O_5N_4$, aus Chlf.–Methanol, F. 233°, λ_{max} 389 mμ (ε = 29000 in Chlf.). Wurde die Isomerisierung in Dioxan (4std. Kochen) ausgeführt, so konnte nach Chromatographie ein nicht einheitliches Prod., aus A. Blättchen, F. 142—146°, λ_{max} 238 mμ (ε = 2800) isoliert werden, das ca. 30% **III** enthielt u. vermutlich in der Hauptsache aus dem $\beta.\gamma$-Isomeren bestand. — *8.11.12-Triketo-$\Delta^{6.9}$-lanostadien-2-ol* (**IV**), $C_{30}H_{44}O_4$, durch 3std. Kochen von 8.11-Diketo-Δ^9-lanosten-2-ylacetat (5 g) mit SeO_2 in Acetanhydrid; nach Aufarbeitung wurden 2,5 g des **IV**-*Acetats* erhalten (aus Methanol gelbe Nadeln, F. 191—192°, $[\alpha]_D$ —68° [c = 2,76]), das durch 30 Min. Kochen mit alkoh. KOH verseift wurde; aus Methanol u. Bzl.–PAe., F. 194—195°, $[\alpha]_D$ —74° (c = 2,20); λ_{max} 213 u. 286 mμ (ε = 10500 bzw. 10500); Reacetylierung lieferte das **IV**-Acetat zurück. — *Isolanostatrientrion* (**V**), $C_{30}H_{42}O_3$, durch 5std. Behandlung von **IV** (400 mg) mit PCl_5 in PAe. bei 0°; nach Aufarbeitung u. Al_2O_3-Chromatographie (eluiert mit Bzl.) aus Methanol 50 mg, F. 154°, λ_{max} 197, 265 u. 363 mμ (ε = 9000, 17500 bzw. 5000; c = 0,0040). Bei gleicher Behandlung von **IV**-Acetat wurde dieses unverändert wieder zurückerhalten. — *Oxydicarbonsäure $C_{30}H_{46}O_6$*, durch Oxydation von **IV**-Acetat in KOH-enthaltendem Dioxan–Methanol mit H_2O_2 bei 0°; das nach Aufarbeitung erhaltene Rohprod. (F. 238—239°) wurde durch Kochen mit 2%ig. methanol. KOH verseift; aus Methanol, F. 244° (Zers.), $[\alpha]_D$ —46° (c = 1,79 in A.), λ_{max} 249 mμ (ε = 11000). — *Dicarbonsäure $C_{30}H_{44}O_5$* (**VI**), durch Oxydation von **V** in alkal. methanol. Lsg. mit H_2O_2 (3 Std. bei 0°); aus Essigester, F. 222° (Zers.), λ_{max} 202, 231 u. 312 mμ (ε = 10000, 11500 bzw. 10000; c = 0,0040). — Nach Umsetzung von **VII** (500 mg) in Chlf. mit Perbenzoesäure (4 Tage) konnten durch Chromatographie an Al_2O_3 folgende 4 Reaktionsprodd. isoliert werden: a) *2-Acetoxy-$\Delta^{8.10}$-lanostadien* (**VIII**; *Dihydroagnosterylacetat*), $C_{32}H_{52}O_2$, durch Elution mit Bzl.–PAe. 1:1; aus Chlf.–Methanol 105 mg, F. u. Misch-F. 165—166°, $[\alpha]_D$ +87° (c = 2,09), λ_{max} 234, 243 u. 252 mμ (ε = 15000, 17500 bzw. 11500). b) *2-Acetoxylanostan-8-on*, $C_{32}H_{54}O_3$, durch Elution mit Bzl.; aus A. 30 mg, F. 172°, $[\alpha]_D$ +35° (c = 1,81), λ_{max} 288 mμ (ε = 40); *2.4-Dinitrophenylhydrazon*, $C_{38}H_{58}O_6N_4$, F. 244—245°, λ_{max} 365 mμ (ε = 21000); das Keton war gegen Tetranitromethan gesättigt. c) *2-Acetoxy-Δ^9-lanosten-8-on* (**X**), eluiert mit Bzl.; aus Methanol, F. u. Misch-F. 155°, $[\alpha]_D$ +24° (c = 0,83). d) Elution mit Bzl.–Methanol 9:1 lieferte 120 mg einer weiteren Verb., aus A., F. 169—170°, $[\alpha]_D$ +17° (c = 1,75), die keine selektive Absorption im UV zeigte u. gegen Tetranitromethan gesätt. war. — Beim Vers., **VII** mit Pt-Katalysator in Eisessig zu hydrieren, wurde dieses unverändert zurückerhalten. — *1.2.8-Trimethylphenanthren*, $C_{17}H_{16}$, durch Dehydrierung von 25 g „Lanosten" (erhalten durch Oxydation des Lanostenol–Lanostadienol-Gemisches aus Wollfett u. Red. des Ketongemisches nach CLEMMENSEN) mit Se (48 Std. bei 350°); nach Aufarbeitung u. Al_2O_3-Chromatographie wurden 500 mg feste Substanz erhalten, die durch weitere Chromatographie, Reinigung über das Pikrat, Vakuumsublimation u. Umkristallisation aus A. gereinigt wurden; F. u. Misch-F. 145—146°, λ_{max} 211, 223, 262, 282, 293 u. 306 mμ (ε = 36500, 19500, 58000, 12500, 12500 bzw. 15500); wurde ebenso erhalten, wenn das Lanostenol–Lanostadienol-Gemisch direkt mit Se dehydriert wurde. *Pikrat*, $C_{23}H_{19}O_7N_3$, F. u. Misch-F. 167—168°. — *Lanostan* (mit **T. Bruun**), $C_{30}H_{54}$, durch 3½std. Kochen von 2.8.11-Triketo-Δ^9-lanosten mit amalgiertem Zn in Dioxan unter Zusatz von konz. HCl während der Rk.; die KW-stofffraktion des Reaktionsprod. wurde sodann ½ Std. mit CrO_3 in Eisessig auf dem Wasserbad erhitzt u. dann chromatographiert; aus

Chlf.-Methanol, F. 95—96°. — *2-Acetoxy-Δ^8-lanosten* (**VII**), durch WOLFF-KISHNER-Red. von **X**; nach Aufarbeitung u. Al_2O_3-Chromatographie F. u. Misch-F. 145°, $[\alpha]_D$ +32° (c = 1,67), λ_{max} 200 mμ (ε = 3800; ε_{215} 1100); das Spektr. spricht für eine dreifach substituierte Doppelbindung. — UV-Spektr. von *$\Delta^{9,10}$-Lanostenylacetat*: λ_{max} 200 mμ (ε = 4600; ε_{215} 2000; c = 0,0047). Das Spektr. entspricht einer tetrasubstituierten Doppelbindung wie etwa im $\Delta^{8,9}$-Cholestenol. (J. chem. Soc. [London] **1951**. **3147**—**54**. Nov. London, Birbeck Coll.) FRUHSTORFER. 3600

András Salamon, *Derivate des Cyclopentenophenanthrens.* Zusammenfassender Bericht über den Stand der Kenntnisse über die Derivv. des Cyclopentenophenanthrens (Sterine, Gallensäuren, Hormone usw.), deren Struktur u. deren Darst. aus tier. u. pflanzlichen Organismen sowie leichtzugänglichen Stoffen. (Magyar Kémiai Folyóirat [Ung. Z. Chem.] **56**. 121—26. 1950. Budapest, Pharmazeut. u. Chem. Fabrik „Chinoin", Forschungslabor.) PLANK. 3700

Carl Djerassi, J. Romo und **G. Rosenkranz**, *$\Delta^{4,7}$-Pregnadien-3.20-dion, eine Berichtigung.* Im Gegensatz zu dem von Vff. (C. **1952**. 5899) aus $\Delta^{5,7}$-Pregnadien-3β-ol-20-on durch OPPENAUER Oxydation dargestellten *$\Delta^{4,7}$-Pregnadien-3.20-dion* (I), F. 95—97°, $[\alpha]_D^{20}$ +173,8°, zeigte das von ANTONUCCI u. Mitarbeitern (J. org. Chemistry **16**. [1951.] 1453) auf demselben Wege dargestellte I einen F. von 119—121° u. eine opt. Drehung von $[\alpha]_D^{20}$ +96,9°. Die von Vff. wiederholte Darst. von I ergab dagegen F. 106—108° (KOFLER, korr.), $[\alpha]_D^{20}$ +104°, λ_{max} 238 mμ (log ε = 4,28), $\lambda_{max}^{CS_2}$ 1704 u. 1682 cm^{-1}. (J. org. Chemistry **17**. 641. April 1952.) SCHORRE. 3700

Edward N. Squire, *Die Konfiguration der Cholestan-3-carbonsäuren.* Vf. stellte durch GRIGNARD-Rk. aus *Cholestanylchlorid Cholestan-3β-carbonsäure* (I) dar. Der Vgl. der mol. Drehungen mit der *Cholestan-3-carbonsäure*, die durch Hydrierung der *Δ^5-Säure* erhältlich ist, zeigte, daß die schwächer drehende Säure **I** der β-Reihe zuzuordnen ist.

Versuche (FF. im App. nach FISHER bestimmt): *Cholestan-3β-carbonsäure* (I), $C_{28}H_{48}O_2$, durch Umsetzung von Cholestanylchlorid (4 g) mit Methyl-MgJ in sd. Ae. (24 Std.); durch die Lsg. der GRIGNARD-Verb. wurde 2 Std. CO_2 geleitet (Raumtemp.). Nach Zers. u. Aufarbeitung aus Bzl. 2,5 g Nadeln, F. 206—207°, $[\alpha]_D^{25}$ +28,7° (c = 0,836 in Chlf.). — *Methylester*, $C_{29}H_{50}O_2$ durch Kochen von I (0,2 g) in Methanol unter Zusatz von wenig konz. H_2SO_4 (3 Std.); aus Methanol Nadeln (191 mg) F. 66—67,5°, $[\alpha]_D^{25}$ +17° (c = 2,0 in Chlf.); mit Cholestan-3α-carbonsäuremethylester F.-Depression. (J. Amer. chem. Soc. **73**. 5768—69. Dez. 1951. Lancaster, Pa., Franklin and Marshall Coll., Fackenthal Labors., Dep. of Chem.) FRUHSTORFER. 3700

Arnold C. Ott, Maxton F. Murray und **Raymond L. Pederson**, *Reaktion von Dihydropyran mit Steroidalkoholen. Brauchbarkeit bei der Synthese von Testosteronacylestern.* Vff. beschreiben die zum Schutz von OH-Gruppen dienende Umsetzung von Dihydropyran (I) mit Steroiden zu den alkalibeständigen u. säureempfindlichen Tetrahydropyranyl-(2)-äthern, deren Äthergruppe durch $LiAlH_4$ nicht angegriffen wird, u. die Synth. von *Testosteronbenzoat* aus dem *Tetrahydropyranyl-(2)-äther des Dehydroepiandrosterons* (II) über den *Δ^5-Androsten-3β.17β-diol-3-[tetrahydropyranyl-(2')]-äther* (III).

Versuche (FF. auf FISHER-JOHNS-Block, Drehungen in Chlf.): *Dehydroepiandrosteron-3-[tetrahydropyranyl-(2')]-äther* (II), $C_{24}H_{36}O_3$, F. 192—194°, $[\alpha]_D^{25}$ —71,9°, aus Dehydroepiandrosteron (F. 144—145°, $[\alpha]_D^{25}$ +10°) mit I in absol. Ae.; 97% (Ausbeute). — *Δ^5-Androsten-3β.17β-diol-3-[tetrahydropyranyl-(2')]-äther* (III), $C_{24}H_{38}O_3$, F. 161 bis 162° (A.), $[\alpha]_D^{24}$ —64,9°, aus II mit $LiAlH_4$; 96%. — *Δ^5-Androsten-3β.17β-diol-3-[tetrahydropyranyl-(2')]-äther-17-benzoat* (IV), $C_{31}H_{42}O_4$, F. 191,5—194°, $[\alpha]_D^{26}$ —23,5°, aus III in Pyridin mit Benzoylchlorid; 96%. — *Δ^5-Androsten-3β.17β-diol-17-benzoat* (V), $C_{26}H_{34}O_3$, F. 218—220°, aus IV in wss. A. mit konz. HCl durch 1½ std. Erhitzen; 97%. — *Testosteronbenzoat*, $C_{26}H_{32}O_3$, F. 191—193°, $[\alpha]_D^{25}$ +162°, aus V in Toluol mit Cyclohexanon u. Al-Isopropylat; Kristalle aus Methanol. — *Cholesterin-3-[tetrahydropyranyl-(2')]-äther*, $C_{32}H_{54}O_2$, F. 154—155°, aus Cholesterin (F. 149—150°, $[\alpha]_D^{25}$ —41°) in absol. Ae. mit I u. einem Tropfen konz. HCl; Kristalle aus Isopropyläther, $[\alpha]_D^{25}$ —23,5°; 92%. — *Stigmasterin-3-[tetrahydropyranyl-(2')]-äther*, $C_{34}H_{56}O_2$, F. 162—163°, aus Stigmasterin (F. 168—170°, $[\alpha]_D^{25}$ —50°); $[\alpha]_D^{25}$ —54,5°; 85%. — *3β-Oxy-bis-nor-Δ^5-cholensäuremethylester-3-[tetrahydropyranyl-(2')]-äther*, $C_{28}H_{44}O_4$, F. 134—136°, aus 3β-Oxy-bis-nor-Δ^5-cholensäuremethylester (F. 140—142°, $[\alpha]_D^{25}$ —52°); $[\alpha]_D^{25}$ —48,3°; 49%. — *Δ^5-Pregnen-3β-ol-20-on-3-[tetrahydropyranyl-(2')]-äther*, $C_{26}H_{40}O_3$, F. 129—131°, aus Δ^5-Pregnen-3β-ol-20-on (F. 188—189°, $[\alpha]_D^{25}$ +34°); $[\alpha]_D^{25}$ +16,7°; 51%. — *Desoxycorticosteron-21-[tetrahydropyranyl-(2')]-äther*, $C_{26}H_{38}O_4$, F. 111—112°, aus Desoxycorticosteron (F. 141 bis 142°, $[\alpha]_D^{25}$ +78°); $[\alpha]_D^{25}$ +183°; 37%. — *3β-Oxy-22.22-diphenyl-bis-nor-$\Delta^{5.20,22}$-choladien-3-[tetrahydropyranyl-(2')]-äther*, $C_{39}H_{50}O_2$, F. 175—176°, aus 3β-Oxy-22.22-diphenyl-bis-nor-$\Delta^{5.20,22}$-choladien (F. 110—112°, $[\alpha]_D^{25}$ +194°); $[\alpha]_D^{25}$ +224°; 57%. —

Testosteron-17-[tetrahydropyranyl-(2')]-äther, $C_{24}H_{36}O_3$, F. 98—100°, aus Testosteron (F. 151—152°, $[\alpha]_D^{25}$ +109°); $[\alpha]_D^{25}$ +75,2°; 58,6%. — *III-β-Cyclopentylpropionat*, F. 135—136°, $[\alpha]_D^{25}$ −40,4°. — *III-Cyclohexylcarboxylat*, F. 159—161°, $[\alpha]_D^{25}$ −42,1°. — *III-β-Phenylpropionat*, F. 114—115°, $[\alpha]_D^{25}$ −59,9°. — *III-Propionat*, $C_{27}H_{42}O_4$, F. 128 bis 129°, aus III in Pyridin mit Propionsäureanhydrid; $[\alpha]_D^{25}$ −74,4°; 93%. (J. Amer. chem. Soc. **74**. 1239—41. 5/3. 1952. Kalamazoo, Mich., Upjohn Co., Res. Labors.)

SCHORRE. 3750

Stanley M. Levenson, Hyman Rosen und **George H. Hitchings**, *Die Kinetik der Reaktionen von Dehydroascorbinsäure in Gegenwart von Schwefelwasserstoff*. Die bisher vorliegenden Beobachtungen über diese Rkk. werden gekennzeichnet. Wegen der Unvollständigkeit dieser Ergebnisse wurden Verss. unter wechselnden Versuchsbedingungen durchgeführt, die ergaben, daß bei der Rk. von *Dehydroascorbinsäure* (I) in Ggw. von H_2S zwei getrennte Rkk. eintreten, nämlich eine reversible Red. zu *Ascorbinsäure* (II) u. eine irreversible Zers. in eine noch unbekannte Substanz. Beide Rkk. wurden als solche 1. Ordnung festgestellt u. ihre Reaktionsgeschwindigkeiten bei verschied. p_H-Werten u. Tempp. bestimmt. Es wurde ein bestimmter Einfl. der verwendeten Puffer auf die Rkk. beobachtet. Bei p_H 3,5 erreicht die irreversible Rk. ein Minimum, die Red. von I ist dabei vollständig, bei niedrigen p_H-Werten aber unvollständig. Die Rk. I → II scheint über das I-Ion vor sich zu gehen. Die Reduktionsgeschwindigkeit von I durch H_2S ändert sich mit der Temp. nach der Gleichung von ARRHENIUS u. auch mit der Konz. von H_2S. Unter Berücksichtigung der Veränderung der Löslichkeit von H_2S mit der Temp. wurde die Aktivierungsenergie (Δ E) der Rk. zu 32,875 cal/Mol. berechnet. (Arch. Biochem. Biophysics **33**. 50—64. Aug. 1951. Boston, Mass., Harvard School of Publ. Health, Dep. of Physiol.)

SCHWAIBOLD. 3800

R. Pasternack, A. Bavley, R. L. Wagner, F. A. Hochstein, P. P. Regna und **K. J. Brunings**, *Terramycin*. 2. Mitt. *Alkalischer Abbau*. (Vgl. C. **1951**. I. 619; **1952**. 532. 5581.) Bei Hydrolyse von *Terramycindihydrat* (I) mit 20%ig. wss. NaOH entstehen NH_3 u. $(CH_3)_2NH$ (je 1 Mol) neben Essigsäure u. CO_2. Arbeitet man in inerter Atmosphäre in Ggw. von Zn, so werden folgende N-freien Abbauprodd. erhalten: Eine starke, opt.-inakt. dreibas. Säure, die als *Terracinoesäure* (II) (terracinoic acid) bezeichnet wird, *7-Oxy-3-methylphthalid*, eine *phenol. Verb.* $C_{12}H_{12}O_3$ u. eine noch unreine krist. Substanz mit dem Charakter einer aliphat. Carbonsäure. Beim Verschmelzen von I mit KOH entstehen *Salicylsäure*, *m-Oxybenzoesäure* u. *Bernsteinsäure*.

Versuche (FF. korr.): Bei Hydrolyse von Terramycindihydrat (I) mit sd. 20%ig. wss. NaOH-Lsg. (22 Std.) werden aus den flüchtigen Anteilen NH_3 (als NH_4Cl) u. $(CH_3)_2 \cdot NH$ (als *N.N-Dimethyl-p-toluolsulfonamid*, $C_9H_{13}O_2NS$, F. 80—81°) isoliert. — *Terracinoesäure* (II), $C_{13}H_{12}O_6$, F. 233—234° (Zers.), durch Hydrolyse von I mit sd. 25%ig. wss. NaOH in Ggw. von Zn unter N_2 (24 Std.), Ansäuern mit H_2SO_4, Extraktion mit Ae., Ausziehen des Ae.-Extraktes mit 1 mol. Phosphatpuffer, p_H 5,5, Ansäuern der Pufferlsg. mit 85%ig. H_3PO_4 u. Ae.-Extraktion der sauren Lsg.; Kristalle aus Aceton + PAe. oder Äthylacetat; pK_a 2,6, 4,7, 9,5. Mit $FeCl_3$ entsteht eine charakterist. rote Färbung. *I-Monomethylester*, $C_{14}H_{14}O_6$, F. 217—218°, mit Methanol + HCl; 75% (Ausbeute). — *Decarboxyterracinoesäure*, $C_{12}H_{12}O_4$, F. 169—170°, durch Erhitzen von I mit 85%ig. H_3PO_4 unter N_2 (7 Std.); Kristalle aus W.; gibt keine $FeCl_3$-Reaktion. — Bicarbonat-lösl. Fraktion: Durch Extraktion der obigen Ae.-Lsg. nach der Phosphatpufferextraktion mit 2%ig. $NaHCO_3$-Lsg., Kristalle aus W., F. 104—108°, pK_a 5,5 u. 9,3, Äquivalentgewicht 262. — *Phenol. Verb.* $C_{12}H_{12}O_3$, F. 172,4—173°, durch Eindampfen vorst. extrahierter Ae.-Lsg. u. Reinigung über nachst. Triacetat; gibt mit $FeCl_3$ eine grüne Rk., red. FEHLINGsche u. ammoniakal. $AgNO_3$-Lösung. *Triacetat*, $C_{18}H_{18}O_6$, F. 148,7—149,4°, mit Acetanhydrid + Pyridin; Kristalle aus Cyclohexan oder Bzl. + Ligroin. — *7-Oxy-3-methylphthalid*, $C_9H_8O_3 \cdot H_2O$, F. 109—110°, Kp.$_{0,05}$ 140°, aus den Mutterlaugen von vorst. Verb., Kristalle aus W. + Methanol. — Nachw. von CO_2 u. von CH_3COOH in den in Ggw. von Zn erhaltenen Hydrolysaten erfolgt als $BaCO_3$ bzw. Na-Uranylacetat u. Ag-Acetat. — Die alkal. Schmelze von I mit KOH + NaOH (2:1) bei 200—210° (2 Std.) gibt *Salicylsäure* (F. 158—159°, *Acetylderiv.*, F. 134—135°; 11%), *m-Oxybenzoesäure* ($C_7H_6O_3$, F. 199,5—201°; 5%) u. *Bernsteinsäure*, F. 118—119°. (J. Amer. chem. Soc. **74**. 1926—28. 20/4. 1952. Brooklyn, N. Y., Chas, Pfizer u. Co., Res. Labors.) K. FABER. 3900

R. Pasternack, L. H. Conover, A. Bavley, F. A. Hochstein, G. B. Hess und **K. J. Brunings**, *Terramycin*. 3. Mitt. *Struktur von Terracinoesäure, einem alkalischen Abbauprodukt*. (2. vgl. vorst. Ref.) *Terracinoesäure* (I), das wichtigste N-freie Abbauprod. von *Terramycin*, hat die Struktur einer *4-Carboxy-5-oxy-3-methylindanonessigsäure-(2)*. Durch Alkalischmelze von I wurde das C-Skelett ermittelt. Aus verschied. Derivv. wurde die Art der anwesenden funktionellen Gruppen erkannt u. ihre Stellung am Grundskelett durch vergleichende Unters. von Säurestärken, Infrarot- u. UV-Spektren von **I** u. ihren Derivv. festgelegt.

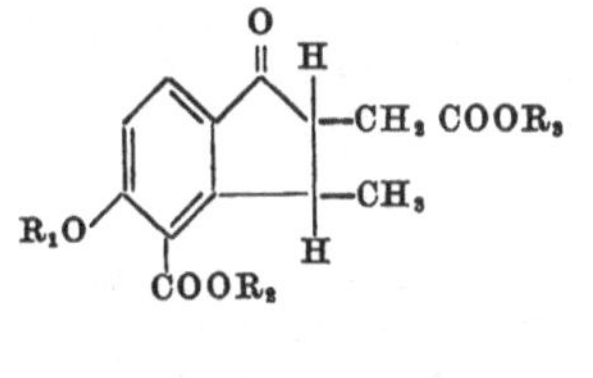

I $R_1 = R_2 = R_3 = H$
III $R_1 = R_2 = H$, $R_3 = CH_3$
IV $R_1 = R_3 = H$, $R_2 = CH_3$
V $R_1 = H$, $R_2 = R_3 = CH_3$
VI $R_1 = R_2 = R_3 = CH_3$

II

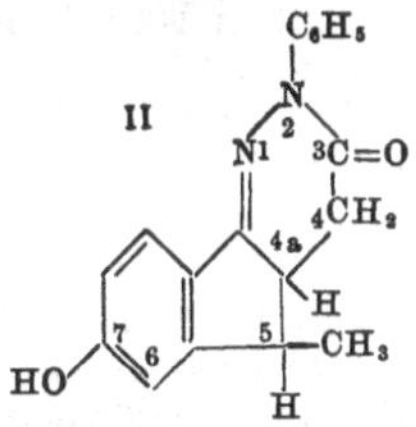

Versuche (FF. korr.): *Terracinoesäure* (**I**) wurde nach dem in der vorst. Mitt. beschriebenen Verf. isoliert. UV-Absorptionsspektr. s. Original. *Monomethylester A* (**III**), F. 217—218°, mit $CH_3OH + HCl$ (l. c.). *Monomethylester B* (**IV**), F. 122—124°, mit CH_2N_2 in Dioxan bei 10° (15 Min.); Kristalle aus Ae. + Ligroin, pK_a 5,4 u. 7,8; 68% (Ausbeute). *Dimethylester* (**V**), F. 64—66°, aus **III** mit äther. CH_2N_2 in 50 Min.; Kristalle aus Ae. + Ligroin, pK_a 8. *Dimethylestermethyläther* (**VI**), $C_{16}H_{18}O_6$, F. 89—90°, aus **I** mit äther. CH_2N_2 in Dioxan (12 Std.); Kristalle aus Ae. + Ligroin, gibt keine Rk. mit $FeCl_3$. *Methyläther*, $C_{14}H_{14}O_6$, F. 180° (Zers.), aus **VI** durch Kochen mit n-NaOH (1 Std.); das aus W. erhaltene krist. Prod. ist ein *Hydrat*, das bei 100°/0,1 mm (6 Std.) entwässert wird; 77%; pK_a 3,1, 4,9. *Oxim*, $C_{13}H_{13}O_6N$, Zers. bei ca. 225—250°, aus verd. Äthanol. *Diacetat*, $C_{17}H_{16}O_8$, F. 168—169°, aus **I** mit Acetanhydrid + H_2SO_4 bei 20° (48 Std.), Kristalle aus Bzl.; aus dem Infrarotspektr. wird geschlossen, daß es sich um ein *Lactolacetat* handelt. Ein mit Acetanhydrid + Pyridin hergestelltes Monoacetat wurde nicht krist. erhalten. — *4-Carboxy-5-oxy-3-methyl-6-nitroindanonessigsäure-(2)*, $C_{13}H_{11}O_8N$, F. 201—202°, aus **I** mit 1 Mol HNO_3 in konz. H_2SO_4 bei 25° (30 Min.); Kristalle aus Äthylacetat, pK_a 2,0, 5,6 u. 8,6. Läßt sich mit Sn + HCl reduzieren, diazotieren u. mit α-Naphthol zu einem roten Farbstoff kuppeln. — *4.6-Dibrom-5-oxy-3-methylindanonessigsäure-(2)*, $C_{12}H_{10}O_4Br_2$, F. 169—170°, aus **I** mit Br_2 in wss. KBr in der Wärme; Kristalle aus A.; pK_a 4,4 u. 5,3. — *2-Bromterracinoesäure* (**VII**), $C_{13}H_{11}O_6Br$, F. 280—281° (Zers.), aus **I** mit Br_2 in Eisessig (6 Std.); aus Eisessig wird das Prod. mit Kristallösungsm. erhalten. — *4-Carboxy-2.3-dimethyl-5-oxyindenon*, $C_{12}H_{10}O_4$, F. 230,5—231° (Zers.), aus **VII** durch Erhitzen mit n-NaOH (1 Std.); aus verd. A. Kristalle, pK_a 3,1 u. $>$ 10. Beim Decarboxylieren mit heißer 60%ig. H_3PO_4 entstehen nur Spuren einer bicarbonatunlösl. Verb. (F. 155—157°). — *4-Carboxy-2.5-dioxy-3-methylindanonessigsäure-(2)*, $C_{13}H_{12}O_7$, F. 245° (Zers.), aus **VII** durch Erhitzen mit 2%ig. wss. Na-Acetatlsg. (15 Min.); pK_a 3,0 u. 4,8. Dieselbe Verb. kann durch Oxydation von **I** mit $KMnO_4$ in alkal. Lsg. erhalten werden. — *Decarboxyterracinoesäure* [**VIII**; *5-Oxy-3-methylindanonessigsäure-(2)*], F. 167—168°, aus **I** mit 60%ig. H_3PO_4 (l. c.) oder durch therm. Decarboxylierung bei 230°; 40%; oder durch Erhitzen in Chinolin in Ggw. eines Cu-Chromitkatalysators auf 210° (3 Std.); 78%; Kristalle aus W., pK_a 4,8 u. 8,0, Infrarotspektr. s. Original. *Methylester*, $C_{13}H_{14}O_4$, F. 105—106°, mit $CH_3OH + HCl$ bei 20° (4 Tage) oder durch therm. Zers. von **III** mit Cu-Pulver, Nadeln aus Ae. + Ligroin. *Methylestermethyläther*, $C_{14}H_{16}O_4$, F. 74—75°, aus **VIII** mit äther. CH_2N_2 in Dioxan (30 Min.); aus Ae. Kristalle. — *2.3.4.4a-Tetrahydro-7-oxy-5-methyl-2-phenyl-5H-indeno-[1.2:c]-pyridazinon-(3)* (**II**), $C_{18}H_{16}O_2N_2$, F. 278—279° (Zers.), aus **VIII** durch Erhitzen mit $C_6H_5 \cdot NHNH_2$ in 40%ig. CH_3COOH (2 Std.); Kristalle aus A., pK_a 4,0 u. 5,6. — *4-Carboxy-5-oxy-3-methylindanessigsäure-(2)*, $C_{13}H_{14}O_5$, F. 200—201°, aus **I** mit Pd-Kohle/H_2 in absol. A. bei 25 lbs. Anfangsdruck, Kristalle aus W. + Aceton; 85%. — *5-Oxy-3-methylindanessigsäure-(2)*, $C_{12}H_{14}O_3$, F. 145,5—146,5°, aus vorst. Verb. durch Erhitzen mit 40%ig. HBr (8 Std.); Kristalle aus Toluol + Äthylacetat; 61%; oder aus **VIII** mit Pd-Kohle/H_2 in absol. A. (26 Std.) oder aus **I** bzw. **VIII** durch Erhitzen mit HJ + rotem P; 20%. — *6-* (oder *4-*) *Brom-5-oxy-3-methylindanessigsäure-(2)*, $C_{12}H_{13}O_3Br$, F. 120—121°, aus vorst. Verb. mit Br_2 in Eisessig. — *4-Carboxy-3-methylhexahydroindanessigsäure-(2)*, $C_{13}H_{20}O_4$, F. 149,5—150,5°, aus **I** mit PtO_2/H_2 in Eisessig unter n. Druck (10 Std.); Kristalle aus Bzl. + Hexan, pK_a 6,0. — *5-* u. *7-Oxyindanon*, nach v. AUWERS u. HILLIGER [1916]. — Alkalischmelze von **I** durch Erhitzen mit KOH auf 300° (15 Min.) gibt *4-[2.6-Dicarboxy-3-oxyphenyl]-valeriansäure* ($C_{13}H_{14}O_7$, F. 190—191° [Zers.], aus Ae. + Bzl., pK_a 4,0, 5,5 u. 7,5), *2-Äthyl-4-oxyisophthalsäure* ($C_{10}H_{10}O_5$, F. 209—210° [Zers.], aus Ae. + Bzl., pK_a 5,96 u. 6,09; gibt beim Decarboxylieren *m-Äthylphenol*), *6-Äthylsalicylsäure* ($C_9H_{10}O_3$, F. 136,5—137,5, aus W., pK_a 3,7) u. *m-Äthylphenol* (*Benzoat*, F. 59°). (J. Amer. chem. Soc. **74.** 1928—34. 20/4. 1952.) K. FABER. 3900

J. H. Skellon und **J. W. Spence**, *Darstellung von Octadecen-(6)-säure (Petroselinsäure) aus Petersiliensamen durch gleichzeitige Extraktion und Verseifung.* Zur Isolierung der *Petroselinsäure* (I; $C_{18}H_{34}O_2$, F. 30°) wird Petersiliensamen direkt mit acetonhaltiger alkoh. KOH erst bei Raumtemp., dann bei Siedehitze behandelt, der nach dem Eindampfen erhaltene Extrakt mit HCl angesäuert, mit Chlf. extrahiert, I daraus als feste Li-Seife isoliert u. mit HCl in Freiheit gesetzt; Ausbeute nur wenig verschieden von der beim üblichen Verf. der SOXHLET-Extraktion u. nachträglichen Verseifung. (Chem. and Ind. **1952**. 691. 12/7. London, Acton Techn. Coll., Dep. of Chem. and Biol.) SCHILDKNECHT. 3950

D_3. Makromolekulare Chemie.

G. Champetier, *Die Additionsverbindungen der makromolekularen Verbindungen.* Zusammenfassender Vortrag über die *makromol. Additionsverbb.* (Begriff der definierten Verb. in der makromol. Chemie, die Anwendung der Restmeth. auf die makromol. Additionsverbb., die hydrophilen Makromoll. u. ihre Hydrate, die Alkalicellulosen u. die mol. Additionsverbb. der Cellulosederivv.). — 28 Literaturangaben. (Bull. Soc. chim. France, Mém. [5] **18.** 153—62. März/April 1951.) AMELUNG. 4000

G. W. Tkatschenko und **P. M. Chomikowski,** *Über den Mechanismus der Emulsionspolymerisation. Polymerisation von 1.1-Dichloräthylen in Lösungen von Emulgatoren.* Die Polymerisationsgeschwindigkeit wurde unter Bedingungen untersucht, bei denen die Emulgatorlsg. ständig mit dem Monomeren gesätt. war. Die Reaktionsgeschwindigkeit ergab sich aus der Volumenabnahme des in einem graduierten Gefäß befindlichen Monomeren. Der Dampfraum dieses Gefäßes steht mit dem Reaktionsraum in Verbindung. Das Monomere wird in Dampfform vom geschüttelten Reaktionsgemisch aufgenommen. Die Best. der Löslichkeit von *1.1-Dichloräthylen* (I) in W. u. in der Emulgatorlsg. erfolgte erstens in einer besonderen App., in der nach Evakuierung der Luft die Löslichkeit des Monomeren aus der Änderung von dessen Dampfdruck ermittelt wurde, zweitens in der App. zur Best. der Reaktionsgeschwindigkeit, wobei der Peroxydzusatz unterblieb u. als Stabilisator 1% Hydrochinon zugesetzt wurde. Die Löslichkeit von I in wss. Lsgg. von Na-Fettsäuresulfonaten ist direkt proportional der Emulgatorkonzentration. Die Polymerisationskurven von I für verschied. Emulgatorkonzz. zeigen, daß nach einer Anlaufperiode die Polymerisationsgeschwindigkeit bis zu einer bedeutenden Umsetzungstiefe (20—25 g/100 cm^3) konstant bleibt. Sie steigt mit Erhöhung der Emulgatorkonz. im Bereich von 0,1—5 g/100 cm^3 u. ändert sich bei weiterer Konzentrationserhöhung bis zu 10 g/100 cm^3 nicht. Die Verringerung der Schüttelzahl von 140 auf 100 bei einer Konz. des Emulgators von 10% hat auf die Polymerisationsgeschwindigkeit keinen Einfluß. Somit ist die konstante Polymerisationsgeschwindigkeit bei 5; 7,5 u. 10% Emulgator nicht an eine ungenügende Transportgeschwindigkeit des Monomeren zu den polymeren Teilchen gebunden. Die Monomerenkonz. in den Micellen ist konstant u. beträgt ca. 34—38%. Auf Grund der vorliegenden u. der früheren Untersuchungsergebnisse nehmen die Vff. an, daß die Initiierung der Rk. an der Oberfläche der Emulgatormicellen, die das gelöste Monomere enthalten, erfolgt. In Ggw. wasserlösl. Peroxyde sehen Vff. zwei Grenzfälle für möglich an: 1. die akt. Zentren der Polymerisation, die im W. entstanden sind, lösen sich gemeinsam mit den Monomeren in den Emulgatormicellen. Die weitere Rk. verläuft daselbst. Möglicherweise bilden sich in der wss. Lsg. bei Einw. des Peroxyds auf das Monomere Oxydationsprodd. des Monomeren, die dann als wahre Polymerisationsinitiatoren wirken. 2. In der wss. Lsg. erfolgt sowohl Initiierung als auch Kettenwachstum. Bei einer bestimmten Kettenlänge wird das Reaktionsprod. unlösl. u. fällt aus. Es bildet Aggregate, die durch die Emulgatoren stabilisiert werden. Diese Aggregate bilden ebenfalls den Ort der Polymerisation u. des Kettenrisses. (Коллоидный Журнал [Kolloid-J.] **13.** 217—25. Mai/Juni 1951. Moskau.) ZELLENTIN. 4010

W. W. Korschak und **N. G. Matwejewa,** *Einfluß stereochemischer Faktoren auf die Neigung substituierter Äthylene zur Polymerisation.* Die folgenden Befunde über die Polymerisationsneigung von Äthylen- bzw. Styrolderivv. werden durch das Fehlen oder Vorhandensein ster. Hinderung erklärt (+ polymerisiert; — polymerisiert nicht): *Äthylen*: +; *Tetrachlor-, Tetrabrom-, Tetrajodäthylen*: —; *Tetrafluor-, Trifluorchlor-, 1.1-Difluor-2.2-dichloräthylen*: +; *1.1-Dibrom-* u. *1.1-Dijodäthylen*: + (letzteres als Polymeres erhalten); *α-Cyclohexylstyrol*: —; *1.1-Diphenylenäthylen*: ++; *2.4.5-Triisopropylstyrol*: ++; *2.6-Dimethyl-4-tert.-butylstyrol*: mit $AlCl_3$ ++, mit Peroxyd —; *2.6-Dimethoxystyrol*: ++, als Polymeres erhalten; *2.6-Dimethyl-4-tert.-butyl-α-methylstyrol* (F. 36°): —; *2.6-Dimethoxy-α-methylstyrol*: —; *1.1-Diphenyläthylen* gibt nur ein Dimeres. Vff. geben Bilder von räumlichen Modellen. Bei den Halogenäthylenen ist der „ster. Grenzradius des Substituenten", bei dem noch Polymerisation möglich ist, etwa 1,7 Å. Es kann auch schon ein Substituent zur ster. Hinderung der Polymerisation genügen, wie einige der obigen Beispiele zeigen. (Доклады Академии Наук СССР [Ber. Akad. Wiss. UdSSR.] [N. S.] **85.** 797—800. 1/8. 1952. Inst. für organ. Chem. der Akad. der Wiss. der UdSSR.) R. K. MÜLLER. 4010

M. P. Wolarowitsch und **L. Ja. Ginsburg,** *Änderung der rheologischen und Klebeeigenschaften von Kautschuklösungen in Abhängigkeit vom Verwalzungsgrad des Kautschuks.* Es wurde die Abhängigkeit der rheolog. u. Klebeeigg. konz. Kautschuklsgg. vom Verwalzungsgrad des Ausgangskautschuks untersucht. Zur Unters. gelangte smoked sheets mit einer Plastizität von 0,20, der auf Plastizitätszahlen von 0,30; 0,50; 0,60 u. 0,75 herabgewalzt wurde. Aus den einzelnen Proben wurden verschied. Lsgg. mit Konzz. von 5,7 bis 30% hergestellt. Die Plastizität wurde nach WILLIAMS, die Viscosität u. die Grenzschubspannung mit einem Rotationsviscosimeter bestimmt. Lsgg. aus ungewalztem bzw. schwach gewalztem Kautschuk zeigten Viscositätsanomalien, die auf eine Struktur des Kautschuks hindeuten. Mit dem Mastikationsgrad fällt die Viscosität u. die Grenzschubspannung der Lösung. Die Klebefähigkeit hängt mehr von den Struktureigg. des Kautschuks als von der Konz. der Lsg. ab. Konz. Kautschuklsgg., die eine Grenzschubspannung aufweisen, besitzen nur geringe Klebefähigkeit. (Коллоидный Журнал [Kolloid-J.] **14.** 20—27. Jan./Febr. 1952. Forschungslabor des Werkes „Pariser Kommune".) ZELLENTIN. 4030

G. C. Nutting, *Die Wirkung von Elektrolyten auf die Viscosität von Kartoffelstärkekleister.* Es wurden die Ausflußzeiten von Kartoffelstärkekleistern einer Konz. von 0,4 u. 1% bei 30 u. 90° unter Benutzung desselben OSTWALD-Viscosimeters aus Pyrexglas gemessen. Die verschied. Metallstärken wurden durch Kationenaustausch aus einer sehr reinen Stärkesorte des Handels hergestellt. Unter vergleichbaren Bedingungen betrugen die Ausflußzeiten (in Sek.) für „Na-Hexametaphosphat"-Stärke (I) 531, Ammonium-I 205, Na-I 167, K-I 136; Ca-I 66, unveränderte I 45, H-I 16 (W. 6). Für die K-I vermindert sich die Ausflußzeit in 10^{-4} nKCl auf 37, in 10^{-4}n $CaCl_2$ auf 31. Die Viscosität–p_H-Kurve zeigt ein steriles Maximum bei p_H 8,5 entsprechend dem p_H-Wert für die vollständige Dissoziation der Amylophosphorsäure. Paste aus Tapioka- u. Mais-I, die gewöhnlich nicht ionisiert sind u. keinen elektroviscosen Effekt zeigen, verdoppeln ihre Viscosität zwischen p_H 6 u. 10, vielleicht infolge der Dissoziation ihrer Glukosidhydroxyle. Ein entsprechender Einfl. bei Kartoffel-I wird anscheinend durch die gewöhnliche Viscositätsverminderung infolge des Kationeneinfl. bei der p_H-Einstellung verdeckt. Durch Mikrophotographien wird die Beziehung zwischen der Viscosität der Kleister u. der Quellung der Stärkekörnchen veranschaulicht. Die Viscosität der verkleisterten Kartoffel-I hängt mit der Dissoziation des geringen Anteils der mit dem Amylopektin veresterten Phosphorsäure zusammen. Eine gegenseitige elektrostat. Abstoßung der Ionen begünstigt die Hydratation u. erhöht so das Vol. der Teilchen u. die Viscosität der Paste, während Faktoren, welche die Abstoßung vermindern, die Hydratation u. die Viscosität herabsetzen. (J. Colloid Sci. **7.** 128—39. April 1952. Philadelphia, Pa., Eastern Reg. Res. Labor.) HENTSCHEL. 4050

A. Robert Goldfarb, Leo J. Saidel und **Erwin Mosovich,** *Die Ultraviolettabsortionsspektren von Proteinen.* Von einer Anzahl Proteine (*Eialbumin, Gelatine, menschliches Serumalbumin, Rinderserumalbumin, Insulin*) wurden innerhalb des Bereiches von 200 bis 230 mμ die Absorptionsspektren aufgenommen. Die Absorptionskoeffizienten $\varepsilon_{0,1\%}$ für 205 u. 210 mμ sind wiedergegeben. Der „Peptidabsorptionskoeff." (= Beitrag der Peptidbindung zum mol. Absorptionskoeff. ε_m) wurde berechnet 1. nach der Formel $\varepsilon_{0,1\%} \cdot$ Mol.-Gew./Anzahl der Peptidbindungen, 2. durch Subtraktion der Summe der ε_m der einzelnen Aminosäuren (Tabelle) des Proteins vom ε_m des Proteins u. Division der Differenz durch die Anzahl der Peptidbindungen. Auf die 2. Art wurden der „Peptidabsorptionskoeff." bei 205 mμ zu 2500—2800 ermittelt. Abweichungen hiervon werden durch elektrostat. u. ster. Effekte erklärt. (J. biol. Chemistry **193.** 397—404. Nov. 1951. Chicago, Ill., Med. School, Dep. of Biochem.) K. F. MÜLLER. 4070

Harold A. Scheraga und **John K. Backus,** *Strömungsdoppelbrechung in Systemen gehemmter Gerinnung.* (Vgl. C. **1952.** 3958.) Messung der Strömungsdoppelbrechung Δn u. des Extinktionswinkels χ von Mischungen von Rinderfibrinogen u. Rinderthrombin, zu denen in verschied. Stadien der Gerinnung Hexamethylenglykol hinzugefügt wird, das den weiteren Reaktionsverlauf hemmt, ohne die Stoffe zu zerstören. Standardbedingungen für die Rk. waren: 25°, Fibrinogenkonz. 4,5—6 mg/cm³, in KCl u. Na-Citrat enthaltendem W. gelöst, Thrombinkonz. $0,1 \cdot 10^{-6}$ μ/cm³ in KCl gelöst. Zu verschied. Zeiten vor dem Gelpunkt (nach 28 Min.) wurde in 0,3 mol. KCl gelöstes Hexamethylenglykol zugesetzt. Unters., wieweit die Rk. noch nach der Hemmung fortschreitet, nach Stoppen der Rk. weitere Verdünnung der Mischung; Wiedergabe von Δ n u. χ als Funktion der Proteinkonzentration. Die Länge der polymerisierten Fibrinogenpartikel ergibt sich zu 5000 Å vor dem Gelpunkt u. zu 5800 Å 52 Std. nach Zufügen von Hexamethylenglykol. In den ersten Stadien der Polymerisation erfolgt Aggregation der Moll. in Längsrichtung. Diese Anlagerung der Moll. ist reversibel bei Verdünnung mit einem Hexamethylenglykol enthaltendem Verdünnungsmittel. (J. Amer. chem. Soc. **74.** 1979—83. 20/4. 1952. Ithaca, N. Y., Cornell Univ., Dep. of Chem.) LINDBERG. 4070

Herbert Morawetz und **Walter L. Hughes jr.**, *Die Wechselwirkung von Proteinen mit synthetischen Polyelektrolyten.* 1. Mitt. *Komplexbildung von Rinderserumalbumin.* Die Ausfällung von *Rinderserumalbumin* (**I**) durch folgende Polyelektrolyte infolge Komplexbldg. wurde in Abhängigkeit vom p_H-Wert (zum Teil von 4,5—8,5) für verschied. Polyelektrolyt–Eiweiß-Verhältnisse untersucht: *Polymethacrylsäure* (**II**, $[\eta] = 0,57-1,58$), *Methacrylsäure–2-Vinylpyridin-Mischpolymerisat* (**III**), *Polyvinylaminhydrobromid* (**IV**, $[\eta] = 1,12$ in 0,15n NaCl-Lsg.), *Maleinsäureanhydrid–Styrol-Mischpolymerisat 1 : 1* (**V**, $[\eta] = 0,31$ in Methyläthylketon) u. *Methacrylsäure–Diäthylaminoäthylmethacrylat-Mischpolymerisat* (**VI**, enthält 54,6 Mol-% Methacrylsäure, $[\eta] = 1,5$ in Pyridin). Die wss. Lsgg. von **I** u. der Polyelektrolyte wurden bei 0° gemischt u. nach mehrstd. Stehen bei 0° filtriert; bestimmt wurde die ausgefällte Menge **I** (u. somit die Löslichkeit L von **I**, ausgedrückt in g **I**/Liter Filtrat) u. der p_H-Wert des Filtrates. L fällt bei Zusatz von **II** stark ab u. geht dann durch ein flaches Minimum. Auch in Abhängigkeit vom p_H-Wert durchläuft L ein breites Minimum, das im Gebiet von ca. 4,5—5,0 liegt (Verss. mit **II**); bei Zusatz von Natriumacetat verschiebt sich das Minimum nach kleineren p_H-Werten. Die Größe von $[\eta]$ von **II** u. die Temp. (0 u. 25°) haben einen nur geringen Einfl. auf L. Beim Ausfällen von **I** tritt keine Denaturierung auf (Nachw. durch Best. der opt. u. viscosimetr. Eigg. u. der Kristallisierbarkeit von **I** vor u. nach dem Ausfällen; das gleichzeitig mit **I** ausgefallene **II** wurde durch Wiederauflösen des Nd. bei p_H 5,38 u. Fällen mit $BaCl_2$ von **I** getrennt). Auch bei **V** u. **VI** geht L bei wachsender Menge an zugesetztem **V** bzw. **VI** durch ein Minimum. Der Nd. aus **I** u. **V** ist in NaCl-Lsg. schwer u. in KCNS-Lsg. sehr schwer löslich. Bei Zusatz von **IV** zu **I** entsteht eine hochviscose zweite Flüssigkeitsschicht; die Löslichkeit des Komplexes aus **I** u. **IV** wird durch A. u. bei Erhöhung des p_H-Wertes verringert. Weitere Einzelergebnisse s. Original. Weiter wird gezeigt, daß eine Trennung von **I** u. *Oxyhämoglobin* durch Fällen mit **II** möglich ist. Die Wirksamkeit verschied. Metallionen für die Ausfällung von **II** wird an Hand von **II–III**-Mischungen untersucht; sie steigt in der Reihenfolge Mg–Ca–Ba an, wobei ein p_H-Wert zwischen 6,0 u. 6,5 am günstigsten ist. (J. physic. Chem. **56.** 64—69. Jan. 1952. Boston, Mass., Harvard Univ., Labor. of Phys. Chem. Related to Med. and Public Health.) Fuchs. 4070

Eugene W. Rice, *Die Wirkung von ultraviolettem Licht auf die Pentosekomponente von Nucleinsäuren und verwandten Verbindungen.* Durch UV-Bestrahlung von *Glucose* oder *Ribose* (**I**) verlieren diese Zucker die Fähigkeit, alkal. Cu-Salzlsgg. zu reduzieren u. positive Molisch-Rk. zu geben. **I** reagiert außerdem dann nicht mehr mit p-Bromanilinacetat (**II**). In weiteren Verss. wurde festgestellt, daß *Adenyl-*, *Cytidyl-* u. *Hefenucleinsäure* nach Bestrahlung in verd. Lsgg. ebenfalls nicht mehr mit **II** reagieren, also kein Furfurol mehr bilden. Auch der Stumpf-Test für Desoxypentosylpurine fiel negativ aus. Die Wrkg. der UV-Bestrahlung konnte durch zugesetztes Na-Thioglykolat, Essigsäure oder Oxalsäure vermindert werden. Am besten schützte ein Gemisch mit 1% Harnstoff u. 1% Essigsäure. (Science [Washington] **115.** 92—93. 25/1. 1952. Washington, D. C., George Washington Univ., Cancer Clinic.) Loch. 4090

E. Biologische Chemie. Physiologie. Medizin.

E_1. Allgemeine Biologie und Biochemie.

A. K. Sharma und **Dipti Bhattacharjee**, *Wirkung von Trichloressigsäure auf nucleare Proteine.* In Bestätigung u. Erweiterung der Angaben von Kaufman (Amer. J. Bot. **38.** [1951.] 268) finden Vff. bei 3 Std. Behandlung von pflanzlichen Zellen (Allium cepa; Zephyranthus longifolia) mit 1 mol. Trichloressigsäure bei 90° eine vollständige Desintegration der Nucleoli (nachgewiesen am Verlust der Anfärbbarkeit nach Feulgen oder mit Lichtgrün oder Kristallviolett). Der Effekt hängt von Konz. der Säure u. Dauer der Einw. ab. Proteine der Chromosomen werden dabei nicht angegriffen. (Nature [London] **169.** 417—18. 8/3. 1952. Calcutta, Univ. of Calcutta, Dep. of Bot.) Hesse. 4150

H. Hecht, *Ein neues Antigen zur Serodiagnose des Krebses.* Gewinnung des Krebsantigens: Krebsgewebe wird mit W. u. 0,3% Phenol zweimal extrahiert. Nach Filtration u. Abdampfen der vereinigten Extrakte bleibt eine braune M., aus der die störenden lipoiden Syphilisantigene durch Extraktion mit Aceton u. A. entfernt werden. Aus dem Rest wird durch wss. Extraktion u. Zusatz von Kochsalz zu 0,9% das fertige Krebsantigen gewonnen. Es kann mit jeder Komplementbindungs-Rk. verwendet werden. — Von 40000 geprüften Seren wurden nur die letzten 8000 ausgewertet. Dabei waren 323 sichere Fälle von Krebs. 275 reagierten richtig positiv, 48 falsch negativ. Falsch positiv sind Seren von Schwangeren u. nach Knochenbrüchen, ferner ca. 8% andere. Der Trefferwert dieser Serodiagnose für Krebs sei besser, als er bei der Wassermann-Rk. für Lues im Anfang war. — Injektion des Antigens löst bei Gesunden die Bldg. von Antikörpern aus. (Schweiz. med. Wschr. **82.** 1058. 11/10. 1952. Cleveland, O., Mount Sinai Hosp.) Druckrey. 4160

P. Vigier und **M. Guérin**, *Versuche der Cancerogenisierung von Embryonalgewebe des Huhns durch chemisch-cancerogene Substanzen.* Vff. berichten über Verss. an 55 jungen Hühnern, welchen ein Gemisch von Embryonalbrei u. 1%ig. Lsg. von *Methylcholanthren* bzw. *Scharlachrotöl* zu gleichen Teilen in die Pectoralmuskulatur injiziert wurde. Neben Granulomen u. Resorptionscysten wurden 3 Sarkome erzeugt, die teilweise über mehrere Passagen transplantierbar waren. Zellfreie Tumorextrakte erwiesen sich als wirkungslos. Die Cancerogenisierung wird lediglich auf das chem. Agens zurückgeführt u. nicht auf den Embryonalbrei. (Bull. Assoc. franç. Étude Cancer **39.** (**43.**) 174—83. 1952.) GUMMEL. 4160

K. R. Pfaltz und **F. Lacour**, *Der experimentelle Magenkrebs. Allgemeiner Standpunkt und eigene Untersuchungen.* Vff. gehen kurz auf die experimentellen Unterss. von WATERMANN, DOMAGK, ROFFO u. Mitarbeiter ein, die bei Tieren durch bestrahltes Cholesterin oder überhitzte Fette experimentelle Magencarcinome erzeugten. Die Vff. selbst konnten weder durch fortlaufende Gaben von *Histamin*, noch durch Kombination von Histamin mit *Methylcholanthren* bei Vitamin-A-freier Diät, Histamin u. überhitzten Fetten, noch durch überhitzte Fette allein, echte Carcinome erzeugen. — Die Vff. geben nach den Erfahrungen anderer an, daß die Latenzzeit bis zum Auftreten der Carcinome bei Ratten 22—24 Monate beträgt. In eigenen Verss. haben nur 4 Ratten 16 Monate überlebt u. die letzte ist im 23. Monat nach Beginn des Experimentes gestorben. Vff. glauben, daß neben genet. Faktoren noch unbekannte Faktoren bei der Entstehung des Magencarcinoms vorliegen müssen. (Bull. Assoc. franç. Étude Cancer. **39.** (**43.**) 4—16. 1952. Boursier de la „Schweiz. Akad. der Med. Wiss.".) GUMMEL. 4160

Gladys E. Woodward und **Francis B. Cramer**, *2-Desoxy-d-glucose als Inhibitor der anaeroben Glykolyse in Tumorgewebe.* Vff. zeigen die inhibitor. Wrkg. von *2-Desoxy-d-glucose* (**I**) auf den anaeroben Kohlenhydratstoffwechsel an Schnitten des WALKER-Carcinoms 256 der Ratte. Die Glykolyse ist bei Zugabe einer der zugesetzten Glucose äquimol. Menge **I** um ca. 60% gehemmt. (J. Franklin Inst. **254.** 259—60. Sept. 1952. Biochem. Res. Foundation.) REISS. 4160

Nadine Dobrovolskaïa-Zavadskaïa und **Jeanne Chaine**, *Die Wirkung der p-Aminobenzoesäure (Vitamin H_1) auf die Adenocarcinome der Brustdrüse bei Mäusen.* Die Arbeit setzt eine Reihe von Unterss. über Vitaminwrkg. auf die Entw. neoplasmat. Prozesse fort. Bisher wurden von Vff. untersucht: Ascorbinsäure, Aneurin, α-Tocopherol, Nicotinamid usw. — Die Applikation der p-Aminobenzoesäure erfolgte durch subcutane Injektionen (1 cm^3), u. zwar 8 Tage eine Lsg. von 1 : 1000, 16 Tage 2 : 1000 u. danach 3 : 1000. Die Entw. der Tumoren vor u. während der Behandlung erfolgte nach der Meth. der „individuellen Kontrollen". Außer dem spontanen Rückgang eines Tumors wurden weitere Fälle mit Stillstand des Tumorwachstums während der Behandlung beobachtet. Von allen Mäusen überlebte eine 66 Tage, alle anderen starben während des 2. Monats; mittlere Überlebenszeit = 48 Tage. Wenn auch ein unmittelbares therapeut. Interesse durch diese Verss. nicht erwartet werden kann, glauben die Vff. demonstriert zu haben, daß die Krebszelle sich nicht indifferent den Vitamingaben gegenüber verhält. (Bull. Assoc. franç. Étude Cancer **39.** (**43.**) 170—73. 1952.) GUMMEL. 4160

H. H. Kraus, *Unsere Erfahrungen mit Cholincitrat in der Therapie der inoperablen Collumcarcinome.* Vf. diskutiert theoret. die Wrkg. des Cholins in bezug auf die Beeinflussung des Wachstums bösartiger Tumoren. In Kombination mit Röntgenbestrahlung bei Collumcarcinom III^0 wird die zusätzliche Behandlung mit Cholincitrat, 1—2 g täglich, empfohlen. (Zbl. Gynäkol. **74.** 1018—23. 1952.) GUMMEL. 4160

Alfred Horchler, *Beitrag zur Krebsbehandlung. Nebennierenrindenhormone* (keine Dosierung) werden kombiniert mit *borsaurem Cholin* bei inoperablen Krebsfällen verabreicht u. führen zu Besserung u. Heilung, die auf parasympathicotrope Umstimmung zurückgeführt werden. (Dtsch. med. Wschr. **77.** 309. 7/3. 1952. Düsseldorf, St. Vincenz-Krankenhaus.) KLINGMÜLLER. 4160

Charles H. de T. Shivers und **Herbert D. Axilrod**, *Klinische Wirkung der Östrogentherapie auf metastatische Schädigungen eines Hodencarcinoms.* Beschreibung eines Falles mit Seminom. Rückgang der metastat. Schädigungen nach *Östrogen* in Form von *Diäthylstilböstrol* (**I**; 5 Tage lang 10 mg **I**/Tag intramuskulär, anschließend 5 mg **I**/Tag peroral). (J. Urology **67.** 537—42. April 1952. Atlantic City, N. J., Atlantic City Hosp., Dep. of Urology.) REISS. 4160

Robert Heusch, *Über Veränderungen des Prostatacarcinomgewebes durch Behandlung mit weiblichem Keimdrüsenhormon.* Nach einleitender Übersicht über die in der Literatur vorliegenden Erfahrungen bei der Behandlung des Prostatacarcinoms mit weiblichen Sexualhormonen berichtet Vf. über eigene klin. Erfolge mit intramuskulärer Injektion von *Cyren A* (**I**) u. *B* (**II**; 3 Wochen lang 5 mg **II**/Tag, anschließend 2 Wochen lang 2,5 mg **II**/Tag, dann intramuskuläre Implantation eines 25 mg **I**-Preßlings) bei 8 Patienten. Deutlich klin. Besserung. Patholog.-anatom. Befunde zeigen ein weniger eindeutiges Bild. In einigen Fällen degenerative Veränderungen, in einigen keine Beeinflussung. Vollständige Heilung konnte in keinem Fall erzielt werden. (Z. Urol. **45.** 617—55. 1952. Aachen, Städt. Krankenanstalten, Urolog. Klinik, u. Pathol. Bakteriol. Inst.) REISS. 4160

H. Köhler, *Läßt sich ein inoperables Ovarialcarcinom durch weibliche und männliche Hormone günstig beeinflussen?* An einem Fall diskutiert Vf. die Frage der Wachstumsbeeinflussung von Ovarialcarcinomen durch Sexualhormone. Er berichtet über ein inoperables Ovarialcarcinom, das auf 150 mg Progynon B oleosum forte u. 1200 mg Testoviron günstig ansprach. (Zbl. Gynäkol. **74.** 780—82. 1952.) GUMMEL. 4160

R. Bauer, *Zur Frage der prophylaktischen Behandlung des Brustkrebses mit Testosteron.* Vf. empfiehlt beim Steinthal II eine prophylakt., über längere Zeit sich erstreckende Behandlung mit männlichen Sexualhormonen (100 mg *Perandren* als Implantat alle 8 bis 10 Wochen). Über Ergebnisse wird nicht berichtet. (Strahlentherapie **87.** 59—61. 1952. Tübingen.) GUMMEL. 4160

Fritz Händel und **Klaus Meinardus,** *Die Kombinationstherapie des metastasierenden Mammacarcinoms.* Vff. berichten über die Kombination von Hormontherapie u. Röntgenganzbestrahlung, deren Methodik angegeben wird, vor allem bei generalisierter Knochenaussaat u. geben an, gegenüber der örtlichen Bestrahlung längere Remissionen beobachtet zu haben. (Strahlentherapie **87.** 53—58. 1952.) GUMMEL. 4160

Boris Sokoloff, Walter H. Eddy und **George Cone,** *Die Wirkungen von Bioflavonoiden auf die Strahlenempfindlichkeit transplantierter Tumoren. Die Wirkung auf die Verträglichkeit für Kontaktbestrahlung.* Extrakte aus Abfällen von Citrusfrüchten, die *Hesperidinchalkon* u. *Quercitrin*-ähnliche Substanzen enthalten, schützen etwa die Hälfte der Ratten vor letalen Strahlenwirkungen. Die dazu benötigte Dosis beträgt 280 mg/100 g u. ist auch nur wirksam, wenn die Gabe vor der Bestrahlung erfolgt. Die Strahlenempfindlichkeit von zwei Impfgeschwülsten wurde durch die Behandlung nicht beeinflußt. (A. M. A. Arch. Pathol. **54.** 197—203. Aug. 1952. Lakeland, Fla., Florida Southern Coll., Bio-Res. Labor.) DRUCKREY. 4160

W. Hinz und **W. Mohnke,** *Röntgengeschwüre höherer Darmabschnitte nach Bestrahlung von Collumcarcinomen.* Es wird über 2 Fälle mit letalem Ausgang wegen intensiver Radionekrose des Darmes bei Collumcarcinom berichtet. Der eine Fall war ein bei kombiniertem Vitium inoperables Collumcarcinom II (1), der andere ein Collumcarcinom I/II nach WERTHEIMscher Operation mit noch perivasculärem carcinomatösen Befall der parametranen Lymphbahnen. Beide Fälle kamen nach einer Strahlenbehandlung in Anlehnung an die Göttinger Methode (Röntgenbestrahlung mit dem CHAOUL-Rohr u. Radiumbehandlung infolge ulceröser Strahlenschädigung des Darmes mit Stenose, Ileus oder Perforation u. eitrige Peritonitis zum beschleunigten Exitus. Gleichzeitig war in jedem Fall die Strahlenwrkg. auf das Carcinom unzureichend. Bemerkenswert schien dem Vf. die Lage der geschädigten Darmabschnitte außerhalb des eigentlichen Strahlenzentrums im kleinen Becken. Abschließend kommen die Autoren auf Grund ihrer Beobachtung zu der Entscheidung, daß trotz aller heute als richtig angesehenen Regeln der Strahlenbehandlung bei optimaler Wrkg. eine Schädigung mit Sicherheit nicht zu vermeiden ist. (Zbl. Gynäkol. **74.** 743—48. 1952.) GUMMEL. 4160

F. D. Hankins und **J. G. Hockin,** *Radiumbehandlung von Carcinomen am Cervix uteri nach dem Manchester-System. Die Verwendung von plastischen Vaginalapplikatoren.* Vff. beschreiben kurz eine Meth., durch Einführen von Kapseln aus plast. Material mit radioakt. Inhalt Carcinome am Cervix uteri zu behandeln. Die Kapseln befinden sich am vorderen Ende eines 12 in. langen Einführungsstabes u. können durch Fäden von außen her justiert werden. (Amer. J. Roentgenol. Radium Therapy **68.** 272—74. Aug. 1952. San Diego, Calif.) REUSSE. 4160

V. T. Bowen, The chemistry and physiology of the nucleus; experimental cell research; suppl. 2. New York: Academic Press. 1952. (422 S. m. Abb.) $ 7,—.

E_2. Enzymologie. Gärung.

David G. Doherty und **Fred Vaslow,** *Thermodynamische Untersuchung eines Enzym-Substrat-Komplexes von Chymotrypsin.* Die Unters. zeigt, daß *Acetyldibromtyrosin* (I) ebenso wie I-Amid u. der I-Methylester als Substrat für *Chymotrypsin* (II) zu gelten hat. So wurde in mit ^{18}O angereichertem W. gefunden, daß der Carboxylsauerstoff von I in Ggw. von II stärker ausgetauscht wurde als ohne Fermentzusatz. Nach Decarboxylierung von I wurde der ^{18}O-Geh. des CO_2 im Massenspektrographen bestimmt. Das Enzym-Substrat-Gleichgewicht wurde nach der Dialysiermeth. von KLOTZ (J. Amer. chem. Soc. **68.** [1946.] 1486) unter Verwendung von I, das ^{82}Br enthielt, gemessen. Unter Berück-

sichtigung einer Haftstelle pro Enzymmol. ergibt sich für II ein Mol.-Gew. von 22000, was mit den Werten anderer Bestimmungsmethoden gut übereinstimmt. Außerdem wurde noch die Bindungsenergie von I an II in Abhängigkeit von der H-Ionenkonz. der Lsg. untersucht. — Darst. von I u. Derivv.: 20 g *N-Acetyl-l-tyrosin* wurden in 30 cm³ Eisessig gelöst u. innerhalb 15 Min. 28 cm³ *Brom* in 30 cm³ Eisessig unter Eiskühlung zugefügt. Nach Stehen über Nacht bei n. Temp. wurde mehrmals im Vakuum eingeengt (um den Eisessig zu entfernen), der Sirup dann in 50 cm³ A. gelöst u. W. bis zur Trübung zugefügt. Die nach Reiben u. Stehen bei 4° sich abscheidenden Kristalle wurden aus wss. A. mehrmals umkristallisiert: I ($C_{11}H_{11}O_4NBr_2$), F. 123—123,5°, $[\alpha]_D^{25}$ +37,7° (c = 2% in A.). Aus *3.5-Dibrom-l-tyrosin* (Zeynek, Z. physiol. Chem. **114**. [1921.] 277) wurde in üblicher Weise durch Acetylieren des Äthylesters *N-Acetyl-3.5-dibrom-l-tyrosinäthylester* ($C_{13}H_{15}O_4NBr_2$), F. 140°, $[\alpha]_D^{25}$ = +15,2°, dargestellt. In analoger Weise wurde das Hydrochlorid des *N-Acetyl-3.5-dibrom-l-tyrosinmethylesters* ($C_{12}H_{13}O_3NBr_2 \cdot HCl$), F. 203°, $[\alpha]_D^{25}$ = +5°, erhalten u. daraus dann das *N-Acetyl-3.5-dibrom-l-tyrosinamid* ($C_{11}H_{12}O_3N_2Br_2$) gewonnen: F. 240 bis 241°, $[\alpha]_D^{25}$ 24,4°. Zur Darst. von *Glycyl-3.5-dibrom-l-tyrosinamidhydrobromid* ($C_{11}H_{15} \cdot O_3N_3Br_3$), F. 239°, $[\alpha]_D^{25}$ +17,4°, wurde *Glycyl-l-tyrosinamid* in Eisessig bromiert. (J. Amer. chem. Soc. **74**. 931—36. 20/2. 1952. Oak Ridge, Tenn., Nat. Labor., Biol. Div.)
v. Pechmann. 4210

Eugene F. Jansen und **A. K. Balls**, *Die Hemmung von β- und γ-Chymotrypsin und Trypsin durch Diisopropylfluorphosphat.* (Vgl. J. biol. Chemistry **190**. [1951.] 557.) Ggw. von *Diisopropylfluorphosphat* (DFP) inaktivierte die proteolyt. Wrkg. (Hämoglobin als Substrat) u. die Esterasewrkg. (Tyrosinäthylester als Substrat) von *Trypsin* (**I**) sowie von *β- u. γ-Chymotrypsin* (**II**) in gleicher Weise. Wurden die nach Rk. mit DFP inakt. Fermentproteine wieder isoliert, so ergab die Analyse, daß bei der Inaktivierung jeweils 1 Mol Phosphorsäure pro Mol Ferment eingebaut worden war. Die auf Grund dieses Befundes sich errechnenden Mol.-Geww. der Fermente betrugen 20700 für **I** u. 24200 bzw. 23900 für β- bzw. γ-**II**, was gut mit den Werten anderer Autoren übereinstimmt. Frühere Unterss. mit α-**II** hatten ein Mol.-Gew. von 24800 für dieses Enzym ergeben. Der Unterschied bei den 3 **II**-Arten ist daher nur sehr gering. Die Umwandlung von α- zu β- oder γ-**II** dürfte daher nur in einer sehr begrenzten Hydrolyse bestehen. (J. biol. Chemistry **194**. 721—27. Febr. 1952. Albany, Calif., US-Dep. of Agric., Enzyme Res. Div.)
v. Pechmann. 4210

Ernst Tetzner, *Kritische Bemerkungen zu der Arbeit „Papierchromatographie und Abwehrproteinasennachweis" von Friedrich Bahner und Hanns Wies.* Vf. führt die unbefriedigenden Resultate der Unterss. von Bahner u. Wies (Biochem. Z. **321**. [1951.] 410) auf die Verwendung ungeeigneter Substrate zurück. Hinweis auf einige wichtige Punkte für die Arbeit mit der Abderhaldenschen Reaktion. Es wird empfohlen, die Verss. zur Anwendung der Papierchromatographie für den Nachw. des Substratabbaues fortzusetzen. (Biochem. Z. **322**. 349—52. 1952. Soltau/Han., Kreiskrankenhaus.) Reiss. 4210

F. Bahner und **H. Wies**, *Erwiderung auf vorstehende Bemerkung von Ernst Tetzner.* (Vgl. vorst. Ref.) Vff. halten die von ihnen benutzten Substrate nach Art der Herst. u. Verwendung für geeignet u. kommen zu dem Schluß, daß durch Abwehrproteinasennachw. erzielte Ergebnisse mit größter Kritik aufzunehmen sind, solange nicht der spezif. Abbau durch die Abderhaldenschen Rk. bestätigt u. statist. gesichert wird. (Biochem. Z. **322**. 353—54. 1952. Heidelberg, Univ., Med. Poliklinik.) Reiss. 4210

M. Pantlitschko, E. Kaiser und **H. Andres**, *Über die Bestimmung kleiner Proteolysegrade.* Beschreibung einer Meth. zur Best. kleiner Proteolysegrade (10—15 γ *Trypsin*). 1 ml einer 2,5%ig. Casein-, 1,1%ig. Albuminlsg. bzw. einer Serumverdünnung 1 : 10 werden unter Zusatz von 1 ml Pufferlsg. (p_H 7,6 bzw. 1,7) u. 1 ml Fermentlsg. (Trypsin, *Pepsin*) bei 37° inkubiert u. mit 3 ml 16%ig. Trichloressigsäure enteiweißt. Nach Filtration u. Zusatz von 3 ml 10%ig. NaOH zu 3 ml Filtrat wird die Extinktion der UV-Absorption bei 2850 Å in der 2 ml-Küvette gemessen. Der Kontrollvers. wird in der gleichen Weise ohne Inkubation ausgeführt. Das Lambert-Beersche Gesetz ist erfüllt. Lineare Abhängigkeit von der Fermentkonz. bzw. von der Zeit. Berechnung der Konz. an freigesetztem *Tyrosin* u. *Tryptophan* aus den gemessenen Werten. (Biochem. Z. **322**. 526—34. 1952. Wien, Univ., Med.-chem. Inst.) Reiss. 4210

W. G. Crewther, *Die Fällung der Gelatine durch Äthanol und ihre Verwendung bei der Bestimmung der proteolytischen Aktivität.* Die Trübung einer *Gelatine* (**I**)-Lsg. durch A.-Zusatz ist innerhalb eines gewissen Bereichs der I-, Salz- u. A.-Konz., der Temp. u. des p_H-Wertes eine exponentielle Funktion der I-Konzentration. Nach Einw. proteolyt. Enzyme ist die Extinktion der mit A. versetzten I-Lsg. verringert, woraus auf die Fermentaktivität geschlossen werden kann. Die Abnahme der durch Ggw. von 80% A. fällbaren **I** kann auch gravimetr. bestimmt werden. Beide Methoden eignen sich gut zur Aktivitätsbest. von *Proteinase*-Präpp. aus *Aspergillus oryzae*. Die Empfindlichkeit verschied. Methoden bei Best. von 5 verschied. proteolyt. Fermenten (*Pepsin, Trypsin, Chymotrypsin, Papain* u. *Pilzprotease*) wird verglichen. — Beschreibung der gravimetr. Meth.: 20 g I wurden heiß in einer Mischung von 5 cm³ Eisessig, 10 cm³ 40%ig. NaOH u. 900 cm³ Aq. dest. gelöst, das p_H auf den gewünschten Wert eingestellt (bei dem Pilzferment p_H 7) u. die Lsg. auf 1 Liter aufgefüllt. Zu 2 cm³ dieser Puffersubstratlsg. in tarierten Zentrifugengläschen wurden 0,5 cm³ Fermentlsg. gegeben u. die Reaktionsmischung 1 Std. bei 40° belassen. Mit 10 cm³ kaltem angesäuertem A. (1,8 cm³ 5n HCl/Liter A.) wurde die Spaltung unterbrochen u. nach 15 Min. langem Stehen in Eiswasserbad 10 Min. bei 3000 Touren zentrifugiert. Die klare Lsg. wurde abgegossen u. die gefällte I bei 90—100° 4 Std. lang getrocknet u. dann gewogen. Die Abnahme von 1 mg fällbarer I entspricht 1 Fermenteinheit. (Austral. J. sci. Res., Ser. B **5.** 290—301. Mai 1952. Melbourne, Wool Textile Res. Labor., C. S. I. R. O., Biochem. Unit.) V. PECHMANN. 4210

M. Sch. Mogilewski und **I. Ss. Kljutscharewa,** *Einfluß der mechanischen Zerkleinerung von Präparaten der Hyaluronsäure und von Agar-Agar auf ihre Eigenschaften.* Werden Hyaluronat (I) u. Agar-Agar im Achatmörser zerrieben, dann besitzen ihre Lsgg. im Vgl. zur direkt hergestellten Lsg. eine stark verminderte Viscosität, kein oder nur sehr geringes metachromat. Anfärbungsvermögen mit Thionin u. Toluidinblau u. keine mucinbildende Eigenschaften. Beim Stehen nimmt die Viscosität der Lsgg. nicht zu. Da es sich um eine Dauerwrkg. handelt, muß eine strukturelle Veränderung der Moll. als Ergebnis einer Depolymerisation angenommen werden. Die langen Ketten werden gespalten; es entstehen Ketten mit geringerer Asymmetrie. Bei Verwendung von I als Substrat zur Best. der Aktivität der *Hyaluronidase* muß man folglich eine mechan. Zerkleinerung dieses Polysaccharids vermeiden. (Доклады Академии Наук СССР [Ber. Akad. Wiss. UdSSR] [N. S.] **85.** 185—87. 1/7. 1952. Wiss. Pasteur-Forschungsinst. für Epidemiol. u. Mikrobiol.) G. REICHARDT. 4210

Daphne C. Davison und **W. H. Elliott,** *Eine enzymatische Reaktion zwischen Arginin und Fumarsäure in pflanzlichen und t erischen Geweben.* Extrakte aus Erbsenmehl u. Lupinen enthalten ein Enzym, welches bei p_H 7,3 u. 37° die Bldg. einer bisher unbekannten ninhydrinpositiven Substanz aus *Arginin* (I) + *Fumarsäure* (II) bewirkt. Die Substanz wurde papierchromatograph. gefunden. Bei Verwendung von Whatmanpapier Nr. 3 u. Phenol/W. als Lösungsm. liegt der Fleck zwischen denen der *Glutaminsäure* u. des *Serins.* Bei genügend langer Bebrütung verschwindet I völlig. Aus I oder II allein wird die neue Verb. nicht gebildet. Durch Erhitzen auf 85° wird das Enzym inaktiviert. Beim Fortgang der Unterss. zeigte sich, daß die Fähigkeit, aus I u. II die Bldg. der neuen Substanz zu bewirken, auch Extrakten aus Rattenniere, Schafsherz, Schafspankreas, Hefe u. Proteus vulgaris zukommt. Wäscht man die Verb. aus dem Chromatogramm aus, hydrolysiert mit 6n HCl u. chromatographiert erneut, so erhält man die Flecken von I, *Ornithin* u. einer in Phenol/W. sehr langsam laufenden Substanz. (Nature [London] **169.** 313—14. 23/2. 1952. Cambridge, Univ., Biochem. Labor.) KOCH. 4210

Joab K. Aronson, *Die Wirkungsweise von Glykolyse-Inhibitoren.* Besprechung einiger Fermentinhibitoren im Hinblick auf die Gruppeneinteilung von SINGER (Brewers Digest **20.** [1945.] 85). 1. Hemmung der prosthet. Gruppe (CO, H_2S, HCN, Hydroxylamin, Fluoride, Oxalate); 2. Affinität zum Substrat (andere Fermente) u. 3. Zerstörung der funktionellen Gruppen des Apofermentes (Desaminierung u. Dephosphorylierung der Adenylsäure, Denaturierung durch Schwermetalle, Peroxyde u. Permanganate). (Dental Items Interest **74.** 37—39. Jan. 1952. Fayette, Iowa, Upper Iowa Univ.) REISS. 4210

A. N. Petrowa und **Je. L. Rosenfeld,** *Die Phosphorylase der Muskeln und ihre Eigenschaften.* Durch Unterss. mit hochgereinigter *Muskelphosphorylase* (I) der Form A, erhalten nach dem Verf. der Vff. (vgl. C. **1951.** I. 3505), wird die Annahme von PETROWA (vgl. C. **1950.** I. 735) bestätigt, wonach die Glucosidbindungen gegenüber I resistent sind. Während Glykogen (II) nach 2 Std. Inkubation durch I zu 35% gespalten wird, tritt bei *β-Dextrin* von II keine Spaltung ein. Die Ggw. der die Phosphorolyse beschleunigenden Muskeleiweißstoffe ist ohne Einfl. auf den Zerfallsgrad des Polysaccharids. Die II-Spaltung durch I erfolgt nur bis zur Verzweigungsstelle. In alkal. Lsg. ist ein Übergang der B-Form in die A-Form von I unabhängig von der Temp. möglich. Ob diese Umwandlung auf der umkehrbaren Wrkg. des pR-Enzyms beruht, ist noch unsicher. Hochgereinigtes I bewirkt die Bldg. eines unverzweigten Polysaccharids vom Amylosetyp. Nur in Ggw. der *Amyloseisomerase* entsteht ein Polysaccharid vom II-Typ. (Известия Академии Наук СССР, Серия Биологическая [Nachr. Akad. Wiss. UdSSR, biol. Ser.] **1952.** Nr. 4. 133—38. Juli/Aug. Labor. für physiol. Chem. der Akad. der Wiss. der UdSSR.) LEBTAG. 4210

A. O. Hutchinson und **E. M. Widdowson,** *Die Cholinesterase-Aktivitäten im Serum gesunder britischer Kinder.* Die *Cholinesterase*-Aktivität des Serums von 111 gesunden

Mädchen u. Jungen im Alter von 6—15 Jahren wurde nach der Meth. von McARDLE bestimmt. Die Aktivitäten wurden in μl CO_2/ml Serum/Min. (gemessen im WARBURG-App. mit Acetylcholinchlorid als Substrat) ausgedrückt. Der Durchschnittswert der Aktivität nimmt vom 6. bis zum 15. Lebensjahr merklich ab. Er beträgt für Mädchen von 6 Jahren 99 u. von 14—15 Jahren 75 Einheiten. Die gleichen Zahlen für Jungen sind 100 bzw. 77 Einheiten. In fast allen Jahrgängen liegen die Durchschnittswerte für Jungen etwas höher als diejenigen für Mädchen. Die beiden für 14—15 jährige erhaltenen Werte stimmen prakt. mit den Durchschnittswerten gesunder Erwachsener von 75 bis 80 Einheiten überein. (Nature [London] **169.** 284—85. 16/2. 1952. Cambridge, Univ., Med. Res. Council, Dep. of Exp. Med.) KOCH. 4230

J. J. Ennever und **B. W. Warner**, *Phosphatase und die Aktinomyceten des Mundes.* 11 Stämme von Aktinomyceten, die aus klin. n. Mundhöhlen isoliert wurden, zeigten im Kulturvers. merkliche *Phosphatase*-Aktivität (I). Zusammenhänge zwischen I u. Zahnsteinbldg. werden diskutiert (vgl. CITRON, J. dental Res. **24.** [1945.] 87). (J. dental Res. **31.** 25—26. Febr. 1952. Kansas City, Mo., Univ., School of Dent.) RUTKOWSKI. 4230

D. E. Green, *Ergänzende Fermentaktivität in löslichen Extrakten des Herzmuskels.* Zusammenfassende Darst. der heutigen Anschauungen über die fermentchem. Rkk. des Herzmuskels an Hand von 41 Literaturangaben, mit besonderer Berücksichtigung der *α-Ketoglutarase, Brenztraubensäureoxydase, Acyl-CoA-Deacylase, DPN-Cytochromreduktase,* der Fermente der oxydativen Phosphorylierung sowie derjenigen der Acetat-, Acetoacetat- u. Fettsäureaktivierung. (Science [Washington] **115.** 661—65. 20/6. 1952. Madison, Wis., Univ. of Wisconsin, Inst. for Enzyme Res.) REISS. 4230

A. W. Kotelnikowa, *Einige Angaben über die Hexokinaseaktivität in den Kartoffelknollen.* Zur Nachprüfung der Annahme (vgl. C. **1952.** 3582), daß bei der Synth. von *Kartoffelstärke* die *Hexokinase* (I) wegen ihrer prim. Phosphorylierung der Hexosen auf Kosten der *Adenosintriphosphorsäure* (II) von entscheidender Bedeutung ist, wurden Kartoffelextrakte (mit dem halben Vol. 0,01 mol. KCN bereitet) bis 0,3 der Sättigungskapazität mit $(NH_4)_2SO_4$ (**III**) beim p_H 6,8—7,0 (durch NH_4OH-Zugabe) gesätt., der Nd. mit **III** gewaschen u. in W. gelöst. Der in W. suspendierte Rückstand ist Nd. 1 der Fraktion 0,3. Hier wird eine **I**-Aktivität beobachtet, festgestellt nach der Glucose (**IV**)-Abnahme, wenn statt 0,001 mol. 0,002 mol. **II** verwendet u. die **IV**-Konz. auf 0,001 mol. herabgesetzt wird. Die Rk. verläuft nur in Ggw. von **II** u. Mg. Im Nd. 2 der Fraktion 0,3 ist die **I**-Aktivität geringer. In der Lsg. der Fraktion 0,3 fehlt sie völlig. Bei gleichzeitiger Best. der **I**-Aktivität nach der **IV**-Abnahme u. nach der Phosphatübertragung von **II** ist das Verhältnis gebundenes **IV** : übertragenes Phosphat = 1 : 1. Die nach der **I**-Abnahme ermittelten Werte für die **I**-Aktivität decken sich mit den Werten aus der Änderung der P-Fraktionen (vgl. l. c.). (Биохимия [Biochemie] **17.** 462—68. Juli/Aug. 1952. Moskau, Labor. für physiol. Chem. der Akad. der Wiss. der UdSSR.) LEBTAG. 4230

Gestur Johnson, *Chlorogensäure, ein mögliches Stoffwechselprodukt in dem Endoxydasesystem der weißen Kartoffel.* Vf. kommt nach den Feststellungen von JOHNSON u. SCHAAL (Science [Washington] **115.** [1952.] 627), wonach *Chlorogensäure* (I) papierchromatograph. in Kartoffeln nachweisbar ist, sowie nach eigenen Unterss., die die Abwesenheit von *Dopa* (ebenfalls papierchromatograph.) in konz. Extrakten aus Kartoffeln zeigen, zu dem Schluß, daß I das wesentliche natürliche *Polyphenolase*-Substrat der Kartoffel ist. (Science [Washington] **115.** 675. 20/6. 1952. Fort Collins, Colo., Colorado Agric. Exp. Stat.) REISS. 4230

Roy Repaske und **P. W. Wilson**, *Hemmung der Stickstoff-Fixierung bei Azotobacter durch Stickoxydul.* Vff. berichten über Mikrorespirationsstudien an *Azotobacter vinelandii.* Die N_2-Fixierung wird durch N_2O spezif. gehemmt; diese Hemmung ist kompetitiv. Als Dissoziationskonstante Enzym–Inhibitor-Komplex wurde $K_{N_2O} = 0,08$ gefunden. — Tabellen, Berechnung. (J. Amer. chem. Soc. **74.** 3101—03. 20/6. 1952. Madison, Wis., Univ. of Wisconsin, Dep. of Bacteriol.) GOEBEL. 4230

Jean Ribéreau-Gayon, Émile Peynaud und **Suzanne Lafourcade**, *Bildung von Inhibitoren und Aktivatoren der alkoholischen Gärung durch verschiedene Schimmelpilze.* Auf Traubenmost u. Bierwürze wurden die Schimmelpilze *P. urticae* BAIN., *P. notatum* WESTLING, *P. chrysogenum* THOM, *A. niger* v. TIEGHEM *A. oryzae* (AHLB.) COHN u. 7 *Botrytis*-Stämme gezüchtet, nach einigen Tagen die Mycele abgetrennt, die Kulturlsgg. mit 4 Voll. A. gefällt, die Ndd. gewaschen, in W. gelöst u. einem mit einer Weinhefe-Reinkultur (*S. cerevisiae,* var. *ellipsoideus,* Rasse *Saint-Émilion*) beimpften Traubensaft zugesetzt. Der Gärungsverlauf wurde durch Best. des Zuckergeh. u. des Hefewachstums verfolgt. Die Fällungen der *Penicillium*-Kulturen verzögerten geringfügig den Beginn u. Verlauf der Gärung u. verminderten die Zellzahl um 25%. *Aspergillus* lieferte keinerlei Hemmstoffe, während die Ndd. aus *Botrytis*-Kulturlsgg., mit einer Ausnahme, eine

mehrtägige Verzögerung des Gärungsbeginns u. eine 50%ig. Verminderung der Hefezellen bewirkten. Die mit A. aus wss. Mycelextrakten von *Penicillium* u. *Aspergillus* erhaltenen Fällungen bewirkten keine Hemmung, sondern vielmehr eine geringfügige Beschleunigung der Gärung. Dagegen enthält *Botrytis*-Mycel eine wasserlösl. u. mit A. fällbare Substanz, die Gärung u. Hefewachstum stark hemmt. Werden die verschied. Mycele, nachdem sie gewaschen sind, wieder in die entsprechenden Gäransätze gegeben, so tritt in allen Fällen eine starke Beschleunigung der Hefetätigkeit ein, wobei *Botrytis* eine 50%ig. Wachstumssteigerung auslöst. Botrytis bildet demnach Stoffe, die größtenteils ins Medium diffundieren u. gegenüber Hefe antibiot. wirken, u. solche, die im Mycel verbleiben u. Wachstum sowie Gärung aktivieren. Diese Befunde tragen zur Deutung von Unregelmäßigkeiten des Gärungsverlaufs bei mehr oder weniger von Fäulnis (Edelfäule) befallenen Trauben bei. (C. R. hebd. Séances Acad. Sci. **234**. 251—53. 7/1. 1952.)
K. MAIER. 4270

L. Vandendriessche, *Enzymatische Untersuchungen über die Struktur von Heferibonucleinsäure.* Das Verh. von *Ribonucleinsäure* (I) beim enzymat. Abbau wurde untersucht. I wurde nach einer modifizierten Meth. nach CHANTRENNE (Bull. Soc. chim. belges **55**. [1946.] 5) aus Bäckerhefe dargestellt u. zwei dabei auftretende Fraktionen in ihren Eigg. beschrieben. I wurde nach FLETCHER (J. chem. Soc. [London] **1944**. 33) u. BREDERECK (Ber. dtsch. chem. Ges. **71**. [1938.] 2613) desaminiert. *Ribonuclease* (II) wurde nach KUNITZ (Science [Washington] **90**. [1939.] 112) krist. gewonnen. P wurde nach Veraschung mit H_2SO_4, nach BERENBLUM u. Mitarbeiter (Biochem. J. **32**. [1938.] 295) colorimetr., N nach KJELDAHL, freies NH_3 nach LINDERSTROM-LANG (1929), freie Aminogruppen nach VAN SLYKE bestimmt. Elektrotitrationen wurden in üblicher Weise durchgeführt, dilatometr. Unterss. nach LINDERSTROM-LANG u. LANZ. Die Elektrotitrationen wurden bei 25° an unveränderter I u. mit II vorbehandelter I angestellt, der Einfl. der Temp. auf den Kurvenverlauf wurde untersucht u. der p_H-Wechsel in verschied. p_H-Regionen beschrieben. Die dilatometr. Unterss. wurden bei p_H 4,6 u. 30° durchgeführt, die p_H-Veränderungen während der enzymat. Spaltung verfolgt, die Beziehungen zwischen Fällbarkeit durch Essigsäure u. Volumänderung untersucht u. der Einfl. der Temp. auf die Volumänderungen festgestellt. Entsprechende Unterss. wurden bei p_H 7,8 u. 9,0 gemacht, wie auch desaminierte I untersucht wurde. Vf. fand bei den Elektrotitrationsverss., daß unter Wrkg. von II neue titrierbare Gruppen auftreten, nämlich eine sek. Phosphatgruppe u. eine weitere Gruppe, welche wahrscheinlich eine Hydroxylgruppe eines Purins oder Pyrimidins ist. Eine Entscheidung, ob es sich bei dieser Gruppe um eine Neubldg. oder Sichtbarmachung einer schon bestehenden OH-Gruppe durch den p_K-Wechsel handelt, ist mit dieser Meth. nicht möglich. Ferner läßt sich nicht feststellen, ob diese Gruppen aus derselben Bindung in Freiheit gesetzt sind. Während des enzymat. Abbaus treten Volumänderungen auf, im Sinne einer Dilatation sowie einer Kontraktion, wobei zwischen titrierbaren Säuregruppen u. Dilatation kein direkter Zusammenhang besteht, während eine direkte Beziehung zwischen dem Auftreten von Säuregruppen u. Volumkontraktionen besteht. Ferner konnte Vf. nachweisen, daß auch desaminierte I durch II abgebaut wird u. daß dieser Abbau dem der unveränderten I sehr ähnlich verläuft. — Die untersuchte I wies weniger freie sek. Phosphatgruppen auf als die bisher untersuchten Präpp., was auf einen höheren Grad der Polymerisation zurückgeführt wird. (C. R. Trav. Lab. Carlsberg, Sér. chim. **27**. 341—91. 1951.) WOLFGANG ALBRECHT. 4270

E_3. Mikrobiologie. Bakteriologie. Immunologie.

Robert E. Asnis, Frederic B. Cohen und **Joseph S. Gots**, *Untersuchungen über die Resistenz von Bakterien gegen Furacin.* Resistenzentw. gegen *Furacin* (I) bei Escherichia coli u. Micrococcus pyogenes aureus war nicht verbunden mit Änderungen in der Morphologie, der Wachstumsgeschwindigkeit, der Größe der Glykolyse oder der Ernährungserfordernisse. Die Resistenz war nur unter aeroben Bedingungen in fl. Nährböden, dagegen nicht unter streng anaeroben Bedingungen zu beobachten. Dabei war die hemmende Wrkg. von I auf den aeroben oxydativen Stoffwechsel ohne Bedeutung für die resistenten Bakterien. Resistente Stämme reduzieren bei Anwesenheit von oxydablen Substraten I in geringerem Maße als I-empfindliche Stämme. I-resistente Stämme zeigten auch wechselseitige Resistenz gegen andere *5-Nitro-2-furaldehyd*-Derivv., dagegen nicht gegen *Dinitrophenol* oder *Chloromycetin*. (Antibiotics and Chemotherapy **2**. 123—29. März 1952. Philadelphia, Pa., Univ. of Pennsylvania, Dep. of Microbiol., School of Med.) ZELLER. 4330

R. de Smet, *Bemerkung zur Streptomycinresistenz des Koch-Bacillus im niederen Kongo.* In vitro-Verss. nach verschied. Techniken mit *Streptomycin*-Lsgg. (I) in steigender I-Konz. an Bakterienkulturen von 62 Eingeborenen mit Lungentuberkulose ergaben in 31 Fällen I-Resistenz, 26 Fälle waren I-empfindlich, 5 wurden während der Therapie resistent. (Ann. Soc. belge Méd. trop. **32**. 151—54. 30/4. 1952.) DOSSMANN. 4340

Per Erlanson, *Die Bestimmung der Empfindlichkeit von Bakterien gegenüber Chemotherapeutica in vitro unter besonderer Berücksichtigung der Routinebestimmungen.* Unters. der zweckmäßigen Ausführung von Empfindlichkeitsbestimmungen in vitro an Bakterien: Einfl. von Penicillinase, Bldg. von Sulfonamidantagonisten, Ggw. resistenter Organismen, Beeinflussung der Resultate durch die bakteriostat. bzw. baktericiden Eigg. der Chemotherapeutica (*Streptomycin, Penicillin, Aureomycin, Chloromycetin, Sulfathiazol*). Als Testorganismen dienten *St. aureus* u. *albus, Streptokokken, Enterokokken, Coliforme, Proteus vulgaris, Ps. pyocyanea,* als Testmethoden ein Agar-Zylinder-Test u. ein 2facher Reihenverdünnungstest. — Über 150 Literaturangaben. (Acta pathol. microbiol. scand., Suppl. **85.** 1—162. 1951. Lund, Univ., Inst. of Bacteriol.) K. Maier. 4340

George D. Pappas und **Heiner Hoffman,** *Verwendung von Antibiotica zur Gewinnung bakterienfreier Euglenakulturen.* Zur Gewinnung bakterienfreier *Euglena gracilis*-Kulturen wurden einer Klon-Kultur in Hall-Medium *Penicillin* (I), *Dihydrostreptomycin* (II), *Aureomycin* (**III**), *Bacitracin* (**IV**) u. *Sulfadiazin* (**V**) einzeln u. in Kombination in verschied. Konzz. zugesetzt, wobei mit **I** + **II** + **III** (2000 E. + 1000 γ + 400 γ/cm^3) reine Kulturen erhalten wurden. **IV** u. **V** erwiesen sich gegenüber dem *E. gracilis*-Stamm als zu toxisch. Aus der ursprünglichen *Euglena*-Kultur konnten auf Blut- sowie Nähragar je eine Kolonie grampositiver u. -negativer Stäbchen isoliert werden. (Ohio J. Sci. **52.** 102—05. März 1952. Columbus, O., Ohio State Univ., Dep. of Zool. and Entomol., u. Dental Res. Labor.) K. Maier. 4340

R. O. Mirsabekjan, *Die Wirkung der Mikrobenantagonisten und ihrer antibiotischen Stoffe auf die Erreger von Bakteriosen landwirtschaftlicher Kulturen.* Im Gefäß- u. Feldvers. wurde die Wrkg. der gereinigten Präpp. u. nativen Fll. aus 3 Actinomycesstämmen auf Bact. armeniaca, B. malvacearum, B. citriputeale, B. tabacum, Bacillus mesentericus vulgatus u. Corynebacterium michiganense untersucht. Die antibiot. Stoffe der untersuchten Antagonistenstämme unterdrückten das Wachstum der Erreger der Welkekrankheit bei Aprikosen- u. Pfirsichbäumen, der Nekrose bei Citrusarten u. der Hommose der Baumwollpflanze. (Доклады Всесоюзной ордена Ленина Академии Сельскохозяйственных Наук имени В. И. Ленина [Ber. Allunions landwirtsch. (Lenin-Orden) Lenin-Akad.] **17.** Nr. 5. 34—38. Mai 1952. Inst. für Mikrobiol. der Akad. der Wiss. der UdSSR u. Sektor für Mikrobiol. der Akad. der Wiss. der ArmSSR.) Lebtag. 4340

W. Ss. Assatiani, *Mikrobiologische Methoden bei biochemischen Untersuchungen.* Übersichtsarbeit unter besonderer Berücksichtigung der Vorbereitung von Blut u. Gewebe für die Best. der Aminosäuren. Die Arbeit enthält die detaillierte Zus. von verschied. Nährböden für die bei der Best. der Aminosäuren nach verschied. Verff. angewandten Milchsäurebakterien. (Успехи Современной Биологии [Fortschr. gegenwärt. Biol.] **33.** 365—79. Mai/Juni 1952.) Lebtag. 4360

—, *Pneumokokkenimpfstoffe.* Polysaccharide aus der Kapselsubstanz der Pneumokokken haben antigene Eigenschaften. Ein aus ihnen bereiteter Impfstoff verleiht einen halbjährigen Schutz gegen Pneumokokkenpneumonie. Eine noch nicht geklärte Nebenwrkg. der Polysaccharide ist die Hemmung der Vermehrung von Viren. Jeder der 50 Pneumokokkentypen enthält ein für ihn spezif. Polysaccharid (S) u. ein bei allen Typen vorkommendes (C). Nur S hat immunisierende Wirkung. Chem. gesehen, lassen sich die S der einzelnen Typen in eine N-freie, aldobiuronsäurehaltige Gruppe u. in eine N-haltige, die Aminozuckergruppe einteilen, doch ist die Mol.-Struktur bei jedem S verschieden, im allg. von zylindr. Form u. langkettig. Einige S enthalten seltene Zucker, z. B. S-Typ II Rhamnose, andere sind in ihrer chem. Struktur untereinander oder mit Polysacchariden anderer Herkunft (Akazie, Azotobacter, Rhizobia) so verwandt, daß bei Präcipitationen Kreuz-Rkk. vorkommen. Durch Einw. einer Nucleinsäure vom sogenannten Desoxypentosetyp kann ein Typenwechsel, z. B. Typ II in III, zustande kommen. (Manufact. Chemist **23.** 106. März 1952.) Fischoeder. 4370

J. S. Robertson, *Die am Kaninchenohrpräparat beobachtete Reaktion der Makrophagen auf Azoproteinantigen.* Das *Azoproteinantigen* (an Evansblau gekoppeltes Pferdeserum) wurde in das Gewebe des Kaninchenohrs injiziert, die in situ gefärbten Zellen wurden 18 Tage mkr. beobachtet. Der Farbstoffkomplex wird von den Makrophagen aufgenommen. Nur deren Cytoplasma wird gefärbt. Vom Rande her zerfällt dieses allmählich, Bruchstücke werden von neugebildeten Makrophagen aufgenommen. Vom 5. Tage ab werden ovale, intensiv blaue Gebilde sichtbar, die als bis dahin ungefärbte, bei eintretendem Zelltod aber färbbare Makrophagenkerne angesehen werden. Lymphocytäre Zellen resorbieren nur vorübergehend das Antigen. (Austral. J. exp. Biol. med. Sci. **30.** 59—71. Febr. 1952. Adelaide, Univ., Dep. of Pathol.) Fischoeder. 4370

H. Hurst, *Elektronenbeugungsuntersuchung der Lipidstruktur- und Orientierung in Hefe- und Bakterienzellwänden.* Struktur u. Orientierung der *Lipide* (**I**) der Zellwände von *Saccharomyces cerevisiae, Staph. aureus* u. *E. coli* wurden licht- u. elektronenmkr. sowie mittels Elektronenbeugung untersucht. Einw. von Fettlösungsmitteln (**II**) auf wss. Suspensionen wasserhaltiger Zellen ruft eine Schwächung der Zellwände infolge Entfernung fettlösl. **I** hervor. Beim Antrocknen von Hefezellen auf einer Glasoberfläche ist der Grad der Zellabflachung dem Grad der **I**-Entfernung proportional. Die getrockneten fettlösl. u. gebundenen **I** der Zellen besitzen beide hexagonale Kristallstruktur; ein Teil der gebundenen **I** zeigt überdies die kompaktere orthorhombische. Die Wechselbeziehung zwischen dem Grad der Zellabflachung u. der Verdichtung des Beugungsdiagramms zeigt, daß in den oberflächlichen Schichten getrockneter Zellen bevorzugt eine Orientierung der **I**-Kristalle besteht. Die KW-stoff-Ketten von **I** stehen senkrecht zur Zelloberfläche, so daß in extrahierten Zellen ein größerer Anteil der Ketten dem Elektronenstrahl parallel gerichtet ist, obgleich die vorhandene Gesamtmenge von **I** durch **II**-Behandlung verringert wurde. Wenn keine Abflachung erfolgen würde, müßte infolge Abnahme der vorhandenen **I** eine Abschwächung des Beugungsdiagramms eintreten. Die Analogie zwischen der Struktur von **I** der Zellwände u. der Haut von *Calliphora*-Puppen wird diskutiert. Die Insektenepicuticula u. die Wände getrockneter Hefe- u. Bakterienzellen haben anscheinend die Struktur thermolabiler **I**, eingebettet in ein thermostabiles *Lipoprotein*-Gerüst, gemeinsam. (J. exp. Biology **29**. 30—53. März 1952. Cambridge, Univ., Dep. of Colloid Sci.) K. MAIER. 4380

Wilhelm Kolle und **Heinrich Hetsch**, Experimentelle Bakteriologie und Infektionskrankheiten mit bes. Berücks. der Immunitätslehre. 10. Aufl., vollst. neubearb. von **Hans Schloßberger**. Berlin: Arbeitsgemeinschaft medizinischer Verl. 1952. (986 S. m. 133 Abb. u. 31 Taf.) 8°. DM 60,—.

F. C. Bawden, *Plant viruses and virus diseases*, 3rd, rev. ed. (A new series of plant science books, ed. by **Frans Verdoorn**, Vol. 23). Waltham, Mass.: Chronica Botanica Co. 1950. (XIV + 335 S. m. Abb. u. Tab.) $ 6,—.

Die 3. Auflage des bekannten Werkes liegt in völliger Neubearbeitung vor u. berücksichtigt in klar verständlicher Darst. die Literatur bis einschließlich 1949. Bes. hervorzuheben sind die Abschnitte über die chem. und physikal. Eigg. des gereinigten Virus, über die Reinigungsmethoden und über die Beziehung der Virusarten zu ihren Überträgern. Sie geben eine umfassende, krit. gehaltene Rundschau des bisher Erforschten und bringen wohlbegründete Hinweise für die künftig einzuschlagende Methodik. Das Werk — unentbehrlich für jeden Phytopathologen — gehört auch in die Hand eines jeden auf dem Gebiet der medizin. und veterinärmedizin. Virusforschung tätigen Wissenschaftlers. RÖHRER. 4374

E$_5$. Tierchemie. Tierphysiologie. Tierpathologie.

A. M. Alexejewa und **I. P. Kok**, *Die Verteilung von Kreatinphosphat in Geweben und Organen.* Der Geh. an *Kreatinphosphorsäure* (**I**) in verschied. Organen von weißen Ratten wurde nach ALEXEJEWA (vgl. C. **1952**. 5951) durch Colorimetrierung von Kreatinin mit Pikrinsäure nach Spaltung von **I** in Kreatinin u. H_3PO_4 in Ggw. von H_2SO_4 u. $(NH_4)_2MoO_4$ bestimmt. Danach enthält die Zunge viel *Kreatin* (**II**), das zu ca. 30% als **I** vorliegt. Im Herzmuskel sind 9—10% **II** als **I** vertreten. Im Uterus ist der **II**-Geh. geringer als im Herzmuskel. Der **I**-Anteil an **II** beträgt jedoch hier 18—20%. In Milz, Lunge, Leber u. Niere ist der **I**-Geh. sehr gering, jedoch noch nachweisbar. Bei einem **II**-Geh. von 302 mg-% enthält der Hoden kein **I**. In den untersuchten Organen ist **I** bereits 10 Min. nach eingetretenem Tod nicht mehr nachweisbar. (Биохимия [Biochemie] **17**. 427—31. Juli/Aug. 1952. Leningrad, 1. Med. Inst., Lehrstuhl für Biochemie.) LEBTAG. 4520

H. J. A. Dartnall, *Ein neues Sehpigment mit maximaler Absorption bei 510* mμ. In von *Alburnus lucidus* gewonnenen Sehpigmentlsgg. konnte Vf. in der rotunempfindlichen Komponente ein Pigment mit einer maximalen Absorption bei 510 mμ identifizieren. Es folgt dem LAMBERT-BEERschen Gesetz u. zeigt ähnliches Verh. wie das *Pigment 502.* (J. Physiology **117**. 57P. 28/8. 1952. London, Med. Res. Council, Inst. of Ophthalmol.) KRUSEN. 4520

Kurt Iversen, *Quantitative Bestimmung der Talgsekretion des Handrückens im Sommer.* Bei 75 Personen wurde die mittlere Talgsekretion des Handrückens im Sommer innerhalb 24 Std. zu 11,6γ *Lipoid* je cm^2 Haut gefunden. (Acta dermato-venereol. [Stockholm] **32**. 206—08. 1952. St. Louis, Mo., Washington Univ., School of Med., Div. of Gerontol.) KRUSEN. 4555

Herbert Lewin und **Werner Spiegelhoff**, *Die Cyclushormone des Weibes. Biologie — Chemie — Klinik.* Monographie nach dem Stand bis etwa 1940 mit ausführlichen Schilderungen der Isomerieverhältnisse bei den Steroiden u. der ASCHHEIM-ZONDEK-Reaktion. (Beilageh. zu Z. Geburtshilfe Gynäkol. **134**. 1—248. 1951. Offenbach/M., Städt. Frauenklinik, u. Köln, Univ., Med. Klinik.) VINCKE. 4559

G. Hasenbein, *Die Gonadotropinverhältnisse bei gestörter Schwangerschaft.* Bei 73 imminenten Aborten wurde mittels des Regenwurmtestes das *hypophysäre Gonadotropin* u. mittels des Frosch- oder Krötentestes das *Choriongonadotropin* bestimmt. Beide Teste zusammen werden als Kombinationstest bezeichnet. Seine Ergebnisse liefern einen Einblick in den Zustand gestörter Schwangerschaften. (Zbl. Gynäkol. **74.** 1368—70. 1952. Kiel, Univ., Frauenklinik.) DUCHO. 4559

G. L. Dosorzewa, *Anwendung des Gelbkörperhormons in der Geburtshilfe und in der Gynäkologie. Progesteron* u. *Pregnin* sind wertvolle Heilmittel beim habituellen u. drohenden Abort, sowie bei hämorrhag. Metropathien, juvenilen u. klimakter. Blutungen. Uterusblutungen, die nicht mit Störung der endokrinen Funktionen der Ovarien verbunden sind, bilden keine Indikation für Präpp. des Gelbkörperhormons. (Советская Медицина [Sowjet-Med.] **16.** Nr. 5. 34—36. Mai 1952. Minsk, Med. Inst., Geburtshilfl.-Gynäkol. Klinik.) RENTZ. 4559

H. Husslein und **E. Gitsch,** *Über die intrauterine Applikation von Östrogen und Progesteron in Kristallsuspensionsform.* Vff. behandelten 22 Fälle von langdauernden sek. Amenorrhöen hypohormonaler Form, bei denen andere Behandlungsmethoden erfolglos waren, mit intrauterinen Injektionen von 10 mg *Ovocyclin* u. 50 mg *Luteocyclin* (CIBA) in 2—2,5 ml Fl. als Kristallsuspensionsgemisch. In 6 Fällen wurde dauernde Normalisierung des Ovarialcyclus erreicht, 3 davon kamen zur Gravidität. Der besondere Vorteil der intrauterinen Applikation liegt in dem Fehlen der Hypophysenhemmung, die bei anderen Verabreichungsformen auftritt. (Zbl. Gynäkol. **74.** 1582—88. 1952. Wien, Univ., II. Frauenklinik.) KRUSEN. 4559

G. de M. Rudolf, *Die Wirkung der Sexualhormone bei Oligophrenie.* 10 ♂ u. 3 ♀ Patienten mit Schwachsinn wurden mehrere Wochen lang mit *Stilböstrol* bzw. *Perandren* in verschied. Dosierung behandelt. Die Hormone hatten bei den 9—19 Jahre alten Patienten neben den bekannten körperlichen Folgeerscheinungen die Wrkg. regerer Intellektbetätigung u. Anteilnahme an der Umwelt, die bei einigen in Aggressivität ausartete. Das Verh. wurde mittels zweier Tests bzgl. der Intelligenz u. des sozialen Verh. geprüft u. verglichen. Nach Absetzen der Behandlung Rückkehr zum früheren Verhalten. (J. Mental Sci. **98.** 294—98. April 1952. Somerset, Cambridge House Hosp.) P. G. SCHEURLEN. 4559

Ja. D. Kirschenblat, *Die nervöse Regulierung der gonadotropen Sekretion der Hypophyse.* Darst. des Problems an Hand der Literatur. (Успехи Современной Биологии [Fortschr. gegenwärt. Biol.] **33.** 260—72. März/April 1952.) RENTZ. 4560

P. Crepax und **G. Moggian,** *Einfluß des p-Oxypropiophenons auf die Sekretion des Hypophysenvorderlappens.* Vff. untersuchen an Hand der Literatur (63 Zitate) u. eigener Verss. die Wrkg. des *p-Oxypropiophenons* (**I**) auf die Hormonproduktion des Hypophysenvorderlappens (HVL.) bei weißen Ratten. Sie kommen dabei zu dem Schluß, daß das **I** keine eindeutige Hemmwrkg. auf den HVL. ausübt, da weder auf das Körpergewicht noch auf das Knochenwachstum (Tibia-Epiphyse) ein eindeutiger Einfl. nachweisbar ist. Auch endokrine Drüsen (Schilddrüse, Nebennieren, Hoden, Ovar, Thymus, Zirbeldrüse) zeigten keine morpholog. Veränderungen, die dem Einfl. des **I** auf die Produktion gonadotroper Hormone durch den HVL. zugeschrieben werden könnten. (Arch. Scienze biol. **36.** 229—44. Mai/Juni 1952. Bologna, Univ., Ist. di Fisiolog. umana.) IPPEN. 4560

Ralph M. Myerson und **Lawrence Katzenstein,** *Mit Corticotrophin (ACTH) erfolgreich behandelte Keratosis blennorrhagica.* Vf. berichtet über einen Fall mit Keratosis blennorrhagica. In der Anamnese war 1942 Gonorrhöe angegeben, sowie 1943 rheumat. Spondylitis. Negative KAHN-Rk. u. Go-Komplementbindungsteste. Behandlung mit Antibioticis (Penicillin, Aureomycin, Penicillin + Aureomycin, Terramycin, Streptomycin) u. Cortison blieb erfolglos. Erst längere *ACTH*-Behandlung führte zur Abheilung. Diese Tatsache wird als Beweis für die Behauptung gewertet, daß diese Krankheit eine unspezif. „reaction pathern“ darstellt. (J. Amer. med. Assoc. **149.** 838—39. 28/6. 1952.) SCHÜMANN. 4560

G. Bauer und **F. Lembeck,** *Die stoffwechselsteigernde Wirkung des Noradrenalins.* Da die bisherigen vergleichenden Arbeiten über die grundumsatzsteigernde Wrkg. von *Noradrenalin* (**I**) u. *Adrenalin* (**II**) kein einheitliches Bild geben, berichten Vff. über Unterss. an Ratten mit der Stoffwechselapp. nach HÄUSLER (Naunyn-Schmiedebergs Arch. exp. Pathol. Pharmakol. **214.** [1952.] 211) unter besonderer Berücksichtigung des zeitlichen Verlaufs der Stoffwechselsteigerung. Nach subcutaner Injektion von 30, 60 u. 120 μg/100 g L-**I** bzw. L-**II** wird angenähert die gleiche maximale Grundumsatzerhöhung erreicht. Während jedoch die **II**-Wrkg. ihr Maximum zwischen 90 u. 105 Min. erreicht u. längere Zeit vorhält, wird das Maximum der **I**-Wrkg. nach 30—45 Min. erreicht u. klingt bald wieder ab. (Naunyn-Schmiedebergs Arch. exp. Pathol. Pharmakol. **214.** 262—65. 1952. Graz, Univ., Pharmakol. Inst.) KÖNIGSDORF. 4561

G. Polemann, *Zur Wirkung des Cortisons auf das experimentelle Quarzgranulom der Maus.* 30 Mäuse erhielten subcutane Injektionen von wss. Quarzsuspensionen, worauf die Wrkg. von *Cortison* auf die sich entwickelnden Granulome untersucht wurden. Die histolog. Befunde werden ausführlich beschrieben. (Arch. Dermatologie Syphilis **193.** 257—66. 1951. Köln, Univ., Hautklinik.) VINCKE. 4561

N. N. Sak, *Über die intravenöse Behandlung psychischer Erkrankungen mit Insulin.* Es wird empfohlen, nach 2—3 subcutan hervorgerufenen *Insulin* (I)-Schocks auf die i. v. I-Therapie überzugehen. Das erste Mal gibt man um 4—20 E. weniger als subcutan, in den nachfolgenden Tagen (falls kein Schock eintritt) um 4—8 E. steigernd. Die i. v. I-Dosis schwankt zwischen 32 u. 100 Einheiten. In 75% der Fälle war die i. v. Schockdosis um 4—10 E. höher als die subcutane, jedoch treten der hypoglykäm. Symptomenkomplex u. der Schock rascher auf u. lassen sich, bei Anwendung gleicher coupierender Mittel, rascher beseitigen als bei subcutaner Zufuhr von I. Wesentlich ist ferner die Abkürzung der dem Schock vorausgehenden psychomotor. Phase. Nachteile der i. v. I-Therapie: Hohe Dosis, längere Dauer der Vorbereitungsphase, tägliche Traumatisation der Venen. (Журнал Невропатологии и Психиатрии имени С. С. Корсакова [Korssakow J. Neuropathol. Psychiatr.] **52.** Nr. 4. 62—66. April 1952. Zentr. Inst. für Psychiatrie des Gesundheitsminist. der RSFSR, u. Klin. Psychiatr. Gannuschkin-Krankenhaus.) RENTZ. 4564

W. G. Poltawski, *Herabsetzung der Resistenz gegenüber Insulin durch subcutane Zufuhr von Sauerstoff bei der aktiven Therapie der Psychosen.* An 29 Patienten (davon 23 Schizophreniker) wurde festgestellt, daß bei der üblichen subcutanen *Insulin* (I)-Therapie die Schockdosis erheblich herabgesetzt werden kann, wenn dem Patienten gleichzeitig 1000 cm³ O_2 täglich zugeführt werden. Man kann die O_2-Injektionen beginnend mit dem 1. Tag der I-Therapie durchführen oder auch erst, wenn es auf 40—50 Einheiten I zu keiner ausgesprochenen hypoglykäm. Rk. kommt. (Журнал Невропатологии и Психиатрии имени С. С. Корсакова [Korssakow J. Neuropathol. Psychiatr.] **52.** Nr. 4. 67—71. April 1952. Odessa, Med. Inst., Psychiatr. Klinik.) RENTZ. 4564

Z. M. Bacq, P. Fischer und Fr. Ghiretti, *Wirkung des 5-Oxytryptamins bei den Cephalopoden.* Vff. stellen fest, daß dem Sérotonine RAPPORTs sowie dem Entéramine ERSPAMERs die Struktur des *5-Oxytryptamins* (I) zukommt. — I ist verantwortlich für verschied. Eigg. der Extrakte aus den Speicheldrüsen des Octopus vulgaris. Die hormonale Wrkg. des I bei Octopus vulgaris scheint festzustehen, während nichts dafür spricht, daß man es bei den Cephalopoden als chem. Vermittler ansehen kann. (Arch. int. Physiol. **60.** 165—71. Juni 1952. Neapel, Stat. Zoolog.; Liège, Labor. de Physiol. comp.) GÜNZEL. 4569

P. F. Ssoldatenkow, *Die physiologische Bedeutung des Blutglykogens.* Auf Grund des vorliegenden Literaturmaterials wird das Blutglykogen als bewegliches Glykogendepot angesehen, das vor allem an die Leukocyten gebunden ist u. auf dessen Blutspiegel die Hormone der Bauchspeicheldrüse, Nebennieren, Schilddrüse u. Milz Einfl. nehmen. (Успехи Современной Биологии [Fortschr. gegenwärt. Biol.] **33.** 380—90. Mai/Juni 1952.) RENTZ. 4573

S. Gard, L. Heller und H. Malmros, *Euglobulinbeobachtung durch das Elektronenmikroskop bei einem Fall von Hyperglobulinämie.* Bei einem 78jährigen Patienten mit profusen Blutungen aus der Nase wurde hohe Blutsenkung (167 mm/Std.), erhöhter Totalprotein- u. γ-Globulingeh., hohe Viscosität ($\eta/\eta_0 = 5{,}7$ bei 37°, 13,3 bei 13°) festgestellt. Die Euglobulin (I)-Rk. war stark positiv. Die Sedimentierungsanalyse ergab die Anwesenheit einer Makroglobulinkomponente mit konstanter Sedimentation von $S_{20} = 19$ S nach PEDERSEN. Die I-Fraktion wurde abgetrennt, gereinigt u. bei einer NaCl-Konz. von 0,074% gefällt. Nach je 0,·2 u. 15 Min. wurden Proben mit OsO_4 fixiert, nach weiteren 15 Min. Tropfen auf Kollodiummembrane gebracht u. nach Waschen mit dest. W. unter dem Elektronenmikroskop beobachtet. Bei allen Proben zeigten sich Aggregate von ziemlich gleicher Größe (wahrscheinlich Wrkg. der Fixierung). Die Konturen lassen auf granulierte Struktur schließen, nicht aber auf Größe u. Gestalt der Einzelmoleküle. Beim Studium der Mikrographien werden noch zahlreiche sphär. Körper von 120—180 Å gefunden, die umgekehrt zum Fortschreiten der Aggregierung verschwinden. (Proc. Soc. exp. Biol. Med. **79.** 328—30. Febr. 1952. Stockholm, Caroline Inst., Dep. of Virus Res., u. Lund, Univ., Med. Clinic.) FRÜHWALD. 4573

G. Vanzetti, G. Mars und G. Formiga-Orazi, *Untersuchungen über Eiweißfraktionen und Glykoproteide im Serum von Greisen.* Vff. bestimmten im Serum von 50 alten u. 50 jungen Personen den Protein-, Albumin- (I) u. Globulin (II)-Geh. durchFraktionierung nach PILLEMER u. HUTCHINSON (J. biol. Chemistry **158.** [1945.] 299) u. anschließende N-Bestimmung. Die Glykoproteide (III) wurden durch Farb-Rk. mit Tryptophan in schwefelsaurer Lsg. nach SHETLAR u. Mitarbeitern (Proc. Soc. exp. Biol. Med. **66.** [1948.] 125) bestimmt u. außerdem der I- u. II-Geh. dieser Fraktion ermittelt. Bei alten

Versuchspersonen zeigten sich gegenüber den jüngeren niedrigere I- u. höhere II- u. III-Werte. Bei den III lagen vor allem die Werte für die II-Fraktion höher. Diese Befunde waren bei alten Leuten in schlechtem Allgemeinzustand bes. ausgeprägt. Aus diesen Ergebnissen schließen Vff., daß die genannte Meth. zur Fraktionierung der Serumproteide insofern nicht befriedigend ist, als die mit Kohlenhydraten verbundenen I- u. II-Anteile nicht miterfaßt werden. Die prakt. Bedeutung der erhaltenen Ergebnisse wird ausführlich diskutiert. (Minerva med. [Torino] **43.** I. 1052—57. 21/5. 1952. Milano, Ospedale maggiore, Labor. di Chim. biol. e Fisiopatologia.) IPPEN. 4574

Hans Pichler, *Serumkolloidstabilität und RES.* Mit der turbidimetr. γ-Globulin-Rk. nach WOLFSON DE LA HUERGA-POPPER wurden Unterss. angestellt, um an Hand der malignen Nachkriegsendocarditis die Zusammenhänge zwischen RES u. Bluteiweißmilieu aufzuzeigen. Am eigenen Krankheitsgut zeigten sich bereits früh oder wenigstens im weiteren Verlauf der Krankheit Veränderungen im Bluteiweiß, sehr labiles Serumeiweiß wurde auf Grund verschied. Rkk. festgestellt. Die Dysproteinämie wird für bestimmte Eigenarten der Krankheit verantwortlich gemacht, wie unspezif. WaR u. schlechtes Ansprechen auf Herzglykoside. Der Nachw. hochgradig verminderter Serumkolloidstabilität bzw. die direkte Darst. hoher γ-Globulinkonzz. im Blutserum wird als Ergebnis des lange dauernden chron. akt. reticulären Reizzustandes betrachtet. (Wiener klin. Wschr. [N. F. 7] **64.** 379—81. 23/5. 1952. Klagenfurt, Landeskrankenhaus.) REICHLE. 4574

John T. Correll, L. L. Coleman, Stuart Long und Ralph F. Willy, *Diphenylacetyl-1.3-indandion als ein wirksames hypoprothrombinämisches Mittel. Dicumarol* (I), *Tromexan* (II) u. 17 1.3-Indandion-Derivv. (*2-Diphenylacetyl-* (III), *2-Acetyl-, 2-Phenylacetyl-, 2-Triphenylacetyl-, 2-Pivalyl-, 2-[α.α-Diphenylpropionyl]-, 2-[α.β-Diphenylpropionyl]-, 2-[β.β-Diphenylpropionyl]-, 2-Isobutyryl-, 2-Isovaleryl-, 2-[α-Phenyl-γ-methylvaleryl]-, 2-Benzoyl-, 2-[p-Methoxybenzoyl]-, 2-Phenylazo-, 2.2′-Methylen-bis-, 2-[3′-Keto-1′-indanyliden]-1.3-indandion*) wurden an Kaninchen auf ihre hypoprothrombinäm. Wirksamkeit geprüft. Von diesen erwies sich III am wirksamsten (Handelsmarke *Dipaxin,* UPJOHN CO.). Verglichen mit I u. II rufen 0,05 mg/kg III die gleiche akute prothrombinogen. Rk. hervor wie 10 mg/kg I bzw. 50 mg/kg II. Im Gegensatz zur kurz anhaltenden Wrkg. von II ist die bei I u. III anhaltender. Bei wiederholter oraler III-Gabe zeigt sich ein individueller Bedarf einzelner Versuchstiere (25—100 μg/kg). Histopatholog. Unterss. nach durch mehrere Wochen anhaltender täglicher III-Gabe zeigten — abgesehen von einer veränderten Zahl pulmonärer Petechien — bei einigen Kaninchen keine Veränderungen. Die akute bzw. chron. orale LD_{50} beträgt bei Ratten 3 mg/kg bzw. >0,1 mg/kg/Tag, bei Kaninchen 35 mg/kg bzw. 0,25 mg/kg/Tag u. bei Mäusen 340 mg/kg. Vitamin K_1, nicht aber ein wasserlösl. K-Homologes, wirkt als Gegenmittel bei durch III hervorgerufener Hypoprothrombinämie. (Proc. Soc. exp. Biol. Med. **80.** 139—43. Mai 1952. Kalamazoo, Mich., Upjohn Co., Res. Labor.) KÖNIGSDORF. 4574

R. Boenjamin, *Eine Untersuchung des Vitamin-A-, Carotinoid- und Vitamin-C-Gehaltes im Blutserum von Leprakranken und ihrer gesunden Ehegefährten.* Der Geh. an *Vitamin A* u. *Carotinoiden* im Blutserum von Patienten mit lepromatöser Lepra ist etwas geringer als bei Gesunden (6,3 ± 0,27 I.E. Vitamin A/10 ml Serum; 3,5 ± 0,13 γ Carotinoide/10 ml Serum). Bei Patienten mit Neurolepra sind diese Gehh. n. (8,3 ± 0,30 I.E. Vitamin A/10 ml; 5,3 ± 0,22 γ Carotinoide/10 ml). Es bestehen keine Anzeichen, daß aus einer Verminderung des Vitamin-A-Spiegels auf eine Leprainfektion geschlossen werden kann. Der Durchschnittsgeh. des Blutserums an *Vitamin C* von Patienten mit lepromatöser Lepra betrug 7,2 ± 0,54 mg/Liter, der von Patienten mit Neurolepra betrug 10,3 ± 0,45 mg/Liter; er entsprach etwa dem von Gesunden. (Int. J. Leprosy **20.** 53—66. Jan./März 1952. Djakarta, Indonesia, Central Inst. for Leprosy Res.) K. F. MÜLLER. 4587

Jean Grandbois, *Ein Fall von Morbus Darier.* Bericht über einen Patienten mit Morbus DARIER. Keine familiäre Belastung. Die papillomatösen Veränderungen am gesamten Kopf u. auch an den Unterschenkeln bestanden seit langen Jahren. Patient erhielt synthet. *Vitamin A* über eine Zeit von 2 Monaten, es zeigte sich eine gewisse Besserung des Zustandes. (Canad. med. Assoc. J. **67.** 152—53. Aug. 1952. Quebec, Que., F. R. C. P.) REICHLE. 4587

Gotthilft von Studnitz, *Die medikamentöse Steigerung des Dämmerungssehens.* Neben dem Vitamin A spielt noch ein anderes Carotinoid, nämlich das *Xanthophyll,* eine bedeutende Rolle bei der Regeneration des Sehpurpurs. Sein Dipalmitinsäureester *Helenien* ist der eigentliche Wirkstoff von *Adaptinol* (BAYER, Leverkusen). Es hat dieselben Indikationen zur Anwendung wie das *Vitamin A.* Vf. erwähnt noch die günstige Beeinflussung der Retinitis pigmentosa u. des Glaucoms durch Adaptinol. (Naturwiss. Rdsch. **5.** 156—57. April 1952. Bad Schwartau.) DUCHO. 4587

E. Langer und **H. Grimmer**, *Beitrag zur Symptomatologie der B-Avitaminosen der Haut.* Vff. weisen an Hand von 3 Fällen auf morpholog. Veränderungen der Haut als Folge einer B-Hypovitaminose hin. Weitgehende Heilung durch Injektion des *Vitamin-B-Komplexes.* (Z. Haut- u. Geschlechtskrankh. **12.** 309—16. 15/4. 1952. Berlin, Freie Univ., Hautklinik, Rudolf-Virchow-Krankenhaus.) REISS. 4587

H. Roux und **Anna Callandre**, *Über die Wirkung der Polyphosphorsäureamidester des Aneurins auf die Glykolyse durch gewaschenes Blut.* Es wird gezeigt, daß die *Polyphosphorsäureamidester des Aneurins* u. *Na-Polyphosphate* die Milchsäurebldg. bei der Glykolyse durch gewaschenes menschliches Blut herabsetzt; *Cocarboxylase* zeigt unter gleichen Bedingungen diesen Effekt nicht. (Experientia [Basel] **8.** 114—15. 15/3. 1952. Marseille, Fac. de Méd., Labor. de physique, u. Paris, Inst. nat. d'hygiène.) K. F. MÜLLER. 4587

Lucille S. Hurley und **Agnes Fay Morgan**, *Kohlenhydratstoffwechsel und Nebennierenrindenfunktion bei der Pantothensäuremangelratte.* Im Hinblick auf eigene frühere Beobachtungen u. solche anderer Autoren über die hemmende Wrkg. von *Pantothensäure* (**I**)-Mangel auf die Funktion der Nebenniere wurden weitere vergleichende Unterss. bei Tieren ohne u. mit **I**-Mangel durchgeführt, wobei als erschwerender Umstand noch Anoxie durch verminderten Luftdruck (24 Std. 349 mm) angewandt wurde u. einzelne Gruppen von Mangeltieren vor der Unters. noch Injektionen von **I** oder Nebennierenrindenextrakt erhielten. Unter den Versuchsbedingungen trat bei den **I**-Mangeltieren keine Erhöhung des Leberglykogen- u. Blutzuckerspiegels auf wie bei den n. Tieren; bei ersteren waren auch die Ascorbinsäuregehh. der Nebenniere niedriger, während die Gewichte des Organs erhöht waren. Durch Behandlung mit dem Extrakt vor der Anoxie wurde das Verh. der Mangeltiere normalisiert. Behandlung mit **I** wirkte nur normalisierend, wenn der Mangelzustand noch nicht zu weit fortgeschritten war. Durch **I**-Mangel wird demnach die Funktion der Nebennierenrinde gehemmt u. das Organ erschöpft. (J. biol. Chemistry **195.** 583—90. April 1952. Berkeley, Univ., Dep. of Home Econom.) SCHWAIBOLD. 4587

J. Lucas Gallego, Villalonga Guerra und **A. Santos Ruiz**, *Wirkung der Folsäure bei der experimentellen makrocytären Anämie der weißen Ratte.* Von 34 mit einer synthet., sulfoguanidinhaltigen Diät anäm. gemachten Ratten starben 38,2%; bei Zugabe verschied. *Vitamin-B-Komplexe* zur Kost war die Sterblichkeit geringer. Als Symptome wurden Anorexie, Verdauungsstörungen, Gewichtsverlust, Störungen des Haarwuchses u. epiderm. Schäden beobachtet. Durch Verabreichung von 0,2—0,5 mg *Folsäure* konnten innerhalb weniger Tage die Symptome zum Verschwinden gebracht u. annähernd n. Blutzellenwerte erreicht werden. Vff. konnten beweisen, daß Anämie nicht durch die tox. Wrkg. der Sulfoguanidine, sondern infolge Vitamin-B-Mangels entsteht. Genaue Beschreibung der Verss. mit 10 Tabellen. — 34 Literaturangaben. (Medicina [Madrid] **20.** 297—322. Mai 1952. Madrid, Inst. Españ. de Física y Bioquím., Dep. de Bioquím.) KRUSEN. 4587

H. M. Hodge, C. T. Hanson und **R. J. Allgeier**, *Durch direkte Bakterienfermentation gewonnenes „animal protein factor" (APF)-Ergänzungsfutter.* Während das *Vitamin B_{12}* (**I**) u. der *„animal protein factor"* (APF) bisher immer durch aerobe Vergärung von geeigneten Nährböden gewonnen wurden, erhielten Vff. mit einer Mischkultur aus Pseudomonas sp., Streptococcus bovis, Proteus vulgaris u. Clostridium putrificum in anaerober Kultur auf einem Nährboden, der reich an pflanzlichem Protein u. möglichst arm an Kohlenhydraten war, in einer Ausbeute bis zu 0,416 γ **I**/ml Kulturlsg. den APF. Als für die schwach alkal. Kulturlsg. geeignete Proteine erwiesen sich Getreideproteine, Sojamehl, Baumwollsaatmehl u. Kopramehl sowie Hefe- u. Bakterieneiweiße, während Trockenmilch, Zein u. α-Protein aus Sojabohnen ungeeignet waren. Die APF-Produktion, gemessen an der **I**-Aktivität (Lactobacillus leichmanii-Test), erreichte in 16—24 Std. ihr Maximum, wenn vorher der Nährboden 48 Std. lang durch Aerobacter aerogenes saccharolyt. vergoren wurde. Das nach Ansäuern, Einengen auf 15% Trockengeh. u. Sprühtrocknen erhaltene stabile Pulver erwies sich in Tierverss. als sehr guter APF-Zusatz zu Futtermischungen, die vorwiegend pflanzliche Proteide enthielten. In einer Menge von 0,26% dem Futter zugesetzt, wurde durch dies APF-Zusatzfutter der gleiche Fütterungseffekt wie mit einem 3%ig. Zusatz an „fish solubles", die hauptsächlich als APF-Quelle verwendet werden, erzielt. (Ind. Engng. Chem. **44.** 132—35. Jan. 1952. Baltimore, US. Ind. Chemicals Co., Div. of Nat. Distillers Products Corp.) IPPEN. 4587

A. R. Todd und **A. W. Johnson**, *Vitamin B_{12}.* Der Übersichtsbericht behandelt Entdeckungsgeschichte, physikal. Eigg. u. die bei der Säurehydrolyse auftretenden, bisher isolierten Spaltstücke des *Vitamins B_{12}*, sowie einige synthet. Versuche. — 68 Literaturangaben. (Rev. pure appl. Chem. **2.** 23—32. März 1952. Cambridge, Univ., Dep. of Organ. Chem.) K. F. MÜLLER. 4587

Klaus Seelemann, *Untersuchungen über den Stoffwechsel des Vitamins B_{12} beim Kinde.* Die Ausscheidung von *Vitamin B_{12}* nach dessen intramuskulärer Injektion im Urin von 19 Kindern wurde unter Verwendung des *Lactobacillus leichmanii*-Testes untersucht, wobei durch entsprechende Inaktivierungsmethoden unspezif. Wuchsstoffe ausgeschaltet werden konnten. Bei den untersuchten Säuglingen ergab sich bei verschied. Ernährung keine nachweisbare B_{12}-Ausscheidung im Urin. Eine solche wurde nur nach Bluttransfusionen beobachtet, während nach Arzneimittelgaben (Penicillin, Aureomycin, Sulfonamide, Spirocid) kein B_{12} im Harn aufgefunden wurde. Bei älteren Kindern fand eine minimale B_{12}-Ausscheidung statt, die nach Bluttransfusionen ebenfalls anstieg. Nach parenteralen B_{12}-Gaben erfolgte ein steiler Anstieg der Ausscheidung am 1. Tag, dem ein langsamer Abfall im Verlauf einer Woche bis zum Nullwert folgte. Parenterale B_{12}-Gaben beeinflußten bei Säuglingen weder den Gewichtsverlauf noch den Allgemeinzustand. Es wird angenommen, daß B_{12} beim Menschen nicht die Rolle eines Wuchsstoffes, wie bei einigen Tierarten, spielt. (Z. Kinderheilkunde **71.** 483—89. 1952. Hamburg-Eppendorf, Univ., Kinderklinik.) K. F. MÜLLER. 4587

E. K. Blackburn, Joyce Burke, Cissie Roseman und **E. J. Wayne,** *Vergleich von Leberextrakt und Vitamin B_{12} (Cyanocobalamin) bei der Durchführung der Behandlung der perniciösen Anämie.* 60 Patienten mit perniciöser Anämie wurden durch *Vitamin-B_{12}*-Injektionen bei gutem Befinden gehalten. 22 dieser Patienten wurden vorher längere Zeit mit *Leberextrakten* u. erst dann mindestens 2 Jahre mit B_{12} behandelt. Nur in einem Fall trat eine statist. bedeutsame Abnahme der roten Blutkörperchenzahl ein, in 11 Fällen dagegen eine merkliche Zunahme. In keinem Falle zeigte sich eine bedeutende Abnahme der Hämoglobinkonzentration. 10 Patienten, die von Anfang an mit B_{12} behandelt wurden, zeigten bedeutend höhere rote Blutkörperchenzahlen u. Hämoglobinkonzz. als 10 andere Patienten, die nur Leberextrakte erhielten. Bei einigen Patienten trat bei der B_{12}-Behandlung eine auffallende Besserung ein; bei nur einem Patienten trat ein Rückfall ein. Es wurden keine Anzeichen für Wundzunge, gastrointestinale Störungen, neurolog. Komplikationen oder Leukopenie gefunden; Makrocytose kann vorkommen. Auf die Vorteile der B_{12}-Injektionen wird hingewiesen; Vff. empfehlen eine Mindestdosis von 50 γ/14 Tagen für Patienten mit perniciöser Anämie ohne neurolog. Komplikationen. (Brit. med. J. **1952.** II. 245—48. 2/8. Sheffield, Royal Infirmary, u. Univ.) K. F. MÜLLER. 4587

W. Goetsch, *Vitamine und Supravitamine.* Analog den von KOLLATH postulierten, für das Leben erforderlichen, übergeordneten Faktoren, den *Auxonen*, wurde etwa gleichzeitig, von einer ganz anderen Arbeitsrichtung her, durch GOETSCH ein anscheinend ident. *Wirkstoffkomplex „T"*, zuerst bei u. mit Hilfe von Termiten, erkannt, der viel wirksamer als die bekannten Vitamine ist u. bei verschied. Versuchstieren eine zusätzliche, bessere u. kräftigere Entw. bewirkt. Der *„T"*-Komplex (*Supravitamin, Auxon*) scheint Reserven zu mobilisieren, die erst optimales Leben ermöglichen, fördert den Aufbaustoffwechsel, bewirkt schnelleres Wachstum, schnellere Zellteilung, Anregung der Keimdrüsen, besseres Funktionieren der Verdauungsfermente u. der klass. Vitamine, beschleunigt Heilprozesse (Rachitis, Wund- u. Knochenheilung). Die chem. Natur der Faktoren, die die typ. *„T"*-Wrkg. geben, ist noch nicht geklärt. In *„T"*-Präpp. sind u. a. *Folsäure, Folinsäure, Vitamin B_{12}, Desoxyriboside, Leuconostoc citrovorum-* u. *Lactobacillus bulgaricus*-Faktor identifiziert worden. (Prakt. Chem. [Wien] **3.** 187—90. Aug. 1952. Salzburg.) K. MAIER. 4587

B. I. Janowskaja und **Je. A. Kraiko,** *Die Biosynthese des Vitamins C bei den Regulationseigenschaften des Organismus.* Die angewandte, vergleichend-physiol. Meth. zur Unters. des Umsatzes von *Vitamin C* (**I**) in Abhängigkeit von verschied. Bedingungen beruht auf der gleichzeitigen Unters. an 2 verschied. tier. Organismen, von denen der eine **I** zu synthetisieren vermag, während dem zweiten **I** zugeführt werden muß. Es wurde bei weißen Ratten u. Meerschweinchen **I**-Umsatz in Abhängigkeit von der negativen Wrkg. von *Chloreton, Veronal* u. *Medinal* auf die Tätigkeit des zentralen Nervensyst. untersucht. Bei Ratten fanden Vff. eine gesteigerte Biosynth. von **I**, während bei Meerschweinchen eine Verarmung des Organismus an **I** zu beobachten war. Die ungleichen Veränderungen des Geh. an **I** in verschied. Organen erklären Vff. durch die Annahme, daß **I** in denjenigen Organen mobilisiert wird, welche ihre Tätigkeit als Antwort auf erfolgte fremde Einww. intensivieren. Die erhöhte **I**-Synth. u. die selektive Verteilung von **I** auf verschied. Organe betrachten Vff. als kompensator. Rk. des Organismus, welche die Regulationstätigkeit bedingt. (Биохимия [Biochemie] **17.** 161—66. März/April 1952. Moskau, Ernähr.-Inst. der Akad. der Med. Wiss. der UdSSR.) ULMANN. 4587

C. D. Hughes, M. J. Swenson, G. K. L. Underbjerg und **J. S. Hughes,** *Die Funktion des Vitamins C in der Nebennierenrinde.* 3 Gruppen Meerschweinchen mit schwerer Arthritis, die mit einer Vitamin-C-freien Diät ernährt wurden, erhielten subcutane Injektionen mit *Cortisonacetat* (I), *ACTH* bzw. *Desoxycorticosteronacetat* (II); eine Gruppe gleich ernährter, arthrit. Meerschweinchen erhielt keine solchen Injektionen, u. eine weitere, nicht arthrit. Gruppe erhielt *Vitamin-C*-(III)-Injektionen. Bei den 4 ersten Gruppen traten nach 8—13 Tagen skorbut. Symptome auf. Die Verabreichung von ACTH u. II verschlimmert den arthrit. Zustand, während I diesen verbessert. ACTH-Injektionen regen die Nebennierenrinde nicht zur Produktion von Hormonen an, welche arthrit. Symptome bei skorbut. Meerschweinchen verhindern. Dieser Befund ist in Übereinstimmung mit der Theorie, daß III zur Produktion von Nebennierenrindenhormon des Oxytyps notwendig ist. (Science [Washington] **116**. 252—53. 5/9. 1952. Manhattan, Kansas State Coll., Dep. of Physiol. and Chem.) K. F. MÜLLER. 4587

R. M. Pratussewitsch, *Über Änderungen im Gehalt an Ascorbinsäure in der Rückenmarkflüssigkeit und im Blut bei einigen Neuroinfektionen bei Kindern.* Akute epidem. Poliomyelitis, Chorea minor u. akute Encephalitis werden von einer ausgesprochenen C-Hypovitaminose begleitet. Während der Rekonvalescenz geht die Hypovitaminose zurück, jedoch wird weder im Liquor noch im Blut der *Vitamin-C*-Spiegel der Kontrollgruppe erreicht. Bei den genannten Krankheiten ist deshalb die Anwendung von C-Vitamin dringend erforderlich. (Журнал Невропатологии и Психиатрии имени С. С. Корсакова [Korssakow J. Neuropathol. Psychiatr.] **52**. Nr. 2. 64—68. Febr. 1952. Republ. Wiss. Pädiatr. Forschungsinst., Klinik für Nervenkrankh.) RENTZ. 4587

H. A. Heinsen, *Die therapeutischen Möglichkeiten des Vitamin E.* 1. Mitt. Die therapeut. Anwendung des *Vitamins E* hat sich bes. bewährt auf dem Gebiet der neuro-endokrinen Regulationsstörungen u. der neuro-vegetativen Dystonie unter besonderer Berücksichtigung latenter Entgleisungen der Funktion der Nebenniere u. des Hypophysenvorderlappens bzw. des diencephalo-hypophysären Systems. (Therap. d. Gegenwart **91**. 281—84. Aug. 1952. Zeven/Hannover, Waldkrankenhaus, Med. Klinik.) K. F. MÜLLER. 4587

Ss. A. Kibardin, *Die Bestimmung des Vitamin E im Blutserum.* Bei der colorimetr. Best. von *Vitamin E* (I) im Blut nach Rotfärbung des Komplexes der aus Fe(III) u. I gebildeten Fe(II)-Verb. mit dem Indicator wird statt des bisher angewandten $\alpha.\alpha'$-Bipyridyls als Indicator *$\alpha.\alpha'$-Phenanthrolin* verwendet. Als Vergleichslsg. dient $FeSO_4 \cdot 7\,H_2O$. Zur Ermittlung der ähnlichen Rotfärbung durch *Cholesterin* (II) des Blutserums nach der Behandlung der Probe mit H_2SO_4 u. Eisessig wird II nicht an Phloridin adsorbiert, sondern in jeder Probe direkt nach dem üblichen Verf. bestimmt. Durch Vgl. der Färbung von bekannten, dem II-Geh. im Blutserum entsprechenden II-Konzz. nach Behandlung mit 85%ig. H_2SO_4, Auswaschen mit KOH u. Zugabe von Phenanthrolin mit der I-Färbung wird eine Eichkurve aufgenommen. Der Analysengang wird genau beschrieben. (Биохимия [Biochimia] **16**. 511—14. Nov./Dez. 1951. Leningrad, Pädiatr. Inst.) LEBTAG. 4587

G. M. van der Plank und **W. K. Hirschfeld,** *Globamin als Quelle essentieller Aminosäuren bei Zusatz zu Mischfutter für Schweine und Küken.* Fütterungsverss. mit Schweinen u. Küken zeigten, daß durch Zusatz eines Gemisches von 12 freien Aminosäuren (*Globamin*) zu pflanzliches Eiweiß enthaltendem Futter dieses den Nährwert von tier. Eiweiß enthaltendem Futter erhält. Zusatz von *Globamin* zu Futter mit tier. Eiweiß führt zu keiner Steigerung des Nährwertes. (Tijdschr. Diergeneeskunde **77**. 701—10. 1/10. 1952. Utrecht, Rijksuniv., Zoötechn. Inst.) KRUSEN. 4589

S. S. Shahinian, K. Ebisuzaki, Jean P. Kring, J. N. Williams jr. und **C. A. Elvehjem,** *Die Wirkung von Threonin bei der Induzierung eines Aminosäure-Mißverhältnisses.* In Fortführung früherer Verss. (vgl. HANKES, HENDERSON u. ELVEHJEM, J. biol. Chemistry **180**. [1949.] 1027 u. **189**. [1951.] 659) untersuchten Vff. die Wrkg. überschüssigen *dl-Threonins* (I), das zusammen mit einer 9%ig. Caseindiät verfüttert wurde, auf das Wachstum von Ratten. Die Ergebnisse unterstützen nicht die Annahme, daß I die Umwandlung von Tryptophan zu Pyridinnucleotiden hemmt. Vielmehr scheint I die Verdauung u. Resorption der Nahrungsmittel zu verringern. (Proc. Soc. exp. Biol. Med. **80**. 146—50. Mai 1952. Madison, Univ. of Wisconsin, Coll. of Agricult., Dep. of Biochem.) V. PECHMANN. 4589

R. O. Neumann, *32 Jahre eigene Stoffwechselversuche von 1896—1928. Ein historischer Rückblick.* Vf. gibt einen Rückblick über die verschied. Ernährungsprobleme, die er in Stoffwechselverss. bearbeitet hat. Es wurden u. a. durchgeführt: Unterss. über die Verwertung von Eiweißpräpp. (*Somatose, Tropon, Soson, Plasmon, Myogen*), Stoffwechsel- u. Ausnutzungsverss. an 21 verschied. Brotsorten (darunter eine Reihe von Kriegs- u. Ersatzbroten), langdauernde Stoffwechselverss. zur Prüfung der eiweißsparenden Wrkg. von *A.*, Unters. über die Güte des *Kakaos*, die Unschädlichkeit des *Saccharins*, die täglich notwendige Eiweißmenge, über die Unzulänglichkeit der rationierten Nahrung

1916—1917, die Verluste der Nahrungsmittel im Küchenbetrieb. (Dtsch. Z. Verdauungs- u. Stoffwechselkrankh. **12.** 49—55. April 1952. Hamburg, Hygien. Inst.) NEHRING. 4589

M. J. Masson und **A. T. Phillipson,** *Die Zusammensetzung des Verdauungsbreies beim Verlassen des Magens.* Es wurde mit Fisteln gearbeitet, mit denen aus dem Pansen, Labmagen u. Dünndarm Saft entnommen wurde, der dann auf den Geh. an *flüchtigen Fettsäuren,* auf Acidität u. Chloridgeh. untersucht wurde. Die Konz. an flüchtigen Fettsäuren in den Verdauungssäften war beim Verlassen des Magens nur $^1/_7$—$^1/_{20}$ so hoch als im Pansensaft. Chlorid- u. Trockensubstanzgeh. verhalten sich umgekehrt proportional. Der Geh. an Chloriden im Inhalt des Pansens, Blättermagens u. Labmagens nimmt in dieser Richtung zu. Der Geh. an Chlorid im Magensaft lag im Durchschnitt bei 157 Milliäquivalent/Liter, die Acidität im Mittel bei 86 Milliäquivalent/Liter. Im Hungerzustand nimmt die Acidität des Magensaftes ab. Es wird angenommen, daß W. aus dem Verdauungsbrei resorbiert wird, bevor dieser in den Labmagen eintritt. Aus dem Geh. an Chloriden wird errechnet, daß die Menge an Magensaft sich zu der des Saftes im Blättermagen wie 2:1 verhält. Es wird angenommen, daß dem Verdauungsbrei bereits vor Eintritt in den Magen W. entzogen wird. (J. Physiology **116.** 98—111. 28/1. 1952. Aberdeenshire, Bucksburn, Rowett Res. Inst.) NEHRING. 4594

H. Ph. Häusler, *Die zentrale Stoffwechselreaktion auf die parenterale Zufuhr von Aminosäuren.* Intravenöse Gaben von *Cystin, Methionin* u. *Glykokoll* (I) erhöhen in etwa gleicher Stärke, im Gegensatz zur oralen Gabe von Proteinen, den Rest-N-Geh. des Blutes u., genau so wie Proteine, den Gasstoffwechsel (O_2), weil die Regulationen durch den plötzlichen Anfall von Amino-N überlastet werden. — Schnelle intravenöse Injektion von 5,0 g I erhöht den Rest-N um 20 mg-% mit einer negativen Nachschwankung; der Anstieg des O_2-Verbrauchs bleibt länger erhöht als der Rest-N u. ist höher, als dem zugeführten Brennwert entspricht. — Die Dissimilationsschwelle für I wird bestimmt, indem die Dosis von 0,005 g auf 0,2 g I pro kg Körpergewicht gesteigert wird, u. die Umkehr der anfänglich negativen, spezif. dynam. Wrkg. auf erhöhte, positive Werte festgestellt wird. Sie liegt für I beim Gesunden bei ca. 10 mg/kg, ist bei 36 Fällen von Stammhirnerkrankungen, cerebraler Arteriosklerose u. Postencephalitis mit ca. 100 mg/kg erhöht u. bei Morbus Basedow stark erniedrigt. — Diese Meth. zur Best. der spezif. dynam. Wrkg. ist den bisherigen überlegen, weil sie quantitative Angaben für zentrale Störungen gibt. (Wiener med. Wschr. **102.** 259—61. 5/4. 1952. Wien, 1. Med. Univ.-Klinik.) KLINGMÜLLER. 4595

Claude A. Villee, Vivien K. White und **A. Baird Hastings,** *Stoffwechsel von ^{14}C-markierter Glucose und Pyruvat im Rattendiaphragma in vitro.* Am Diaphragma von n., diabet. u. adrenalektomierten Ratten wurden *Glucose* (I)- u. *Pyruvat* (II)-Verbrauch, *Glykogensynth.*, Lactatbldg. u. Abbau von II u. I zu CO_2 bei Inkubation in I- u. II-haltiger Pufferlsg. mit u. ohne Insulinzusatz untersucht, wobei einmal I, das andere Mal das II markiert war. Im diabet. Muskel wurde weniger II aus I gebildet als im Muskel vor u. nach Adrenalektomie. Insulin steigerte die aus I gebildete II-Menge, aber nicht die Gesamtmenge. Die Verminderung des II-Verbrauchs u. -Abbaus zu CO_2 im diabet. Muskel wurde durch Insulin aufgehoben. Die Glykogenbldg. aus I nahm bei Insulinzusatz stark zu, aus II nur relativ ab, Adrenalektomie verminderte die Milchsäurebldg. u. den II-Abbau zu CO_2. Die Ergebnisse stehen in Einklang mit der Theorie, daß Insulin das Hexokinasesyst. u. die Aufnahme von II in den Tricarbonsäurecyclus beeinflußt. (J. biol. Chemistry **195.** 287—97. März 1952. Boston, Mass., Marvard Med. School, Dep. of Biol. Chem.) SCHWEIGER. 4596

Arvid Ek, Henry Kissman, James B. Patrick und **Bernhard Witkop,** *Chemische Beiträge zum Mechanismus der biologischen Oxydation von Tryptophan.* Vff. diskutieren eingehend den chem. u. biol. Abbau des *Tryptophans* (I). Erstes Oxydationsprod. der *Indol*-Derivv., einschließlich I, durch Rk. mit mol. O_2, Persäuren u. Enzymen sind *β-Oxypseudoindol* bzw. *β-Hydroperoxypseudoindole.* Diese Oxyindoline (II) zeigen charakterist. Reaktionen. In saurem Medium findet intermol. oder bei Ggw. von Substituenten (z. B. Alaninkette bei I) intramol. Kondensation zu Verbb. des Eserolin-Typus statt. Unter anderem addieren II H_2O_2 (a), Essigsäure (b), Essigsäureanhydrid (c), Persäuren oder H_2O_2 (d) zu Prodd., die formal bei anhydratisierten Ketonen, bei b Monoacetaten, bei c Orthoacetaten u. bei d Ketonhydroperoxyden (III) entsprechen. Die oxydative Ringspaltung über III als Zwischenprod. entspricht der Lactonbldg. aus Ketonen mittels Perverbindungen. Mit diesem Mechanismus ließe sich der biol. Abbau von I zu *Formylkynurenin* erklären. Bei Anlagerung von H_2O oder Essigsäure an II (a u. b) bilden sich Glykole, die im sauren Milieu nach H_2O-Abspaltung in Oxindole übergehen oder im neutralen oder alkal. Medium eine oxydative Ringspaltung erleiden können. Ein weiterer Mechanismus des biol. Abbaus von I läßt sich über die Stufe des *β-Hydroperoxypseudo*-I diskutieren. (Experientia [Basel] **8.** 36—40. 15/1. 1952. Washington u. Cambridge, USA.) v. PECHMANN. 4596

P. V. Karambelkar, V. N. Patwardhan und **A. Sreenivasan**, *Untersuchungen über den Proteinstoffwechsel: Kreatininausscheidung im Verhältnis zur Herkunft der Nahrungsproteine.* Bei einem Geh. der Nahrung an tier. Protein von 7,3—22,5% der Gesamtproteine zeigten 7 Versuchspersonen eine tägliche *Kreatinin*(I)-Ausscheidung von 1,0 bis 1,41 g. Bei Erhöhung der Anteile an tier. Eiweiß auf 41,7—49% des Gesamteiweißes stieg die I-Exkretion bei 5 Personen um 7,3—21,2% gegenüber den vorhergehenden Werten. (Indian J. med. Res. **40.** 89—93. Jan. 1952. Bombay, Univ., Dep. of Chem. Technol.; Connor, South India, Indian Counc. of Med. Res., Nutr. Res. Labor.) Krusen. 4596

J. R. Borst, *Endogener Eiweißabbau bei urämischen Patienten.* Nach Hinweis auf die Bedeutung des „endogenen" Eiweißabbaues bei Urämie u. die Mittel zu seiner Einschränkung wird das Krankheitsbild einer an Lymphosarkomatose der retroperitonealen Lymphdrüsen erkrankten Frau besprochen, bei der infolge Ureterenkompression in Perioden von 18 bzw. 24 Tagen völlige Anurie eintrat. (Nederl. Tijdschr. Geneeskunde **96.** 1194—99. 17/5. 1952. 's-Gravenhage, Gemeenteziekenhuis.) Frühwald. 4596

Ss. M. Leitess, *Der Stoffwechsel im Fettgewebe und seine Regulierung.* Übersichtsref. über die Stoffwechselvorgänge im Fettgewebe u. die Regulierung des Fettansatzes u. der Fettmobilisierung. (Успехи Современной Биологии [Fortschr. gegenwärt. Biol.] **34.** 8—28. Juli/Aug. 1952.) Rentz. 4596

M. Je. Raisskina, *Der Stoffwechsel des Herzmuskels.* Ausführliche Darst. der Stoffwechselvorgänge im Herzmuskel u. ihrer Beziehungen zu den elektr. Erscheinungen im Herzen an Hand von fast 100 einschlägigen sowjet. u. ausländ. Veröffentlichungen. (Успехи Современной Биологии [Fortschr. gegenwärt. Biol.] **33.** 173—201. März/April 1952.) Rentz. 4596

H. McIlwain, P. J. W. Ayres und **Olga Forda,** *Stoffwechselreaktion auf elektrische Reizung abgetrennter Teile des menschlichen Gehirns.* Bei Operationen frisch entnommenes Gehirngewebe läßt sich ohne merkliche Änderung seiner Atmung u. Glykolyse bei 0° 2—6 Std. aufbewahren. Mittels bes. konstruierter Elektroden wurden solche Teile elektr. gereizt u. der Verbrauch an O_2 danach bestimmt. Dieser nahm signifikant zu, u. zwar in Teilen der grauen Substanz doppelt so viel als in der weißen Gehirnsubstanz. Entsprechende Verhältnisse ließen sich bei der Glykolyse auffinden. Nach Unterbrechung der Reizung wurde der Ausgangswert wieder erreicht, der im Mittel 40 μmol/g/Std. beträgt. (J. Mental Sci. **98.** 265—72. April 1952. London, Univ., Inst. of Psychiatry, Biochem. Labor.) P. G. Scheurlen. 4596

N. N. Jakowlew, *Der Fettstoffwechsel bei langdauernder körperlicher Beanspruchung.* 5- u. 10 km-Lauf, 10 km-Gehen u. Rudern führen zu einer Erhöhung des Gesamtfettgeh. u. Herabsetzung der Phospholipoide des Blutes. An weißen Ratten kommt es nach körperlicher Belastung anschließend an die genannten Veränderungen zu einer Leberverfettung. Diese kann durch lipotropreiche Diät (Milch, Quark, Käse usw.) beseitigt werden, während eine fettreiche Diät diese sogar fördert. (Физиологический Журнал СССР имени И. М. Сеченова [Ssetschenow J. Physiol. UdSSR] **38.** 332—36. Mai/Juni 1952. Leningrad, Wiss. Forschungsinst. für Körperkultur, Abt. Stoffwechsel.) Rentz. 4596

J. Chaptal, P. Cazal, D. Brunel und **R. Jean,** *Leberverfettung des Säuglings.* In Fortsetzung früherer Arbeiten (Arch. franç. Pédiatrie **1950.** 465) wird über 155 Fälle von Leberverfettung bei Säuglingen berichtet. Abgehandelt werden die Ätiologie der Erkrankungen (leichte u. schwere Fälle), die klin. Beobachtungen, die Physiopathologie unter schemat. Darst. des Lipoidstoffwechsels sowie die therapeut. Maßnahmen. Zusammenfassend wird gefolgert, daß die Leberverfettung des Säuglings ein Syndrom ist, dessen Ursache sehr verschieden sein kann. Es wird eine latente, gutartige, spontan heilende sowie eine schwere Form unterschieden; diese ist bei Kindern unter 1 Jahr als sehr ernst zu beurteilen (Sterblichkeit 30—100%). Auf Grund spezieller klin. Beobachtungen ist frühzeitige Diagnose u. damit eine Besserung des Zustandes durch Einsatz von Schutzfaktoren u. diätet. Maßnahmen möglich. (Montpellier méd. **95.** [3]. 41/42. 91—116. März/April 1952. Montpellier, Clin. des maladies des Enfants et d'Hyg. du Premier Age, u. Labor. de Pathol.) Täufel. 4597

A. G. Ginetzinski, *Die Funktion der Nieren in der postnatalen Frühperiode.* Übersichtsarbeit. (Успехи Современной Биологии [Fortschr. gegenwärt. Biol.] **33.** 233—59. März/April 1952.) Rentz. 4597

Carl-Günther Schmücking, *Die Bestimmung der Quaddelresorptionszeit mit Hilfe radioaktiver Kochsalzlösung.* Nach Besprechung der bisher üblichen Methoden zur Messung der Quaddelresorptionszeit nach intracutaner *NaCl*-Quaddel berichtet Vf. über eine neue Meth. unter Verwendung radioakt. Na. 3 cm von der Quaddel entfernt werden die von ^{24}Na ausgehenden Impulse mit einem Geiger-Müller-Zählrohr gemessen, der log. der Impulse wird graph. dargestellt. Die Resorption erfolgt nach einem Exponentialgesetz. Ein Nachteil liegt in der kurzen Halbwertszeit des ^{24}Na (14,8 Std.). Geeigneter wäre ^{22}Na, das als Lsg. jahrelang aufbewahrt werden könnte. Vorbehandlung der Haut mit *Akrotherm* (Nicotinsäurebenzylestersalbe) u. *Novocain*-Blockaden verursachte eine verkürzte Resorptionszeit. (Arch. Dermatologie Syphilis **193.** 35—41. 1951. Hamburg-Langenhorn II, Allg. Krankenhaus Heidberg.) BALZER. 4597

Shozo Inamura, *Wirkung verschiedener Ionen auf die Empfindung des Labyrinthes des Aales (Anguilla japonica).* (Zusammenfassende Mitt.) Nach 3—4 Min. dauerndem Durchströmen von isoton. Lsgg. von *NaCl, NaBr, NaJ, NaF,* $K_4Fe(CN)_6$, NH_4Cl, *KCl, LiCl,* $MgCl_2$ u. $CaCl_2$ durch die Blutgefäße von Aalen wurden diese getötet u. die Labyrinthe mikroskop. untersucht. Negative Ionen ergaben in der Reihenfolge $F^- < Fe(CN)_6^{4-} < Br^- < J^-$ Atrophie der Cupula u. Verschwinden oder Verminderung des Subcupularraumes. Positive Ionen bewirkten in der Reihenfolge $Li^+ < K^+ < Ca^{++} < Mg^{++}$ Hypertrophie der Cupula u. Erweiterung des Subcupularraumes. Die otolith. Membranen der Maculae zeigten bei Einw. der genannten Ionen gleiches Verhalten. — 13 Abbildungen. (Tohoku J. exp. Med. **54.** 145—50. 25/6. 1951. Sendai, Japan, Tohoku Univ., Inst. of Oto-, Rhino- and Laryngology.) KRUSEN. 4598

U. F. Franck, *Elektrochemische Modelle zur saltatorischen Nervenleitung.* Vf. untersucht die Erregungsfortpflanzung am markhaltigen Nerv mit Hilfe eines Modells, an dem die in gleichmäßigen Abständen in die Wandungen eines Glasrohres eingeschmolzenen Eisenelektroden die Funktion der KOUVIERschen Schnürringe übernehmen. Das Rohr ist mit einem Elektrolyten gefüllt u. liegt in konz. HNO_3. Die Eisenelektroden passivieren sich dabei u. verhalten sich bei ihrer elektrochem. Aktivierung reaktionskinet. wie die erregbare Protoplasmamembran lebender Zellen. Die Erregungsfortpflanzung erfolgt sprungartig (vgl. auch BLAIR u. ERLANGER, Amer. J. Physiol. **126.** [1939.] 97; TASOKI u. TAKEUCHI (Pflügers Arch. ges. Physiol. Menschen Tiere **245.** [1942.] 764); HUXLEY u. STÄMPFLI (J. Physiology **108.** [1949.] 315), wobei die Fortpflanzungsgeschwindigkeit der Erregung u. die dafür benötigte Energie von den geometr. Abmessungen des saltator. leitenden Nervs abhängig ist. (Z. Elektrochem. angew. physik. Chem. **55.** 535—38. Aug. 1951. Göttingen, Max-Planck-Inst. für physikal. Chem.) ERIKA HAAS. 4598

—, Die Chemie und der Stoffwechsel des Nervengewebes. Berlin, Göttingen, Heidelberg: Springer. 1952. (153 S. m. 23 Abb.) 8° = Colloquium der Gesellschaft für physiolog. Chemie. 3. DM 15.60.

E₆. Pharmakologie. Therapie. Toxikologie. Hygiene.

Robert Schrek und **John N. Ott jr.,** *Untersuchungen über den Tod bestrahlter und nicht bestrahlter Zellen durch Zeitraffer-Kinomikrographie.* Mit Hilfe von Mikrofilmaufnahmen mit dem Phasenkontrastmikroskop wurde das Absterben n. Lymphocyten der Kaninchenthymus u. maligner Lymphocyten eines transplantablen Rattensarcoms untersucht. Die Thymuszellen wurden vor der Photographie Röntgenstrahlen (1000 r) ausgesetzt. Tote Zellen zeigten völlige Unbeweglichkeit, lebende Zellen undulierende, schwingende u. amöboide Bewegungen. Der gelegentliche Zelltod geht rasch vor sich, wie bei der Fixierung, mit plötzlichem Bewegungsverlust u. leichter Zellgestaltveränderung. Die meisten der bestrahlten u. malignen Lymphocyten gingen durch ein Degenerationsstadium, mit schnellem Formwechsel u. Vakuolenbldg., die im Innern des Kerns auftritt u. ein kurzes Zwischenstadium in der Entw. pyknot. Kerne von bestrahlten Zellen sein soll. (A. M. A. Arch. Pathol. **53.** 363—78. April 1952. Hines, Ill., u. Winnetaka, Ill.) ITZEROTT. 4601

Josef Becker und **Kurt Ernst Scheer,** *Fortschritte auf dem Gebiete der Radiochirurgie mit radioaktiven Isotopen.* Als bes. zweckmäßige Anwendungsform für radioakt. Kobalt (^{60}Co) empfehlen Vff. auf Grund ihrer Erfahrungen: 1. Kugeln aus metall. Co (Durchmesser je nach Anwendungszweck 4,6 oder 7 mm), die mit einem dünnen Überzug aus Au versehen sind, nach Art einer Perlenschnur aufgezogen u. eingeführt werden (z. B. in eine Blase.) 2. Zur Bestrahlung oberflächiger Tumoren wurde eine plast.-knetbare M. verwendet, in der mkr. feine Co-Partikelchen gleichmäßig verteilt sind u. die sich den anatom. Gegebenheiten der Körperoberfläche leicht anpassen läßt. (Aerztl. Forsch. **6.** I/249—57. 10/6. 1952. Heidelberg, Univ., Czerny-Krankenhaus für Strahlenbehandlung.) REUSSE. 4601

W. K. Sinclair und **H. Blondal,** *^{32}P-Betastrahler für die Oberflächentherapie.* Die Möglichkeiten der Therapie von Hautkrankheiten mit β-Strahlen werden allg. behandelt u. speziell die Vorteile des ^{32}P als β-Strahler herausgestellt. Eine für therapeut. Zwecke bes. geeignete Applikatorform besteht aus einer *Polythen*-Folie, die mit rotem P angereichert ist. Günstigste relative Tiefendosis in Verbindung mit guter Anschmiegsamkeit an die Hautoberfläche erhielten Vff. bei einer Schichtdicke von 55—65 mg/cm². Mit einer flachen Ionisationskammer unmittelbar hinter der akt. Folie kann laufend die Oberflächendosis kontrolliert werden. Die Oberflächendosis u. die Tiefendosis als Funktion der Folienstärke u. die Oberflächendosis in der Mitte der Folie als Funktion von deren Fläche werden in Kurvenform mitgeteilt. Die therapeut. Wrkg. der Strahlung bei Basalzellencarcinomen, chron. Psoriasis sowie auf der gesunden Haut (Erythembldg.) werden an Hand photograph. Aufnahmen demonstriert. (Brit. J. Radiol. **25.** 360—68. Juli 1952. London, Royal Cancer Hosp., Physics Dep.) Reusse. 4601

W. Neuweiler und **H. Aeppli**, *Zur intrauterinen Radiumbehandlung gutartiger Blutungsstörungen.* Die intrauterine Radiumtherapie bei gynäkolog. Blutungsstörungen steht bzgl. Erfolgssicherheit u. Nachwirkungen zwischen hormonaler Behandlung u. Röntgenkastration. Von 61 behandelten Fällen konnten 35 über längere Zeit beobachtet werden. Gegenüber der Röntgenkastration ergaben sich geringere Ausfallserscheinungen, die außerdem leichter auf hormonalem Wege zu regenerieren waren. 18 der Patientinnen wurden sofort, 6 nach 1—3 Menstruationen amenorrhoisch, 7 benötigten eine weitere Behandlung, u. 4 menstruierten nach der Bestrahlung cyclusgerecht. Behandlungsbedürftige Ausfallserscheinungen traten in 6 Fällen auf. (Radiol. clin. [Basel] **21.** 89—96. März 1952. Bern, Univ., Frauenklinik.) Reusse. 4601

Olle Hogeman, *Erhöhter Nichtprotein-Stickstoff und Urographie.* Es werden die 50 in der Literatur beschriebenen Todesfälle nach intravenöser *Urographie* mit organ. *Jodverbb.* miteinander verglichen. Vf. kommt nach krit. Beurteilung der Fälle zu der Schlußfolgerung, daß eine Hypersensibilität gegenüber dem angewendeten J-haltigen Kontrastmittel u. nicht etwa eine geringe Menge an freiem oder frei werdendem J für den letalen Ausgang verantwortlich zu machen sei. Daher ist erhöhter Nichtprotein-N im Harn, der wohl eine verminderte Nierenfunktion, aber keine Parenchymveränderungen anzeigt, nicht als Gegenindikation für intravenöse Urographie zu werten. — 54 Literaturhinweise. (Acta Soc. med. Upsaliensis **57.** 161—84. 20/6. 1952. Upsala, Royal Acad. Hosp., Med. Clinic.) v. Pechmann. 4601

N. A. Barssukow, *Wundbehandlung durch UV-Strahlen bei Tieren.* Die UV-Bestrahlung von Tieren mit Hypererythem-Dosis in 5—6tägigem Abstand im Wundgebiet u. den umgebenden Hautpartien wirkt durch Aktivierung der fermentativen u. autolyt. Prozesse sowie durch Beschleunigung der Wundreinigung von nekrot. Gewebe u. Bakterien infolge verstärkter Sektretion günstig. Die im Behandlungsverlauf auftretende starke Hyperämie verbessert die Ernährung der Gewebe der Wundpartien. (Ветеринария [Tierheilkunde] **29.** Nr. 1. 49—52. Jan. 1952. Moskau, Tierärztl. Akad.) K. Maier. 4601

K. A. Drjagin, *Schwefelwasserstoff-Kohlensäure-Schlammbäder.* H_2S-CO_2-Schlammbäder stellen ein neues, wirksames balneol. Hilfsmittel dar, wobei weniger die Temp. als H_2S- u. CO_2-Geh. für die Wrkg. entscheidend sind. Die Wrkg. erfolgt über eine Erweiterung der peripheren Gefäße u. eine Vergrößerung der zirkulierenden Blutmenge. Die Behandlung mit H_2S-CO_2-Schlammbädern ist bei rheumat., Herz- u. Gefäßerkrankungen angezeigt. Es wurde in ca. 90% der Fälle eine Besserung erzielt. Der Geh. der Bäder an H_2S betrug 100—150 mg/Liter, an CO_2 2—3 g/Liter (Temp. 35—36°, Dauer 15 Min., Zahl der Bäder 18—20). (Советская Медицина [Sowjet-Med.] **16.** Nr. 4. 10—12. April 1952.) K. Maier. 4603

Je. I. Sselunskaja, *Die Behandlung der infektiösen Vaginitis bei Kühen mit Knoblauchpräparaten.* Knoblauchpräpp. (I) eignen sich für die Behandlung der Vaginitis der Kühe. Ihre Wrkg. beruht anscheinend auf dem Geh. an bactericid wirksamen Phytonciden. Im Vgl. zu anderen Behandlungsmethoden gibt I rascher therapeut. Effekte. Zur Behandlung werden mit I getränkte Tampons in die Vagina eingeführt. (Ветеринария [Tierheilkunde] **29.** Nr. 1. 56—57. Jan. 1952. Troitzkoje, Tierärztl. Inst.) K. Maier. 4610

A. B. Christian, *Phthalylsulfacetamid zur Behandlung des Durchfalls bei Kälbern.* 27 Kälber mit infektiösem Durchfall wurden mit *Phthalylsulfacetamid* (I) behandelt. Dosierung ca. 5 g/kg täglich in unterteilten Dosen im allg. über 3 Tage. Da I im Intestinaltrakt gut resorbiert wird u. an tiefliegende Infektionen herankommt, eignet es sich zur Behandlung des beschriebenen Krankheitsbildes. (J. Amer. veterin. med. Assoc. **121.** 185—86. Sept. 1952. Asheville, N. C.) Dossmann. 4610

P. L. Narasimha Rao und **S. C. L. Verma**, *Bemerkung zur subcutanen Toxizität von Morellin und seiner Anwendbarkeit zur lokalen Applikation. Morellin* (I) zeigte in 2—4% ig. Lsg. in Olivenöl bei Dosierungen bis zu 450 mg/kg bei subcutaner Applikation an Mäuse keine Toxizität. I erwies sich in 2% ig. Lsg. in Olivenöl u. in 1% ig. Lanolinsalbe bei lokaler Behandlung von mit pathogenen Kokken infizierten Wunden u. Geschwüren als wirksam. (Current Sci. **21.** 219. Aug. 1952. Bangalore, Indian Inst. of Sci., Dep. of Biochem., Antibiot. Labor.) Krusen. 4610

Hans Jochen Wolfschlag, *Tierexperimentelle Untersuchungen zur Therapie der Toxoplasmose.* Vf. berichtet ausführlich über Verss. zur Therapie der Toxoplasmose an Bruteiern u. Mäusen mit *Sulfathiazol* (I) u. *Sulfapyrimidin* (II). Während es an Bruteiern nicht gelang, die Ergebnisse amerikan. Autoren zu bestätigen, konnte an Mäusen gezeigt werden, daß nach einer Behandlung mit II nach 14 Tagen noch 25%, mit I sogar noch 75% der Tiere am Leben waren. 2 Tiere brachten während der Behandlung gesunde Junge zur Welt. Die überlebenden Tiere waren seronegativ. Die erzielten Ergebnisse werden im Hinblick auf die Behandlung der menschlichen Toxoplasmose diskutiert. (Z. Kinderheilkunde **69.** 564—77. 1951. Freiburg/Br., Univ., Kinderklinik.) R. KÖNIG. 4610

Andrés S. Santamarina, *Sulfotherapie bei fibrösen Formen der Lungentuberkulose.* Erscheinungsformen der Lungentuberkulose, ihre Erkennung. Behandlung mit dem Na-Salz einer Komplexverb. der Gruppe S_3O_6'', „*Triom*"; Wrkg. des Prod. in 7 Krankheitsfällen. (Clín. y Lab. **54.** (**37.**) 52—62. Juli 1952.) ALTPETER. 4610

Fridolf Franzas, *Betrachtungen über die Urogenitaltuberkulose in Finnland vor der Einführung von Streptomycin.* Statistik über Auftreten u. therapeut. Erfolge bei Urogenitaltuberkulose während der Zeit von 1938—1948. — 76 Literaturangaben. (Acta chirurg. scand., Suppl. Nr. **170.** 5—96. 1952.) LOCH. 4610

W. Löffler, S. Moeschlin und **H. Zollikofer,** *Dauerheilung der Meningitis tuberculosa in 90% durch Kombination von Streptomycin mit der intravenösen PAS-Infusion (36 Fälle).* Die hochdosierte *PAS*(I)-Infusionsbehandlung in Kombination mit *Streptomycin* (II) ergibt bei der Meningitis-Tbc., bei Miliar-Tbc. u. anderen schweren tuberkulösen Affektionen die besten heute auf chemotherapeut. Wege zu erzielenden Ergebnisse. Dosierung: I: 1. Woche 40 g täglich intravenös; 2.—8. Woche 30 g intravenös; 3.—6. Monat täglich 12—14 g per os. II: intramuskulär 2 mal 0,5 g täglich 8 Wochen lang, dann weitere 4 Monate 1 mal 5 g täglich oder intralumbal: 1. Woche täglich 100 mg; 2.—4. Woche täglich 50 mg; 2. Monat 3 mal wöchentlich 50 mg; 3. Monat 2 mal wöchentlich 50 mg; 4.—6. Monat 1 mal wöchentlich 50 mg. Von 36 Meningitis-Tbc.-Patienten wurden unter dieser Behandlung 31 symptomfrei, 2 sind noch in Behandlung, u. nur 3 starben. Als einzige Schädigungen werden Vestibularis- u. in 3 Fällen auch schwere Akusticusschädigungen durch II beobachtet. (Dtsch. med. Wschr. **77.** 542—52. 25/4. 1952. Zürich, Med. Univ. Klinik.) BÖHM. 4610

Edwin J. Pulaski, Francis M. Forster und **John W. Trenis,** *Anwendung und Mißbrauch neuer Arzneimittel.* In Frage u. Antwort werden die Eigg. der bisher bekanntgewordenen *Antibiotica* im Hinblick auf ihre bakteriol. u. therapeut. Wirkungen besprochen. Ferner werden die für die verschied. Krankheitsbilder der Neurologie geeigneten *Chemotherapeutica* behandelt, außerdem betreffen die Fragen die geeignete Auswahl unter den verschied. Mitteln, die heute zur Bekämpfung der Tuberkulose eingesetzt werden. (Med. Ann. District Columbia **21.** 430—38. 466. Aug. 1952. Washington, Walter Reed Army Hosp., u. Georgetown, Univ., School of Med., u. George Washington School of Med.) DOSSMANN. 4610

W. I. Ssorokina und **M. P. Makarow,** *Behandlung eitriger Prozesse in den Lungen durch Zufuhr von Penicillin auf dem Wege des Durchstiches der Tracheen.* Vff. empfehlen zur Behandlung eitriger nichtspezif. Lungenprozesse die intratracheale Zufuhr von *Penicillin* (I) (Einstich unterhalb der Schilddrüse, Injektion von 100000—300000 I.E. I pro dosi, gelöst in 0,5%ig. Novocainlsg.). Die Injektionen, von denen für eine Kur bis zu 15 benötigt werden, sind einfach u. fast schmerzlos durchzuführen. (Советская Медицина [Sowjet-Med.] **16.** Nr. 5. 36—37. Mai 1952. Kyibyschew, Med. Inst., Hosp. Therapeut. u. Hosp. Chirurg. Klinik.) RENTZ. 4611

W. I. Welikanowa, *Die Anwendung von Penicillin bei der Peritonitis appendiculärer Herkunft.* Bei eitrigen Peritonitiden appendikulärer Herkunft ist die Wrkg. von *Penicillin* (I) für sich allein (täglich 100000—250000 E. intraperitoneal u. 150000 E. intramuskulär) günstiger als die der Sulfonamide (II) u. nicht schlechter als die Kombination von I u. II. Vf. macht jedoch auf urämieähnliche Erscheinungen aufmerksam, die er in 2 von 188 Peritonitisfällen beobachtete u. die er dem I zur Last legt. (Советская Медицина [Sowjet-Med.] **16.** Nr. 1. 5—6. Jan. 1952. Russakow-Kinderklinik, Chirurg. Abt.) RENTZ. 4611

Ss. A. Rewjakin, *Intraperitoneale Zufuhr von Penicillin bei der eitrigen Peritonitis.* Vf. empfiehlt bei diffusen eitrigen Peritonitiden die intraperitoneale Zufuhr von 200000 E. Penicillin in 100 cm³ physiol. NaCl-Lösung. Nachher weitere 3 Injektionen alle 6—8 Std. von je 100000 E. Daneben Infusionen von physiol. NaCl-Lsg. (3—4 Liter täglich als Dauertropf), intravenöse Zufuhr von Glucose u. 10% NaCl, Herzmittel u. Bluttransfusionen. Auf diese Weise gelang es Vf., von 61 Patienten 59 zu retten. Injektionen durch die Bauchdecke sind jedoch nicht ungefährlich, u. es werden statt dessen die Anwendung eines Dauerkatheters (für 3—4 Tage) vorgeschlagen. (Советская Медицина [Sowjet-Med.] **16.** Nr. 1. 32—33. Jan. 1952. Stry, Städt. Krankenhaus, Chirurg. Abt.) RENTZ. 4611

Ss. N. Prawednikow, *Die lokale Penicillintherapie bei Furunkeln und Karbunkeln im Gesicht.* Bei Furunkeln u. Karbunkeln des Gesichts (70 Fälle) wurde die Gazeschicht eines Heftpflasterverbandes alle 6 Std. mit 25000—50000 E. Penicillin getränkt, insgesamt 200000—300000 E. für eine Kur. Der Verband wird 3 Tage lang nicht abgenommen. Die Schmerzen verschwinden sehr bald, u. die Abstoßung der nekrot. Teile erfolgt rascher als sonst. (Советская Медицина [Sowjet-Med.] **16.** Nr. 1. 13. Jan. 1952. Winnitza, Med. Inst., Klinik für hospit. Chirurgie.) RENTZ. 4611

W. A. Igoschin, *Penicillin bei der blitzartigen Gangrän der Geschlechtsorgane.* 4 Fälle von blitzartiger Gangrän der Geschlechtsorgane wurden mit intramuskulären Injektionen von je 25000—40000 I.E. *Penicillin* (I) alle 3 Std. behandelt. Lokal fand eine I-Salbe Anwendung (5000 I.E. auf 1 g). Es gelang, die Gangrän während der ersten Tage nach Verabreichung von insgesamt 200000—300000 I.E. I zu kupieren. Bis zum völligen Verschwinden der Allgemeinerscheinungen wurden 600000—900000 I.E. I benötigt. I ist ein wesentlich wertvolleres Heilmittel als das antigangränöse Serum bzw. die Arsenobenzolpräparate. (Советская Медицина [Sowjet-Med.] **16.** Nr. 5. 44. Mai 1952.) RENTZ. 4611

Claude C. McLean, *Behandlung der kindlichen Vulvovaginitis mit Penicillin-Suppositorien.* Bericht über 8 Fälle mit Vulvovaginitis, bei denen gramnegative Organismen nachgewiesen wurden. Die Kinder wurden mit bes. hergestellten Suppositorien, die je $1 \cdot 10^5$ E. *Penicillin* u. *Theobrominöl* enthielten, behandelt. 6 Kinder waren bereits nach einer einwöchigen I-Kur negativ. (Southern med. J. **45.** 741. Aug. 1952. Birmingham, Ala.) DOSSMANN. 4611

Wg. Rotter und **L. Wagner,** *Über eine tödliche Purpura cerebri bei einem Fall Penicillin-behandelter konnataler Syphilis.* (Zbl. allg. Pathol. pathol. Anatom. **89.** 137—40. 14/9. 1952. Kiel, Univ., Pathol. Inst. — C. **1952.** 6247.) Itzerott. 4611.

Broustet, Broustra und **Bertrand,** *Heilung Oslerscher Herzinsuffizienz durch Antibiotica.* Bericht über die Heilung eines Falles mit OSLERscher Krankheit. Nach Versagen anderer Therapien erhielt das Kind $38 \cdot 10^6$ E. *Penicillin,* $8 \cdot 10^5$ E. pro die, 28 g *Streptomycin,* 0,5 g pro die, außerdem 4 mal wöchentlich 15 Tropfen *Cédilanide* u. 3 mal wöchentlich 0,005 g *Theobromin.* Sehr baldige Besserung der Herzaffektionen u. Anämie, nach 15 Tagen steigende Diurese u. Normalisierung des Urins, Verschwinden der Ödeme u. n. Lage der Leber. Fieberfreiheit am 25. Tag. Nachbehandlung mit *Ouabaine* per os u. Leberextrakten. (J. Méd. Bordeaux Sud-Ouest **129.** 779—81. Sept. 1952.) DOSSMANN. 4611

M. I. Lewantowski, W. I. Spassow und **M. I. Andina,** *Über die intraossale Zufuhr von Penicillin bei der hämatogenen Osteomyelitis.* Bei hämatogenen Osteomyelitiden wurde nach der Operation u. nach Analgesierung mit *Novocain–Penicillin* (täglich 50000 E. in physiol. NaCl-Lsg., insgesamt 6—12 mal) intraossal in den betroffenen Knochen injiziert. In Verbindung mit den üblichen Behandlungsmethoden wird dadurch das Abklingen der entzündlichen Erscheinungen u. die akt. Regeneration der Gewebe gefördert. (Советская Медицина [Sowjet-Med.] **16.** Nr. 1. 10—12. Jan. 1952. Tschkalow, Med. Inst., Lehrstuhl für Chirurgie.) RENTZ. 4611

G. Zorn, *Bietet die von Wenzl angegebene Beschickung der Organe mit Antibioticis durch intraarterielle Injektionen (i. a. P. Appl.) eine wertvolle Hilfe des Chirurgen?* Vf. hält die intraarterielle *Penicillin* (I)-Verabreichung bei Verletzungen u. Entzündungen an den Extremitäten für einen wertvollen Fortschritt in der Therapie, die auch ambulant durchgeführt werden kann. Nach Punktion der Arterie wurde als gefäßerweiterndes Mittel *Priscol* injiziert, dann sofort $2 \cdot 10^5$—$4 \cdot 10^5$ E. I in 10 cm^3 physiol. NaCl-Lsg.; dadurch wird in dem gewünschten Gebiet sofort ein weit höherer I-Spiegel, ca. 8 I.E./cm^3, erzielt, als es bei intramuskulärer I-Verabreichung der Fall ist. (Zbl. Chirurg. **77.** 1658—62. 1952. Zwickau, Bergbaukrankenhaus u. Poliklinik.) DOSSMANN. 4611

G. Siebert, *Die Hemmung der Penicillinausscheidung durch „Benemid" (p-[Di-n-propylsulfamin]-benzoesäure).* An 71 Patienten wurde die Verzögerung der *Penicillin* (I)-Ausscheidung bei einer Kombination von I mit *Benemid* (II) untersucht. Je nach der Dosis von II wurde der I-Blutspiegel um das 2—8 fache erhöht. 2 g II pro die bis zu 14 Tagen Dauer wurden gut vertragen. Keine Nebenerscheinungen, mit klin. Unterss. keine Organschäden nachweisbar. (Dtsch. med. Wschr. **77.** 394—96. 28/3. 1952. Köln, Univ., Hautklinik.) BÖHM. 4611

E. A. Haunz und **J. D. Cardy,** *Canicola-Fieber. Bericht über 9 Fälle in einer Familie, mit Literaturübersicht.* Ausführliche Literaturübersicht u. Bericht über 9 Fälle von Canicola-Fieber in einer Familie, hervorgerufen durch einen infizierten Hund. Therapie mit *Penicillin* u. *Aureomycin* in verschied. Dosierungen. — 42 Literaturangaben. (A. M. A. Arch. intern. Med. **89.** 978—93. Juni 1952. Grand Forks, N. Dak., Grand Forks Clin., Dep. of Med.; Univ. of North Dakota, School of Med.) KRUSEN. 4611

R. A. Huebner, Wm. F. Elias und **H. Joseph Merrion,** *Antibiotische Blutspiegel in Truthähnen nach Penicillin–Streptomycin-Implantationen.* Den Tieren wurden im Nacken 2—6 Kügelchen mit je $5 \cdot 10^3$ E. *Procain–Penicillin-G* (I) u. das Äquivalent von 6,25 mg *Dihydrostreptomycin* (II) als Sulfat implantiert u. der I- u. II-Geh. im Serum nach 1, 4, 8, 12 u. 24 Std. bestimmt. Es waren noch nach 12—24 Std. I- bzw. II-Spiegel festzustellen; sie waren ungefähr denen gleich, die bei gleichen I- oder II-Mengen in wss. Lsg. bei subcutaner Injektion erzielt wurden. (J. Amer. veterin. med. Assoc. **121.** 187—89. Sept. 1952. Philadelphia, Pa., Wyeth Inc.) DOSSMANN. 4611

N. R. Konar, *Ein Fall isolierter Nieren-Aktinomykose, behandelt mit Antibioticis.* Beschreibung eines Falles isolierter Nierenaktinomykose, bei dem *Penicillin* wenig wirksam war. Gute Ansprechbarkeit auf *Streptomycin,* Sicherung des klin. Erfolges durch *Terramycin.* (Indian med. Gaz. **87.** 251—53. Juni 1952. Calcutta, Nilratan Sakar Med. College.) BÖHM. 4611

Fr. J. Ganster, *Kombinierte Penicillin–Streptomycin-Behandlung.* Bericht über Behandlung von 15 Fällen, ausgesuchte Mischinfektionen, sowie *penicillin-* u. *sulfonamid*-resistente Erkrankungen, mit dem Kombinationspräp. *Pasimycin* (I; DEUTSCHE NOVOCILLIN-GESELLSCHAFT, München-Pasing), enthaltend $4 \cdot 10^5$ E. *Novocillin-B* + 1,0 g *Dihydrostreptomycinsulfat.* Eine Ampulle I wurde in 12—16std. Abständen injiziert, zumeist 20 Injektionen. 8 eindeutige, 4 subjektive Besserungen, 3 Fälle prakt. unbeeinflußt. (Dtsch. Gesundheitswes. **7.** 1170—73. 12/9. 1952. Berlin. Univ., II. Med. Klinik, Charité.) DOSSMANN. 4611

Walther Matzel, *Zur Behandlung der Tuberkulose mit kleinen Dosen von Streptomycin.* Zur Beseitigung der Toxizität bei frischen tuberkulösen Herdbildungen verabreicht Vf. *Streptomycin* (I) täglich 2mal 250 mg intramuskulär in einer Gesamtdosis von höchstens 20 g. Gegen Ende der I-Kur wird orale *PAS*-Behandlung eingeleitet u. nach Absetzen von I als Dauermedikation gegeben. (Dtsch. Gesundheitswes. **7.** 1163—65. 12/9. 1952. Halle/Saale, Univ., I. Med. Klinik.) DOSSMANN. 4611

Étienne Bernard und **B. Kreis,** *Vernünftige Entwicklung der Streptomycintherapie der Lungentuberkulose.* Auf Grund von Verss. an Meerschweinchen empfehlen Vff. in einer ausführlichen Arbeit die intramuskuläre Anwendung von 1 g *Streptomycin* (I) alle 3 Tage, da diese Menge zur Hemmung der Tuberkelbacillen für 72 Std. ausreicht. Zusätzliche tägliche Verabreichung von *PAS,* oral oder intravenös, ist notwendig. Bei dieser Behandlungsmeth., die in Übereinstimmung mit der amerikan. Autoren steht, entfallen die öfters auftretenden neurotox. Störungen, während die I-Resistenz auf ein Minimum red. wird. Für eine länger dauernde Behandlung, vor allem aber auch bei noch nicht voll ausgebildeten Krankheitsfällen, dürfte diese Meth. bes. günstig sein. (Presse méd. **60.** 825—28. 4/6. 1952. Paris.) R. KÖNIG. 4611

Robert B. Greenblatt und **W. E. Barfield,** *Neuere Methoden zur Diagnose und Behandlung von Granuloma inguinale.* Beschreibung einer Meth., um zum Nachw. des Erregers gute Abstriche zu erhalten. Da mit reinen Kulturen von *Donoviana granulomatis* die Krankheit bei Tieren experimentell nicht hervorzurufen war, scheinen noch andere Faktoren an der Entstehung der Krankheit mitzuwirken. Die älteren Therapien mit *Fuadin, Anthiomaline, Diramin* u. *Brechweinstein* ergaben nur mittlere Erfolge mit 50% Rückfällen. Mit *Antibioticis* wurden insgesamt 295 Fälle behandelt; untersucht wurden *Streptomycin* (I), *Aureomycin* (II), *Chloromycetin* (III) u. *Terramycin* (IV). I, 142 Fälle, durchschnittliche Totaldosis intramuskulär 23,96 g, Höchstdosis 4 g täglich über 5 Tage; 107 Heilungen. II, 71 Fälle, durchschnittliche Totaldosis 35,55 g, 2 g täglich über 10—20 Tage, 66 Heilungen. III, 46 Fälle, Dosierung wie bei II, 41 Heilungen. IV, 36 Fälle, durschnittliche Totaldosis 31,62 g bei 2 g täglich, 27 Heilungen, bei II, III, IV orale Verabreichung. Unter Berücksichtigung aller Faktoren ist nach Vff. IV das Mittel der Wahl. (Brit. J. vener. Diseases **28.** 123—28. Sept. 1952. Augusta, Ga., Med. Coll. of Georgia, Dep. of Endocrinology.) DOSSMANN. 4611

Franz Sandmann, *Das Verhalten des Darmes bei Chloromycetinmedikation. Chloromycetin*-Medikation bewirkt Keimarmut des Darmes. Nach Absetzen der Behandlung kommt es nicht selten bei der Wiederbesiedelung des Darmes zu dyspept. Störungen. Vf. empfiehlt, durch Verabreichung lebender Milchsäurebakterien (Acidophilustabletten der EDELWEISSMILCH-WERKE) u. Milchzuckerzulagen diesen möglichen Stuhlstörungen zu begegnen. (Dtsch. med. Wschr. **77.** 557—58. 25/4. 1952. Dortmund, Kinderklinik der Städt. Krankenanstalten.) BÖHM. 4611

Paolo Moroni, *Chloramphenicol bei Erysipeloid Rosenbach.* Vf. teilt mit, daß er 4 Fälle mit Erysipeloid ROSENBACH mit 2 g *Chloramphenicol* (I) täglich erfolgreich behandelt hat, nachdem festgestellt wurde, daß I in vitro den Erreger *Erysipelothrix rhusiopathiae* hemmt. (Lancet **263.** 537. 13/9. 1952. Bologna, Italien, Univ., Dermatol. Clinic.) DOSSMANN. 4611

C. S. Nicol, E. Gallagher und **A. J. King,** *Aureomycin bei der lokalen Behandlung von Trichomoniasis vaginalis.* Bericht über 30 Fälle, sie erhielten lokale *Aureomycin* (I)-Behandlung durch Einblasen von 500 mg I kombiniert mit Talkum an 6 von 8 Tagen; außerdem wurden 7mal innerhalb von 14 Tagen Gelatinekapseln mit je 250 mg I in die Vagina eingeführt. Zusätzliche Befeuchtung mit *Hg-Oxycyanid* erwies sich als vorteilhaft. Das momentane Ansprechen auf die Therapie war gut, aber bei lange beobachteten Fällen war Dauererfolg nicht festzustellen. 26,7% der Fälle hatten Trichomoniasis urinalis; trotz Behandlung der Harnwege u. Vagina waren Rückfälle mit Vaginitis nicht zu vermeiden. Es wird in den meisten Fällen mit I keine absol. Heilung erzielt. (Brit. J. vener. Diseases **28.** 142—43. Sept. 1952. London, London Hosp., Whitechapel Clinic, Dep. of Veneral Diseases.) Dossmann. 4611

W. Beiglböck, R. Clotten und **H. Hoff,** *Über die akute infektiöse Lymphocytose.* Unter Hinweis auf die klin. Befunde zur Differentialdiagnose bei der Lymphocytosis infectiosa acuta wird die Pathologie des Krankheitsbildes besprochen. Als Therapie wird *Aureomycin* u. (zur symptomat. Behandlung) *ACTH* empfohlen. (Klin. Wschr. **30.** 269—73. 15/3. 1952.) Hohensee. 4611

Ellard M. Yow, *Die Entwicklung von Proteus- und Pseudomonasinfektionen während antibiotischer Behandlung.* Die relative Bedeutung der Infektionen mit *Proteus* u. *Pseudomonas* (Ps.) ist seit der Anwendung der antibiot. Heilmittel infolge der Unterdrückung der anderen Bakterienarten gestiegen. Vf. berichtet über 56 entsprechende Fälle, die sich im Laufe antibiot. Behandlungsmaßnahmen oder aber nach ihnen entwickelt haben. Es wird angenommen, daß zunächst die ursprüngliche Infektion erfolgreich angegangen wurde, aber die gegen das angewandte Antibioticum resistenten Arten sich infolge der Verschiebung im Gleichgewicht der Bakterienflora hemmungslos entwickeln können. In allen Fällen, wo nach anfänglichen Erfolgen erneute Zeichen einer Infektion auftreten, muß an diese Möglichkeit gedacht werden. Als bes. wirksam gegen Ps. hat sich das *Polymyxin B* gezeigt. Die Verabreichung von *Streptomycin* in Kombination mit großen Dosen Sulfonamid erwies sich günstig bei Vermehrung von Proteus. Die Problematik der kritiklosen Anwendung antibiot. Mittel mit breitem Wirkungsspektr., bes. bei der Prophylaxe, wird diskutiert. (J. Amer. med. Assoc. **149.** 1184—88. 26/7. 1952. Houston, Tex., Baylor Univ., Coll. of Med., Dep. of Internal Med.) Berger. 4611

Je. O. Ketiladse, *Die Behandlung des Unterleibstyphus mit Synthomycin. Synthomycin* erwies sich bei 20 Patienten mit schwerem Typhus abdominalis als wertvolles Heilmittel (nicht unter 3 g täglich u. 27 g für eine Kur). Zu Komplikationen kam es bei 7, zu Recidiven bei 5 Patienten. Die Nebenwirkungen (in 7 Fällen), wie Dermatosen, Exanthem, Erbrechen bzw. Psychosen, waren leichter u. vorübergehender Natur. (Клиническая Медицина [Klin. Med.] **30.** (**33.**) Nr. 2. 27—30. Febr. 1952. Moskau, 2. Med. Stalin-Inst., Klinik für Infektionskrankh.) Rentz. 4611

A. W. Triumfow, *Versuch einer Anwendung von Dibazol bei einigen Erkrankungen des Nervensystems.* 1. Mitt. *Anwendung von Dibazol in der Klinik für Nervenkrankheiten.* Bei peripheren Nervenlähmungen wird die Anwendung von *Dibazol* (I) (Zus. nicht angegeben) empfohlen, das ähnlich dem Proserin wirken soll. Verabreicht wurden 1—2mal täglich je 0,005 g I (6—10 Tage). Eine deutliche Besserung wurde in 40% der Fälle erzielt. Spast. Erscheinungen bei zentralen Paresen wurden verschlechtert, Tremor u. Ataxien verstärkt. (Журнал Невропатологии и Психиатрии имени С. С Корсакова [Korssakow J. Neuropathol. Psychiatr.] **52.** Nr. 4. 37—38. April 1952. Lehrstuhl für Nervenkrankh. der Med. Kriegsmarine-Akad.) Rentz. 4620

N. A. Kryschowa, P. M. Fligelman und **M. W. Akatow,** *Die Dibazolbehandlung der Poliomyelitis während der Residualperiode. Dibazol,* in Dosen von 1—5 mg mit Intervallen von 1—5 Tagen längere Zeit hindurch kranken Kindern im Alter von 6—16 Jahren verabreicht (einige 9—10 Jahre lang krank), führte in 91 von 100 Fällen zu einer bleibenden günstigen Beeinflussung der Poliomyelitis (Zunahme der Beweglichkeit u. der Aktionsströme der Muskeln, Belebung der Reflexe usw.). Wiederholung der Kur nach 9—12 Monaten brachte weitere Besserung. (Журнал Невропатологии и Психиатрии имени С. С. Корсакова [Korssakow J. Neuropathol. Psychiatr.] **52.** Nr. 4. 42. April 1952. Wiss. Turner-Forschungsinst.) Rentz. 4620

W. M. Bychowskaja-Schnirman, *Dibazolbehandlung der Poliomyelitis im paralytischen Stadium und in der Restitutionsperiode.* Im paralyt. u. im frischen Restitutionsstadium der Poliomyelitis angewandt, wirkt *Dibazol* (I) in der Dosis von 2—8 mg per os (Gesamtverbrauch 10—20 Pulver) in 68% der Fälle günstig auf den Verlauf der Krankheit. Außer einer kurzen Erregung kamen keine Nebenwirkungen zur Beobachtung. Empfohlen wird die Kombination von I mit Massage, Gymnastik, Bädern u. Elektrotherapie. (Журнал

Невропатологии и Психиатрии имени С. С. Корсакова [Korssakow J. Neuropathol. Psychiatr.] **52.** Nr. 4. 39—41. April 1952. Leningrad, Pädiatr. Med. Inst., Lehrstuhl für Nervenkrankh.) RENTZ. 4620

Joseph Hann und **Wolfgang Schoetensack,** *Über den Einfluß der Narkose auf den Blutzucker des Kaninchens im Elektrokrampf.* Am Kaninchen bewirkt der Elektrokrampf einen Anstieg des Blutzuckerspiegels. *Curare* beeinflußt den Verlauf der Blutzuckerkurve nicht. *Evipan*-Narkose bewirkt eine langdauernde Senkung des Blutzuckerspiegels. (Dtsch. Z. Nervenheilkunde **167.** 196—204. 1952. Würzburg, Univ., Nervenklinik u. Pharmakol. Inst.) DAUTZENBERG. 4621

W. N. Rogers, *Überempfindlichkeit gegen Medikamente.* Bericht über 2 Fälle von schweren Allergieerscheinungen nach Medikamenten, die *Amidopyrin, Allylisopropylbarbiturat* u. *Allylisopropylacetylharnstoff* enthielten. (Brit. med. J. **1952.** II. 160—61. 19/7. Carshalton, Surrey.) KRUSEN. 4621

Gerhard Göllnitz, *Behandlungsresultate mit Glutaminsäure an Kindern mit exogenem und endogenem Schwachsinn.* 14 Kinder mit Schwachsinn verschied. Genese wurden mit *Glutaminsäure* (**I**) behandelt, u. zur Feststellung der **I**-Wrkg. nach verschied. Testen geprüft. **I**-Therapie wurde 3 Monate durchgeführt. Die Kinder erhielten zuerst 12 g pro die, nach 6,5 Wochen wurde die Dosis auf 6 g red., **I**-Verträglichkeit war gut. Die eigentliche Intelligenz u. erblicher Schwachsinn werden nicht beeinflußt, dagegen sind motor. Entwicklungsrückstände günstig zu beeinflussen. (Mschr. Kinderheilkunde **100.** 277—80. Juni 1952. Rostock, Univ., Psychiatr. u. Nervenklinik.) DOSSMANN. 4622

Hubert Harbauer und **Wolfgang De Boor,** *Erfahrungen mit Glutaminsäure an Schwachbegabten.* Unterss. an 50 Schulkindern einer Hilfsschule bei Verabreichung von *Glutaminsäure* (**I**)-Granulat (CHEMIEWERK Homburg). Einteilung in 2 Gruppen: die eine erhielt 10 g **I** pro die über 3,5 Monate, die andere über die gleiche Zeit *Traubenzucker* (**II**). Es gelang nicht, einen faßbaren Einfl. auf die Entw. schwachbegabter Kinder durch **I** festzustellen, auch die **II**-Kinder zeigten zum Teil n. Weiterentwicklung. In 25% der Fälle war motor. Stimulierung u. Antriebsbereicherung zu bemerken. (Mschr. Kinderheilkunde **100.** 281—83. Juni 1952. Köln, Univ., Kinder- u. Nervenklinik.) DOSSMANN. 4622

Paul Chauchard, *Die psychotonischen Amine.* Nach einem Überblick über die Therapie der Gehirnschäden bespricht Vf. die psychoton. *Amine,* Derivv. des *Ephedrins*: *Desoxynorephedrin* = *Benzedrin* oder *Amphetamin* (**I**), andere Bezeichnungen *Ortédrine, Actédron, Phenedrin, Vapédrine*; *Desoxyephedrin* = *Methyl*-**I**, dessen Chlorhydrat als *Pervitin* (**II**), engl. *Methedrine,* bes. hervorgehoben wird. Weniger wirksam ist *Révoxyl.* Therapie der Gehirnschäden durch **I**-Schock nach DELAY mit hohen Dosen **II**, 15 mg, wird ausführlich behandelt. Anwendung bei Alkoholikern, Morphiumsüchtigen, man. Zuständen u. a.; Meth. weist gewisse Analogie mit Elektroschocktherapie auf. Erwähnt wird noch die *Glutaminsäure,* die verglichen mit **I** als ungefährlich angesehen wird, u. die bes. auf die Neuronen wirkenden *Dinitrile* der *Malon-* u. *Bernsteinsäure.* (Rev. sci. **89.** 251—53. Juli/Aug. 1951.) DOSSMANN. 4622

Pierre Gley, Robert Rothstein und **Jacqueline Delor,** *Über den Wirkungsmechanismus des Isochondodendrinsulfats. Isochondodendrinsulfat* (**I**) ist als Sedativum bei Gallenblasen-, Nieren- u. Darmkoliken bekanntgeworden. Diese therapeut. Wrkg. war zunächst unerklärbar, denn **I** war an isolierten Organen wirkungslos, auch hatte **I** keine narkot. u. analget. Wirkung. Verss. an Kaninchen (elektr. Reizung des *N. splanchnicus* bis zur Schmerzschwelle) ergaben, daß nach 10—25 mg/kg **I** intravenös die Schmerzschwelle stark herabgesetzt war. **I** hat eine elektive Wrkg. auf die sensiblen Abschnitte des Sympathicus. (C. R. Séances Soc. Biol. Filiales **146.** 13—14. Jan. 1952. Paris, Inst. de Sérothérapie hemopoëtique du D'Roussel.) HOHENSEE. 4628

Ludwig W. Eichna, Saul J. Farber, Adolph R. Berger, David P. Earle, Bertha Rader, Edmund Pellegrino, Roy E. Albert, J. Deaver Alexander, Harry Taube und **Sol Youngwirth,** *Die Beziehungen zwischen den cardiovasculären und renalen Wirkungen unter Berücksichtigung elektrolytischer Veränderungen nach intravenöser Digoxingabe bei dekompensierten Herzfehlern.* Die eingehende klin. Unters. von 5 Patienten nach intravenöser Injektion von 5 mg *Digoxin* ergab, daß die hämodynam. Veränderungen nach 15—20 Min. einsetzen. Diese sind: ventrikuläre Bradykardie, verstärkte Förderleistung u. vermehrter O_2-Geh. u. verminderter A–V O_2-Differenz des Blutes, Verminderung des peripheren Widerstandes u. des arteriellen Drucks im rechten Herzen, Absinken des diastol. Pulmonalisdruckes. Veränderungen im Blutvol. treten nicht auf, dagegen veränderte sich die Nierenfunktion bzgl. Filtrationsgröße, Urinfluß u. $Na^{\bullet}$ u. $Cl^{\bullet}$-Ausscheidung innerhalb 30 Minuten. Die Veränderungen der renalen Hämodynamik waren nicht notwendig mit der Diurese gekoppelt. (J. clin. Invest. **30.** 1250—61. Nov. 1951. New York, N. Y., Univ. Coll. of Med., u. Bellevue Hosp., 3. Med. Div.) HOHENSEE. 4630

F. Vida, *Behandlung der Hypertonie mit der indischen Rauwolfia serpentina.* Bericht über Behandlung von 25 Fällen mit Hypertonie mit dem Versuchspräp. *S 117* (I; GEBR. GIULINI GMBH., Ludwigshafen) aus den Wurzeln u. Blättern von *Rauwolfia serpentina*, neuerdings im Handel als *Rivadescin* u. *Raupina* (C. F. BOEHRINGER & SÖHNE, GMBH., Mannheim). Es wurde ein stark blutdrucksenkender Effekt beobachtet, wie er bisher noch mit keinem anderen Mittel erreicht worden ist. Dosierung täglich 3mal 1 Tablette zu je 0,2 g I. Die blutdrucksenkende Wrkg. trat meistens nach 6—8 Tagen ein. (Die Medizinische **1952.** 1157—59. 13/9. Karlsruhe, Städt. Krankenanstalten.) DOSSMANN. 4630

Robert J. Gill und **Garfield G. Duncan** (unter techn. Mitarbeit von **Martha A. Hunscher**), *Arterielle Hypertension — therapeutische Wirkung von Kunstharz-Kationenaustauschern.* Die Verabreichung von täglich 3mal 15 g *Resodec* (SMITH, KLINE AND FRENCH LABOR., Philadelphia) an 38 Fälle von arterieller Hypertension bewirkte bei allen Patienten eine deutliche Blutdrucksenkung. Um Störungen in Serum-Ca u. -K zu vermeiden, wurden täglich zusätzlich 2 g Ca-Lactat u. 2—3 g K-Citrat gegeben. Unter dieser Therapie wurde eine täglich 1—1,25 g Na enthaltende Diät gut vertragen, die urinale Na-Exkretion blieb immer unter 0,5 g täglich. (New England J. Med. **247.** 271—76. 21/8. 1952. Philadelphia, Pa., Jefferson Med. Coll., Dep. of Med., Benj. Franklin Clin., u. Pennsylvania Hosp.) KRUSEN. 4630

E. Wildhirt, *Die Behandlung der akuten Hepatitis mit BAL.* (Vorl. Mitt.) Vf. behandelte 30 Fälle von akuter Virushepatitis mit dem BAL-Präp. *Sulfactin* (*2.3-Dimercaptopropanol*; HOMBURG), u. zwar am 1. u. 2. Tag 3mal 1 Ampulle, am 3. u. 4. Tag 2mal 1 Ampulle u. am 5. Tag 1 Ampulle. Bestimmungen des Serumbilirubins (I) vor u. nach der Behandlung ergaben in 23 Fällen eine deutliche Abnahme des I. Bei Therapie mit lipotropen Substanzen konnte von 30 Patienten nur bei 11 nach 5 Tagen eine I-Abnahme erzielt werden. (Klin. Wschr. **30.** 42—43. 1/1. 1952. Kassel, Stadtkrankenhaus Wilhelmshöhe.) KRUSEN. 4640

Harry K. Gabroy und **Steven Horoschak,** *Die Behandlung diarrhöeartiger Syndrome mit Resion.* Bericht über *Resion* (I; NATIONAL DRUG CO., Philadelphia, Pa.)-Therapie bei 50 Patienten aller Altersklassen ohne organ. Schäden, bei denen in den meisten Fällen die Symptome mit den üblichen Mitteln nicht kontrolliert werden konnten. I ist ein adsorbierendes Kombinationspulver mit *Polyaminmethylenharz, Na-Al-* u. *Mg-Al-Silikat* in einem schmackhaften Vehikel. Prakt. in allen Fällen sofortiges Ansprechen auf die erste I-Verabreichung. (Rev. Gastroenterology **19.** 660—61. Aug. 1952. Ridley Park, Pa.) DOSSMANN. 4645

H. M. Martin, *Anthelmintische Untersuchungen mit 6-tert.-Butyl-m-kresol an Hunden. 6-tert.-Butyl-m-kresol* (I) wurde an 47 Hunden oral allein oder mit *Mineral-* bzw. *Castoröl* oder *Kaolin* in Gelatinekapseln nach einer Hungerperiode von 6—36 Std. verabreicht. Fütterung setzte 2—6 Std. nach I-Verabreichung wieder ein. Dosierung 0,05—0,3 cm^3/450 g. I erwies sich als nicht tox. bis 0,4 cm^3/450 g. 37 Hunde beherbergten 266 Ascariden, davon wurden 97,3% in kurzer Zeit durch I-Behandlung ausgeschieden. I war in fast allen Fällen wirksam, bei einigen Tieren trat Erbrechen ein. Bei Ankylostoma canium-Infektionen war der I-Effekt unterschiedlich, ebenso bei Bandwürmern. Bei Uncinaria stenocephala war alleinige I-Therapie erfolgreich. Keine I-Wrkg. bei Trichuris. (Proc. helminthol. Soc. Washington **19.** 81—85. Juli 1952. Philadelphia, Pa., Univ. of Pennsylvania School of Vet. Med.) DOSSMANN. 4649

H. Eggers-Lura, *Die Wurzelbehandlung als biologisches und biochemisches Problem.* Vf. tritt für eine Wurzelbehandlung mit Stoffen, die im Organismus selbst vorkommen, ein (die antibakteriellen Enzyme des Speichels *Inhibin* u. *Lysozym*, sowie die organ. Säuren: *Milch-, Essig-, Citronen-, Glutamin-, Adenyl-, Ascorbinsäure,* u. *Glycerinphosphat*). Außerdem wird als gewebsfreundliches Mittel eine gesätt. *Lsg. von* Na_2CO_3 *in* H_2O_2 genannt. *Penicillin* u. *Sulfonamide* sind nur für zeitweiligen Gebrauch, nicht aber als Dauerantiseptica geeignet. Als Wurzelfüllungsmaterial wird *Calxyl* empfohlen, dessen Wrkg. in seinem Alkalisierungsvermögen u. in seiner Aktivierung der Knochenphosphatasen gesehen wird. (Dtsch. zahnärztl. Z. **7.** 1161—64. 15/10. 1952. Holbäk, Dänemark, St. Elisabeths Hosp.) KLESSE. 4655

C. M. Hasselmann, R. Richter, A. Bergmann, W. Eilles und **H. O. Johne,** *Experimentelle und klinische Beobachtungen von Muskelnekrosen nach BAL und „Sulfactin" (Homburg) sowie Beziehungen zum Sanarelli-Shwartzman-Phänomen. Dimercaptopropanol* (I), *BAL* bzw. *Sulfactin*, führt bei nässender exfoliativer Dermatitis häufig zu ausgedehnten Muskelnekrosen nach intramuskulärer Injektion, wobei es sich, wie das Tierexperiment ergab, um Vorgänge im Sinne des SANARELLI-SHWARTZMAN-Phänomens handelt. Bei intravenöser Anwendung vom *BAL-Intrav*, einer wasserlösl. I-Glucoseverb. zeigten sich bei überlegener Wrkg. keine Nebenerscheinungen. (Arch. Dermatologie Syphilis **192.** 583—98. 1951. Erlangen, Univ. Hautklinik.) HEINZE. 4661

Donald V. Walz, *Podophyllinbehandlung bei Verruca plantaris.* Von 13 Fällen mit Verruca plantaris wurden 11 mit *Podophyllin* geheilt. Genaue Angabe der Anwendung. (A. M. A. Arch. Dermatol. Syphilol. **65.** 490. April 1952. Weaver, S. Dak., Rapid City Air Force Base.) BROSEMANN. 4661

V. V. Herin, *Bemerkung über das Vorkommen von Rinder-Globidiose (Anasarka) in Ruanda-Urundi.* Die Symptome dieser Rinderhautkrankheit werden beschrieben. Die bakteriol. Unters. führte zur Identifizierung des Erregers als *Globidium besnoiti* (MAROTEL). Therapie: 1%ig. *Formol*-Injektion von 30 cm³; Beeinflussung der Rückbldg. der Sklerodermie im Frühstadium durch intravenöse *Lugol*-Gaben von 20 auf 40 cm³ über 4 Tage mit einer Woche Pause, Gesamtdosis maximal 5 Injektionen. (Ann. Soc. belge Méd. trop. **32.** 155—59. 30/4. 1952.) DOSSMANN. 4661

M. Rösgen und **G. Birk,** *Zur Behandlung der Neurofibromatosis Recklinghausen mit Urethan.* Bei 4 Fällen von *Neurofibromatosis* RECKLINGHAUSEN werden zum Teil mehrere Kuren von 2—3 g, meist 2 g, *Urethan* per os mit Gesamtmengen bis zu 370 g gegeben. Die erzielte Besserung hielt auch bei einer Nachprüfung nach 5 Monaten an. (Dtsch. med. Wschr. **77.** 304—06. 7/3. 1952. Köln, Med. Univ. Poliklinik, Bürgerhosp.) KLINGMÜLLER. 4670

H. C. Friederich, *Über die Tiefenwirkung von strontiumsulfidhaltigen Depilatorien.* An Hand histolog. Hautschnitte von 2 Versuchspersonen konnte Vf. zeigen, daß durch *SrS*-haltige Depilatorien (*L'Orient-Haarex*; *PKP-Anticomine*) die Haarschäfte im Follikelostium sowie im Bereich der distalen Anteile der Follikel aufgelöst u. in den intrafollikulären medialen Schaftanteilen verquollen u. gelockert werden. Da hierdurch das Nachwachsen stark verzögert wird, sind *SrS*-haltige Präpp. solchen mit *Thioglykolaten* vorzuziehen, deren Wrkg. am Follikelostium endet. (Z. Haut- u. Geschlechtskrankh. **13.** 178—81. 15/9. 1952. Tübingen, Univ., Hautklinik.) KRUSEN. 4670

Hans Fischer und **Edgar Wöhlisch,** *Zur Frage der Thrombin-Inaktivierung durch resorbierbare Tamponadematerialien.* Nach einem Überblick der histor. Entw. des Gesamtgebietes der resorbierbaren Tamponade unter besonderer Berücksichtigung der modernsten Form der resorbierbaren, blutstillenden Tamponade durch Gelatineschwämme wird über den Einfl. berichtet, den eine größere Anzahl zumeist handelsüblicher Präpp. auf die Aktivität von *Thrombin* (I)-Lsgg. ausübt, da in der Regel häufig das Tamponadematerial in Kombination mit I verwendet wird. Die Gelatineschwämme „*Spongioprot Mark*" — unabhängig von der zur Härtung verwendeten Formalinkonz. (0,016—2%) —, „*Gelita-Tampon*" (BRAUN, Melfingen) u. „*Gelfoam*" (UPJOHN COMP., Kalamazoo, Mich.) bleiben ohne jeden Einfl. auf die I-Aktivität. Dagegen bewirkt „*Spongostan*" (II) (FERROSAN-MEDICINALFABRIK, Kopenhagen) — anscheinend infolge seines Geh. an Laurylalkohol — eine erhebliche I-Inaktivierung, die auch nach Entfernung von II aus der Lsg. noch fortschreitet. Für die prakt. Verwendbarkeit in Kombination mit I dürfte dies kaum von Bedeutung sein, da die Inaktivierung relativ langsam zu einer gegebenenfalls durch I bewirkten Gerinnung verläuft. Kollagen-Tampon (Dr. RUHLAND, Neustadt/Donau) sowie der aus Rinderblut hergestellte Plasmaschwamm Mark (nicht im Handel) inaktivieren ebenfalls I, jedoch wesentlich schwächer als II u. ohne Fortgang nach Entfernung aus der Lösung. Die Unters. eines aus Rinderblut gewonnenen Fibrinpulvers auf seine I-bindende Fähigkeit in Abhängigkeit von der I-Konz. zeigt bereits nach <1 Std. die Ausbldg. eines Adsorptionsgleichgewichtes, dessen graph. Darst. eine der Adsorptionsisotherme ähnliche Kurve ergibt. Aus Catgut hergestellte, watteähnliche Präpp. „*Tabotamp*" u. „*Jod-Tabotamp*" (HAMBURGER CATGUTFABRIK, Hamburg) sind ohne Einfl. auf die I-Aktivität, wohingegen das Oxycelluloseprāp. „*Oxycel*" (PARKE, DAVIS & CO., Detroit, Mich.), ein watteähnliches, äußerst brüchiges, leicht zu Pulver verwertbares Material, infolge seines hohen Säuregeh. in kürzester Zeit eine vollständige I-Inaktivierung bewirkt. (Z. Biol. **105.** 198—213. 1952. München, Univ., Physiol. Inst., u. Illertissen/Bay., Fa. H. Mack Nachf., Forschungslabor.) KÖNIGSDORF. 4670

I. W. Streltschuk, *Weitere Beobachtungen bei der Behandlung des chronischen Alkoholismus mit Antabus (Tetraäthylthiuramdisulfid). Antabus* (I) wurde täglich morgens zu 0,5 g 3 Tage lang verabreicht. Am 4. Tage, 2 Std. nach der I-Gabe, erhielt der Patient 15—30 g 40%ig. Äthylalkohol. Diese Kur wiederholte man 6—8mal. Während der eingeschalteten 4-tägigen Pausen gab man dem Patienten indifferente Präparate. Von 72 chron. Alkoholikern wurden auf diese Weise 40 erfolgreich mit I behandelt. I-Gaben führen zum Absinken des diastol. Blutdruckes, zu Puls- u. Atmungsbeschleunigung u. zu elektrocardiagraph. nachweisbaren, vorübergehenden, angiospast. Erscheinungen am Koronarsystem. In Anbetracht der Gefährlichkeit des Mittels — auch unter Beachtung der vielen Kontraindikationen — wird empfohlen, I nur dann anzuwenden, wenn andere Medikamente versagen. Am besten erweist sich die Kombination von I mit Psychotherapie, prolongiertem hypnot. Schlaf, Physiotherapie usw. (Журнал Невропатологии и Психиатрии имени С. С. Корсакова [Korssakow J. Neuropathol. Psychiatr.] **52**. Nr. 4. 43—50. April 1952.) Rentz. 4670

M. Ja. Ssereisski, *Die Behandlung des chronischen Alkoholismus mit Thiuram.* Die Behandlung mit *Thiuram* wurde an 40 Patienten durchgeführt. Die katamnest. Unters. 4—6 Monate nach Beendigung der Kur ergab, daß von 17 behandelten Männern 8 völlig, 4 teilweise gebessert waren u. 5 Recidive hatten. Die entsprechenden Zahlen für 15 Frauen waren 8. 4 u. 3. Die Meth., die einer weiteren Prüfung bedarf, wird als keineswegs harmlos angesehen (starke Blutdrucksenkung u. a.) u. ist ambulant nicht anwendbar. (Журнал Невропатологии и Психиатрии имени С. С. Корсакова [Korssakow J. Neuropathol. Psychiatr.] **52**. Nr. 4. 51—57. April 1952. Zentralinst. für Psychiatrie des Gesundheits-Minist. der RSFSR u. Klin.-Psychiatr. Gannuschkin-Krankenhaus.) Rentz. 4670

Ss. I. Anwajer, W. Ss. Andrejewa, N. N. Sak und **W. M. Morosow**, *Über die Behandlung des chronischen Alkoholismus mit Thiuram.* Männer erhalten 4—5mal wöchentlich 0,24—0,42 g *Thiuram* (I) u. 60—150 cm^3 A., Frauen 40—50 cm^3 A. u. 0,06 g I 2—3mal wöchentlich. Wegen undurchsichtiger I/A.-Rk. wird die I-Therapie als nicht ungefährlich angesehen. Sie darf nicht während eines Rausches, aber auch nicht im akuten Abstinenzstadium durchgeführt werden, sondern am besten 1—1½ Woche nach Absolvierung einer verkürzten Insulinschock- u. Vitamintherapie. Von 40 Patienten zeigten $^2/_3$ eine gute Remission, bei $^1/_3$ kam es zu Recidiven. (Журнал Невропатологии и Психиатрии имени С. С. Корсакова [Korssakow J. Neuropathol. Psychiatr.] **52**. Nr. 4. 58—61. April 1952. Zentralinst. für Psychiatr. des Gesundheitsminst. der RSFSR u. Klin.-Psychiatr. Gannuschkin-Krankenhaus.) Rentz. 4670

Alastair N. Worden und **C. E. Waterhouse**, *Bemerkung zur oralen Chlorophyllverabreichung.* An 6 Hunden u. 3 Hündinnen wurde festgestellt, daß die n. Halitosis mit wasserlösl. *Chlorophyll* (I)-Tabletten in Dosen von 33—150 mg günstig zu beeinflussen ist. Auf den Fellgeruch u. Gerüche während der Brunstzeit blieb I ohne Einfluß. (Veterin. Rec. **64**. 573—74. 27/9. 1952. Huntingdon, Cromwell House u. Southport.) Dossmann. 4670

Leonardo Santini, *Über die therapeutischen Eigenschaften von Helichrysum italicum.* An einer großen Zahl eigener Fälle beschreibt der Vf. die therapeut. Eigg. von *Helichrysum italicum.* Mit verschied. Anwendungsformen dieser Droge erzielte er zum Teil sehr gute Erfolge bei rheumat. Erkrankungen, Bronchitiden, Pertussis u. einer ganzen Reihe anderer Erkrankungen. Weiterhin hebt der Vf. die antiallerg.u. insulinsparende Wrkg. des Helichrysum italicum hervor. In der Pflanze ließen sich bisher nur relativ große Mengen Kaffeesäure u. ein Farbstoff mit hohem Redoxpotential nachweisen. (Minerva med. [Torino] **43**. I. 714—19. 5/4. 1952. Milano.) Ippen. 4670

George Maxwell Richardson, *Einige heimtückisch schädliche Wirkungen organischer Chemikalien beim Menschen.* Überblick über die charakterist. u. am besten bekannten Möglichkeiten des Körpers, chem. Substanzen abzubauen u. zu entgiften. Es werden Beispiele für schädlich ablaufende Mechanismen (CH_3OH-Entgiftung, Leberschädigung durch Entgiftung von Phenol u. halogen. Verbb. u. a.), für schädliche Endwirkungen (Blutveränderungen durch Sulfonamide, Amine u. a. mehr, Alloxan-Diabetes, Trikresylphosphat-Lähmung) u. für Schäden durch gestörte Funktionsabläufe (Ergotismus, Wrkg. von *4.4'-Bisoxyphenylalkanen* oder *-alkenen*) erörtert. — 82 Literaturangaben. (J. New Zealand Inst. Chem. **16**. 61—75. Juni 1952. Dunedrin, Nutrition Res. Dep., Med. School.) Böhm. 4675

M. Ss. Tolgskaja, *Morphologische Veränderungen im Zentralnervensystem bei der experimentellen Vergiftung mit Manganverbindungen.* Histolog. Unterss. des Gehirns von Kaninchen, Hunden u. Katzen nach Applikation von $MnCl_2$, $MnSO_4$ u. MnO_2 ergaben Veränderungen diffuser Natur, die in den Zellen des striopallidären Syst. bes. deutlich waren. Die Veränderungen nach intravenöser Verabreichung u. nach Inhalation sind durch degenerative Prozesse von Typus der Encephalopathie mit mäßigen Gefäß-Rkk. gek., während nach suboccipitaler Zufuhr der Gifte neben degenerativen Prozessen ausgesprochene Rkk. vom Typus der tox. Encephalitis mit ausgedehnten Blutergüssen, Thromben u. lymphoiden Infiltrationen um die Gefäße gefunden wurden. (Журнал Невропатологии и Психиатрии имени С. С. Корсакова [Korssakow J. Neuropathol. Psychiatr.] **52**. Nr. 4. 32—36. April 1952. Inst. für Arbeitshyg. u. Berufskrankh. der Akad. der Med. Wiss. der UdSSR, Abt. Pathol. u. Anat.) Rentz. 4675

Klaus-Dietrich Rudat, *Ein Fall von akuter Vergiftung mit Kaliumpermanganat.* Beschreibung eines akuten Vergiftungsfalles durch *Kaliumpermanganat* (I), bei dem leichte Nierenbeteiligung u. Ikterus auftrat. Diese Komplikation läßt darauf schließen, daß I neben seiner Ätzwrkg. offenbar resorptive, tox. wirkende Vorgänge auslöst. (Mschr. Kinderheilkunde **100.** 299—301. Juni 1952. Erfurt, Kathol. Krankenhaus St. Nepomuk.) Dossmann. 4675

Ake Swensson, *Untersuchungen über die Toxizität einiger organischer Quecksilberverbindungen, die als Saatbeizmittel verwendet werden.* Nach Zusammenstellung bisheriger Arbeiten über die Toxizität organ. Hg-Verbb. berichtet Vf. über Verss. mit *Methyl-Hg-dicyandiamid* (I), *Äthyl-Hg-dicyandiamid* (II), *Methyl-Hg-chlorid* (III), *Äthyl-Hg-chlorid* (IV) *Phenyl-Hg-acetat* (V) u. $HgCl_2$. Die bei Mäusen durch einmalige intraperitoneale Injektion festgestellte DL_{50} stieg in der Reihenfolge $HgCl_2$-V-III-IV-I-II von 0,26 auf 0,53 mg/kg. Die wahrscheinliche DL_{100} bei Ratten beträgt für alle Verbb. ca. 1 mg/0,1 kg. Kaninchen vertrugen 8 mg/kg von I u. III nach intravenöser Injektion symptomlos. 16 mg/kg führte ad exitum. Intraperitoneale Injektionen von 0,1—0,25 der DL_{100} bei Ratten, die 4 Wochen lang an jedem 2. Tag durchgeführt wurden, riefen bes. bei den höheren Dosen Gewichtsverlust, Apathie sowie Ataxien u. Paresen der Beine hervor. Wesentliche Unterschiede zwischen den Verbb. wurden nicht beobachtet. Verss. mit Mäusen, die in Käfigen gehalten wurden, die mit den Verbb. beladene Luft durchströmte, ergaben, daß I u. II höhere Toxizität als III u. IV besitzen, was auf deren höheren Dampfdruck beruht. Die im Rückenmark der vergifteten Tiere beobachteten Zellschäden waren bei allen Verbb. gleichartig. — 40 Literaturangaben. (Acta med. scand. **143.** 365—84. 5/8. 1952. Stockholm, King Gustaf V's Res. Inst.) Krusen. 4675

B. Glasson, *Beitrag zur experimentellen Toxikologie acetylhaltiger Medikamente.* Verss. mit Meerschweinchen ergaben für *Acetylsalicylsäure* (I) eine DL_{50} von 1,05 g/kg. Die DL für *N-Morpholylthioacetylsalicylamid* beträgt 4,5 g/kg. Die DL von *Dijodmonoacetylsalicylaldehyd* (II) ist 0,58 g/kg, die der entsprechenden Triacetylverb. 0,875 g/kg. Demnach ist die Toxizität nicht von dem Geh. an Acetylgruppen abhängig, dagegen aber von dem Grad der hydrolyt. Spaltbarkeit. I zeigt bei ca. 10%ig. Hydrolyse geringere Toxizität als II bei 2%ig. Hydrolyse. (Schweiz. med. Wschr. **82.** 851—52. 23/8. 1952. Genf, Univ., Inst. de Thérap.) Krusen. 4675

Franz Gilligsberger, *Toxische Strychnindosen bei Schlafmittelvergiftungen.* Vergiftungen mit *Barbituraten* können mit hohen tox. Dosen von *Strychnin* (I), das bis zur Erreichung der Toleranzgrenze (Auftreten von Krämpfen u. Zuckungen) gegeben wird, günstig beeinflußt werden. Wichtig ist die intravenöse Zufuhr einer hohen Anfangsdosis (bis zu 100 mg), dann in Intervallen kleinere Dosen. Bericht über 4 Fälle, die mit insgesamt 140—210 mg I erfolgreich behandelt wurden. (Wiener med. Wschr. **102.** 494—95. 28/6. 1952. Linz, Allg. öffentl. Krankenhaus.) Krusen. 4675

Yves Piette, Étude de l'action de divers agents pharmacologiques sur les modifications circulatoires et glycémiques survenant au cours de l'électro-choc et de l'électronarcose. Bruxelles: Editions „Acta medica Belgica". 1952. (72 S. m. Diagr.)

Roger J. Williams, *Nutrition and alcoholism.* Norman, Okla.: University of Oklahoma Press. 1951. (X + 82 Seiten.) $ 2,—.

Der Alkoholismus ist nach der Auffassung von Williams eine „genetotrophische" Krankheit. Darunter wird eine solche verstanden, bei der eine fehlerhafte Anlage fermentbildender Gene Stoffwechsel- und Ernährungsschäden verursacht. Diese erst sind dann ihrerseits die Ursache des krankhaften Dranges nach dem Alkohol. Die ungenügende Fermentbildung kann durch Zusatz von Vitaminen und Mineralien zur Nahrung behoben werden. Die kranken Individuen haben einen gesteigerten Bedarf an diesen Stoffen, der bis zum Vier- oder Fünffachen der Norm geht. Befriedigt man diesen Mehrbedarf, so verhalten sie sich wie Gesunde, auch in bezug auf den Gebrauch des Alkohols. Auf Grund von Verss. an alkoholgewöhnten Ratten und zahlreichen klin. Verss. am Menschen wird ein Vitamingemisch zur Behandlung der Trunksucht angegeben. — Über die Alkoholfrage hinaus gibt dieses allgemeinverständlich und anregend geschriebene Buch des weltbekannten Autors Ausblicke auf die genetotrophische Entstehung anderer Krankheiten. Wels. 4675

F. Pharmazie. Desinfektion.

K. Herrmann, *Der Gerbstoff der Bärentraubenblätter.* Aus dem wss. Blattauszug der Bärentraubenblätter wurde über das Pb-Salz nach der Essigestermeth. (Fischer) u. dann über das K-Salz ein *Gerbstoff* (I) isoliert, der nur wenig Arbutin enthält. Bei der Hydrolyse von I wurde große Übereinstimmung mit dem türk. Tannin (II) festgestellt, auch in den qualitativen Rkk. waren I u. II gleich, ebenso zeigten sie Übereinstimmung bei der opt. Drehung. Somit sind I u. II sehr ähnlich. (Pharmazie **7.** 431. Juli 1952. Halle, Univ., Pharmazeut. Inst.) Kern. 4782

F. Berger, *Fructus Cardamomi und ihre Unterscheidung.* Monographie über die verschied. Kardamomen der Gattungen Ellettaria, Aframomum u. Amomum (Vork., Beschreibung von Frucht u. Samen, anatom. Bau, Verfälschungen). — 9 Abbildungen. 23 Literaturangaben. (Pharmazie **7.** 313—20. Mai 1952. Mauerbach bei Wien.) Herrmann. 4782

P. C. Spensley, *Eine Gewinnung des Hecogenins.* Für das aus *Agave sisalana* gewonnene *Hecogenin*, ein Ausgangsprod. für die Synth. des *Cortisons*, wird ein verbessertes Verf. angegeben. Der Saft der Blätter wird mit HCl oder H_2SO_4 auf eine ca. 1,5n-Lsg. gebracht, die 3—4 Std. fast zum Kochen erhitzt u. anschließend mit Aktivkohle behandelt wird. Verunreinigungen werden mit kalter 1n NaOH aus der Kohle gewaschen, die anschließend getrocknet u. mit Ae. oder CCl_4 extrahiert wird. Ae.-Lsg. liefert beim Einengen krist. rohes Sapogenin (I). CCl_4-Lsg. wird zur Trockne eingedampft, u. I krist. nach Lösen des Rückstandes in heißem A. aus. I liefert mindestens 60% Hecogenin. Der Sapogeningeh. des Saftes ist dem effektiven Alter der Pflanze, das am besten aus der Anzahl der Blätter bestimmt wird, proportional. — Eine weitere Meth. besteht darin, das durch Gärung des Sisalsaftes erhaltene Sediment (enthält den größten Teil des Sapogenins) abzuzentrifugieren, zu trocknen, in HCl oder H_2SO_4 zu suspendieren u. wie oben weiter aufzuarbeiten. (Chem. and Ind. **1952.** 426—28. 10/5. London, Med. Res., Mill Hill.) Schorre. 4782

Kenneth S. Seal, *Darstellung eines Kationenaustauschharzes.* Da das bei der Behandlung von Ödemen verwendete Prod. *Zeo-Karb 225/H* (**I**; Polystyrolharz mit Sulfonsäuregruppen) infolge bevorzugter Adsorption von Ca- u. K-Ionen eine Verarmung an diesen Ionen hervorruft, wurde I mit solchen Ionen behandelt. 400 g I wurden mit 400 cm^3 KOH (4n) unter öfterem Schütteln durchmischt. Nach dem Erkalten wird, solange die über I stehende Fl. noch positive Rk. mit Phenolphthalein ergibt, mit neuen Mengen von I durchgeschüttelt, bis die alkal. Rk. gerade noch erkennbar ist. I wird dann ausgebreitet u. bei 100—110° getrocknet. Das so behandelte I wird mit $^1/_5$ seines Gewichtes von unbehandeltem I gemischt. Dieses Gemisch ist dann für den therapeut. Gebrauch verwendbar. (Pharmac. J. **168.** [4] 114. 343—44. 17/5. 1952. Marborough, Montagu Hosp.) Boye. 4790

H. v. Czetsch-Lindenwald, *Die Salben des DAB 7.* Vortrag. Vf. bringt eine Reihe Änderungsvorschläge. (Pharmazie **7.** 302—03. Mai 1952. Wolfsberg/Kärnten.) Herrmann. 4792

H. Beeuwkes und **J. De Vries,** *Eine Untersuchung über die für Sulfanilamide und Penicillin zu verwendenden Salbenbasen.* (Vgl. C. **1952.** 1538.) *Percoccid* u. *Penicillin* (**I**) weisen in Emulgidform (Öl/W.-Emulsion) kräftige Diffusion auf; in vitro wirkt die Emulgidform günstiger als die W./Öl-Basis. Gegen resistente Staphylokokken ist I nur in der Emulgidform wirksam. (Nederl. Tijdschr. Geneeskunde **96.** 1071—75. 3/5. 1952.) Wesly. 4792

Eb. Volkmann, *Verspätete Wundinfektion bei Verwendung von Perlonnähten.* An 3 Fällen mit tert. Wundinfektion, die auf Benutzung von *Perlon* (**I**)-Fäden zurückzuführen war, werden die Eigg. der I-Fäden besprochen. Trotz der Vorzüge von I gegenüber Seide u. Catgut u. der durch neuere Formgebung erzielten Verbesserungen ist I noch nicht als das ideale chirurg. Nahtmittel anzusehen. (Zbl. Chirurg. **77.** 1622—25. 1952. Berlin, Städt. Krankenhaus Moabit.) Dossmann. 4794

J. E. Aldred und **W. R. Mackay,** *Veränderung von Thiopentallösungen durch Metall.* Thiopentallsgg., die mehr als 24 Std. in Rekordspritzen mit vernickeltem Kolben aufbewahrt wurden, zeigten Farbänderungen u. schließlich (nach 6 Tagen) einen dunkelbraunen Niederschlag. Ein empfindlicher Halbmikronachw. zeigte Cu an, das sich aus dem Neusilberkolben gelöst hatte. Ammoniumquecksilberrhodanid gibt mit $Cu^{\cdot\cdot}$ in Ggw. von $Zn^{\cdot\cdot}$ oder $Cd^{\cdot\cdot}$ einen violetten krist. Niederschlag. (Australas. J. Pharmacy [N. S.] **33.** 105. 29/2. 1952. Melbourne, Royal Melbourne Hosp.) Ulex. 4806

Karl Wulf, *Zur Frage der Stabilität alkoholischer Aureomycin-, Penicillin-, Pikromycin-, Terramycin-Lösungen im Hinblick auf ihre praktische Verwendbarkeit.* Stabilitätsprüfung nach dem Blättchentest am Staphylococcus aureus, Stamm Oxford, von *Aureomycin* (**I**; Lederle), *Penicillin* (**II**; Grünenthal), *Pikromycin* (**III**; Bayer) u. *Terramycin* (**IV**; Pfizer) in alkoh. u. wss. Lsg. unter Aufbewahrung bei —4 u. +20°. **I—IV** waren in wss. Lsg. 60 Tage fast gut bis sehr gut wirksam, in alkoh. Lsg. waren I überlegen, **III** u. **IV** noch ausreichend stabil. **I, III** u. **IV** in 70%ig. alkoh. Lsg. erfüllen die in der Dermatologie an sie gestellten, Anforderungen, **II** wurde bei 20° bereits in einigen Tagen inaktiviert. (Dermatol. Wschr. **126.** 921—24. 1952. Hamburg-Eppendorf, Univ., Hautklinik.) Dossmann. 4810

R. Opfer-Schaum, *Über die Möglichkeiten der Anwendung von Schmelzpunkt-Mikrobestimmungen im DAB VII.* Literaturübersicht (10 Zitate) mit Angabe neuer Schmelzpunktwerte (mit Hilfe des Auflichtapp. des Vf. ermittelt). Diskussionsbeitrag zum DAB VII. (Pharmazie **7.** 421—24. Juli 1952. Rodheim-Bieber b. Gießen, Apotheke.) Kern. 4880

Karl Herrmann, *Nachweis und Bestimmung der Gerbstoffe in Drogen.* Vf. geht krit. auf die qualitativen Rkk. u. quantitativen Bestimmungsmethoden der pflanzlichen Gerbstoffe ein. Zum qualitativen Nachw. ist vor allem die Fällung durch ½% ig. Gelatinelsg. u. mit Abstand die Fällung durch Alkaloide (Brucin) zu empfehlen. Ein befriedigendes mikrochem. Reagens gibt es nicht. Von den zahlreichen quantitativen Verff. besitzen ebenfalls nur wenige einen Wert, bes. die Hautpulvermeth., danach die Meth. nach LÖWENTHAL u. die nach GRASSMANN sowie colorimetr. Verff. mit Wolframsäure. (Pharmazie **7.** 320—25. Mai 1952. Halle/Saale, Univ., Pharmaz. Inst.) HERRMANN. 4880

G. Sykes, A. Royce und **W. B. Hugo,** *Ein Sterilitätstest für Neoarsphenamine B. P. und Sulpharsphenamine B. P. zur Injektion.* Zur Prüfung von Neoarsphenaminen B. P. u. Sulpharsphenaminen B. P. zur Injektion auf Sterilität wird eine Meth. beschrieben, bei der eine Nährlsg. Verwendung findet, die durch trypt. Verdauung von Herzmuskel unter Zusatz von 0,4% Na-Thioglykolat u. durch Hitze koaguliertem Muskelfleisch hergestellt wird. (J. Pharmacy Pharmacol. **4.** 366—72. Juni 1952. Nottingham, Boots Pure Drug Co. Ltd.) SPITALER. 4880

H. Auterhoff, *Die Analytik einiger synthetischer Antihistamine.* 3. Mitt. (2. vgl. C. **1952.** 260.) Das Verh. der 3 Antihistamine *Atosil* (*Phenergan,* **I**), *Dabylen* (*Benadryl,* **II**) u. *Neo-Bridal* (*Neo-Antergan,* **III**) gegenüber Alkaloidfällungsreagentien, Alkaloidfarbreagentien sowie Nachweis-Rkk. u. physikal. Eigg. dieser 3 Verbb. sind tabellar. wiedergegeben. **I** (= *N-[2-Dimethylamino-2'-methyläthyl]-phenothiazinhydrochlorid,* F. 178°, *Eutektikum mit Benzanilid* 124°) verhält sich bei allen beschriebenen Rkk. wie *Casantin* (**IV**, vgl. 2. Mitt.). Zum Nachw. von **I** eignet sich der mit Phosphormolybdänsäure bei gewöhnlicher Temp. auftretende violette Nd. (Erfassungsgrenze $^1/_4$ mg/cm^3); einige Tropfen Bromwasser färben die **I**-Lsg. rot, beim Erhitzen tritt eine Violettfärbung auf (Nachweisgrenze $^1/_{40}$ mg/cm^3). Mit einigen Tropfen konz. HCl wird die **I**-Lsg. rot; der entstehende rote Farbstoff ist aus saurem Medium nicht mit Ae. oder Chlf. ausschüttelbar (Nachweisgrenze $^1/_{40}$ mg/cm^3). Unterscheidung von **IV** (F. 183°) durch Misch.-F. mit **IV** (143°). — **II** (= *β-Dimethylaminoäthylbenzhydrylätherhydrochlorid,* F. 166—169°, Eutektikum mit Benzanilid 116°) gibt mit konz. H_2SO_4 eine charakterist. Gelb-Rötlichbraunfärbung (Nachweisgrenze $^1/_{40}$ mg/cm^3), die auf einer Spaltung des Benzhydrols in Diphenylmethylen u. dessen Kondensation zu einem roten bzw. rotgelben Harz beruht. — **III** (= *saures maleinsaures Salz des N-Dimethylaminoäthyl-N-p-methoxybenzyl-α-aminopyridins,* F. 98—101°, Eutektikum mit Benzanilid 78°) gibt mit konz. H_2SO_4 eine intensive, beständige Rotviolettfärbung, bes. beim Erwärmen. **III** reagiert nach dem Aufkochen mit n/1 HCl u. Chloramin u. anschließendem Übersättigen mit NH_3 unter Grünfärbung; die Rk. ist vermutlich auf die α-Aminopyridinkonfiguration zurückzuführen (α-Aminopyridin gibt die Rk. ebenfalls). — Verbb. mit der N-(2-Pyridyl)-Gruppe geben die Pyridin-Rk. mit BrCN u. Anilin nach KÖNIG (alle FF. im KOFLER-App.). (Arch. Pharmaz. Ber. dtsch. pharmaz. Ges. **285/57.** 14—19. Jan. 1952. Würzburg, Univ., Inst. für Pharmazie u. Lebensmittelchemie.) K. F. MÜLLER. 4880

E. Moraux, *Bestimmung von Vitamin B_2 in pharmazeutischen Produkten.* Vff. untersuchten die Bedingungen der colorimetr. u. fluorometr. *Vitamin-B_2*-Bestimmungen, bes. hinsichtlich ihrer Anwendung auf pharmazeut. Präparate. Es wurden übereinstimmende Werte erhalten. — 35 Literaturangaben. (Ing. Chimiste [Bruxelles] **34.** 51—64. Juni 1952. Brüssel.) KRUSEN. 4880

Asta-Werke Akt.-Ges., Chemische Fabrik, Brackwede/Westf. (Erfinder: **Norbert Brock,** Brackwede, **Martin Schmeisser,** München, und **Hans Duhme,** Gartnisch/Westf.), *Herstellung von Dragées,* die im Magen schwer u. im Dünndarm leicht lösl. sind, dadurch, daß die Kerne mit einem bes. dichten Überzug versehen werden, der aus mehreren verchied. Gelatine (**I**) enthaltenden Schichten besteht. Während der Dragierung wird abwechselnd mit warmer u. kalter Luft bzw. Druckluft gearbeitet. — Z. B. werden die Kerne zunächst mit $CaCO_3$ u. Staubzucker abgedeckt u. dann mit einer aus Stearin u. **I** bestehenden Schicht versehen, worauf eine reine **I**-Schicht aufgetragen wird. Lsg. im Darm nach wenigen Minuten. (**D. B. P. 831 883** Kl. 30h vom 16/12. 1949, ausg. 18/2. 1952.) HEINZE. 4767

Heyl & Co., Chemische Fabrik G. m. b. H. (Erfinder: **Hermann Büechl**), Hildesheim, *Herstellung stabiler Salben* aus Lebertran oder ähnlichen oxydationsempfindlichen Fetten u. Sulfonamiden (**I**) oder lokalanästhet. wirksamen Estern der p-Aminobenzoesäure durch Beimischen von Stabilisatoren, wie Na-Sulfit (**II**), Na-Bisulfit, Na-Hyposulfit, NH_3 u. Derivv. der Carbaminsäure. — Z. B. werden 2 (Teile) **II** mit 7,5 Sulfanilamid vermischt. 22,5 dieser Mischung werden in 68 Salbengrundlagen eingearbeitet. Weitere Beispiele. Es werden bes. solche **I** verwendet, die keine kerngebundene Aminogruppe enthalten. (**D. B.P. 835 497** Kl. 30h vom 29/3. 1949, ausg. 31/3. 1952.) HEINZE. 4793

Olivier Gaudin, Neuilly-sur-Seine, Frankreich, *Analgetische Salbe,* bestehend aus der Fettgrundlage, W. u. Dimethylamin-, Monoäthylamin- oder Diäthylaminsalicylat.

Als Emulsion ist die Zus. ca. 40% Fett, 50% W. u. Rest Salicylat. (**A. P. 2 596 674** vom 30/11. 1949, ausg. 13/5. 1952. F. Prior. 6/12. 1948.) SCHINDLER. 4793

John Rupert Squire, Solihull, **John Prince Bull,** Birmingham, **Percy Arthur Small** und **John Browning,** Welwyn, England, *Medizinischer und chirurgischer Verband,* bestehend aus dem N-Alkoxymethylderiv., bes. einem N-(C_1-C_8)-Alkyloxymethylderiv. eines linearen Polyamids (I), z. B. Polyhexamethylenadipamid. Durchlässig für Wasserdampf u. bakteriendicht. (**D. B. P. 835 037** Kl. 30h vom 25/10. 1949, ausg. 27/3. 1952. E. Prior. 25/10. 1948.) HEINZE. 4795

Theodor Götz, Urspringen bei Lohr, *Herstellung von aliphatischen Phosphorsäureesteramiden,* dad. gek., daß man aus $POCl_3$ mit Aminen oder Aminsalzen zunächst das Phosphorsäureamidchlorid herstellt u. dieses dann mit höheren mehrwertigen Alkoholen oder Kohlenhydraten verestert, oder daß man erst den Ester herstellt u. diesen dann mit Aminen behandelt. Verwendung als *Stärkungs-* u. *Heilmittel.* (**D. B. P. 855 248** Kl. 12o vom 27/10. 1950, ausg. 10/11. 1952.) G. KÖNIG. 4807

Aktiebolaget Ferrosan, Malmö, Schweden, *p-Aminosalicylamide* erhält man durch katalyt. Hydrierung von Salicylamiden, die in p-Stellung eine NO_2-Gruppe, einen Azo- oder Carbobenzyloxyaminorest tragen. — p-Nitrosalicylamid wird mit PtO_2 u. H_2 bei Raumtemp. zu *p-Aminosalicylamid,* F. 162°, in 80%ig. Ausbeute hydriert. — *p-Aminosalicylsäureäthylamid,* F. 143°; *-isopropylamid,* F. 161°; *-diäthylamid,* F. 141°; *-n-butylamid,* F. 124—125°; *-isobutylamid,* F. 126—127°; *-dipropylamid,* F. 121°; *-anilid,* F. 137°. — Die Verbb. verhindern das Wachstum von *Mycobact. tuberculosis* in Konzz. von 10^{-4} bis 10^{-7}. (**E. P. 670 424** vom 26/1. 1949, ausg. 16/4. 1952. Schwed. Prior. 31/1. 1948.) KRAUSS. 4807

Ciba Akt.-Ges., Basel (Erfinder: **Karl Hoffmann,** Basel, **Eugen Tagmann,** Birsfelden, und **Hellmuth Ueberwasser,** Riehen), Schweiz, *Fluoranthenylpropylamine* der Formel I entstehen durch Rk. von hydriertem Fluoranthen mit Acrylsäurenitril, Red. zum Amin u. gegebenenfalls weitere Umsetzung der Aminogruppe. — *1-(β-Cyanäthyl)-1.2.3.4-tetrahydrofluoranthen* (II). Aus 1.2.3.4-Tetrahydrofluoranthen u. Acrylnitril in Ggw. von Trimethylbenzylammoniumhydroxyd in Butanol + Dioxan, F. 110°. — *1-(γ-Aminopropyl)-1.2.3.4.-tetrahydrofluoranthen.* Aus **II**, H_2, Ni u. NH_3 in A. unter Druck bei 100°, Kp.$_{0,04}$ 143—145°; *Hydrochlorid,* F. 256°. Gibt beim Methylieren *1-(γ-Dimethylaminopropyl)-1.2.3.4-tetrahydrofluoranthen,* Kp.$_{0,04}$ 158—162°; *Hydrochlorid,* F. 234°. — *1-(γ-Diäthylaminopropyl)-,* Kp.$_{0,04}$ 165°; *Hydrochlorid,* F. 194—195°. — *1-(γ-Monomethylaminopropyl)-,* Kp.$_{0,08}$ 137°; *Hydrochlorid,* F. 248°. — *1-(γ-Glutarimidopropyl)-,* Kp.$_{0,03}$ 211°; F. 122°, liefert beim Hydrieren *1-(γ-N-Piperidinopropyl)-1.2.3.4-tetrahydrofluoranthen, Hydrochlorid,* F. 215°. — *Therapeutica.* (**D. B. P. 846 399** Kl. 12q vom 1/1. 1949, ausg. 11/8. 1952. Schwz. Priorr. 31/1. u. 19/12. 1947.) LANGER. 4807

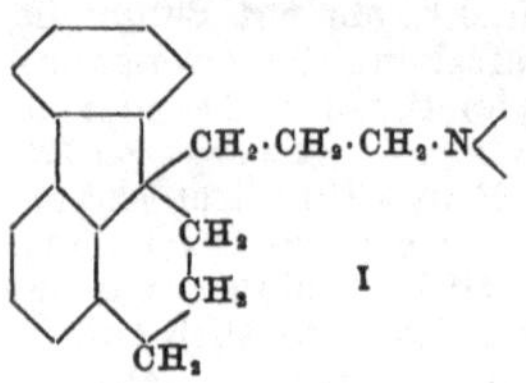

I

Hoffmann-La Roche Inc., Nutley, übert. von: **Herman Herbert Fox,** Passaic, N. J., V. St. A., *Antituberkulosemittel,* bestehend aus Isonicotinsäurehydrazid, in Mengen von 0,1—50% den üblichen Trägerstoffen zugegeben, in Form von Pulver, Tabletten, Kapseln. In W. mit p_H 6 gelöst, als Injektionsmittel. Beispiele für Wrkg. u. Konfektionierung. (**A. P. 2 596 069** vom 7/3. 1952, ausg. 6/5. 1952.) SCHINDLER. 4807

Farbenfabriken Bayer, Leverkusen, *2-Amino-4-methylpyrimidin.* Durch Rk. von 4-Äthoxybuten-(3)-in-(1) mit Guanidin erhält man *2-Amino-4-methylpyrimidin,* F. 158°; *Pikrat,* F. 230—232° (Zers.). Man kann auch vom 4-Methoxybutenin (I) ausgehen. Setzt man Butylguanidin mit **I** um, so erhält man *2-Butylamino-4-methylpyrimidin,* Kp.$_6$ 109 bis 110°; *Pikrat,* F. 133—134°. Phenylguanidin liefert analog *2-Phenylamino-4-methylpyrimidin,* F. 93°; Kp.$_5$ 157—158°. — Zwischenprodd. zur Herst. von *Chemotherapeutica.* (**E. P. 669 585** vom 23/5. 1949, ausg. 2/4. 1952. Schwz. Prior. 22/5. 1948.) BRÖSAMLE. 4807

Astra Gesellschaft für chemische Erzeugnisse m. b. H., Hamburg (Erfinder: **Heinrich Geffken,** Lamstedt), *Herstellung von schockfreien Traubenzuckerlösungen* durch unmittelbares Aufdest. von W. auf trockenen Traubenzucker, die bis zum Verschließen der Ampullen auf 60° gehalten wurden. Kühler u. Vorlage sollen aus Ag bestehen. Filtration der Lsgg. erfolgt bei 60—90°. Keimfreihalten gewährleistet. (**D. B. PP. 854 069** u. **854 070** Kl. 30h vom 14/12. 1948, ausg. 30/10. 1952.) SCHINDLER. 4807

Imhausen & Co. G. m. b. H. und **Karl-Heinz Imhausen** (Erfinder: **Emil Keunecke** und **Karl-Heinz Imhausen**), Witten, Ruhr, *Gewinnung von Carotin* (I) aus Pflanzenmaterial, dad. gek., daß man dieses nach Zerkleinerung mit einer verd. Lsg. eines Alkalisalzes einer schwach dissoziierten Säure, z. B. $NaHCO_3$, bzw. entsprechender Elektrolyt-Puffer-Gemische erhitzt u. nach Abtrennen der Fl. die festen Anteile in bekannter Weise auf I oder I-haltige Lsgg. weiterverarbeitet. Arbeitstemp.: 90—100°. (**D. B. P. 853 632** Kl. 30h vom 4/10. 1950, ausg. 27/10. 1952.) SCHINDLER. 4809

Upjohn Co., übert. von: **Curtis E. Meyer** und **William H. De Vries**, Kalamazoo, Mich., V. St. A., *Gewinnung von Vitamin B_{12}* aus dem Mycelkuchen von der biol. Streptomycinsynth. mittels Streptomyces griseus. Diese Mycele wurden mit wss. organ. Lösungsmitteln, wie Aceton, A., Isopropanol, Methanol, bei p_H 9,0—9,5 extrahiert. Vorteilhaft ist eine vorhergehende Behandlung mit W. bei 50—110°, gegebenenfalls in Ggw. von A-Kohle, bei p_H ca. 5—6. Konz. u. Reindarst. des Vitamins erfolgt in üblicher Weise. (**A. P. 2 595 159** vom 25/2. 1949, ausg. 29/4. 1952.) SCHINDLER. 4809

Merck & Co., Inc., Rahway, übert. von: **Thomas R. Wood**, Murray Hills, und **David Hendlin**, Elizabeth, N. J., V. St. A., *Vitamin B_{12} auf biologischem Wege* erhält man durch Züchtung von Streptomyces griseus submers in n. Nährlsgg., denen zur Ausbeutesteigerung 0,1—2 (Teile) auf 1000000 Lsg. $Co(NO_3)_2$ zugesetzt sind. Die Isolierung des Vitamins erfolgt auf übliche Weise. (**A. P. 2 595 499** vom 10/7. 1948, ausg. 6/5. 1952.) SCHINDLER. 4809

N. V. Organon, Oss (Erfinder: **Jan Lens**, Nimwegen, **Willem Louis Constantin Veer** und **Harry Gerard Wijmenga**, Oss), Holland, *Gewinnung reiner Vitamin-B_{12}-Präparate* durch Chromatographieren, wobei dem Eluierungsmittel eine oder mehrere organ. Fll. zugesetzt werden, die Vitamin B_{12} (**I**) aus Lsgg. fällen können, die mit dem Lösungsm. mischbar sind u. die in solcher Menge verwendet werden, daß **I** gerade gelöst wird. Es kommen Aceton (**II**) u. Dioxan (**III**) in Betracht. — Z. B. wird auf eine Al_2O_3-Säule ein nichtkrist. **I**-Konzentrat gebracht u. mit einem Gemisch von 30% W. u. 70% **II** chromatographiert. Durch Erhöhung der **II**-Konz. im Eluat krist. reines **I** aus. Auch mit 90% **III** u. 10% W. wird reines **I** erhalten. (**D. B. P. 835 178** Kl. 30h vom 15/6. 1950, ausg. 27/3. 1952. Holl. Prior. 29/7. 1949.) HEINZE. 4809

G. Analyse. Laboratorium.

Robert T. Hall und **Wayne A. Kirklin**, *Industrielle analytische Forschung*. Beschreibung der Organisation eines industriellen analyt. Forschungsunternehmens, der dort behandelten Probleme u. der Ausbildung des leitenden u. ausführenden Personals. (Analytic. Chem. **24**. 149—51. Jan. 1952. Wilmington, Del., Hercules Powder Co.) GERHARD GÜNTHER. 5000

Herbert H. Anderson, *Automatisch sich einstellende Mikropipetten und Mikropyknometer*. Es werden verschied., sich selbst füllende u. einstellende Mikropipetten beschrieben. Füllt man diese Pipetten, indem man sie nicht senkrecht, sondern in einem Winkel von ca. 5° zur Horizontalen geneigt in die Fl. eintaucht, lassen sich leicht Füllvolumina von 0,025—0,180 ml erreichen. Quarz–Klarglas-Pipetten in U-Form werden für die Aufnahme der Substanz für die N-Best. nach DUMAS verwendet, um bei verschied. Fll. (z. B. Organometallverbb.) das Wägen zu umgehen. Ebenso wird die Herst. eines Mikropyknometers beschrieben. (Analytic. Chem. **24**. 579—83. März 1952. Cambridge, Mass., Harvard Univ.) FRETZDORFF. 5014

Helmut Schwarz, *Verfahren und Geräte zur Messung kleinster Gasdrücke*. 3. Mitt. *Reibungsmanometer und Vakuummeter nach dem Radiometerprinzip*. (2. vgl. C. **1952**. 5148.) Übersicht über die verschied. Manometertypen. (Arch. techn. Messen **1952**. 53—56. März. Rio de Janeiro, Univ., Centro Brasileiro de Pesquisas Fis.) PAULI. 5026

W. B. Altsheler, E. D. Unger und **Paul Kolachov**, *Verbesserte Kolonne für Dampf–Flüssigkeits-Gleichgewichte. Daten der Systeme: Äthanol/Wasser und Essigsäure/Wasser*. Vff. entwickeln eine nahezu adiabat. arbeitende Umlaufdestillationsapp. zur Gleichgewichtsbest., die die von ihnen diskutierten Fehlermöglichkeiten verringert. *A.*/*W.*- u. *Essigsäure*/*W.*-Gleichgewichte zwischen Gas- u. fl. Phase wurden bei 760 Torr bestimmt u. die Molenbrüche, Aktivitätskoeffizienten, relative Flüchtigkeiten u. Verteilungsfaktoren tabellar. mitgeteilt. Die Daten stimmen im wesentlichen mit denen anderer Autoren überein. Im Syst. *A.*/W. zeigt sich ein Maximum in K_1 von 10,8 (Verhältnis der A.-Konz. Gas/Fl.) bei 0,4 Gew.-% A., das bis zu 0% A. auf 10 abfällt. Im Syst. W./Essigsäure fällt das Verteilungsverhältnis unter 10% Essigsäure stark ab. Die analyt. Best. von A. unter 1% wurde von Vff. verbessert. (Ind. Engng. Chem. **43**. 2559—64. Nov. 1951. Louisville, Ky., Joseph E. Seagram & Sons, Inc.) MOSLÉ. 5038

A. M. Pennie und **J. Y. Belanger**, *Ein neues Verfahren zur Dickebestimmung flüssiger Filme*. Vff. beschreiben ein neues Verf. zur Messung der Dicke von Flüssigkeitsfilmen, die an der Innenwand einer vertikal aufgestellten (Cu-)Röhre herabströmen. Die Fl. (hier 5%ig. *Soda*-Lsg.) wird durch eine Düse mit variablen zeitlichen Eintrittsmengen an die Wand des oberen Röhrenteils gespritzt. Die Messung der Filmdicke erfolgt mit Hilfe einer unter 45° seitlich eingeführten Stahlnadel, deren Berührung mit dem Film einen Audionsender betätigt u. mittels Kopfhörer registriert wird. Aus Filmdicke d, zeitlicher Eintrittsmenge m u. physikal. Daten der Lsg. können die jeweils mittleren Fallgeschwindigkeiten v der Filme u. die zugehörigen REYNOLDSschen Zahlen R berechnet werden. Die graph. Auftragungen von d gegen m, v gegen m, R gegen v u. d gegen v zeigen in keinem Fall eine durchgängig lineare Abhängigkeit. Das Verf. liefert jedoch mit der Theorie sehr gut übereinstimmende Werte u. ist daher im Gegensatz zu früher beschriebenen Apparaten auf Elektrolytlsgg. anwendbar. (Canad. J. Technol. **30.** 9—19. Febr./März 1952. Valcartier, Quebec, Canadian Armament Res., Chem. Engng. Group and Developm. Establ.) R. WOLFF. 5048

W. Stross, *Zentrifugiergläser aus durchsichtigem Quarzglas für Mikro- und Halbmikroanalyse.* Für Mikro- bzw. Halbmikroanalysen gebraucht Vf. mit rundem Boden versehene Zentrifugiergläser aus durchsichtigem Quarzglas. In ihnen können Ndd. getrocknet, gewogen, auf hohe Tempp. erhitzt u. geschmolzen werden. (Metallurgia [Manchester] **45.** 101. Febr. 1952. Aylesburg, Bucks., Internat. Alloys Ltd.) OPPERMANN. 5048

N. I. Balandin und **G. Ja. Rosenberg,** *Ein neuer elektrophoretischer Apparat (kleines Modell).* Beschreibung des 2,5 m langen tragbaren Gerätes. Die damit aufgenommenen elektrophoret. Diagramme für n. Plasma des Spenderblutes sowie für Präpp. aus *Albumin* u. *γ-Globulin* entsprechen den mit anderen Apparaten aufgenommenen Diagrammen der Literatur. (Биохимия [Biochemie] **17.** 203—07. März/April 1952. Moskau, Zentralinst. für Hämatol. u. Blutübertragung.) LEBTAG. 5054

Erika Cremer und **R. Müller,** *Trennung und quantitative Bestimmung kleiner Gasmengen durch Chromatographie.* Vff. leiten unter vereinfachenden Annahmen eine Formel für die Wanderungsgeschwindigkeit der Zonen beim chromatograph. Trennverf. ab u. zeigen, daß eine charakterist. Energiegröße (die Differenz der Adsorptionsenergie der adsorbierten Stoffe) aus je zwei verschied. Wanderungsgeschwindigkeiten berechnet werden kann. Trennungen werden mit N_2, C_2H_4, C_2H_2, CO_2 u. C_2H_3Cl durchgeführt, indem kleine Mengen (ca. 1—10 mg) dieser Substanzen mit H_2 als Spülgas über ein Adsorptionsmittel (Kohle, Kieselgel) geschickt werden. Als Analysenmeth. wird die Best. der Wärmeleitfähigkeit benutzt. Die Auftragung des Galvanometerausschlages der Meßanordnung gegen die Zeit ergibt Kurven, die die Best. der charakterist. Energiegröße mit einer Genauigkeit von 0,02—0,06 kcal/Mol gestatten. Durch Ausplanimetrieren der Kurven (am besten unter Benutzung der „Halbwertsbreite") lassen sich die Mengen der Komponenten der aufgegebenen Gasmischung mit einer Genauigkeit von ca. 1% bestimmen. Eine Mischung von C_2H_2–C_2H_4 wurde bei 30° in 7 Min. quantitativ getrennt. (Mikrochem. verein. Mikrochim. Acta **36/37.** 553—60. 1951. Innsbruck, Univ., Physikal.-chem. Inst.) GEDSCHOLD. 5062

M. Lederer und **F. L. Ward,** *Elektrische Papierchromatographie anorganischer Substanzen.* Nach Vorverss., welche die Überlegenheit der Glasplattenmeth. nach CREMER u. TISELIUS (C. **1951.** II. 1339) für die Papierchromatographie anorgan. Ionen im elektr. Feld vor allem bei hohen Potentialen zeigen, untersuchen Vff. den Einfl. verschied. Faktoren auf die Ionenwanderung im Filterpapier, die Bewegung des Elektrolyten im Papier, Adsorption an Papier, das angelegte Potential u. die Konz. an HCl. Schließlich werden bei einem Spannungsgefälle von 3,6 V/cm die Kationen (Hg^{2+}, Pd^{2+}, Au^{3+}, Ir^{4+}, Bi^{3+}, Tl^{3+}) (I); (Cd^{2+}) (II); (Mo^{5+}, Zr^{4+}, Rh^{3+}, As^{3+}, Sn^{2+}, Sb^{3+}, Pb^{2+}, Cr^{3+}, UO^{2+}, Ti^{4+}, Be^{2+}, Fe^{3+}, Co^{2+}, Ni^{2+}, Al^{3+}, Cu^{2+}, Zn^{2+}, Sr^{2+}, Ba^{2+}) (III) auf ihre Wanderung in 0,5nHCl geprüft u. in Gruppen mit anion. I, isoelektr. II u. kation. Bewegung III eingeteilt. An den Gemischen der Cu-Gruppe Hg, Pb, Cu, Bi u. Cd in 0,5nHCl bzw. an Co, Ni u. Fe in einer Lsg. von 60 g KSCN in 75%ig. A. wird das Verf. gezeigt. Die Trennungen erfolgen in 15 Min. bei einem Potential von 10—12 V/cm bzw. in 3½ Std. bei 6,5 V/cm. Die Bedeutung der Adsorption u. der Elektrolytbewegung auf die Wanderungsgeschwindigkeit wird diskutiert. (Analytica chim. Acta [Amsterdam] **6.** 355—62. April 1952. Newcastle, N. S. W., Newcastle Techn. Coll., Sci. Dep.) WEITBRECHT. 5062

J. R. A. Anderson und **Alice Whitley,** *Die Bestimmung der R_f-Werte von Metallionen bei Gebrauch von Diäthyläther als Lösungsmittel.* Es wurden von 22 Metallen die R_f-Werte auf aufsteigenden Chromatogrammen bestimmt, wobei Ae., gesätt. mit n. Lsgg. von HCl, HBr, H_2SO_4 oder HNO_3, als Lösungsm. benutzt wurde. Ae. als Lösungsm. erlaubt eine schnellere Auswertung, eine Std. genügt für ein Chromatogramm. Bei *As, Sb* u. *Sn* zeigte sich in einigen Fällen Schweifbildung. Durch kürzeres Chromatographieren u. Einstellung einer gesätt. Atmosphäre im Gefäß konnten diese Schwierigkeiten vermindert werden. Zum Sichtbarmachen der Flecke von As, Sb u. Sn erwies sich Dithizon in Chlf. empfindlicher als H_2S. Graph. Darstellungen zeigen die Beziehungen zwischen Zeit u. Wanderungsweg der Lösungsfront. (Analytica chim. Acta [Amsterdam] **6.** 517—20. Juni 1952. Sidney, N. S. W., Univ. of Technol.) ENDRASS. 5062

Edwin H. Land, *Betrachtung der Entwicklung von Polarisationsfiltern.* Rückblick auf die Arbeiten des Vf. u. seiner Mitarbeiter zur Entw. synthet. Polarisationsfolien. Über Aufbau, opt. Eigg. u. Charakterisierung der Polarisationsfolien vom Typ Polaroid J, H, K u. L wird unter Angabe der speziellen Anwendungsmöglichkeiten berichtet. J ist eine viscose M. einer koll. Dispersion von Chininsulfatperjodid, die durch einen schmalen Schlitz zu einer Folie gepreßt wird. H entsteht durch Absorption von J in einer gestreckten Polyvinylalkoholfolie, K durch Dehydrierung einer gestreckten Polyvinylalkoholfolie u. L durch Absorption von Farbstoffen in gestreckten Polyvinylalkoholfolien. (J. opt. Soc. America **41.** 957—63. Dez. 1951. Cambridge, Mass., Polaroid Corp.) LINDBERG. 5063

F. H. Nicoll, *Durch chemische Behandlung erzeugte Filme anomaler Interferenz auf Glas.* Interferenzfilme mit niedrigem Reflexionsvermögen auf Glas von kleinem Brechungsindex ($n = 1{,}52$) wurden durch Anwendung eines Bades einer Fluorkieselsäure, in der Glas gelöst ist, hergestellt. Es wurden Filme hergestellt mit einer Dicke $> \lambda/4$, deren Reflexionsvermögen größer ist als das des unbehandelten Glases (mehr als 350%). Es ist eine Funktion der Schichtdicke u. Entstehungszeit. Da das n der Filme zwischen 1,2 u. 1,46 gefunden wurde, handelt es sich um Doppelschichten. (J. opt. Soc. America **42.** 241—42. April 1952. Princeton, N. J., R. C. A. Labor.) LINDBERG. 5063

E. F. Daly, *Ein Spektrokomparator für die Analyse von Gemischen durch Darstellung der Absorptionsdifferenzspektren mittels Kathodenstrahlröhren.* Beschreibung des neu konstruierten App., mit dem es möglich ist, ein Gemisch von Fll. oder Gasen zu analysieren. (J. sci. Instruments **28.** 308—13. Okt. 1951. Cambridge, England, Unicam Instruments Ltd.) GOTTFRIED. 5063

Herman A. Liebhafsky, *Röntgenstrahlenabsorption.* (Vgl. C. **1951.** II. 2426.) Literaturübersicht 1950/1951. Ausführliche Besprechung von Methoden zur Best. des *Bleitetraäthyl*-Geh. in Benzinen. Ferner Behandlung von Röntgenstrahlfluorescenz. — 43 Zitate. (Analytic. Chem. **24.** 16—20. Jan. 1952. Schenectady, N. Y., General Electric Co.) GERHARD GÜNTHER. 5063

A. Taylor, *Ein verbessertes Röntgenmikrodensitometer mit direkter Ablesung.* Es wird ein App. zur Messung der Intensität von Röntgeninterferenzen beschrieben. Der App. arbeitet nach dem Prinzip von DOBSON (Proc. Roy. Soc. [London], Ser. A **104.** [1923.] 248) das darauf beruht, daß die D. eines neutralen, grauen Keils mit der D. der einzelnen Interferenzen verglichen wird. (J. sci. Instruments **28.** 200—05. Juli 1951. Birmingham, Mond Nickel Co. Ltd.) GOTTFRIED. 5064

J. W. T. Walsh, *Die Messung des Lichtes.* Histor. Entw. der Meßmethoden u. der Einheiten in der Photometrie. (Photographic J., Sect. A **92A.** 178—86. Juli 1952.) EICHHOFF. 5064

Gerald E. Kron, *Entwicklungen in der praktischen Verwendung von Photozellen zur Messung von schwachem Licht.* Vf. gibt eine Meth. für die Verwendung von Gitterwiderständen von mindestens $5 \cdot 10^{13}$ Ω an sowie ein Verf., nach dem Photozellen bei hoher Gasverstärkung stabil arbeiten. Die Ergebnisse können für die Konstruktion eines astronom., photoelektr. Photometers auch für den nahen infraroten Bereich u. bei schwachem Licht verwendet werden. (Astrophysic. J. **115.** 1—13. Jan. 1952. Univ. of California, Lick Obs.) F. W. KRÜGER. 5064

Léonce Deibner, *Vorrichtung zur bequemen Beobachtung des Farbumschlags von Fluorescenzindicatoren im Wood'schen Licht bei normaler Temperatur sowie zur leichten Ablesung des Volumens auf der Mikrobürette in der Dunkelheit.* Zur Vermeidung zahlreicher Fehler bei der Titration mit Fluorescenzindicatoren entwickelt Vf. eine einfache, leicht selbst herzustellende App., bei der die Strahlungswärme der UV-Lampe durch ein Wasserkühlsyst. u. durch Ventilation abgeführt u. somit die Temp. konstant gehalten wird. Die Beobachtung der Fluorescenz erfolgt frei von Streulicht, u. die Graduierung der Bürette kann durch einen Reflektor zur Ablesung in der Dunkelheit beleuchtet werden. (Chim. analytique [4] **33.** 346—49. Dez. 1951. Narbonne, Inst. Nat. de la Rech. Agronom., Station Centrale de Rech. sur l'Oenologie, la Cidrerie et les Jus de Fruits.) WEITBRECHT. 5068

G. Mannelli und **M. L. Rossi**, *Über die Adsorptionsindicatoren.* 4. Mitt. (3. vgl. C. **1951.** I. 94.) Vff. untersuchen für die argentometr. Best. von Cl^-, Br^-, J^- u. einer Mischung Cl^- u. J^- die Verwendung von *Rotsäure 6 B*, die beim Endpunkt einen Farbumschlag von violettrot in Ggw. von Cl^- nach cyklamenfarbig, in Ggw. von Br^- oder J^- nach graublau zeigt, während bei $Cl^- + J^-$ der erste Umschlag nach cyklamenfarbig u. der zweite nach graugrün ist. In 10^{-2} mol. Lsgg. verwendet man 0,25 ml einer 0,1%ig. Lsg. des Indicators, in stärker verd. Lsgg. entsprechend weniger. Die an $3{,}8 \cdot 10^{-2}$ bis $1{,}9 \cdot 10^{-1}$ mol. KCl-, $6 \cdot 10^{-2}$ bis $3 \cdot 10^{-1}$ mol. KBr- u. $8{,}4 \cdot 10^{-4}$ bis $4{,}1 \cdot 10^{-1}$ mol. KJ-Lsgg. sowie an Mischungen von $8{,}2 \cdot 10^{-2}$ bis $2{,}47 \cdot 10^{-1}$ mol. KJ u. $3{,}8 \cdot 10^{-2}$ bis $1{,}14 \cdot 10^{-1}$ mol.

KCl erhaltenen Ergebnisse zeigen, daß der Indicator auch für sehr kleine Konzz. von J^- mit guter Genauigkeit benutzt werden kann. (Analytica chim. Acta [Amsterdam] **6.** 333—36. April 1952. Firenze, Univ. degli studi di Firenze, Ist. di chim. analitica.)
WEITBRECHT. 5068

V. Gaunø Jensen, *Die titrimetrische Wasserbestimmung nach Karl Fischer.* Nach Darlegung der bekannten Wasserbestimmungsmethoden auf physikal. u. chem. Grundlage werden die KARL-FISCHER-Meth. (grundlegende Rk.: $J_2 + SO_2 + 2H_2O \rightleftarrows 2HJ + H_2SO_4$; Pyridin als bas. Komponente u. Methanol als Lösungsm.), deren Modifikationen sowie Anwendung beschrieben. — 31 Literaturhinweise. (Dansk. Tidsskr. Farmaci **26.** 145—63. Aug. 170—84. Sept. 1952. Danmarks Farmaceutiske Højskole, Afdeling for Farmaci.)
GEITZ. 5074

a) Elemente und anorganische Verbindungen.

R. R. Goodall und **N. Mellor,** *Elektrometrische Titration von Chlorid. Die verbesserte Form einer Endpunktshalbzelle, die ein Wasserstoff–Silber-Austauscherharz enthält.* Vff. untersuchen die Verteilungsisotherme von Ag^+ zwischen dem Kationenaustauscher *Zeocarb 225* u. W., indem 29 g des Harzes, mit 1500 ml 2nHCl in die H-Form übergeführt, nach dem Auswaschen unter Rühren mit n/10 $AgNO_3$-Lsg. bei gleichzeitiger Best. des Potentials eines Ag-Drahtes im Harz titriert werden. Da bei weitem die Hauptmenge Ag^+ von dem Harz festgehalten, andererseits ein Verlust der wss. Phase an Ag^+ durch Zugabe von Cl^- aus dem Harz ersetzt wird u. die Ionenkonz. an gelöstem Ag^+ in der gleichen Größe, wie sie für eine Endpunktshalbzelle erforderlich, vorhanden ist, entwickeln Vff. daraus eine Halbzelle zur Best. des elektrometr. Endpunktes bei 275 mV für die Titration von Cl^- mit $AgNO_3$. Zur Füllung wird der Austauscher in seiner H-Form in wss. Aufschlämmung mit n/10 $AgNO_3$-Lsg. bis zum Potential 280 mV titriert u. in einer Lsg. von 1,35 ml 1,5 mol. HNO_3 u. 0,05 ml n/10 $AgNO_3$-Lsg. in 200 ml aufgeschlämmt. Als Ableitung dient ein in einer Lsg. von 2 ml n/2 $NaNO_3$ u. 5 ml 1,5 mol. HNO_3 in 15 ml W. gebeizter Ag-Stab. Als elektrolyt. Schlüssel dient ein mit 6 g Agar, 12 g K_2SO_4 u. 100 ml W. gefüllter Stab, der in der wss. Phase endet. Das Potential der Halbzelle mit 275 ± 10 mV muß bei Serienmessungen etwa alle 14 Tage mit der gesätt. HgCl-Elektrode verglichen werden. Das Potential sinkt innnerhalb von 2 Monaten von 280 auf 268 mV. (Analytica chim. Acta [Amsterdam] **6.** 373—78. April 1952. Manchester, Imperial Chemical Industries Ltd., Dyestuffs Div.)
WEITBRECHT. G 247

F. Sierra und **O. Carpena,** *Neue mercurimetrische potentiometrische Bestimmungen.* 1. Mitt. *Bromide.* Unter Benutzung der Technik der Vff. (C. **1951.** I. 3093) wird *NaBr* (I) mit $Hg_2(NO_3)_2$ (II) an der Pt-Elektrode potentiometr. bestimmt. Der Fehler ist bei der Best. von $0,1-10^{-4}$ n I-Lsg. mit gleich konz. II-Lsg. in neutralem Medium sehr klein, bei Titration von 10^{-5} n I-Lsg. mit 10^{-4} n II-Lsg. beträgt er $< +2,5\%$. Auch in sauren Lsgg. mit bis zu 25 ml HNO_3 (D. 1,4) oder H_2SO_4 (1:1) in 75 ml Gesamtlsg. ist der Fehler bei 0,01n-Lsgg. $< +0,7\%$. Während im Laufe der Titrationen das Potential im allg. ansteigt, beim Äquivalenzpunkt (ÄP.) sprunghaft, tut es dies in den stark sauren Lsgg. nur bis in dessen Nähe, um dann (beim ÄP. selbst sprunghaft) abzunehmen. (An. Real Soc. españ. Física Quím., Ser. B **47.** 527—32. Juli/Aug. 1951. Murcia, Fac. Cie., Inst. „Alonso Barba", Secc. Quím. analít.)
METZENER. G 248

Ernst Eberius, *Bestimmung des Sulfidschwefels in Blenden und Abbränden.* In einem 250 ml-Kochkolben der üblichen Sulfid-S-Bestimmungsapp. werden 0,2—0,5 g feingeriebenes, säurelösl. Sulfid bzw. Abbrände in 20 ml W. aufgeschlämmt u. nach Verdrängen der Luft mit CO_2 mit 80 ml Zersetzungslsg. (750 ml HCl 1,19; 40 g $SnCl_2 \cdot 2H_2O$, 250 ml H_2O) versetzt. Über ein oberhalb des Kühlers des Zersetzungsteiles nach unten abgewinkeltes Einleitungsrohr wird ein mit 50 ml Absorptionslsg. (100 g $Zn(C_2H_3O_2)_2$ krist. + 200 g $NaC_2H_3O_2$ krist. + 1 Liter H_2O) u. 1 ml einer 0,01%ig. methylalkoh. Lsg. von *Thymolsulfophthalein* beschicktes Siebenkugelrohr geschoben. Die Dest. im CO_2-Strom ist beendet, wenn der Inhalt der untersten Kugel sich zu röten beginnt (nach 20 Min.). Die von ZnS-Ausscheidungen getrübte Absorptions-Fl. wird in 20—50 ml 0,1n-Jodlsg. gegeben, mit 10 ml HCl (1 + 1) versetzt, u. das überschüssige J_2 wird mit 0,1n $Na_2S_2O_3$-Lsg. zurücktitriert. Reproduzierbarkeit u. Genauigkeit liegen in den durch die jodometr. Titration gegebenen Grenzen. (Z. Erzbergbau Metallhüttenwes. **4.** 460—62. Dez. 1951. Duisburg-Hamborn.)
OPPERMANN. G 253

David Seligson und **Harriet Seligson,** *Mikrobestimmung von durch Ansäuern oder Oxydation freigemachtem Kohlendioxyd.* Das Verf. benutzt die Trennung von CO_2 durch Diffusion u. seine Best. durch Titration u. ist geeignet zur Best. von CO_2 in freiem Zustand, in Carbonaten, im Blut u. in einigen organ. Säuren, die im stöchiometr. Verhältnis oxydierbar sind, wie z. B. Oxalsäure. Es handelt sich um eine Abänderung der Mikrodiffusionsmeth. von CONWAY („Micro-Diffusion Analysis and Volumetric Error" 2. Ausg. 1947, London. S. 189). Die App. wird beschrieben u. je ein Verf. zur Best. von CO_2 im Blut oder in anderen Fll. u. von freigesetztem CO_2 nach Oxydation mit Ce-Sulfat ausgearbeitet. Im ersten Fall dauert die Best. weniger als 40, im zweiter 60 Minuten. Die Genauigkeit beträgt $\pm 1,2\%$. (Analytic. Chem. **23.** 1877—78. Dez. 1951. Philadelphia, Pa.,Univ. of Pennsylvania, George S. Cox-Med. Res. Inst.) SCHLEGEL. G 260

Tivadar Millner und **Jenö Neugebauer,** *Colorimetrische Bestimmung geringer Verunreinigungen in Wolfram.* 1. Zur Best. geringer Si-Mengen messen Vff. die Extinktion der blauen Lsg., welche durch Red. mit Benzidin aus dem Silicomolybdänsäurekomplex entsteht. Wolframsäure (**I**) stört nicht, wenn das Molybdat in Form von Na_2MoO_4 [nicht $(NH_4)_2MoO_4$!] in großem Überschuß zu der alkal. Wolframatlsg. gegeben wird u. die Lsg. nachher mit 2n HNO_3 auf p_H 2 eingestellt wird. Es ist so möglich, neben 0,1 g WO_3 ohne Trennung 0—100 γ SiO_2 zu bestimmen. PO_4^{3-} über 100 γ stört, AsO_4^{3-} stört nicht. — 2. Geringe Al-Mengen bestimmen Vff. colorimetr. mit Eriochromcyanin R (**II**). Da jedoch nach dem Abscheiden der **I** ein Teil davon als Metawolframat bzw. Silicowolframat in der Lsg. verbleibt u. die Ausbildung des Farblackes hindert, geben Vff. 6 Tropfen einer 6%ig. Nicotinlsg. zur Lsg., filtrieren (Glasfritte) u. erzeugen dann den Farblack. Es können so 0—15 γ Al in 0,1 g WO_3 bestimmt werden. Auf Grund der hindernden Wrkg. der Silicowolframsäure u. anderer Wolframsäuren auf die Ausbildung des Al-**II**-Farblackes kann deren Best. in Mengen von 100—2500 γ indirekt durchgeführt werden. — 3. Zur Best. geringer Fe-Mengen red. Vff. die wie beim Al von **I** befreite salzsaure Lsg. mit $NH_2OH \cdot HCl$ u. messen nach Zusatz von Dimethylglyoxim in schwach ammoniakal. Lsg. die Extinktion der roten Lösung. 0—16 γ Fe neben 0,1 g WO_3 können binnen 20—30 Min. bestimmt werden. — 4. Geringe Mengen K bestimmen Vff. turbidimetr. auf Grund der durch Ag sensibilisierten Rk. des K mit $Na_3[Co(NO_2)_6]$ (**III**). Die durch Aufschluß des WO_3 mit $NaHCO_3$ erhaltene alkal. Lsg. wird mit $AgNO_3$ im Überschuß versetzt, filtriert (Glasfritte 1 G 3), u. zu einem aliquoten Teil des Filtrats werden 0,04 g **III** gegeben. Die Extinktion wird im PULFRICH-Photometer sogleich gemessen (E). Genau so wird die Extinktion einer aus reinem WO_3 erzeugten Lsg. bestimmt (E_0), wodurch der aus dem K-Geh. der Reagentien stammende Fehler ausgeglichen wird. Die Meth. ist sehr genau u. zur Best. von 2,5—30 γ K in 0,1 bis 0,2 g WO_3 anwendbar. Vff. beobachteten, daß die Empfindlichkeit der Rk. in Ggw. geringer Wolframatmengen bedeutend größer ist (1:2000000 statt 1:50000), u. empfehlen, den qualitativen K-Nachw. so durchzuführen, daß man zu der auf K zu untersuchenden Lsg. wenig Wolframat u. überschüssiges $AgNO_3$ gibt, den Nd. in der Zentrifuge von der Lsg. trennt u. dann mit **III** prüft. (Magyar Kémiai Folyóirat [Ung. Z. Chem.] **57.** 321—30. Nov. 1951. Budapest, Egyesült Izzólámpa és Villamossági Rt., Távközlési Kutató Intézet.) PLANK. G 337

M. Bobtelsky und **C. Heitner,** *Photometrische Bestimmung von Nickel, Kobalt und Kupfer in Gemischen mit Hilfe von Tartrat.* Die Best. von Ni, Co u. Cu nebeneinander ist gut in Alkalitartratlsg. möglich, wenn Co im Spektralbereiche von 500—520 mμ, Cu im Bereiche von 660—700 mμ u. Ni im Bereiche von 380—400 mμ spektrophotometr. gemessen werden oder aber photometr. mit Lichtfiltern für 480—530 mμ (Co), 640—720 mμ (Ni) u. 640—720 mμ (Cu). Das LAMBERT-BEERsche Gesetz ist stets gültig. Bes. gute Ergebnisse liefern Bestimmungen von Ni in konz. Co-Lsgg., wenn die Ni-Konz. 10 mg in 5 cm^3 nicht überschreitet, u. von Spuren Co in konz. Ni-Lösungen. (Bull. Soc. chim. France, Mém. [5] **18.** 502—04. Juli/Aug. 1951. Jerusalem, Univ. Hébraïque, Dep. de Chim. inorgan. et analyt.) GERTRUD WOLFF. G 358

b) Organische Verbindungen.

Walter T. Smith jr. und **Robert E. Buckles,** *Volumetrische analytische Methoden für organische Verbindungen.* (Vgl. C. **1951.** I. 905.) Literaturübersicht über die von Sept. 1950 bis Okt. 1951 erschienenen Arbeiten über volumetr. analyt. Methoden in der organ. Chemie zur Best. der Elemente (C, H, S, Halogene, Hg, N u. O), funktionellen Gruppen (Acetyl, akt. H, Säuren, Alkohole, Aldehyde, Ketone, Amine, Ester usw.), von W., Zuckern u. ihren Derivv. u. anderen nicht klassifizierten Verbindungen. — 165 Literaturangaben. (Analytic. Chem. **24.** 108—15. Jan. 1952. Iowa City, Iowa, State Univ.) FRETZDORFF. 5352

P.-H. Gore und **G. K. Hughes,** *Ein qualitativer Mikronachweis für das Vorhandensein einer Azoxygruppe in aromatischen Substanzen.* Die Ggw. einer *Azoxygruppe* in einer aromat. Verb. kann durch rasches Dunkelwerden beim Erwärmen mit konz. H_2SO_4 nachgewiesen werden. Dieser Nachw. beruht auf der WALLACHschen Umwandlung aromat. Azoxyverbindungen. Ausführung: 0,5—1 mg Probe wird zu 1 cm^3 98%ig. H_2SO_4 gegeben, wobei eine hellgelbe Lsg. entsteht. Die entstehende Färbung wird beobachtet:

Vor dem Erhitzen, nach 3 Sek. Erhitzen auf 95°, nach 30 Sek. bei 95° u., wenn bisher keine Farbvertiefung eingetreten ist, nach dem Erhitzen zum Sieden. Eine Azoxygruppe ist anwesend, wenn die kalte Lsg. schnell dunkel wird oder wenn sie beim Erwärmen schnell dunkel wird. Für Polynitroazoxybenzole sind höhere Temp. als 95° notwendig. Cycl. Azoxyverbb. geben die Rk. nicht. Aromat. J-Verbb. (p-Jodphenol u. a.) geben jedoch die Rk. ebenfalls. — Beispiele. (Analytica chim. Acta [Amsterdam] **5.** 357—59. Aug. 1951. Sydney, N. S. W., Univ., School of Chem.) K. F. Müller. 5364

W. R. Fetzer und **R. C. Jones**, *Bestimmung von freier und Gesamtsäure in handelsüblicher Milchsäure. Titrimetrische Methode.* Handelsübliche *Milchsäure* (I) enthält mit steigender Konz. wachsende Mengen gebundener Säure, die nach Titration der freien Säure durch Verseifung mit überschüssigem Alkali u. Rücktitration bestimmt werden kann. Der Einfl. des Alkaliüberschusses, der Temp. u. der Wartezeit zwischen Alkalizugabe u. Rücktitration auf die Best. der gebundenen Säure wurde untersucht. Erhitzung der mit Alkaliüberschuß versetzten Milchsäureprobe führt auf Grund der Ggw. von geringen Zuckermengen zu fehlerhaften Werten. Bei Einwaagen von ca. 2 g 80%ig. I oder ca. 3 g 44 bis 50%ig. I oder ca. 5,5 g 22%ig. I ist ein Überschuß von 25 ml 0,5n NaOH u. eine Wartezeit von 20—30 Min. erforderlich, um gute Werte zu erhalten. Der Geh. an gebundener Säure beträgt bei 22%ig. I 0,8—1,2%, bei 44—50%ig. I 1,5—4% u. bei 80%ig. I 9—20%. (Analytic. Chem. **24.** 835—37. Mai 1952. Clinton, Iowa, Clinton Foods, Inc.) Barchet. G 850

Paul Cristol, C. Benezech, Pierre Cristol und **J. Llory**, *Untersuchungen über die Desaminierung durch Ninhydrin.* Eine Anzahl *α-Aminosäuren, Peptide* u. aminierte Substanzen, die in α-Stellung keine Carboxylgruppe tragen, werden auf ihre Fähigkeit hin untersucht, unter Einw. von Ninhydrin NH_3 zu entwickeln. Dabei zeigt sich, daß alle α-Monoaminomonocarbonsäuren, also auch die natürlich vorkommenden aliphat. Aminosäuren vollständig desaminiert werden, unabhängig davon, ob sie linear oder verzweigt gebaut sind. Die cycl. α-Aminosäuren, mit Ausnahme des Phenylalanins, reagieren nur unvollständig. Aminosäuren, deren Aminogruppe nicht in α-Stellung steht oder substituiert ist, werden nicht oder nur teilweise desaminiert. Ebenso reagieren einige untersuchte Peptide (mit Ausnahme der Glycylpeptide) u. einige biol. interessierende Substanzen, die zwar eine Aminogruppe, aber keine Carboxylgruppe in α-Stellung enthalten (z. B. Harnstoffderivv. u. PAS). Nach der hier angewandten Meth. lassen sich also nur aliphat. α-Aminosäuren quantitativ bestimmen. Die Resultate werden gewonnen durch titrimetr. Best. des sich bei der Rk. entwickelnden NH_3. Die Verss. werden bei p_H 2 durchgeführt. Der Überschuß an Ninhydrin wird vor der Titration mit H_2S nach einer modifizierten Meth. von Ruhemann entfernt. Die Ergebnisse bei Anwendung einer anderen Bestimmungsmeth. nach Sobel (J. biol. Chemistry **161.** [1945.] 99) sind vergleichend gegenübergestellt. Die colorimetr. Best. der bei der Rk. von Aminosäuren mit Ninhydrin auftretenden Blaufärbung nach Polonovski wird als unspezif. u. zu ungenau festgestellt. An Hand der beobachteten Werte werden die Geschwindigkeitskonstanten der Rkk. errechnet. Aliphat. α-Aminosäuren zeigen gut übereinstimmende Konstanten, die auf eine völlige Desaminierung schließen lassen, während bei cycl. oder substituierten Aminosäuren mehr oder weniger starke Abweichungen auftreten. (Bull. Soc. Chim. biol. **34.** 123—34. Jan./Febr. 1952. Montpellier, Fac. de Méd. et de l'Inst. d'Hygiène, Labor. de Chim. biol. et méd.) Baumann. G 950

Joseph X. Khym und **Leonard P. Zill**, *Die Trennung von Zuckern durch Ionenaustausch.* Die Trennung verschied. Zucker gelang durch Eluierung ihrer Boratkomplexe aus Anionenaustauschern mit Borsäure–Borat-Puffern. Disaccharide wurden leicht von Monosacchariden getrennt, ebenso konnten Hexose/Pentose-Mischungen analysiert werden. Die theoret. Folgerungen aus den Resultaten werden diskutiert. Sie scheinen mit den bisher üblichen Auffassungen über Zucker–Borat-Komplexe nicht in Widerspruch zu stehen. (J. Amer. chem. Soc. **74.** 2090—94. 20/4. 1952. Oak Ridge, Tenn., Nat. Labor., Biol. Div.) Rossow. G 3400

c) Bestandteile von Pflanzen und Tieren.

John F. Lhotka, *Histochemische Anwendung von wismutsaurem Natrium.* Durch 3 Min. dauernde Einw. einer 1% *wismutsaures Na* enthaltenden, 20%ig. H_3PO_4 kann in histolog. Präpp. eine oxydative Spaltung von *1.2-Glykolen* erreicht werden. Der entstehende Bi_2O_5-Nd. wird durch n HCl ausgewaschen. Anfärbung erfolgt mit *Leukofuchsin, p-Nitrophenylhydrazin* oder *2.4-Dinitrophenylhydrazin.* (Stain Technol. **27.** 259—62. Sept. 1952. Oklahoma City, Okla., Univ. of Oklahoma, School of Med., Dep. of Anat.) Krusen. 5661

N. B. Kurnick, *Histologische Färbung mit Methylgrün–Pyronin.* Zur verbesserten Differenzierung zwischen Chromatin u. Cytoplasma empfiehlt Vf., Schnitte 6 Min. in

0,2%ig. wss. *Methylgrün*-Lsg. (I) anzufärben, dann mit n-Butanol zu differenzieren u. 30—90 Sek. mit einer gesätt. Lsg. von *Pyronin* in Aceton gegenzufärben. Bei diesem Verf. erweist sich I als wertvolles histochem. Reagens für *Desoxyribonucleinsäure*. — 24 Literaturangaben. (Stain Technol. **27.** 233—42. Sept. 1952. New Orleans, La., Tulane Univ., School of Med., Dep. of Med., Labor. for Cell Res.) KRUSEN. 5661

E. B. Taft, *Das Problem einer standardisierten Technik für die Methylgrün–Pyronin-Färbung.* Zur Darst. von *Pentosenucleinsäure* in Gewebeschnitten wurden Verss. an Mäuseleberpräpp. mit den verschiedensten Fixativen, Färbemethoden u. Farben durchgeführt mit dem Ergebnis, daß die Färbung im wesentlichen abhängig ist vom Fixativ. Beste Fixierungs-Fl.: absol. A. u. CARNOY's Fl. (mit Chlf.). Als brauchbarste Farben wurden *Methylgrün* u. *Pyronin Y* bzw. *Pyronin B* ermittelt, wobei auch das Problem der Reinigung von Methylgrün erörtert wurde. Die modifizierte SCUDDER-Technik sieht bei Verwendung von Pyronin Y folgenden Ansatz vor: 0,5 g gereinigtes Methylgrün u. 0,1 g Pyronin Y in 100 ml heißem dest. W. lösen. Nach dem Erkalten ist die Lsg. gebrauchsfertig. Herst. der Farblsg. mit Pyronin B: 0,5 g gereinigtes Methylgrün in 100 ml n/10 Acetatpuffer bei p_H 4,4 lösen u. wiederholt mit Chlf. extrahieren, um Reste von Methylviolett zu entfernen. Zu dieser Lsg. 0,2 g Pyronin B zufügen; sie ist sofort gebrauchsfertig. Nach Färbung der Schnitte ist das Chromatin blau-grün gefärbt, Kernkörperchen u. Cytoplasmagranula der Leberzellen dunkelrosa-lavendel. (Stain Technol. **26.** 205—12. Juli 1951. Kansas City, Kans., Univ. of Kansas, Med. School.) G. SCHULZE. 5661

d) Medizinische und toxikologische Analyse.

T. Chr. Terkildsen, *Elektrochemische Mikrobestimmung von Magnesium.* Beschreibung einer elektrochem. Mikrobest. für *Mg* im Serum, dad. gek., daß *Mg* auf einer Pt-Elektrode als $Mg(OH)_2$ niedergeschlagen wird. Der Nd. wird in einer abgemessenen Menge HCl gelöst u. mit Na-Borat zurücktitriert. Die Meth. erlaubt die *Mg*-Best. in 0,1 ml Serum mit einer Genauigkeit von 0,08 mVal/Liter. Die Elektrolysedauer beträgt bei 0,1 ml Serum 3 Stunden. An 104 ♂ u. ♀ Versuchspersonen mit der angebenen Meth. unternommene Mg-Bestimmungen ergaben Werte zwischen 1,30 u. 2,25 mVal/Liter. (Scand. J. clin. Lab. Invest. **4.** 27—35. 1952. Copenhagen, Finsen Labor.) KRUSEN. 5728

H.-J. Eichhoff und **H. Geil,** *Spektrochemische Bestimmung von Borsäure im Harn.* Einer abgemessenen Menge Harn mit einem B_2O_3-Geh. von ca. 0,02% wird soviel einer mit NaOH auf p_H 13—14 gebrachten Na-Silicatlsg. zugesetzt, daß 1 ml 4 mg Si enthält. Auf 3—5 plangedrehten Kupferelektroden von 5 mm Durchmesser werden je 0,005 ml dieses Gemisches zur Trockne eingedampft, die Linien Si I 2435,1 u. B I 2497,7 Å photometriert u. die erhaltenen Schwärzungswerte in P-Werte (transformierte Schwärzung) umgerechnet. Aus dem spektrochem. bestimmten Konzentrationsverhältnis, der Si-Konz. u. der Harnverdünnung läßt sich der B_2O_3-Geh. bis zu 0,005% mit einer Genauigkeit von $\pm 8\%$ berechnen. (Biochem. Z. **322.** 494—96. 1952. Mainz, Univ., Anorg.-chem. Inst.) KRUSEN. 5732

H. Esser, F. Heinzler und **H. Wild,** *Ein einfaches Verfahren der Einengung des Liquor Cerebrospinalis zur Bestimmung der Eiweißfraktionen mit Hilfe der Elektrophorese in Filterpapier.* In ein 100 ml-Standgefäß, das mit MICHAELIS-Puffer gefüllt ist, wird ein trichterförmiger Aufsatz eingesteckt; die Berührungsflächen beider Teile sind mit einem Schliff versehen. Länge des Trichterstiels ca. 1 cm, Durchmesser 7—8 mm. Das Ende des Auslaufs ist am Rand aufgewulstet u. mit einer eiweißdichten Membran verschlossen, die in die Pufferlsg. gut eintaucht. In den Trichter wird eine entsprechende Menge Liquor gegeben, der App. in einen Vakuumexsiccator mit P_2O_5 als Trockenmittel gestellt u. das ganze in einen Eisschrank gebracht. Nach 12std. Einengen werden an der Trichterwand haftende Eiweißteile mit Pufferlsg. abgespült u. der Exsiccator erneut evakuiert. Das am Schluß auf der Membran haftende Liquoreiweiß wird in 0,05 ml MICHAELIS-Puffer aufgenommen. (Klin. Wschr. **30.** 228—29. 1/3. 1952. Düsseldorf, II. Med. Klinik u. Poliklinik der Med. Akad.) NEHRING. 5730

Berthold Mueller, *Der gegenwärtige Stand der Blutalkoholforschung.* Im Rahmen eines Vortrages teilt Vf. mit, daß Methylalkoholbeimischungen zum alkoh. Getränk bei der *A.*-Best. nach WIDMARK nur dann zu Fehlern führen, wenn mehr als 20% vorliegen. Der Umrechnungsfaktor für die Methanolbest. beträgt 0,35. Die Frage des Blutalkoholgeh. u. seiner Best. wird unter besonderer Berücksichtigung der Fähigkeit zur Führung eines Kraftfahrzeuges besprochen u. die Beibehaltung der unteren Grenze der absol. Fahrunfähigkeit von 1,5‰ gefordert. (Dtsch. Z. ges. gerichtl. Med. **41.** 1—9. 1952. Heidelberg, Univ., Inst. für gerichtl. Med.) KRUSEN. 5762

C. Romano, *Ein mikrochemisches Verfahren zur Identifizierung des Einschußschmauchhofes bei Schußverletzungen.* Vf. gibt folgende Meth. zur Identifizierung des

Schmauchhofes eines Einschusses auf Kleidern oder Haut an: Die organ. Substanz von Stoff oder Haut wird mit konz. H_2SO_4 u. dann mit $HNO_3 + HClO_4$ zerstört u. die Kationen werden chromatograph. nachgewiesen (*8-Oxychinolin*). Die Anionen (NO_3) werden in einer Vorlage mit $KOH + H_2O_2$ aufgefangen. Die quantitative Best. erfolgt bei *Fe* mit *Brenzcatechin, Cu* mit *β-Naphthol, Pb* mit *Dithizon, Hg* mit *Strychninsulfat, Ni* mit *Dimethylglyoxim* u. *NO_3* mit *Benzoldisulfonsäure.* (Ann. Méd. légale Criminol., **31.** 137 bis 142. April 1951. Neapel, Univ., Inst. de Méd. et des Assurances Sociales.)

KRAFT. 5762

P. Arthur and **O. M. Smith**, Semi-micro qualitative analysis. 3rd. rev. edn. London: McGraw-Hill. 1952. (280 S. m. Abb.) s. 34,—.

J. Austin Burrows and others, Semimicro laboratory exercises in general chemistry. 2nd ed. New York: Macmillan. 1952. (320 S. m. Abb. u. Diagr.) $ 3,50.

I. M. Kolthoff and **James J. Lingane**, Polarography, v. 2. 2nd ed. New York: Interscience. 1952. (441 S. m. Abb.) $ 11,—.

H. Angewandte Chemie.

I. Allgemeine chemische Technologie.

James I. Harper, John Lee Olsen und **Frank R. Shuman jr.**, *Das Arosorbverfahren.* Übertragung der laboratoriumsmäßig bei der Aromatenanalyse von KW-stoffgasen bekannten Silicageladsorption auf die Großindustrie. Beschreibung der Arbeitsweise an Hand von Verss., Fließschematas, Analysen- u. Ausbeutezahlen. (Chem. Engng. Progr. **48.** 276—80. Juni 1952. Marcus Stook, Pa., Sun Oil Co.) K. O. MÜLLER. 5848

R. M. G. Boucher, *Über einige neue industrielle Reiniger vom Venturi-Typ.* Die VENTURI-Wascher (vgl. JONES, C. **1950.** I. 2265) arbeiten auf dem Prinzip der nassen Gasentstaubung durch Stoß- u. Diffusionswirkung. Sie dienen vor allem zur Beseitigung kleinster Teilchen unter 20 μ. Es werden an Hand von Zeichnungen folgende Ausführungen beschrieben: Der „Dampf-Exhaustor" nach SCHÜTTE-KÖRTING, der „Venturi-Skrubber" nach PEACE-ANTHONY u. der „Aérojet-Venturi" der „SOCIETE CARBONISATION ET CHARBONS ACTIFS." Leistungsfähigkeit u. Verwendungsmöglichkeiten dieser Typen werden besprochen. (Ind. chimique **39.** 71—77. März 1952.) STEINER. 5850

Kurt Speyer, *Die Bedeutung des Ultraschalls für die Emulsionstechnik.* Beschreibung der physikal. Grundbegriffe, der Erzeugung u. der Übertragung von Ultraschall sowie der Anwendung zur Erzeugung von Emulsionen des Typs fl.–fl. bzw. fest–flüssig. (Seifen-Oele-Fette-Wachse **78.** 153—56. 26/3. 1952.) GERHARD GÜNTHER. 5878

Heinrich Merkel, *Einfache Vorrichtung zur Regelung von strömendem Wasserdampf.* Es wird eine Vorr. (Laboratoriumsmaßstab) beschrieben (schemat. Darst.), die die Regelung des Dampfstromes außerhalb des Dampfweges bei Raumtemp. gestattet. Dadurch kann der Wasserdampf mit annähernd gleicher Genauigkeit dosiert werden, wie es bei Gasen in einfacher Weise erreicht wird. (Chemie-Ing.-Techn. **24.** 511—12. Sept. 1952. Essen, H. Koppers GmbH.) P. ECKERT. 5882

Th. Gast, *Wirkungsweise und Anwendungsergebnisse der registrierenden Staubwaage.* Es wird über ein Gerät zur gravimetr. Best. von Staubkonzz. berichtet, das eine automat. Aufzeichnung in mg/m³ liefert. Der Meßbereich beträgt 0—1000 mg/m³ bei einer Periode des Meßvorgangs von 2 Min. u. 0—200 mg/m³ bei 6 Minuten. (Chemie-Ing.-Techn. **24.** 505—08. Sept. 1952.) P. ECKERT. 5888

N. V. Philips' Gloeilampenfabrieken (Erfinder: **Jacob Willem Laurens Köhler**), Eindhoven, Holland, *Verflüssigen von Gasen*, dad. gek., daß komprimiertes Gas (I) gekühlt, dann weiter bis zur Verflüssigung mit Kälte einer Kaltgaskühlmaschine gekühlt wird, worauf das bei der letzten Kühlung entstandene Mittel eine Druckabnahme erfährt, während die zuerst genannte Kühlung mit der Kälte bewerkstelligt wird, die dem gekühlten I entnommen wird. Weitere Arbeitsvorschriften, Diagramme u. Arbeitsschema. (**D. B. P. 844910** Kl. 17g vom 24/4. 1951, ausg. 24/7. 1952. Holl. Prior. 26/4. 1950.)

SCHINDLER. 5857

Adolf Messer G. m. b. H. (Erfinder: **Peter Grassmann**), Frankfurt/M., *Zerlegung und Verflüssigung von Gasen*, bes. von *Luft*, dad. gek., daß in der bei der höchsten Temp. arbeitenden Entspannungsvorr. die gesamte Gasmenge unter äußerer Arbeitsleistung entspannt u. dann der Gasstrom in 2 Teilströme aufgeteilt wird, von denen der eine ebenfalls unter äußerer Arbeitsleistung, der andere im Ventil entspannt wird. Bei Herst. von fl. O_2 wird zuerst die auf ca. 150 atü verdichtete Luft durch Kühlung auf -35^0 getrocknet. — Einzelheiten des Verf. u. Vorrichtung. (**D. B. P. 849851** Kl. 17g vom 30/10. 1943, ausg. 18/9. 1952.) SCHINDLER. 5857

Badische Anilin- & Soda-Fabrik (Erfinder: **Gerhard Free**), Ludwigshafen/Rh., *Herstellung eisenfreier aktiver Tonerde für katalytische Zwecke.* Akt. Tonerde wird in unvollständig getrocknetem oder fertigem Zustand in Ggw. von CO auf 300—600°, zweckmäßig bei erhöhtem Druck, erhitzt. (**D. B. P. 850 450** Kl. 12g vom 21/10. 1944, ausg. 25/9. 1952.) STEIL. 5905

Davison Chemical Corp., übert. von: **Jacob Elston Ahlberg, Leon L. Baral** und **Thomas O. Tongue**, Baltimore, Md., V. St. A., *Herstellung eines Kieselsäure-Magnesiumoxyd-Katalysators* hoher Abriebfestigkeit. Der Katalysator, der z. B. für die Spaltung von KW-stoffen verwendet werden kann, wird in üblicher Weise aus einem geformten SiO_2–MgO-Hydrogel durch Waschen, Trocknen u. Aktivierung hergestellt. Nach dem ersten Trocknen wird das Gel mit W., bei 100—200° F mindestens 6 Std., bei 125° F 18 Std., bei 150° F 12 Std. u. bei 200° F 6 Std. behandelt. (**E. P. 666 380** vom 24/11. 1949, ausg. 13/2. 1952. A. Prior. 14/1. 1949.) STEIL. 5905

Ruhrchemie Akt.-Ges., Oberhausen, *Herstellung eines Eisenkatalysators*, z. B. zur Hydrierung von CO. Der aus Lsgg. der Nitrate von Fe u. Aktivatoren (z. B. Cu, Ca) als Hydroxyd bzw. Carbonat gefällte Katalysator wird mittels eines reduzierenden Gases unterhalb 300° (200—240°) 30—60 Min. bei einer Strömungsgeschwindigkeit von 1,3 bis 1,5 m/Sek. behandelt. Ein für die Normaldrucksynth. bestimmter Katalysator wird so hergestellt, daß er 25—35% Fe, 50—61% FeO u. 25—40% Fe_2O_3 enthält. Er kann mit 0,5—5% (1—3%) Alkali, berechnet als Monoxyd u. bezogen auf die Gesamtmenge Fe, imprägniert sein. Als Träger dient Kieselgur, Al_2O_3 oder MgO. (**E. P. 665 218** vom 16/6. 1949, ausg. 16/1. 1952. F. Prior. 20/8. 1948.) STEIL. 5905

Helmut Stapf, Grundlagen-Chemie für technische Berufe. 5. unveränd. Aufl. Leipzig: Fachbuchverl. 1952 (XXIV + 253 S. m. 139 Abb., 2 Taf. u. Tab.) 8°. DM 6,80.

R. Stratta, Corso di impianti industriali chimici, a cura di **P. Guazzo**. Volume primo. Torino: V. Giorgio. 1952. (VIII + 493 S.) L. 2,500.

III. Elektrotechnik.

International Standard Electric Corp., New York., N. Y, V. St. A., übert. von: **Kenneth Edward Everett**, London, England, *Gitter für elektrische Entladungsröhren.* Zur Vermeidung von Elektronenemission wird durch Elektrophorese eine dünne Oberflächenschicht aus Zr aufgebracht u. auf dieser durch Aufsprühen eine dünne C-Schicht, deren Flächengewicht ca. $^1/_8$ von dem der Zr-Schicht beträgt. Beide Schichten werden dann bei ca. 1600° im Vakuum eingebrannt. (**A. P. 2 584 994** vom 7/8. 1947, ausg. 12/2. 1952. E. Prior. 15/3. 1946.) KESSEL. 5975

Cinema Television Ltd. (Erfinder: **Alfred Sommer**), London, England, *Lichtelektrische Zelle.* Auf einem metall. Träger (z. B. aus Ag) wird eine Schicht aus einem Fluorid eines Metalles (z. B. AgF) niedergeschlagen u. auf diese ein Alkalimetall (bes. Cs) aufgedampft. Diese Schicht kann noch oberflächlich oxydiert oder mit einer zusätzlichen Metall- (z. B. Ag-) oder Metallfluoridschicht (z. B. AgF) bedampft werden. (**D. B. P. 837 904** Kl. 21g vom 3/10. 1950, ausg. 2/5. 1952. E. Priorr. 10/3. 1941 u. 23/2. 1942.) KESSEL. 5977

Cinema Television Ltd. (Erfinder: **Alfred Sommer**), London, England, *Lichtelektrische Zelle*, bes. mit einer dem menschlichen Auge entsprechenden spektralen Empfindlichkeitsverteilung. Auf einen Träger (z. B. aus Glas) wird im Vakuum eine metall. Bi-Schicht aufgedampft u. auf diese ein Ag-Belag, der dann durch eine Glimmentladung in O_2-haltiger Atmosphäre oxydiert wird. Diese Doppelschicht wird auf 100—150° erhitzt, so daß das Bi zu Bi_2O_3 oxydiert u. das AgO zu Ag red. wird. Darauf wird bei 150—200° ein Alkalimetall (z. B. Cs) aufgedampft, wobei das Bi_2O_3 wieder zu Bi red. u. Cs zu Cs_2O oxydiert wird. Durch eine abschließende oberflächliche Oxydation wird maximale Lichtempfindlichkeit herbeigeführt. (**D. B. P. 846 752** Kl. 21g vom 3/10. 1950, ausg. 18/8. 1952. E. Priorr. 20/7. 1939 u. 8/4. 1940.) KESSEL. 5977

Tony Falco, Frankreich, *Selengleichrichter.* Eine Al- oder Leichtmetallträgerplatte wird durch Aufspritzen mit einer Sb- oder Bi-Schicht versehen, die (bes. im Vakuum) mit einer 25—40 μ starken Se-Schicht bedampft wird. Diese wird in eine Lsg. von J in A. oder Aceton getaucht u. dann bei 217—218° formiert. Dabei werden oberflächliche Sb- oder Bi-Selenide zum größten Teil zerstört u. durch Jodide ersetzt. Im Vakuum wird eine 1—5 μ starke Si-Schicht aufgedampft u. auf dieser eine Gegenelektrode, z. B. aus Zn, Cd oder Al, mit oder ohne einen kleinen Tl-Zusatz. (**F. P. 998 673** vom 3/10. 1949, ausg. 22/1. 1952.) KESSEL. 5977

Western Electric Co., Inc., New York, N. Y. (Erfinder: **Jack Hall Scaff**, Summit, N. J., und **Henry Charles Theuerer**, New York, N. Y.), V. St. A., *Siliciumkörper für*

Gleichrichterelemente erhalten bei einem Reinheitsgrad von ca. 99,8 (%) Si bis 0,1 B-Zusatz. (**D. B. P. 840 407** Kl. 21c vom 31/12. 1948, ausg. 3/6. 1952. A. Prior. 20/7. 1944.) KESSEL. 5977

Siemens-Schuckertwerke Akt.-Ges., Berlin und Erlangen (Erfinder: **Rudolf Jänner** und **Klaus Lentz**, Hof/Saale), *Kupferoxydultrockengleichrichter*. Um eine Erhöhung der elektr. Leitfähigkeit am Scheibenrand zu vermeiden u. Gleichrichterelemente zu erhalten, die über ihre ganze Fläche möglichst gleiche Leitfähigkeit aufweisen, werden die Randschichten entweder beim Glühen abgedeckt oder nachher mechan. oder chem. entfernt. (**D. B. P. 838 037** Kl. 21g vom 2/10. 1948, ausg. 5/5. 1952.) KESSEL. 5977

Farbenfabriken Bayer, übert. von: **Hanns Arledter**, Köln, und **Rudolf Engelhardt**, Leverkusen, *Kondensatorfolien*. Die als Träger dienenden Metallfolien (bes. aus Al) sind ein -oder beiderseitig mit einer festhaftenden dielektr. Kunststoffschicht versehen, die mindestens teilweise aus Umsetzungsprodd. von polyfunktionellen Isocyanaten (I) u. Polyoxyverbb. (II) besteht u. Füllstoffe (bes. Titanverbb.) enthalten kann. Als **I** dienen z. B. Toluylendiisocyanat oder Triphenylmethantriisocyanat, als **II** hydroxylgruppenhaltige verzweigte Polyester, die durch Polykondensation zweibas. Säuren (z. B. Adipinsäure oder Phthalsäure) mit 3- oder höherwertigen Alkoholen (z. B. Glycerin) erhalten werden. (**Schwz. P. 280 660** vom 6/7. 1949, ausg. 1/5. 1952. **A. P. 2 593 829** vom 24/5. 1949, ausg. 22/4. 1952. Beide D. Prior. 13/1. 1949.) KESSEL. 5983

Robert Bosch G. m. b. H., Stuttgart, *Selbstheilende elektrische Kondensatoren* enthalten mindestens 2 Bänder aus synthet. dielektr. Material (z. B. Polystyrol oder Celluloseacetat), die beiderseitig isolierende Firnisschichten (z. B. aus Acetobutyrat) tragen, auf denen die metall. Beläge (z. B. aus Cd) durch Verdampfung niedergeschlagen sind. (**E. P. 666 731** vom 10/4. 1949, ausg. 20/2. 1952. D. Prior. 30/11. 1948.) KESSEL. 5983

IV. Wasser. Abwasser.

Clair N. Sawyer, *Neue Gesichtspunkte hinsichtlich Phosphate und Seedüngung.* Infolge der Zunahme des Verbrauches an Reinigungs- u. Wasserenthärtungsmitteln hat sich der Phosphatgeh. des häuslichen Abwassers in den letzten 8 Jahren verdoppelt, so daß schon kleinere Mengen Abwasser auf Wasserflächen befruchtend wirken. Da N-Mangel durch Assimilation aus der Luft ausgeglichen werden kann, ist der Phosphatgeh. natürlicher Wässer für den Bewuchs ausschlaggebend. Um Algenwuchs zu begrenzen, sind die Phosphate aus dem Abwasser durch biol. oder chem. Mittel zu entfernen. Flockung mit CaO, Fe- u. Al-Salzen schlägt alles gelöste Phosphat nieder. Na-Aluminat flockt alles Phosphat bei p_H unter 8,0, über 10,2 aber nur das o-Phosphat, ist aber im Bereich 8,6 bis 10,2 unwirksam. Die komplexen Phosphate, bes. Hexameta- u. Tripolyphosphat, hydrolysieren langsam in Abwasser. (Sewage ind. Wastes **24.** 768—76. Juni 1952. Cambridge, Mass., Inst. of Technol.) MANZ. 6036

Ss. W. Moissejew, *Experimentelle Untersuchungen über die zulässige Konzentration der Abwässer von Hydrolyseanlagen in Wasserläufen.* Tabellar. bringt Vf. die Resultate einer eingehenden Unters. der Zus. der Abwässer von Holz verarbeitenden Hydrolyseanlagen mit angeschlossener Vergärung auf Sprit. Die dunkel gefärbte saure Fl. (p_H 4,7) ist reich an Schwebestoffen (225 mg/Liter). Die gelösten Stoffe (7565 mg/Liter) bestehen zu 80% aus organ. Prodd., die reich an oxydierbaren, wie auch reduzierenden Verbb. sind. Hieraus erklärt sich der starke O_2-Verbrauch, den man bei Eintritt dieser Abwässer in andere Gewässer beobachtet. Bei Verdünnung 1 : 25 wird vorhandener O_2 in 24 Std. verbraucht, bei 1 : 500 in 10 Tagen. Die Bakterienzahl steigt in mehr oder weniger verd. Abwässern in den ersten 8—12 Tagen stark an. In ca. 1 Monat ist die Selbstreinigung beendet u. die Bakterienzahl auf 0,01% des beobachteten Maximums gefallen. Akt. Mineralisatoren u. empfindliche Daphnien werden durch die Abwässer in 30—50 Min. vernichtet, bei Verdünnungen ab 1 : 500 werden sie dagegen nicht mehr geschädigt. Astrakoden, Mollusken u. Fischlarven entwickeln sich bei Verdünnungen ab 1 : 25 n., Infusorien sogar ab 1 : 4. Diaptomusen sind völlig unempfindlich. Zahlreiche Unterss. über die Giftigkeit der Abwässer ergaben nur negative Befunde. Auch anatom. u. histolog. Unterss. von Versuchstieren, die monatelang die Abwässer zu sich genommen hatten, zeigten keinerlei Besonderheiten. Zusammenfassend ergab sich, daß eine Verdünnung der Abwässer auf 1 : 500 bei Gewässern 2. Kategorie als genügend anzusprechen ist, bei Gewässern 1. Kategorie erst von 1 : 1000 ab. (Гигиена и Санитария [Hyg. u. Sanitätswes.] **1952.** Nr. 9. 20—24. Sept. Leningrad, Wiss. Sanitär-Hyg. Forschungsinst.) ULMANN. 6038

Carroll H. Coberly, *Niedriges Klärbecken in Wheatridge, Colorado.* Beschreibung eines Rundbeckens von 12,8 m Durchmesser u. 1,22 m Tiefe nach der von POEPEL vorgeschlagenen Berechnung der Oberflächenbelastung für 0,305 mm/s Sinkgeschwindigkeit. (Sewage ind. Wastes **24.** 654—57. Mai 1952. Denver, Colo.) MANZ. 6040

A. E. J. Pettet, W. F. Collett und **J. I. Waddington,** *Schnellfilterung von Abwasserabläufen durch Sand und Anthrazit.* (Vgl. C. **1950.** II. 2956.) Nach Abschluß der Kleinverss. wurden in Luton für den Ablauf der Belebtschlammanlage 6 Schnellsandfilter errichtet, deren Ablauf ca. 4 mg/Liter Schwebestoffe u. 7 mg/Liter BSB enthält. (Sewage ind. Wastes **24.** 835—43. Juli 1952. Water Pollution Res. Labor., Dep. of Sci. and Ind. Res.) MANZ. 6040

G. J. Schroepfer, M. B. Al-Hakim, H. F. Seidel und **N. R. Ziemke,** *Wirkungen der Temperatur auf Tropfkörper.* Statist. Unters. der Betriebsdaten von 5 Tropfkörperanlagen bestätigte die bekannte Zunahme des Wirkungsgrades mit steigender Abwassertemperatur. Der anscheinend geringere Einfl. der Temp. bei hochbelasteten Körpern ist nicht durch den Unterschied in der Belastung mit organ. Stoffen, sondern durch das stärkere Absinken der Abwassertemp. im Körper bei geringer Belastung während der Beschickungspausen bedingt. (Sewage ind. Wastes **24.** 705—22. Juni 1952. Ames, Iowa, Univ. of Minnesota.) MANZ. 6040

J. McNicholas, *Methode zur Bekämpfung des Schäumens in Belebtschlammanlagen.* Das bei guter Funktion der Belebtschlammanlage auftretende stärkere Schäumen in den Becken wurde durch geringe Zugabe von Schmieröl behoben. (Water Sewage Works **99.** 255. Juni 1952. Scotland, Burgh of Motherwell and Wishaw.) MANZ. 6048

Henry R. King, *Proben zur Bestimmung der Sauerstoffabsorptionsgeschwindigkeit bei Luftdiffusoren mit porösen Platten.* Für die Prüfung von porösen Platten für Belebtschlammbecken wird an Stelle der Ermittlung der Luftdurchlässigkeit in trockenem Zustand die Ermittlung der Geschwindigkeit der O_2-Aufnahme einer Sulfitlsg. unter einheitlichen Versuchsbedingungen empfohlen. (Sewage ind. Wastes **24.** 826—34. Juli 1952. Chicago, Ill., Sanitary District.) MANZ. 6048

N. L. Raschtschuk und **W. A. Jaroschenko,** *Die Chlorfestigkeit der Colibakterien im Wasser des Flusses Miass.* Der Maximalverlust an Cl tritt in der ersten Std. ein. Die Veränderung des Coli-Titers ist aus ungeklärten Gründen von der Art der Gefäße, in denen das Trinkwasser aufbewahrt wird, abhängig. Chloriertes, ungereinigtes Flußwasser mit einem Cl-Rückstand von 0,3—0,5 mg/Liter gibt immer einen hohen Darmstäbchenindex. Überchlorierung des ungereinigten W. tötet die Stäbchen nicht. Vorammonisierung des W. verlängert bei üblicher Chlorierung die Bakterizidität auf 28 Tage. (Гигиена и Санитария [Hyg. u. Sanitätswes.] **1952.** Nr. 6. 41—42. Juni.) KLUGE. 6064

K. Jaegers und **W. Niemitz,** *Zur Bestimmung des biochemischen Sauerstoffbedarfs von Abwässern nach dem Direktverfahren unter Verwendung einer Warburg-Apparatur.* Es werden die method. Grundlagen u. die verfügbare Ausführung (BRAUN, Melsungen) der WARBURG-App. zur direkten Best. des BSB, die zur Anpassung an Abwasserverhältnisse mit eiförmigen Reaktionsgefäßen von 125 cm^3 Inhalt ausgestattet ist, erläutert. Die Ergebnisse sind bei Werten über 50 mg/Liter mit einer mittleren Abweichung von 2,8%, einer maximalen Abweichung von 4,7% reproduzierbar. Da die Nitrifikation in konz. Lsg. später einsetzt, kann die Versuchstemp. auf 25° erhöht werden. Die Flüssigkeitsmenge beeinflußt das Ergebnis nicht; die Verwendung von Luft ist geeigneter als von Sauerstoff, der bei rohem oder mechan. geklärtem Abwasser eine Verlangsamung der Abbauvorgänge bewirkt. Die BSB-Werte WARBURG nach 24 Std. betrugen bei Roh- oder mechan. gereinigten Abwasserproben 59 (73) % der im Verdünnungsverf. mit Leitungswasser (synthet. W.) erhaltenen BSB_5-Werte, während bei biol. gereinigten Abwässern der Anteil 37,5 (53) % beträgt. Das direkte, schnellere Verf. ist zumindest für bestimmte Zwecke, wie Kläranlagenkontrolle, anwendbar. Die innerhalb der ersten 24 Std. eintretende p_H-Steigerung um eine Einheit ist auf das Herausdiffundieren der gebildeten CO_2 zurückzuführen. (Städtehygiene **3.** 246—54. Sept. 1952. Hamburg, Hygien. Inst.) MANZ. 6068

Carl Wilhelm Naumann, Das Brauwasser. Analyse, Charakter, Veredelung. Nürnberg: Brauwelt-Verl. 1952. (VIII + 116 S. m. 15 Abb. u. 18 Tab.) 8°. DM 8,80.

V. Anorganische Industrie.

E. Kuntzsch, *Die Entwicklung von Sauerstofferzeugungsanlagen in der DDR.* Vf. vermittelt einen Einblick in das Gebiet der Luftzerlegung u. in die dazugehörigen Apparate u. Maschinen. Beschreibung einer O_2-Erzeugungsanlage nach dem Lufttrennungsverfahren. (Technik **7.** 591—95. Okt. 1952. Meltewitz über Wurzen.) WINIKER. H 239

H. A. Tuttle, *Gewinnung von rohem Synthesegas aus Kohlenwasserstoffen.* Therm. u. katalyt. Spaltung von KW-stoffgasen mit anschließender Konvertierung des CO mittels H_2O-Dampf, um einen für die Ammoniaksynth. geeigneten H_2 zu erhalten. Wird in einer Zwischenstufe Luft zugegeben, dann verbrennt der O_2 mit einem Teil der in der ersten Stufe erhaltenen Gase, u. man erhält ein Endgas der folgenden Zus. (in Mol-%): CO_2 10,5, O_2 0,1, CO 11,5, H_2 57,0, CH_4 0,3 u. N_2 22,6. Nach der katalyt. Umsetzung des CO mit H_2O-Dampf fällt folgendes Endgas an: CO_2 17,0, O_2 0,1, CO 3,0, H_2 60,0, CH_4 0,3, N_2 20,0. (Chem. Engng. Progr. **48**. 272—75. Juni 1952. New York, N. Y., Chem. Construct. Corp.) K. O. MÜLLER. H 243

J. B. Richardson, *Kobalt und seine industriellen Anwendungen.* Überblick. (Times Rev. Ind. [N. S.] **6**. 22—24. 27. Sept. 1952.) WINIKER. H 355

Pittsburgh Consolidation Coal Co., Pittsburgh, Pa., V. St. A., *Herstellung von H_2 durch Umsetzung von Wasserdampf mit Kohlenwasserstoffen.* Gasförmige KW-stoffe (I) u. Wasserdampf (II) leitet man durch eine Schicht von BaO bei 1050—1250° u. >1 at, bes. 20—50 at, wobei die Menge in BaO ausreichen muß, um das gebildete CO_2 zu binden. Man verwendet >800 (Gewichtsteile) BaO auf 100 C (enthalten in I). Bei Anwendung von CH_4 beträgt das Verhältnis CH_4 : II 2 : 1 bis 4 : 1. (**E. P. 673 332** vom 6/9. 1950, ausg. 4/6. 1952. A. Prior. 19/9. 1949.) ZÜRN. H 238

Pittsburgh Consolidation Coal Co., Pittsburgh, Pa., V. St. A., *Herstellung von H_2 durch Umsetzung von Wasserdampf mit Kohlenwasserstoffen.* Gasförmige KW-stoffe (I) u. Wasserdampf (II) leitet man durch eine Schicht von CaO bei 750—950° u. >2,7, bes. 20—50 at, wobei die Menge an CaO ausreichen muß, um das gebildete CO_2 zu binden. Man verwendet >250 (Gewichtsteile) CaO auf 100 C (enthalten in I). Bei Anwendung von CH_4 beträgt das Verhältnis CH_4 : II 2 : 1 bis 4 : 1. — Vorrichtung. (**E. P. 673 333** vom 7/9. 1950, ausg. 4/6. 1952. A. Prior. 19/9. 1949.) ZÜRN. H 238

Farbenfabriken Bayer (Erfinder: **Georg Janning** und **Viktor Hellmund**), Leverkusen, *Herstellung von Hydrazin.* Eine Mischung einer wss. NH_3- u. Chloraminlsg. wird über den Kp. erhitzt, bes. auf 150—200°. Man kann auch von Mischungen ausgehen, die Bildungsgemische zur Herst. von Chloramin enthalten, z. B. Lsgg. von NaOCl u. NH_3. (**D. R. P. 767 296** Kl. 12i vom 5/2. 1942, ausg. 15/4. 1952.) ZÜRN. H 243

Badische Anilin- & Soda-Fabrik, Ludwigshafen/Rh. (Erfinder: **Christoph Beck,** Limburgerhof, Pfalz, und **Helmut Weissbach,** Opladen), *Konzentrieren wasserhaltiger Salpetersäure.* In einen Konzentrationsturm führt man am oberen Ende H_2SO_4 u. am unteren Wasserdampf (I) ein. Die wasserhaltige HNO_3 führt man teils fl., zweckmäßig unterhalb der Zuführungsstelle der H_2SO_4, teils dampfförmig zwischen den Zuführungsstellen der fl. HNO_3 u. des I zu. — Skizze. (**D. B. P. 852 842** Kl. 12i vom 15/12. 1938, ausg. 20/10. 1952.) ZÜRN. H 243

Farbenfabriken Bayer (Erfinder: **Georg Janning** und **Nikolaus Rempel**), Leverkusen, *Regenerierung von schwefelsauren Natriumchloratlösungen* für die Herst. von ClO_2. Nach Zugabe der benötigten Menge H_2SO_4 wird die Lsg. auf ca. 12—18° abgekühlt u. so viel $NaClO_3$ zugefügt, wie die sich weiter abkühlende Lsg. aufnimmt. Das ausgeschiedene $NaHSO_4$ wird von der Lsg. abgetrennt u. diese in die Rk. zurückgeführt. (**D. B. P. 839 490** Kl. 12i vom 17/8. 1950, ausg. 19/5. 1952.) ZÜRN. H 247

Badische Anilin- & Soda-Fabrik, Ludwigshafen/Rh. (Erfinder: **Hans Bähr,** Herne-Sodingen), *Verarbeitung von H_2S oder H_2S enthaltenden Gasen.* Der H_2S bzw. die Gase werden mit mindestens so viel O_2 oder O_2 enthaltenden Gasen, wie zur Umsetzung in SO_2 erforderlich ist, in einem Verbrennungsmotor verbrannt. Die Abgase werden nach Zusatz von H_2S zu S oder von O_2 katalyt. zu SO_3 u. H_2SO_4 umgesetzt. (**D. B. P. 852 840** Kl. 12i vom 3/9. 1944, ausg. 20/10. 1952.) ZÜRN. H 253

VI. Silicatchemie. Baustoffe.

Paul Beyersdorfer, *Das System Na_2SO_4–SiO_2 beim Erhitzen in oxydierender und reduzierender Atmosphäre.* Bericht über den Ablauf der Rk. zwischen Na_2SO_4 u. Feinsand bzw. Quarzmehl im Schmelzfluß unter verschied. Versuchsbedingungen. In reduzierender Atmosphäre gelingt beim Arbeiten in dünnen Schichten eine prakt. vollständige Umsetzung schon bei 900°, wobei Na-1.5-Silicat (natronreicher Rohstoff für die Glasindustrie) u. H_2S entsteht, der auf S weiterverarbeitet werden kann. (Silikattechnik **3**. 11—12. Jan. 1952. Weißwasser, O/L., VVB Ostglas, Forschungslabor.) MAUNE. 6174

M. D. Karkhanavala, *Tabellierung der thermischen Ausdehnung von Gläsern.* Vollständige Erfassung aller Literaturwerte der linearen Ausdehnungskoeffizienten in Abhängigkeit von der Temp. für folgende Systeme: B_2O_3; SiO_2; GeO_2; Li_2O–B_2O_3; Na_2O–B_2O_3; K_2O–B_2O_3; SiO_2–B_2O_3; PbO–B_2O_3; Li_2O–SiO_2; Na_2O–SiO_2; K_2O–SiO_2; PbO–SiO_2. (Glass Ind. **33**. 403—07. Aug. 1952. Pennsylvania, State Coll., Div. of Ceram.) FROST. 6200

E. Roeper, *Über das Hell–Dunkel-Verfahren zum Nachweis von Spannungen in farblosen und gefärbten Gläsern mit einem Prüfgerät mit großem Gesichtsfeld.* Vf. führt kurz in die opt. Gesetzmäßigkeiten ein, die zum Nachw. der Glasspannungen durch die Unterschiede der Brechungskoeffizienten der verspannten Stellen mit Hilfe der Verfärbung beim Vgl. mit einem Körper bekannter Doppelbrechung dienen (Rot I. Ordnung). Dies ist jedoch bei farbigen Gläsern wegen der Eigenfärbung nicht möglich, weshalb in dem vom Vf. propagiertem Gerät der Farbunterschied in einen Helligkeitsunterschied umgewandelt wird. An Hand von Photos gibt er die Auswertung eines Spannungsdiagramms u. weist darauf hin, daß zum Übersehen der Verteilung der Spannungen in einem Prüfstück möglichst großes Gesichtsfeld der App. zur Spannungsprüfung notwendig ist. (Sprechsaal Kerm., Glas, Email **85.** 50—52. 5/2. 1952.) KÜHNERT. 6200

Karl Krahl, *Über das Trocknen keramischer Massen.* Messungen an Probekörpern mit 5, 10, 35% Tonmineralien über Schwindung, Wasserabgabe, Wärme- u. Stoffaustausch. Regeln für die Praxis aus den Ergebnissen. (Silikattechnik **3.** 295—99. Juli 1952. Hermsdorf/Thür., Labor. des keram. Werkes Hescho-Kahla.) SCHÜTZ. 6206

J. L. Carruthers, *Neuzeitliche Erkenntnisse zum Trocknungsproblem.* Eine klar gegliederte, nahezu erschöpfende Zusammenstellung der für das Trocknen keram. Rohstoffe u. Halberzeugnisse wesentlichen vielseitigen Faktoren u. ihrer gegenseitigen Wechselwirkungen. (Ceramic Digest **1.** 341—46. Dez. 1951. Ohio State Univ.) MAUNE. 6208

A. Thürmer, *Emailfehler durch äußere Einflüsse.* Hingewiesen wird auf die Einw. von Gasen u. Dämpfen aus benachbarten Betrieben, von Staub, Feuchtigkeit auf die zu emaillierende Fe-Oberfläche u. ihre Folgen für den Emailüberzug. Auch die Ofenart u. die Art des Anheizens ist für Haltbarkeit u. Aussehen des Emails von Bedeutung. (Glas-Email-Keramo-Techn. **3.** 114—15. 15/4. 1952.) MARKHOFF. 6212

Artur Zwetsch, *Dilatometrische Untersuchungen an Porzellanmassen.* Durch dilatometr. Messungen bis 800° sowie Beobachtungen im Polarisationsmikroskop wird nachgewiesen, daß die Teilchen im Massestrang beim Ziehen ausgerichtet werden. Es kann geschlossen werden, daß sich die Kaolinplättchen parallel u. senkrecht zur Plättchenebene in verschied. Maße ausdehnen. (Ber. dtsch. keram. Ges. e. V. Ver. dtsch. Emailfachleute e. V. **29.** 73—77. März 1952. Mettlach/Saar.) HENTSCHEL. 6214

Alberto Boselli, *Das Elektronenmikroskop und seine Anwendung bei der Untersuchung von Tonen.* Allg. gehaltene Ausführungen. (Ceramica [Roma] **7.** 59—60. April 1952. Ufficio Studi della Societa Ceramica.) ANIKA. 6216

Hans Schnerr, *Chemische und physikalische Eigenschaften des Dahlener Tones und seine eventuelle Verwendung für Glasschmelzhäfen.* Vf. untersucht die Tone von Dahlen, Salzmünde, Großaubernitz, Nerchau, Böhlen, Mohlis u. Lothain-Meißen auf ihre Eignung zur Glashafenherst. im Vgl. zu den Tonen von Großalmerode u. Wildstein. Er stellt fest: Ungeeignet sind die Tone von Dahlen u. Großaubernitz. Die Tone von Salzmünde, Nerchau, Böhlen, Mohlis u. Lothain-Meißen dürften in Mischung, zum Teil untereinander, unter gewissen Bedingungen brauchbare Hafenmassen ergeben. (Silikattechnik **3.** 300—10. Juli 1952. Jenaer Glaswerk Schott & Gen. VEB Jena.) SCHÜTZ. 6216

G. H. B. Lovell, *Die thermische Ausdehnung von einigen Chrom–Magnesit-Produkten.* 1. Mischungen von MgO mit $FeO \cdot Al_2O_3$ bzw. $FeO \cdot Cr_2O_3$, Fe_3O_4, $MgO \cdot Al_2O_3$, $MgO \cdot Cr_2O_3$, $MgO \cdot Fe_2O_3$ ergeben keinen gradlinigen Verlauf des Ausdehnungsverhaltens. 2. Einen gradlinigen Verlauf der Ausdehnung ergeben Mischungen von MgO mit Al_2O_3, Cr_2O_3, Fe_2O_3 bzw. mit den festen Lsgg. Fe_2O_3 mit 2 Al_2O_3 oder mit 2 Cr_2O_3. 3. Al_2O_3 gibt in Mischung mit MgO den größten Ausdehnungswert. 4. Der MgO-Geh. u. der Oxydationsgrad des Chromerzkornes haben mehr Einfl. auf die therm. Ausdehnung als die chem. Zusammensetzung. 5. Chem. gebundene Chrom–Magnesit-Steine zeigen, daß der Bindungstyp keinen oder nur sehr geringen Einfl. auf die Wärmeausdehnung hat. 6. Brand in einer inerten Atmosphäre verringert die Wärmedehnung stark. 7. Nachbrand in Luft ergibt keine Steigerung des Ausdehnungseffektes. 8. Verss. zur Verringerung der Wärmedehnung durch Zusatz von Serpentin waren zum Teil erfolgreich. 9. Verringerung des MgO-Geh. verringert die Wärmedehnung. (Trans. Brit. ceram. Soc. **51.** 369—86. Juli 1952.) SCHÜTZ. 6218

W. W. Kotulski, *Über das Aufnahmevermögen an Zement beim Zementieren von Fundamenten.* Auf Grund theoret. Vorstellungen werden 2 Formeln entwickelt, die den Wasserverbrauch (Liter/Min.) sowie den Verbrauch an Zementlsg. bei Unterwasserarbeiten bei konstantem Druck u. bei konstanter Pumpenkapazität rechner. ausdrücken. Die Praxis führte jedoch zur einfachen empir. Formel $M = 150\,P\,\mu_0^{1,087}$ (M = kg aufgenommener Zement je laufender m Lücke, P = Enddruck der Zementation in at, μ_0 = spezif. Wasserabsorption im Liter/Min., je m Spalte u. je Einheit des Drucks, in m

Wassersäule). Die Formel gilt nur für n. Bedingungen bei $\mu_0 < 1$ Liter/Min., nicht in Fällen von Überspülung, Absickern der Zementaufschlämmung, Vorhandensein sehr großer Hohlräume oder bei längeren Unterbrechungen. (Гидротехническое Строительство [Hydrotechn. Bau] **21.** Nr. 6. 22—25. Juni 1952.) v. WILPERT. 6222

W. Wittekindt, *Der säurefeste „Ocrat-Beton“.* Es wird ein Verf. zur „Ocratierung“ von Betonerzeugnissen mittels SiF_4-Gas beschrieben, durch welches der Beton mit einer prakt. unangreifbaren Schicht von CaF_2 mit Einlagerungen von Kieselsäure- u. Tonerdehydraten versehen wird. Derartig behandelter Beton widersteht starken Angriffen betonschädlicher Lsgg., selbst freier Salzsäure. Außerdem wird durch die Behandlung des „Ocratierens“ auch die mechan. Festigkeit u. die Abriebfestigkeit des Betons bedeutend erhöht. (Zement-Kalk-Gips **5.** 203—05. Juli 1952. Wiesbaden-Amöneburg.) PISTOR. 6224

Kurt Meyer, *Industrielle Erzeugung von Zuschlagstoffen für die Herstellung von Leichtbeton aus Ziegellehm oder ähnlichen Rohstoffen.* Eingehende Darst. des heutigen Standes der Fabrikation künstlicher Leichtbetonzuschläge im Drehrohrofen (bes. von Blähton u. Globulit) sowie nach dem Saugzugsinterverf., welches die Nutzbarmachung sehr unterschiedlicher geringwertiger Rohstoffe, wie Flugaschen, Haldengut, Trümmerfeinschutt u. dgl., unter Verwendung billiger Abfallbrennstoffe (Brennstoffbedarf zwischen 5 u. 12%) ermöglicht. Neuerdings konnte das Saugzugsinterverf. auch auf gasförmige Brennstoffe umgestellt werden. — 7 Zahlentafeln, 17 Bilder, 9 Literaturangaben. (Tonind.-Ztg. keram. Rdsch. **76.** 2—8. Jan. 1952. Frankfurt/M.) MAUNE. 6224

H. Eigen, *Die Abgastemperatur des koksbeheizten Kalkschachtofens.* Theoret. Diskussion des Zusammenhangs zwischen Zus. u. Temp. des Abgases. Für den idealen Kalkschachtofen wird das „Gesetz des kalten Abgases“ aufgestellt. Der koksbeheizte Schachtofen kommt dieser Bedingung sehr nahe u. erreicht deshalb Wirkungsgrade von 80% u. mehr. Bei den generatorgas- u. gichtgasbeheizten Kalkschachtöfen ist dieses Gesetz nicht erfüllt. Daher auch bloß Wirkungsgrade von 50—60%. (Zement-Kalk-Gips **5. (41.)** 254—57. Aug. 1952. Remscheid-Lennep.) SCHÜTZ. 6226

Albert Vasel, *Die Fabrikation von Wandplatten.* Technolog. Darst. der Wandplattenerzeugung mit Angaben über die Zus. geeigneter Massen u. Glasuren u. einer Beschreibung der Prüfmethoden. (Silikattechnik **3.** 25—32. Jan. 1952. Colditz.) MAUNE. 6228

Hüttenwerk Huckingen Akt.-Ges., Duisburg-Huckingen, *Verwendung von versteinerter Haldenschlacke.* Granulierter Schlackensand, der auf die Halde geschüttet wurde u. durch Abbinden versteinerte, wird zerkleinert u. hierauf zur Herst. von Leichtbausteinen als Kunstbims oder als Düngemittel verwendet. (**D. B. P. 843 676** Kl. 80b vom 2/10. 1948, ausg. 10/7. 1952.) HANS HOFFMANN. 6229

Bureau d'Étude et Laboratoires Annexes à l'Institut Meurice Chimie S. P. R. L., Brüssel (Erfinder: **Charles Meurice,** Brüssel, und **Fernand Parentani,** Rixensart), Belgien, *Herstellung poröser Massen.* Zwecks Herst. poröser Massen für die Isolation gegen Wärme u. Schall, für Filtration oder Absorption werden Teilchen von Staubkohlenasche, die die Form von Hohlkugeln besitzen, gegebenenfalls nach Trennung durch Waschen, Schlämmen, Sieben, Flotieren oder dgl., mit Bindemitteln, wie Melasse, Mehl, Dextrin oder dgl., vermischt, verformt u. bei n. Temp. getrocknet. (**D. B. P. 835 870** Kl. 80b vom 18/3. 1951, ausg. 7/4. 1952. Belg. Prior. 30/3. 1950.) HANS HOFFMANN. 6229

Friedrich Cramer, Bochum-Dahlhausen, *Herstellung von Bausteinen.* Tonerdesilicate, wie Lehm, Mergel oder Ton, werden bis zu 30% mit $Ca(OH)_2$ enthaltenden Stoffen vermischt, unter Druck geformt u. in der Hitze mit W. oder Wasserdampf behandelt. (**D. B. P. 810 258** Kl. 80b vom 2/10. 1948, ausg. 21/4. 1952.) HANS HOFFMANN. 6229

Aktiebolaget Iföverken, Bromölla, Schweden, *Herstellung von Rohren, Platten oder dergleichen aus Zement mit Cellulosefasern* (**I**). Man behandelt **I** zunächst mit einer Kunstharzlsg., die chem. mit der Cellulose (**II**) reagiert, so daß nicht nur ein Überzug erzielt wird, sondern auch die **II**-Bindungen blockiert werden. Geeignet sind z. B. *Aminoplaste,* wie Melamin- u. Carbamidharze. Anschließend wird **II** in üblicher Weise mit W. u. Zement verformt. (**Finn. P. 25 624** vom 16/5. 1949, Auszug veröff. 29/2. 1952. Schwed. Prior. 18/5. 1948.) J. SCHMIDT. 6229

Tibor Holzer, Zürich, Schweiz, *Formkörper aus Fasern und Lignosulfonsäureprotein als Bindemittel.* Die gegebenenfalls CH_2O oder CH_2O abgebende Stoffe u. Asbest enthaltende M. wird warm verpreßt oder in der Wärme nachgehärtet. Herst. von Möbeln, Türen, Fensterrahmen, Bau- u. Isolierplatten. (**D. B. P. 845 392** Kl. 39b vom 2/10. 1948, ausg. 31/7. 1952. Schwz. Priorr. 9/1. u. 21/5. 1946.) SALZMANN. 6229

Wilhelm Fischer, Ludwigshafen/Rh., *Herstellung von Steinholzplatten.* In üblicher Weise hergestellte Steinholzfußbodenplatten werden mit Wachs, Asphalt- oder Paraffin-

mehl imprägniert u. zum Erhärten so in einen Ofen gelegt, daß die später zu begehende Fläche unten liegt. (**D. B. P. 836 466** Kl. 80b vom 12/8. 1950, ausg. 15/4. 1952.)
HANS HOFFMANN. 6229

Feldmühle Papier- und Zellstoffwerke Akt.-Ges., Hillegossen, Kr. Bielefeld (Erfinder: **Gustav Adolf Schröter**, Wesseling), *Herstellung wasserlöslicher Cyanamid-Aldehyd-Harze von hohem Schaumbildungsvermögen*, dad. gek., daß Cyanamide mit Aldehyden unter Zusatz von reaktionshemmenden Stoffen (I) miteinander umgesetzt werden. Als I können W., A., Dioxan u. Harnstoff (II) verwendet werden. — Z. B. werden 60 g Cyanamid mit 180 g II u. 240 cm³ CH_3CHO zur Rk. gebracht, wobei ein glasklares wasserlösl., in W. stark schäumendes Harz erhalten wird. Mit Hilfe dieses Harzes können *stark poröse Gipskörper* u. *Schaumbeton* erzeugt werden. (**D. B. P. 844 350** Kl. 39c vom 29/10. 1950, ausg. 21/7. 1952.)
HERBST. 6229

Vereinigte Korkindustrie Akt.-Ges., Mannheim (Erfinder: **Hermann Doehler**, Rückersdorf bei Nürnberg), *Aufbringen eines eine Glasgespinstarmierung enthaltenden Pech–Bitumen-Mantels um Isolierkörper*. Aus lose nebeneinander liegenden Glasfäden bestehende Glasgespinstschleier werden in zugeschnittener Größe, auf einem Sandbett (I) ausgebreitet, mit heißfl. Pech–Bitumen-Mischung (II) einseitig bestrichen. Die so vorbehandelten Schleier werden gewendet, wieder auf I gelegt u. dann auf der inneren Seite ebenfalls mit II eingestrichen, wonach der Isolierkörper unmittelbar anschließend mit dem doppelseitig bestrichenen Schleier eingepackt wird. Der ummantelte Isolierkörper wird in einer Form einer allseitigen Pressung ausgesetzt, bevor die Ummantelung erkaltet ist. (**D. B. P. 842 268** Kl. 39a vom 16/10. 1943, ausg. 26/6. 1952.)
SCHLITT. 6229

Henry Surcau, Dordogne, Frankreich, *Betonartige Mörtelmasse für Straßendecken*. Als Bindemittel findet eine Mischung aus tonhaltigem Sand, asphalthaltigem Sand u. einem Al-Silicat der Zus. $Al_2O_3 \cdot 2\,SiO_2 \cdot 2\,H_2O$ bis $Al_2O_3 \cdot 4\,SiO_2 \cdot 6\,H_2O$ Verwendung. — Z. B. wählt man nach intensiver Zerkleinerung u. Siebung ein Gemisch aus 4,4—5,4 (Gewichtsteile) tonigem Sand (0,005—0,05 mm), 8—10 bitumenhaltigem Sand (0,005 bis 0,05 mm) u. 5,6—6,6 Al-Silicat (staubartig bis 0,005 mm). Unter inniger Vermischung bringt man dann 20 Sand (0,05—0,5 mm), 16 Sand (0,5—2 mm), 20 gröberen Kiessand (2—5 mm), 25 gröberen Kiessand (5—15 mm) u. 5 Kies (5—25 mm) u. 10 W. in den Mischer. Man breitet dann die betonartige M. in einer Lage von mindestens 25 mm Dicke auf den Straßenuntergrund aus u. verarbeitet die Mischung wie üblich durch Walzen oder Stampfen zur Decklage. Als oberste Deckschicht wird eine leichte Besandung mit magerem Sand vorgenommen. (**F. P. 989 185** vom 11/2. 1944, ausg. 5/9. 1951.)
BEWERSDORF. 6231

Farbenfabriken Bayer (Erfinder: **Walter Noll**), Leverkusen, *Synthese von Serpentinasbest*. Mg-Salze u. Si-Verbb. bringt man in Form von wss. Lsgg., gegebenenfalls unter Zusatz von Mineralisatoren, wie F- oder B-Verbb., bei 250—350° u. bei erhöhtem Druck in Ggw. alkal. reagierender Lsgg. zur Rk., wobei die Vereinigung der Lsgg. so geleitet wird, daß die Ausscheidung fester Phasen erst bei der Reaktionstemp. erfolgt. Man verwendet z. B. sich gegenseitig fällende Lsgg. eines Alkalisilicats u. von $MgCl_2$ oder setzt zu Lsgg., die sich gegenseitig nicht ausfällen, alkal. Fällungsmittel. Die Vereinigung der Lsgg. kann man durch poröse Medien, Filter oder Düsen vornehmen. (**D. R. P. 767 385** Kl. 12i vom 7/1. 1941, ausg. 28/7. 1952.)
ZÜRN. 6235

Eitel Wilhelm, Thermochemical methods of silicate investigation. New Brunswick, N. J.: Rutgers. 1952. (131 S.) $ 4,75.

VII. Agrikulturchemie. Schädlingsbekämpfung.

P. Pauck und **F. W. Koch**, *Über Versuche zur Bekämpfung der Möhrenfliege*. Bericht über Verss. mit γ-Hexa-Streumitteln. Am wirksamsten erwies sich die Meth., den Wirkstoff gleichzeitig mit der Saat in den Boden zu bringen (100 kg/ha). Ein ebenfalls sehr gutes Ergebnis wurde mit der Meth., den Wirkstoff im Laufe der Vegetation zwischen die Reihen der knapp handhohen Möhrenpflanzen auszustreuen u. sofort einzuharken, erzielt. Saatgutbehandlung mit einem γ-Hexa-Pudermittel (2 g/100 g) führte zu keinem befriedigenden Ergebnis. (Nachrichtenbl. dtsch. Pflanzenschutzdienstes [Braunschweig] **4**. 113—16. Aug. 1952. Münster/Westf., Pflanzenschutzamt u. Landwirtschaftskammer Westfalen-Lippe, Abt. für Gemüse-, Obst- u. Gartenbau.)
WINIKER. 6312

L. P. Ditman, *Die Essigfliege: Tomatenproblem von 1952*. Zur Bekämpfung des Befalles zur Konservierung bestimmter Tomaten durch Drosophila repleta u. D. melanogaster wird neben schneller, peinlich sauberer Verarbeitung der geernteten Früchte u. sofortiger Abfallbeseitigung Bespritzen der Tomaten mit Pyrethrum (I) empfohlen.

Ölhaltige I-Sprays oder -Aerosole sind ungeeignet, da sie Geschmack u. Geruch der Konserven beeinträchtigen können. (Canning Trade **75.** 7—8. 11/8. 1952. Maryland Agric. Exp. Stat.) RANG. 6312

H. Ehrenhardt, *Zur Bekämpfung von Engerlingen an Zuckerrüben mit Hexapräparaten.* Verss. mit 6 verschied. Hexa-Streumitteln auf einer γ-Basis (1,3—1,5% γ) u. einem 20%ig. γ-HCH-Saatschutzmittel führten zu folgendem Ergebnis: Die einzelnen HCH-Präpp. unterschieden sich nicht wesentlich in ihrer Wrkg.; durch 250 kg/ha wurden Fraß- u. Befallsstärke nahezu vollständig unterbunden. Auch bei 300 kg/ha zeigten sich keine Wachstumsstörungen oder Ertragsverminderungen. Das Saatschutzmittel zeigte bei steigender Aufwandsmenge (bis zu 750 g/kg Saatgut) eine Abnahme der Fraßstärke, erwies sich gegenüber den Streumitteln aber als unwirtschaftlich. Normal- u. Monogermsaat zeigten gleich spezif. Hexa-Empfindlichkeit. Beide Saaten unterschieden sich grundsätzlich nur in bezug auf Wachstumsintensität u. Keimfähigkeit. Die Schädigungsgrenze ist bedingt durch die Bodenart u. bes. den Humusgehalt. In humusreichen n. Kulturböden liegt die krit. Aufwandsmenge für HCH-Mittel auf einer γ-Basis bei ca. 3,3 g/m^2 Boden für Zuckerrüben. (Nachrichtenbl. dtsch. Pflanzenschutzdienstes [Braunschweig] **4.** 117—21. Aug. 1952. Heidelberg, Biol. Bundesanstalt, Inst. für Obstbau.) WINIKER. 6312

A. Walter Liebig, *Die Bekämpfung der Kakaomotte und anderer Schädlinge in der Schokoladen- und Süßwarenindustrie.* Allg. Ausführungen mit besonderer Berücksichtigung des Insekticids *Nexol* der CELA G. M. B. H., Ingelheim/Rh., das sich in Müllerei- u. Nahrungsmittelbetrieben bestens bewährte. (Zucker- u. Süßwaren-Wirtsch. **5.** 295—96. 22/4. 1952.) WINIKER. 6312

H. A. Weaver und **V. C. Jamison,** *Begrenzungen im Gebrauch von elektrischen Widerstandsmeßblöcken zur Bestimmung der Bodenfeuchtigkeit.* Der Gipsblock zeigt durch seinen elektr. Widerstand in n. Böden die Bodenfeuchtigkeit brauchbar an, versagt jedoch in feuchten Böden, während Nylon- u. Fiberglasblöcke auch in feuchten Böden ihre Empfindlichkeit behalten. Es zeigte sich jedoch, daß die fabrikator. Eichung nur in gut gepufferten Tonböden annähernd stimmt. In Sand- u. lehmigen Sandböden hat der Salzgeh. des Bodenwassers einen stark vermindernden Einfl. auf den elektr. Widerstand, so daß Salzkonzz., wie sie durch mineral. Düngung zugeführt werden, die Messungen auf leichten Böden stark verfälschen. (Agronomy J. **43.** 602—05. Dez. 1951.) GRÜTZ. 6324

Richard Köhler, *Über eine Feldmethode zur Bestimmung des natürlichen Wassergehaltes von Böden.* 10—20 g Boden werden in einer mit Siebboden versehenen, in eine größere Schale gestellten Schale mit 25 cm^3 u. dann so lange mit je 10 cm^3 A. übergossen, bis nach der Verbrennung des durch das Papierfilter des Siebbodens durchgelaufenen A. eine Gewichtskonstanz des Bodens eintritt. Es kann unreiner A. angewandt werden. Für Böden mit hohem Humusgeh. u. Kohlegeh. ist die Meth. unbrauchbar (zu hohe Werte). Bei allen übrigen Böden weichen die Ergebnisse um weniger als 1% von den Laboratoriumswerten ab. (Abh. geol. Dienstes Berlin [N. F.] **1951.** Nr. 220. 19—23. Berlin, Geol. Dienst, Labor. für Erdbaugeol.) LEBTAG. 6324

Huguette de Barjac, *Qualitative und quantitative Untersuchung der Denitrifizierungsstärke eines Bodens.* Beschreibung einer neuen Meth., bei der ein fl., salzhaltiges Medium mit Geh. an 0,2% KNO_3 u. 0,1% Glucose mit steigenden Bodenverdünnungen versetzt u. auf Veränderungen im Geh. an NO_3', NO_2' u. NH_3 nach bestimmten Zeitabständen untersucht wird. Die bei einer Bodenprobe erhaltenen Werte wurden graph. dargestellt. (C. R. hebd. Séances Acad. Sci. **234.** 1204—05. 10/3. 1952.) RANG. 6324

Lothar Kämpfe, *Ein Daphnientest zur Prüfung der Tiefenwirkung flüssiger Kontaktinsekticide.* Das Verf. beruht auf der Durchlässigkeit verschieden dicker Pflanzen- oder Fruchtscheiben für Kontaktinsekticide mit Daphnien als Testobjekten. Ausführliche Beschreibung der Versuchsanordnung u. -vorbereitung an Hand von Abbildungen. — Beispiel: 0,25%ig. „Bladan"-Lösung. (Anz. Schädlingskunde **24.** 179—80. Dez. 1951. Halle/Saale, Univ., Zool. Inst.) v. OSTEN. 6328

H. Zeumer und **W. Fischer,** *Beitrag zur Analyse von E 605-Präparaten.* Das colorimetr. Verf. von AVERELL u. NORRIS (vgl. C. **1949.** II. 1014) wird weiter ausgearbeitet. An Stelle der eingesetzten, schwer zugänglichen Farbkuppler werden *α-Naphthol* u. *α-Naphthylamin* verwandt. Ebenso wird die Aminosulfonsäure zur Zerstörung des überschüssigen $NaNO_2$ nach der Diazotierung des Wirkstoffes durch Harnstoff ersetzt. Schließlich können Vff. die Filtration nach der Red. des Wirkstoffes umgehen. Deutsche E 605-Präpp. enthalten neben dem *Diäthyl-p-nitrophenylmonothiophosphat* auch *Dimethyl-p-nitrophenylmonothiophosphat* („*Dimethylparathion*"), das in seiner insekticiden Wrkg. dem Diäthylester sehr nahe steht. Vff. stellen fest, daß die Eichkurven der beiden reinen Ester bei Anwendung des beschriebenen Verf. nahezu gleich sind. 3 Arbeitsweisen mit verschied. Empfindlichkeit werden beschrieben. Arbeitsweise I für hochkonz. Präpp. (Wirkstoffmenge je Ansatz 0,35 mg/ml 25—35% ig. A.), II (Wirkstoffmenge je Ansatz 0,08 mg/ml) u. III zur Erfassung von Spuren in Spritzrückständen (Wirkstoffmenge je Ansatz 5—25 μg/ml). Der Analysengang ist für alle 3 Arbeitsweisen gleich: 1 ml, 2 ml, 3 ml u. 5 ml der Probe werden jeweils mit W. auf 10 ml aufgefüllt, mit 1 ml konz. HCl u. 0,2 g Zn-Staub versetzt, 10 Min. in ein kochendes Wasserbad gestellt, abgekühlt, mit 5 ml W. versetzt, durchgemischt. 10 ml davon werden in ein neues Reagensglas pipettiert. Hierzu wird 1 ml einer 0,05% ig. Natriumnitritlsg., nach 10 Min. 1 ml einer 40% ig. Harnstofflsg. u. nach weiteren 10 Min. 1 ml einer 0,03% ig. α-Naphthollsg. in 30% ig. NaOH (für Arbeitsweise I) bzw. 1 ml einer 1% ig. α-Naphthylaminlsg. in Eisessig (für Arbeitsweise II) hinzugefügt. Nach 5 Min. Erhitzung in kochendem W., Abkühlung u. Zugabe von 2 ml A. mißt man im LANGE-Colorimeter. Arbeitsweise III entspricht II unter Verwendung des empfindlicheren PULFRICH-Photometers. (Z. analyt. Chem. **135**. 401—09. 1952. Braunschweig u. Berlin-Dahlem, Biol. Bundesanstalt für Land- u. Forstwirtschaft.) BARCHET. 6328

J. B. LaClair, *Analyse von technischem Pentachlorphenol.* Gemische von *Pentachlorphenol* (**I**) u. *2.3.4.6-Tetrachlorphenol* (**II**) lassen sich durch UV-Messungen der äther. Lsg. bei 255 mμ u. 285 mμ analysieren. Techn. **I** enthält *Chlorphenylphenole* (**III**), die bei 255 u. 285 mμ ebenfalls stark absorbieren. Durch Extraktion der Lsg. des techn. **I** in Kerosin mit 5% ig. $Na_4P_2O_7$-Lsg. lassen sich **I** + **II** von den **III** u. auch von polymerisiertem Chlorphenol (**IV**) trennen. Die genaue Ausführung der Best., die mit 5—15 mg Einwaage durchführbar ist, ist unter Angabe von zur Berechnung geeigneten Formeln beschrieben. In Ggw. von *Trichlorphenolen* (2.4.6- [**V**] u. 2.4.5- [**VI**]), deren Einfl. untersucht wurde, wird, unter Verwendung der üblichen Formel, der **I**-Geh. zu niedrig, der **II**-Geh. zu hoch gefunden. Die UV-Spektren von **I**, **II**, **IV**, **V**, **VI** (in Ae.-Lsg.) sind wiedergegeben. (Analytic. Chem. **23**. 1760—63. Dez. 1951. Sacramento, Calif., California State Dep. of Agricult.) K. F. MÜLLER. 6328

S. C. Johnson & Son, Inc., übert. von: **Walter A. Bridgeman**, Racine, Wis., V. St. A., *Unkrautvertilgungsmittel.* Man verwendet eine wss. Wachsemulsion vom p_H 3,5—7, die wenigstens 0,4% der *2.4-Dichlorphenoxyessigsäure* oder ihrer Ester u. Salze, bes. des Na-Salzes, enthält. Nach dem Verspritzen u. Trocknen der Emulsion bildet sich auf den behandelten Pflanzen ein Wachsfilm, der die Feuchtigkeit abhält, jedoch die Diffusion des akt. Stoffes in die Oberfläche der Pflanzen erlaubt. Trichlor-, Tetrachlor-, Pentachlor-, Tribrom- u. Difluorphenoxyessigsäuren, ihre Ester u. Salze sind ebenfalls geeignet. Auswaschen durch Regenfall wird verhindert. (**A. P. 2 580 653** vom 23/8. 1946, ausg. 1/1. 1952.) KARST. 6313

Allied Chemical & Dye Corp., New York, übert. von: **Everett E. Gilbert**, Flushing, N. Y., V. St. A., *Unkrautvertilgungsmittel.* Benzyltrichloracetat wird in KW-stofföllösungsmitteln, bes. Petroleumölen, gelöst u. in Form wss. Emulsionen, Suspensionen oder im Gemisch mit pulverförmigen Trägerstoffen zur Bekämpfung monocotyler u. dicotyler Unkräuter verwendet. Mengen: ca. 18—25 kg je 4000 m^2. In beachtlicher Tiefe im Boden werden die Wurzeln u. keimenden Samen der Unkräuter vernichtet. (**A. P. 2 581 852** vom 18/5. 1950, ausg. 8/1. 1952.) KARST. 6313

Farbenfabriken Bayer, Leverkusen (Erfinder: **Gerhard Schrader**, Opladen-Bruchhausen), *Neutrale Thiophosphorsäureester* erhält man durch Rk. von Dialkylphosphorsäuremonochloriden mit Alkalisalzen von Mercaptanen der allg. Formel: HS—Alkyl—S—R (R = aliphat., aromat. oder araliphat. Rest, Alkyl kann durch S oder O unterbrochen sein) in einem inerten Lösungsmittel. — Aus *β*-Mercaptoäthyläthylsulfid, Na u. Diäthylphosphorsäuremonochlorid ein schwach gelbes, in W. unlösl. Öl, Kp.$_1$ 134°, in 72% ig. Ausbeute. Ferner werden noch hergestellt: $(C_2H_5O)_2P(=O)$—S—CH_2—CH_2—S—CH_3, Kp.$_2$ 135°; $(C_2H_5O)_2P(=O)$—S—CH_2—CH_2—S—C_6H_4—CH_3 (p) (nicht destillierbar). Verwendung als *Insekticide* (innerliche Wrkg.). (**D. B. P. 830 508** Kl. 12o vom 24/5. 1950, ausg. 4/2. 1952.) KRAUSS. 6313

Monsanto Chemical Co., St. Louis, Mo., übert. von: **Gennady M. Kosolapoff**, Dayton. O., V. St. A., *Insekticide Mittel.* In fl. KW-stofflösungsmitteln, bes. Petroleum-KW-stoffen mit Kp. > ca. 80°, werden Tetraalkylmonothiopyrophosphate, z. B. *Tetraäthyl-*, *Tetrapropyl-*, *Tetraisopropyl-*, *Diäthyldipropyl-* u. *Diäthyldiisopropylmonothiopyrophosphat*, gelöst u. die Lsgg. zur Bekämpfung von *Milben*, der *roten Spinne*, von *Aphiden* u. dgl. verwendet. Im Gemisch mit S-, Kohle- oder Holzstaub, Bentonit oder dgl. können sie als Stäubemittel dienen. Starke insekticide Wrkg. u. Beständigkeit gegen Hydrolyse. (**A. P. 2 582 204** vom 26/6. 1948, ausg. 8/1. 1952.) KARST. 6313

J. Deom, Les méthodes de dosage de l'isomère gamma de l'hexachlorocyclohexane. Bruxelles: Ministère des Colonies. 1952. (12 S. m. Abb.) fr. 10,—.

VIII. Metallurgie. Metallographie. Metallverarbeitung.

Luis Hütter, *Fortschritte in der basischen Zustellung von Siemens-Martin-Öfen.* Überblick. (Stahl u. Eisen **72.** 1285—98. 9/10. 1952. Radenthein.) HOCHSTEIN. 6370

K. Houben, *Das Arbeiten mit synthetischem Formsand.* Die Verwendung vom Quarzbentonitsand gestattet im erwartetem Umfange die Anwendung von Grünkernen, wie dies bei Natursanden möglich ist. (Giesserei **39.** 341—43. 10/7. 1952. M.-Gladbach.) HOCHSTEIN. 6382

E. Lange, *Die Anwendung von synthetischen Sanden, einschließlich Zementsande.* Beim Arbeiten mit synthet. Naßgußsanden ist die Sandkorngröße u. der Binder maßgebend. Bei Verwendung von Zementsanden hat nicht nur die Korngröße, sondern auch der Wasser- u. Zementgeh. der Zementsandmischung den größten Einfluß. (Giesserei **39.** 387—90. 7/8. 1952. Duisburg.) HOCHSTEIN. 6382

S. H. Bush, F. B. Rote und **W. P. Wood**, *Oberflächenhärten von perlitischem Temperguß.* Temperguß kann eine Oberflächenhärte von 60—62 HR_c durch Flammen- oder Induktionshärtung erhalten. (Materials and Methods **33.** Nr. 4. 70—72. April 1951. Michigan, Univ.) G. RICHTER. 6406

D. I. Brown, *Flüssiges Kupolofeneisen erhöht Stahlerzeugung.* Der Einsatz im SIEMENS-MARTIN-Werk besteht aus 25 (%) Kupolofeneisen, 15 festem Roheisen u. 60 Schrott. Erörterung der Vorteile gegenüber dem früher verwendeten kalten Einsatz. (Iron Age **169.** Nr. 9. 104—07. 28/2. 1952.) K. STEIN. 6408

Hans-Rolf Sander und **Max Hempel**, *Zug-Druck-Wechselfestigkeit und Eigenschaftsänderungen von Stählen nach Kaltverformung mit unterschiedlicher Geschwindigkeit.* Untersucht wurde ein Weicheisen (**I**), ein unlegierter Stahl (**II**) mit ca. 0,4 (%) C, ein instabiler austenit. Stahl (**III**) mit 18 Cr u. 8 Ni u. ein stabiler austenit. Stahl (**IV**) mit 15 Cr u. 27 Ni. Bei **I** u. **II** ergeben die dynam. vorberechneten Stäbe höhere Dauerfestigkeitswerte als die stat. vorverformten. **III** hat nach stat. Vordehnen höhere Dauerfestigkeitswerte als nach dynam. Vorreckung. **IV** zeigt mit wachsendem Reckgrad ebenfalls eine Zunahme der Zeitfestigkeitswerte, die jedoch für stat. u. dynam. Vorbeanspruchung gleich ist; die Wechselfestigkeit dieses Stahles behält unabhängig vom Reckgrad u. von der Formänderungsgeschwindigkeit etwa den Wert des unverformten Werkstoffes. Bei **I** u. **II** werden mit wachsender Kaltverformung die Zugfestigkeitswerte stärker erhöht als die Zeit- u. Wechselfestigkeitswerte; dasselbe trifft für **III** bis zu mittleren Reckgraden zu. In **IV** wird dagegen in allen Reckstufen die Zeit- u. Wechselfestgigkeit stärker erhöht als die Zugfestigkeit. (Arch. Eisenhüttenwes. **23.** 299—320. Juli/Aug. 1952. Max-Planck-Inst. für Eisenforsch.) HABBEL. 6410

B. Cina, *Mikrogefügeänderungen in dem hochlegierten Ventilstahl XCR.* Nach einer Abschreckung von 1050 u. 1150° bestand eine Stahllegierung mit 0,5 (%) *C*, 0,86 *Si*, 0,86 *Mn*, 23,66 *Cr*, 4,91 *Ni*, 2,67 *Mo*, 0,005 *S* u. 0,025 *P* aus gleichen Anteilen von δ-Ferrit u. Austenit mit ungelösten, vorwiegend in den austenit. Zonen auftretenden Cr-Carbiden. Eine Härtung bei Tempp. zwischen 650 u. 900° verursacht die Bldg. einer σ-Phase prim. aus dem δ-Ferrit. Es wurde eine lineare Beziehung zwischen der Härte u. dem %-Geh. an σ-Phase ermittelt. Die höchste Härte wurde bei einer Abschreckung von Tempp. zwischen 750 u. 850° erreicht. Die Bldg. der σ-Phase wird von komplexen Diffusionsvorgängen, die zur Umwandlung von δ-Ferrit in Austenit führen, bei Härtetempp. begleitet. Ein sek. Härteeffekt trat bei Tempp. von 300—600° mit einem Maximum bei 475—500° auf, obwohl die σ-Phase hierbei in keiner Probe ermittelt werden konnte. — Schrifttumsangaben. (J. Iron Steel Inst. **171.** 229—37. Juli 1952. Brown-Firth Res. Labor.) HOCHSTEIN. 6410

J. F. Libsch und **Eberhard Both**, *Magnetische Legierung hoher Sättigung mit einer rechteckigen Hysteresisschleife.* Gesinterte Fe-Co-Legierungen mit 30—55% Co (Sintertemp. 1400°, trockener H_2) werden im Sinterzustand u. nach Abkühlung von 1020° im Magnetfeld von 20 Oe magnet. untersucht. Remanenz u. Induktion bei 100 Oe werden durch die Magnetfeldabkühlung stark erhöht, die Koerzitivkraft erniedrigt. Bei 50% Co liegt ein Optimum der magnet. Weichheit. Nach der Magnetfeldabkühlung wird eine angenäherte Rechteckkurve der Hysteresis gefunden mit einer Remanenz von 19000 Gauss u. H_c = 0,7 Oe. (Electr. Engng. **70.** 420—21. Mai 1951. Bethlehem, Pa., Lehigh Univ., Metallurgy Dep., Fort Monmonth, N. J., Signal Corps Engng. Labor.) FAHLENBRACH. 6410

Walter A. Luce, *Durimet 20. Durimet 20* (eine Fe-Legierung mit ≦ 0,07 (%) *C*, 1 *Si*, 20 *Cr*, 2 *Mo*, 29 *Ni* u. 3 *Cu*) ist gegenüber sauren $CuSO_4$-Lsgg. beständig. — Verwendungsbeispiele. (Chem. Engng. **58.** 210—12. April 1951. Dayton. O., Duriron Co.) J. FISCHER. 6410

Alfred Krisch, *Verhalten des Stahles bei erhöhten Temperaturen.* Übersicht über das Schrifttum (58 Schrifttumsstellen) des Jahres 1950. (Stahl u. Eisen **72.** 904—07. 17/7. 957—63. 31/7. 1038—41. 14/8. 1952.) HABBEL. 6410

Robert Scherer, Karl Bungardt und **Ernst Kunze,** *Untersuchung über den Austausch von Legierungsmetallen durch Bor bei Einsatz- und Vergütungsstählen.* Untersucht wird der Einfl. von Zusätzen unter 0,005% B auf die Härtbarkeit u. die mechan. Eigenschaften. Bei den Cr–Mn- u. Cr–Ni-Einsatzstählen ist durch den B-Zusatz eine Einsparung an Legierungsmetallen bis höchstens ca. 0,7% der Summe Mn, Cr u. Ni möglich. In niedriglegierten Vergütungsstählen vermag der B-Zusatz hinsichtlich Härtbarkeit bis ca. 0,5% Cr oder Mn oder höchstens ca. 0,15% Mo auszutauschen. Festigkeitstechn. dagegen sind die niedriglegierten, B-haltigen Stähle, bes. bei verschied. Legierungsgrundlage, den höherlegierten B-freien nicht unbedingt gleichwertig. Der B-Zusatz vermag weder in Mn–Si-Stählen die Eigg. von Cr-Stählen gleicher Härtbarkeit zu erzeugen noch Mo u. V zu ersetzen, wenn die Anlaßbeständigkeit oder Warmfestigkeit maßgebend ist. Die B-Behandlung erhöht den Martensitanteil im Gefüge bei geringerer Abkühlungsgeschwindigkeit, wodurch grundsätzlich die Grenze der Austauschbarkeit gek. ist. (Stahl u. Eisen **72.** 1433—42. 6/11. 1952. Krefeld, Deutsche Edelstahlwerke Akt.-Ges.) HOCHSTEIN. 6410

P. R. Wray, *Die heutige Rolle der Borstähle.* Mo, V u. W können in warmfesten Stählen nicht durch B ersetzt werden, da die Warmfestigkeit durch B nicht verbessert wird. In Einsatzstählen soll der C-Geh. der Einsatzschicht 0,9% C nicht überschreiten. (Materials and Methods **34.** Nr. 2. 57—60. Aug. 1951.) KREITZ. 6410

Franz Lihl und **Adolf Demel,** *Herstellung von Eisen-Zink-Legierungen aus Amalgamen.* Es wird die amalgammetallurg. Herst. von Fe–Zn-Legierungen in Form feiner Pulver beschrieben u. die im Syst. Fe–Zn auftretenden Phasen sowie die Abgrenzung ihrer Homogenitätsbereiche werden bestimmt. Hierbei werden die vier Phasen α, Γ, ζ u. η festgestellt. Die gegenüber dem von SCHRAMM angegebenen Zustandsbild bestehenden Unterschiede werden gedeutet. (Z. Metallkunde **43.** 307—10. Sept. 1952. Wien, TH.) HOCHSTEIN. 6410

M. M. Kamski, *Brikettieren von Ferrosiliciumabfällen.* Stahlwerksabfälle an 75%ig. Fe–Si wurden mit 18 (Gew.-%) Kalk u. 2 Zement brikettiert. Die mit dem brikettierten Fe–Si im Kleinkonverter u. Elektroofen hergestellten Stahlschmelzen befriedigten. (Литейное Производство [Gießereiwesen] **1952.** Nr. 2. 28. Febr.) EHMCKE. 6418

E. Voce, *Englands Beitrag zur Kenntnis des Kupfers.* (Metall **6.** 416—17. Aug. 1952. Radlett, Herts, Copper Development Assoc.) HABBEL. 6432

Erich Gebhardt, Manfred Becker und **Siegfried Schäfer,** *Über die Eigenschaften metallischer Schmelzen.* 5. Mitt. *Die innere Reibung flüssiger Kupfer–Zinn-Legierungen.* Die innere Reibung wurde in Abhängigkeit von Temp. u. Konz. dargestellt. Bei sämtlichen Schmelzen zeigte sich eine mit der Temp. u. mit dem Sn-Geh. fallende Viscosität. Die Reibungs-Konzentrationsisothermen haben auf den Seiten der Komponenten zunächst einen kontinuierlichen, nahezu linearen Verlauf, weichen dann aber zwischen 25 u. 65% Sn zu erheblich höheren Reibungswerten ab, wobei im Bereich von 32 bzw. 38% Sn Höchstwerte durchlaufen werden. Diese Überhöhungen sind der Wrkg. besonderer Affinitätskräfte innerhalb bestimmter Atomgruppen zugeschrieben worden. Aus der Gestalt der Isothermen wird ferner geschlossen, daß diese Affinitätskräfte mit steigender Temp. allmählich geringer werden, u. daß der Nahordnungsgrad der Komponenten einem Gleichgewichtszustand entspricht, der von der Temp., aber nicht von der Vorbehandlung der Schmelzen abhängig ist. (Z. Metallkunde **43.** 292—96. Aug. 1952. Stuttgart, Max-Planck-Inst. für Metallforsch.) HOCHSTEIN. 6432

Maurice Moyal, *Französische Aluminiumindustrie.* Überblick, bes. über die Rohstoffvorkommen. (Metal Ind. [London] **81.** 191—93. 5/9. 1952.) HABBEL. 6442

—, *Selbstzerrieselnde tonerdehaltige Hochofenschlacken und Aluminiumgewinnung.* Den Patenten von SÉAILLES über die Aluminiumherst. aus kieselsäurereichen Tonerdeverbb. unter gleichzeitiger Gewinnung von Zement u. Schwefel- bzw. Phosphorsäure werden die Arbeiten von VON EUW über die selbstzerrieselnden tonerdehaltigen Hochofenschlacken im Syst. SiO_2–Al_2O_3–CaO (vgl. C. **1952.** 6748) gegenübergestellt u. die Nutzbarmachung derartiger Schlacken nach den Verff. von SÉAILLES — Extraktion der lösl. Tonerde mittels einer Natriumcarbonatlsg. bei 60°, Ausscheidung der Kieselsäure, Ausscheidung des Kalkes, Fällung der Tonerde — als Ergänzung der VON EUWschen Arbeit, geschildert. (Annales Mines **140.** Nr. 7. 54—55. 1951.) MAUNE. 6442

W. Büchen, *Reinigen von Aluminiumschmelzen mit Chlorgas in der Gießerei.* Es werden die bei der Raffination von Al-Schmelzen für hochwertigen Guß auftretenden Besonderheiten einer Anwendung von Chlorgas besprochen u. die hierbei eintretenden prim. Rkk., die zu Aluminium- u. Magnesiumchloridbldg. führen, hinsichtlich ihrer Grundlagen u. ihres Ablaufs erörtert. Es wird gezeigt, daß die Anwendung einer Chlorierung zur Reinigung von Al-Schmelzen in Gießereien sehr wirksam ist. (Giesserei **39.** 491—98. 18/9. 1952. Hamburg.) HOCHSTEIN. 6442

Takashi Kobo, *Technische Magnesiumherstellung während des Krieges.* Überblick über die Verff. in Japan u. im Ausland (Schmelzflußelektrolyse, Red. in Dampfphase, wissenschaftliche Forschung). — 19 Literaturzitate. (Chem. and chem. Ind. [Kagaku to Kogyo] **5.** 18—22. Jan. 1952. [Orig.: japan.]) SCHULER. 6444

R. W. A. Buswell, R. Pitkin und **I. Jenkins,** *Sinterlegierungen für hohe Temperaturen.* Eine Co-haltige Legierung des *Vitalliumtyps* (30% Cr, 6% W) mit geringer Porosität wird gesintert u. mit einer Schmelzlegierung der gleichen Zus. verglichen. Die geringe Porosität wird ohne fl. Phase verwirklicht. Die mechan. Eigg. bei Raumtemp. sind bei der Sinterlegierung etwas besser; bei Tempp. oberhalb 600° besitzen sie geringere Kriecheigenschaften. Eine Verbesserung der Sinterwerkstoffe soll durch einen Zusatz von Th-Oxyd versucht werden. Gegenüber verschied. Wärmebehandlungen besteht starke Empfindlichkeit. (Iron and Steel **24.** 132. April 1951.) FAHLENBRACH. 6474

Ulrich Graf und **Hans-Joachim Henning,** *Mathematisch-statistische Grundlagen bei der Probenahme und Probewertung von Erzen, Metallen und Rückständen.* (Z. Erzbergbau Metallhüttenwes. **5.** 127—31. April 1952. Bamberg.) HABBEL. 6480

B. Chatterjee und **P. C. Ghosh,** *Das Elektronenmikroskop und seine Anwendung in der Metallurgie.* (Sci. and Cult. **17.** 19—23. Juli 1951. Sibpur, Bengal Engng. Coll.) FAHNENBROCK. 6482

J. C. E. Button, A. J. Davies und **R. Tourret,** *Eine Untersuchung von Tracermethoden für die Bestimmung des Verschleißes von Drahtziehformen.* Vff. bestrahlen Drahtziehformen aus *W* u. *Co* im Verhältnis 10 : 1 eine Woche im Meiler bis zur Erzielung einer Aktivität von 500 mC. Mit den so aktivierten Formen werden bei Verwendung von verschied. Schmiermitteln Drähte aus Cu gezogen u. deren Aktivität mit Zählern bestimmt. Aus den Ergebnissen wird eine Abnutzung von $3 \cdot 10^{-8}$ g pro 12 in. Drahtlänge gefunden. (Nucleonics **9.** Nr. 5. 34—43. Nov. 1951. Chester, „Shell" Refining and Marketing Co., Ltd., Thornton Res. Centre.) WEIGEL. 6484

G. T. Colegate, *Die Oberflächenhärtung von Stahl.* 2. Mitt. *Der Mechanismus der Aufkohlung und der Einfluß von Legierungspartnern und der Wärmenachbehandlung.* (1. vgl. C. **1951.** II. 1956.) Es wird der Mechanismus besprochen, der bei den verschied. Verff. zur Aufkohlung führen kann. C diffundiert nach dem Gesetz der linearen Diffusion in das Fe. Die angewendete Temp., Zeit u. Nachbehandlung sind von größter Bedeutung. Ni u. Co verringern die C-Aufnahme, W, Mo u. Cr begünstigen sie. Ferner wird auf eine Wärmevor- u. -nachbehandlung eingegangen. (Metal Treatment Drop Forging **18.** 63—70. Febr. 1951.) J. FISCHER. 6492

G. T. Colegate, *Die Oberflächenhärtung von Stahl.* 3. Mitt. *Die Aufkohlung mit festen Einsatzmitteln.* (2. vgl. vorst. Ref.) Die Tiefe der Aufkohlung ist abhängig von der Stahlzus., der Natur des Aufkohlungsmittels u. bes. von der Zeit u. Temperatur. Als bestes Aufkohlungsmittel wurde Holzkohle mit ca. 20% gepulverter Kohle festgestellt. Ein Zusatz von 15%ig. Fe–Si vermindert die C-Aufnahme des Fe. In Abwesenheit von Fe–Si erhöhen Ni- oder Cr-Chloride die C-Aufnahme. Ebenso wirksam sind Ba-, Na- u. Ca-Carbonate. Zugabe bis zu 10%. (Metal Treatment Drop Forging **18.** 103—10. 118. März 1951.) J. FISCHER. 6492

Vincent J. Marchese, *Verminderung der Spannung in galvanisch abgeschiedenem Nickel.* Für Geräte der Kurzwellentechnik hätte Ni gewisse Vorzüge vor dem sonst verwendeten Cu u. Al, es müßte jedoch von inneren Spannungen weitgehend frei sein. Vf. hat auf zweierlei Art versucht, spannungsfreies Ni galvan. abzuscheiden: a) Zusatz von Saccharin zu einem WATTS-Bad, b) Überlagerung von Wechselstrom. Der Saccharinzusatz erniedrigt zwar die inneren Spannungen im Ni, die Wrkg. ist aber nur von kurzer Dauer u. läßt sich schwer überwachen. — Mit Wechselstromüberlagerung wurden bessere Ergebnisse erhalten. Verhältnis der Scheitelspannung des Wechselstroms zur Gleichspannung = 3 : 1. Zusatz von H_2O_2 vermehrt die inneren Spannungen u. sollte vermieden werden. (J. electrochem. Soc. **99.** 39—43. Febr. 1952. Great Neck, N. Y., Sperry Gyroscope Comp.) SKALIKS. 6520

L. G. Gindin und **W. A. Kasakowa,** *Korrosion von Metallen durch Kohlenwasserstofflösungen von Fettsäuren.* Vff. untersuchten an Probeplättchen aus *Mg, Fe* u. *Pb* bei Raumtemp. u. Eintauchzeiten bis zu 66 Tagen die Korrosionswrkg. von in Bzl., Isooctan u. PAe. gelöster *Essigsäure, Propionsäure, Buttersäure, Valeriansäure, Capronsäure* u. *Laurinsäure.* Die korrosive Wrkg. nimmt mit steigendem Mol.-Gew. innerhalb der Homologenreihe zu, jedoch nicht gleichmäßig. Eine eindeutige Beziehung zwischen der Geschwindigkeit der Korrosion u. der Konz. der Säurelsg. ist nicht feststellbar; sie ist weitgehend von der Art des Metalls, der Säure u. des Lösungsm. abhängig. Eine Zugabe von W. zum KW-stoff innerhalb der Löslichkeitsgrenze ist ohne Einfl. auf die Aggressivität der Säurelösung. Die Korrosion von Mg in den untersuchten Lsgg. verläuft unter H_2-Entw., die des Pb unter O_2-Depolarisation, Fe korrodiert vermutlich unter H_2- u. O_2-Depolarisation. Für die Praxis ergeben sich Schlüsse bzgl. der Agressivität von selbstoxydierten Brennstoffen u. Schmiermitteln ungesätt. Charakters. (Доклады Академии Наук СССР [Ber. Akad. Wiss. UdSSR] [N. S.] **80.** 389—92. 21/9. 1951.) EHMCKE. 6538

Herbert A. Reece, Cleveland Heights, O., V. St. A., *Herstellung von Gußeisen mit gewünschter Zugfestigkeit.* In den Schmelzofen wird ein Gemisch von Fe-haltigen Materialien eingesetzt, dessen Gesamt-C-Aktivitätskoeff. in % aus einer Kurve entnommen wird, welche die Zugfestigkeit in Abhängigkeit vom Gesamt-C-Aktivitätskoeff. angibt, wobei die Einzel-C-Aktivitätskoeffizienten für die verschied. Fe-haltigen Materialien zur Ermittlung des Gesamt-C-Aktivitätskoeff. einer weiteren Kurve zu entnehmen sind. Für die Herst. von Gußstücken mit verschied. Querschnitten werden die C-Aktivitätskoeffizienten in % einer anderen Kurve entnommen, in der diese in Abhängigkeit von der Zugfestigkeit in verschieden starken Querschnitten aufgetragen sind. — Schliffbilder u. Schaubilder. (**A. P. 2 595 294** vom 16/5. 1950, ausg. 6/5. 1952.) HOCHSTEIN. 6403

Wirtschaftsvereinigung Gießereien, Hagen (Erfinder: **August Vincent**, Tönisheide), *Entfernen der Reaktionsprodukte des mit Magnesium bzw. Magnesiumlegierungen behandelten Gußeisens.* Zur Erzeugung einer sphärolyth. bzw. flockiger Graphitausbldg. wird die Gußeisenschmelze geschleudert bzw. zentrifugiert. (**D. B. P. 845 642** Kl. 18b vom 26/9. 1950, ausg. 4/8. 1952.) HOCHSTEIN. 6403

Dayton Malleable Iron Co., Dayton, O., übert. von: **Lester C. Crome**, Aexandria, V. St. A., *Herstellung und Behandlung von Tempergußstücken.* Einem weißerstarrenden Temperrohguß wird kurz vor dem Abguß 0,003—0,03% Al zugesetzt u. die Al-haltigen Rohgußstücke werden nach ihrer Erstarrung auf eine Temp. von 205—425°, vorzugsweise 315° vorgewärmt. Nach einer 4std. Vorwärmung erfolgt eine Erhitzung auf 760 bis 925° von 3—4 Std. Dauer, worauf eine geregelte Abkühlung derart vorgenommen wird, daß die Temperaturabnahme von z. B. 760 auf 705° in einer halben Std. verläuft. Durch den Al-Zusatz werden die erforderlichen Temperzeiten wesentlich verringert. — Diagramme. (**A. P. 2 595 567** vom 5/3. 1945, ausg. 6/5. 1952.) HOCHSTEIN. 6407

A. M. Byers Co., Pittsburgh (Erfinder: **Edward B. Story, Library**), Pa., V. St. A., *Herstellung von Schweißstahl nach dem Aston-Verfahren.* Geschmolzenes raffiniertes Eisen wird mit geschmolzener Schlacke bei einer Schlackentemp. von ca. 1357—1400° zwecks Bldg. einer schwammigen Luppe von Schweißstahl vermischt, ein Teil der Schlacke aus der Luppe ausgeschieden u. der so erzeugte Schweißstahl verarbeitet. Zweckmäßig besitzt hierbei das geschmolzene raffinierte Eisen eine Temp. von ca. 1540—1595°. Hohe Güte des Schweißstahls. (**D. B. P. 843 095** Kl. 18b vom 9/7. 1950, ausg. 3/7. 1952. A. Prior. 15/5. 1942.) HOCHSTEIN. 6409

Cleveland Steel Conditioneer, Inc., übert. von: **Edward H. Graf**, Cleveland, O., V. St. A., *Erzeugung von Stahl aus Roheisen.* Von kalkhaltigen Schlacken freies fl. Roheisen wird mit fl., kristallinem Al_2O_3, dessen Reinheit über 90% liegt, erhitzt u. dabei eine spinellartige Eisenaluminat-Schlacke erzeugt. Die erzeugte Schlacke reagiert mit dem im Roheisen vorliegendem S unter Bldg. von Pyriten. Anschließend wird Kalk mit der Aluminatschlacke unter Bldg. einer kalkhaltigen Schlacke, die die Eisenpyrite in sich aufnimmt, zur Einw. gebracht u. die Schlacke vom Stahlbad nach dem Absetzen abgezogen. (**A. P. 2 593 554** vom 15/3. 1949, ausg. 22/4. 1952.) HOCHSTEIN. 6409

Jones & Laughlin Steel Corp., Pittsburgh, Pa., übert. von: **Harold K. Work**, Pelham, N. Y., und **Richard R. Webster**, Beaver, Pa., V. St. A., *Herstellung von Bessemer-Stahl mit verringerter Empfindlichkeit gegen Spannungsalterung.* Eine bestimmte Menge von Roheisen wird in einen kippbaren, sauer ausgekleideten BESSEMER-Konverter mit seitwärts angeordneten Winddüsen eingebracht. Durch Blasen wird Si, Mn u. der weiße C des Roheisens oxydiert. Während des Blasens werden die Bedingungen so geregelt, daß am Ende des Blasens das gefrischte Stahlbad nicht über 0,008% N_2 enthält. Zu diesem Zweck wird der Konverter soweit gekippt, daß die Mündungen der Winddüsen mit der Badoberfläche einen Winkel von 4—15° bilden. Hierauf wird die saure Schlacke entfernt u. das Blasen mit einer bas. Schlacke zur P-Entfernung fortgesetzt. — Abbildungen. (**A. P. 2 578 872** vom 4/6. 1949, ausg. 18/12. 1951.) HOCHSTEIN. 6409

Vulcan Detinning Co., übert. von: **Irving E. Muskat** und **Robert H. Taylor**, Plainfield, N. J., V. St. A., *Zinngewinnung.* Zur Gewinnung von Sn in Form von SnS aus

Erzen mit 15—35% Sn-Geh. in alkaliunlösl. Form werden die Erze fein zerkleinert mit 5—40% festem C, wie Kohle, Ruß, Petrolkoks oder dgl., vermischt u. auf mindestens 760° reduzierend erhitzt. Die so vorbehandelten Erze, welche metall. Sn in feiner Verteilung enthalten, werden in Ggw. einer wss. Alkalihydroxydlsg. auf 75—90° erwärmt u. anschließend in Ggw. eines sulfurierenden Mittels, wie FeS, SO_2, S-haltigen Petrolrückständen, bis zur Verdampfung des entstehenden SnS auf 950—1100° erhitzt. (**A. P. 2 570 473** vom 17/5. 1946, ausg. 9/10. 1951.) HANS HOFFMANN. 6429

Vulcan Detinning Co., übert. von: **Irving E. Muskat** und **Robert H. Taylor**, Plainfield, N. J., V. St. A., *Zinngewinnung.* Zerkleinerte Sn-Erze mit 10—40% Sn-Geh. werden mit einem festen C-haltigen Reduktionsmittel, wie Kohle, Koks oder dgl., gemischt u. in Ggw. eines sulfurierend wirkenden Stoffes, wie FeS, SO_2, S-haltigen Petrolrückständen oder dgl., auf Tempp. zwischen 950 u. 1100°, bes. zwischen 1020 u. 1060°, bis zur Verdampfung des SnS reduzierend erhitzt. Es wird mindestens zweimal so viel C angewendet, als theoret. zur Red. des Sn erforderlich ist, so daß CO entsteht; S soll 10—100% des Erzgewichtes ausmachen. (**A. P. 2 585 161** vom 17/5. 1946, ausg. 12/2. 1952.) HANS HOFFMANN. 6429

Comp. des Freins & Signaux Westinghouse, Paris (Erfinder: **Roger Doucot**, Ivry-sur-Seine, Seine), Frankreich, *Kupferfolien für Gleichrichterelemente.* Vorgewalzte Kupferstreifen werden in nicht oxydierender Atmosphäre geglüht u. dann auf Hochglanz gewalzt. Die Glühung kann in reduzierendem Gas oder Wasserdampf vorgenommen werden. (**D. B. P. 837 317** Kl. 40d vom 2/12. 1948, ausg. 21/4. 1952. F. Prior. 21/5. 1947.) GÖTZE. 6433

Quebec Metallurgical Industries Ltd., Toronto, übert. von: **Lyall J. Lichty**, Ottawa, Ontario, Can., *Nickelgewinnung.* Pulverisierte silicat. Ni-Erze, in denen das Verhältnis von Fe : Ni nicht unter 3,0 liegt, werden mit einem Flußmittel u. einem reduzierenden Stoff, wie Al, Si, FeSi oder einer Legierung aus Si, Al u. Fe, von einer Korngröße unter dem 65-Maschensieb gemischt. Die Menge des Reduktionsmittels wird nach der Formel 100 x/3 y bemessen, in der x das Gewicht an Ni in dem Erz u. y eine ganze Zahl zwischen 30 u. 60 bedeuten, wobei noch gewisse Korrektionen im Hinblick auf den eventuellen Fe-Geh. des Reduktionsmittels vorzunehmen sind. Das Gemisch wird geschmolzen, wobei sich neben Schlacke durch Red. eine Fe–Ni-Legierung mit mindestens 30% Ni bildet, die von der Schlacke abgetrennt wird. Z. B. werden 500 pounds eines Ni-Erzes aus Neukaledonien mit 2,27 (%) Ni, 14,11 Fe, 42,6 SiO_2, 19,02 MgO, 1,67 Al_2O_3, 2,39 CaO, 0,83 Cr, 0,17 Mn u. Spuren Cu mit 80 pounds Kalk u. 8,9 pounds eines Reduktionsmittels, das 66,5 Si, 8 Al u. 25 Fe enthält, gemischt. Nach dem Schmelzen des Gemisches bei ca. 1500° werden 25,4 pounds einer Fe–Ni-Legierung erhalten mit 42,32 Ni, 0,02 C, 0,06 Cu, 0,035 S, 0,014 P, Spuren Si, Mn, Cr u. Rest Fe, was einer Ni-Ausbeute von 96% entspricht. (**A. P. 2 573 153** vom 30/10. 1950, ausg. 30/10. 1951.) HANS HOFFMANN. 6435

International Nickel Co., Inc., New York, übert. von: **Clarence George Bieber** und **Walter Franklin**, Sumpter, Huntington, W. Va., V. St. A., *Chrom–Nickel-Legierungen* bestehen aus 10—35 (%) *Cr*, 0,1—8 *Al*, 0,1—8 *Ti*, bis 0,25 *C*, 0,1—5 *Nb*, dessen Geh. mindestens das Zehnfache vom C-Geh. beträgt, bis 2 *Cr*, bis 25 *Fe*, bis 8 *Si*, Rest mindestens 40 *Ni*, wobei Al + Ti + Si 2—10 ausmacht. Außerdem können die Legierungen noch enthalten bis 0,5 *Mg*, bis 5 *Mo*, bis 2,5 *Mn*, bis 2 *Cu*, bis 25 *Co*. Die Legierungen sind alterungshärtbar, besitzen hohe Korrosions- u. Oxydationsbeständigkeit u. widerstehen Beanspruchungen bei hohen Temperaturen. Nach A. P. 2 570 194 besteht die Wärmebehandlung dieser Legierungen im Erhitzen auf 1065—1095°, während 1—24 Std., schnellen Abkühlen, Wiedererhitzen auf 815—980° während ½—24 Std. u. Altern bei 705—815° während 8—20 Stunden. Gefügebilder, Spannungs- u. Kriechdehnungskurven. (**A. PP. 2 570 193** u. **2 570 194** vom 9/4. 1946, ausg. 9/10. 1951.) GÖTZE. 6435

General Railway Signal Co., übert. von: **Benjamin M. Stright**, Rochester, N. Y., V. St. A., *Flußmittel zum Löten* besteht aus einer Lsg. von Milchsäure in W. u. Alkohol mit einem Zusatz von Harnstoff, Acetamid oder Äthylendiamin u. einem Benetzungsmittel. Das Mittel ist nicht hygroskop. u. wirkt nicht korrodierend. — Beispiel: 15—20 (Vol.-%) Milchsäure (85%ig.), 42,5—40 W., 42,5—40 Alkohol. Dieser Lsg. werden 2—6 (Gew.-%) Harnstoff u. 0,05—0,1 eines Benetzungsmittels zugesetzt. (**A. P. 2 581 820** vom 1/6. 1949, ausg. 8/1. 1952.) MARKHOFF. 6505

Aluminium Laboratories Ltd., Montreal, Can., *Flußmittel zum Hartlöten von Leichtmetallen* besteht aus 1—30 (Gew.-%) mindestens eines Alkalifluorids, je 5—80 zweier Chloride von Alkalimetallen mit einer Ordnungszahl zwischen 2 u. 20 u. mindestens einem Halogenid eines Metalls, dessen Normalpotential edler als das des Cd ist. Die Gesamtmenge dieser Metallhalogenide soll 0,01—0,05 betragen. Das Gemisch besitzt die Fähigkeit, den Oxydfilm von Leichtmetalloberflächen zu entfernen. — Beispiel: 56 (%) KCl, 36 SiCl,

8 NaF, 0,1 AgCl. (**Schwz. P. 280 896** vom 31/7. 1947, ausg. 16/5. 1952 u. **Oe. P. 169 078** vom 18/7. 1947, ausg. 10/10. 1951. Beide A. Prior. 30/7. 1940.) MARKHOFF. 6505

N. V. Philips' Gloeilampenfabrieken, Eindhoven, Holland, *Löten in Schutzgasatmosphäre.* Gegenstände, die ganz oder an der Oberfläche aus einer infolge eines Geh. an Al oder Be oxydationsfesten Legierung auf der Basis von Cu, Ni oder Ag bestehen, werden von ihrer Oxydhaut befreit u. mit einem nicht oxydationsfesten Lötmaterial auf der Basis von Cu, Ni oder Ag bei einer den Anfangspunkt der Schmelzstrecke der Legierung des Gegenstandes um weniger als 60°, bes. 30°, unterschreitenden Temp. gelötet. Hierdurch wird die Verbindungsschicht durch Aufnahme des oxydationsbeständig machenden Bestandteils aus der Legierung des zu lötenden Gegenstandes infolge Diffusoin selbst oxydationsfest. (**Oe. P. 171 166** vom 25/8. 1948, ausg. 10/5. 1952. Holl. Prior. 28/8. 1947.) MARKHOFF. 6505

Armco Steel Corp., übert. von: **Alexander L. Feild**, Baltimore, Md., V. St. A., *Schweißstab* besteht aus einem Kern aus nichtrostendem Stahl mit einem Cr-Geh. von 10—35 (%) u. einem C-Geh. von höchstens 0,03. Der Stab ist überzogen mit einem Gemisch von Nb_2O_5 mit einem C-Geh. von höchstens 0,03%, feinverteiltem Ferrosilicium, geringen Mengen C zur Red. des Nb_2O_5, einem Flußmittel u. einem Bindemittel. Die mit dem Stab erzeugten Schweißnähte haben einen bes. niedrigen C-Gehalt. (**A. P. 2 564 474** vom 21/1. 1948, ausg. 14/8. 1951.) MARKHOFF. 6507

Jakob Spühler, Zürich, Schweiz, *Autogenes Schweißen.* Als Schutzgas wird H_2 verwendet. Beim Schweißen im Inneren eines Rohres wird H_2 durch das Rohr geleitet u. an der Austrittsstelle entzündet, um Knallgasbldg. zu vermeiden. Man erhält schlackenfreie Schweißnähte. Ein zur Durchführung des Verf. geeigneter Schweißbrenner wird beschrieben. — Abbildungen. (**D. B. P. 837 950** Kl. 49h vom 30/8. 1950, ausg. 5/5. 1952. Schwz. Prior. 6/3. 1950.) MARKHOFF. 6507

Siegfried Junghans (Erfinder: **Otto Schaber**), Schorndorf/Württ., *Arbeiten mit Bädern aus Laugen, besonders Beizen von Aluminium.* Auf der Badoberfläche wird eine die aus dem Bade aufsteigenden Gase u. Dämpfe auffangende Schaumschicht erzeugt. Z. B. wird dem Bade 0,01—0,05% Gelatine zugesetzt., die einen konsistenten Schaum ergibt. (**D. B. P. 843 791** Kl. 48d vom 6/12. 1949, ausg. 14/7. 1952.) MARKHOFF. 6513

Soc. An. pour la Protection et la Coloration des Métaux, Soc. Tréfileries et Laminoirs du Havre et Jean-François-Germain Herenguel, Frankreich, *Chemisches Polieren von Aluminium und seinen Legierungen.* Man verwendet ein Säurebad, das frei von W. ist u. zum schnelleren Erfolg ein Salz eines stark elektropositiven Metalls enthält. Die Gegenstände werden unter Rühren in das auf 80—130° erhitzte Bad getaucht. Das Säuregemisch besteht aus 30—90 H_3PO_4, 5—60 H_2SO_4 u. 3—10 HNO_3. Dem Bad werden 0,1 bis 2,5 g/Liter eines Ni-Salzes zugegeben. Nach dem Bad werden die Gegenstände mit konz. HNO_3 u. W. gewaschen. — Beispiele. (**F. P. 984 863** vom 20/4. 1949, ausg. 11/7. 1951.) HOLM. 6513

Physikalisches Untersuchungslaboratorium G. m. b. H., Hanau/M. (Erfinder: **Leopold Hiesinger**, Wachenbuchen, Kr. Hanau/M.), *Erzeugen dünner Schichten.* Das Reaktionsprod., das beim Erhitzen von Si, SiO_2 u. Metallen, wie Cu, Be, Mg, Zn, Cd, Al, In, Ge, Sn, Pb, Ti, Sb, Mo u. W, oder deren Oxyden im Vakuum entsteht, wird auf die zu überziehende Fläche sublimiert. Durch die Auswahl der einzelnen Bestandteile u. ihrer Mengenverhältnisse lassen sich Schichten mit verschied. Brechzahlen u. verschied. Absorptionseigg. herstellen. (**D. B. P. 834 490** Kl. 48b vom 18/10. 1949, ausg. 20/3. 1952.) MARKHOFF. 6529

Soc. Industrielle de Fournitures pour l'Électrolyse (S. I. F. E.), Frankreich, *Anodische Oxydation, besonders von Aluminium.* Dem schwefelsauren Bad werden Mg- u./oder Fe-Ionen zugesetzt. Das Bad enthält $>$ 3%, bes. 25—30% H_2SO_4. (**F. P. 994 340** vom 17/1. 1946, ausg. 15/11. 1951.) HOLM. 6531

Metallgesellschaft Akt.-Ges., Deutschland, *Phosphatieren*, bes. von Fe, mit Lsgg. prim. Phosphate, bes. von Schwermetallen, mit Chloratzusatz als Beschleuniger. Das Gewichtsverhältnis zwischen P_2O_5 u. dem Beschleuniger in der Ausgangs- u. in der Ergänzungslsg. soll ca. 1 : (0,30—0,60), bes. 1 : (0,35—0,40), betragen. (**F. P. 984 712** vom 14/4. 1949, ausg. 10/7. 1951.) HOLM. 6533

Soc. Continentale Parker, Seine, Frankreich, *Verbesserung der Haftfähigkeit von Phosphatüberzügen* wird erzielt, indem dem Phosphatierungsbad eine C-Verb. eine Säure u./oder ein höher sulfonierter A. zugesetzt wird, wodurch der Phosphatüberzug kein kristallines Aussehen erhält. Z. B. werden gute Ergebnisse erzielt durch Zusatz von 0,1 bis 0,5 (Teile) Na-Butylnaphthalinsulfonat auf 1000 Lsg. bei einer Dauer der Behandlung

von 1 Sek. bis 2 Minuten. An dieser Oberfläche haften Lacke, bes. solche auf der Grundlage synthet. Phenolformolharze, sehr gut. (**F. P. 973 721** vom 24/11. 1941, ausg. 14/2. 1951.)
HAUG. 6533

Heinrich Arend und **Heinz W. Dettner**, Hartchrom. Ein Werkstoff der Zukunft. Essen: Girardet. 1952. (183 S. m. 149 Fotos, Zeichn. Diagr. u. Tab.) DM 19,60.

K. Wanke, Einführung in die Pulvermetallurgie. Graz: Kienreich. (197 S. m. 133 Bildern u. 22 Zahlentaf.) S. 40,—.

IX. Organische Industrie.

J. Remond, *Industrielle Herstellung von Harnstoff.* Überblick über industrielle Herstellungsverff. u. Anwendungen. (Rev. Produits chim. **55.** 197—200. 30/6. 1952.)
WINIKER. H 880

Badische Anilin- & Soda-Fabrik, Ludwigshafen/Rh. (Erfinder: **Adolf Cantzle**, Mannheim, **Hans Krekeler**, Bielefeld, und **Rudolf Leutner**, Gimmeldingen), *Herstellung von Dichlorbutan* aus einem Butan–Butylen-Gemisch, dad. gek., daß man dieses in fl. Zustand unter Zusatz von C_4H_9Cl mit gasförmigem Cl_2, gegebenenfalls unter Anwendung reaktionsfördernder Mittel, umsetzt. (**D. B. P. 854 347** Kl. 12o vom 9/2. 1943, ausg. 4/11. 1952.) G. KÖNIG. H 510

Badische Anilin- & Soda-Fabrik, Ludwigshafen/Rh. (Erfinder: **Friedrich Vogel**, Mannheim, und **Friedrich Blümel**, Wien), *Umwandlung von technischem n-Butan in Isobutan* durch Einw. von Al-Halogenid unter Druck u. in der Wärme, dad. gek., daß man dem Katalysator eine auswechselbare Schicht von Al-Halogenid vorschaltet. Man entfernt dadurch Spuren von Olefinen, die zur Bldg. von fl. Prodd. mit Al-Halogeniden befähigt sind. (**D. B. P. 854 344** Kl. 12o vom 6/5. 1943, ausg. 4/11. 1952.) G. KÖNIG. H 510

Badische Anilin- & Soda-Fabrik, Ludwigshafen/Rh. (Erfinder: **Adolf Cantzler**, Mannheim, **Hans Krekeler**, Bielefeld, und **Rudolf Leutner**, Gimmeldingen), *Herstellung von tertiären Alkylchloriden* in fl. Phase durch Rk. von tert. Olefinen mit HCl, dad. gek., daß man in eine aus tert. Alkylchlorid im Überschuß bestehende Kreislauf-Fl. tert. Olefin u. HCl unter solchen Bedingungen einleitet, daß die Reaktionsteilnehmer fl. oder in der Kreislauf-Fl. gelöst sind. Reaktionstemp. ca. —20 bis +40°; die Drucke müssen dazu ausreichen, die fl. Phase aufrecht zu erhalten. (**D. B. P. 854 348** Kl. 12o vom 17/4. 1942, ausg. 4/11. 1952.) G. KÖNIG. H 510

Farbenfabriken Bayer, Leverkusen (Erfinder: **Karl Brodersen** und **Matthias Quaedvlieg**, Dessau), *Wasser- und salzfreie Sulfonate langkettiger Paraffinkohlenwasserstoffe* erhält man durch Behandeln von Paraffin-KW-stoffen (Kp. 230—360°) mit SO_2 u. Cl_2, gegebenenfalls unter Bestrahlung mit kurzwelligem Licht. Die entstandenen Paraffinsulfochloride werden vorteilhaft nach Befreiung von unveränderten KW-stoffen mit Salzen von Fettsäuren umgesetzt nach dem Reaktionsschema: $RSO_2Cl + R'COONa \rightarrow R'COCl + RSO_3Na$ (R = langkettiger Rest des Paraffin-KW-stoffs, R' = gegebenenfalls substituiertes Alkyl). An Stelle des Na-Salzes kann auch ein Erdalkali- oder Mg-Salz verwendet werden. — Beispiel. (**D. B. P. 847 896** Kl. 12o vom 21/3. 1942, ausg. 28/8. 1952.)
KRAUSS. H 600

Standard Oil Development Co., Del., übert. von: **Henry O. Mottern**, Bloomfield, N. J., V. St. A., *Hochmolekulare ungesättigte Aldehyde* (**I**) *oder Ketone* (**II**) erhält man bei der Kondensation von gesätt. oder ungesätt. **I** oder **II** oder deren Mischungen in der Dampfphase in Ggw. von H_2 u. Katalysatoren, bestehend aus einem überwiegendem Anteil der Oxyde des Mg, Zn oder Be u. der Oxyde des Zr, Ce oder Th, wobei als Stabilisatoren gegebenenfalls SiO_2, Al_2O_3 oder Fe_2O_3 vorhanden sein können. Reaktionstemp. vorteilhaft zwischen 500 u. 1000°. (F) u. Reaktionsdrucke n. oder erhöht. Das Verhältnis H_2 : **I** oder **II** kann zwischen 1 u. 3 Mol. liegen. — Methyläthylketon u. H_2 ergeben bei 750—760° in Ggw. eines aus 94 (Teilen) ZnO u. 6 ZrO_2 bestehenden Katalysators *Octylketon* (*3-Methyl-3-heptenon-5*). — Aceton (**III**) u. Propionaldehyd → *Propylidenaceton* u. *Mesityloxyd* (**IV**) die mit H_2 u. RANEY-Ni *Methyl-n-butylketon* u. *Methyl-isobutylketon* liefern. Aus **III** u. **IV** erhält man *Phoron* u. *Isophoron.* — Methyläthylketon (**V**) u. CH_2O ergeben *α-Methylvinylketon*, Kp. 97—106°. — **V**, mit H_2 über MgO-ZrO_2 bei 750° geleitet, ergibt *Äthylisoamylketon.* — Acrolein u. **III** → leicht polymerisierende Verb. des *Methyl-n-butadienketons.* (**A. P. 2 549 508** vom 15/10. 1948, ausg. 17/4. 1951.) G. KÖNIG. H 650

Bergwerksgesellschaft Hibernia Akt.-Ges., Stickstoffwerk, Wanne-Eickel (Erfinder: **Ermbrecht Rindtorf**, Wanne-Eickel, und **Karl Schmitt**, Herne), *Herstellung von Formaldehyd* (**I**) aus CH_4 oder CH_4-haltigen Gasen durch Oxydation, dad. gek., daß die Ausgangsgase in Mischung mit ozonisiertem Sauerstoff bei erhöhter Temp. über Kontakte geleitet werden, die aus Peroxyden der Erdalkalien u./oder der Alkalien bestehen. Nach

Abtrennen von I werden die Restgase ohne Zerlegung durch einen Ozonisierungsapp. geleitet. (**D. B. P. 854 215** Kl. 12o vom 2/2. 1943, ausg. 30/10. 1952.) G. KÖNIG. H 670

Shawinigan Chemicals Ltd., Montreal, Can., übert. von: **William Thompson Cave**, Oxford, England, und **George Erling Haddeland**, Deep River, Can., *Dichloracetaldehyd* (I) u. Chloral (II) erhält man beim Chlorieren von Acetaldehyd (III) oder Paraldehyd in mehreren Stufen. Man läßt auf eine wss. Lsg. von **III** bei 5—15° in der 1. Stufe Cl_2 einwirken. Das überlaufende Reaktionsprod. wird bei 25—35° erneut mit Cl_2 behandelt, wobei insgesamt 1,9—2,1 Mol. Cl_2 auf 1 Mol. **III** aufgenommen werden. Man erhält **I** u. dieses wird in der 3. Stufe bei 65—75° u. anschließend in der 4. Stufe bei 80—90° mit Cl_2 behandelt u. ergibt **II**. Bei dieser Behandlung sollen nicht mehr als 3 (%) **I** im Endprod. vorhanden sein. Das Reaktionsprod. des **III**, in 4 Stufen hergestellt, bestand z. B. neben **II** aus Butylchloral, Essigsäure, chlorierten Derivv. derselben u. **I**. In der 1. Stufe hält man das mol. Verhältnis von W. zu **III** (Paraldehyd) zwischen 3,5—4,5. (**A. P. 2 552 934** vom 29/5. 1947, ausg. 15/5. 1951.) G. KÖNIG. H 670

Allied Chemical & Dye Corp., übert. von: **Everett E. Gilbert** und **Julian A. Otto**, New York., N. Y., V. St. A., *Disulfonsäure des Acetaldehyds* erhält man durch Eintragen von C_2H_2 in eine fl. Mischung bestehend aus SO_3 u. SO_2, wobei der Geh. an SO_2 nicht unter 40 Gew.-%, bezogen auf SO_3, u. der Geh. an W. nicht mehr als ca. 10 Gew.-% des SO_3 beträgt. Die Reaktionstemp. wird unterhalb des Kp. von SO_2 gehalten. Das Reaktionsprod. wird mit W. hydrolysiert, SO_2 entfernt. Man erhält eine Mischung der Aldehyddisulfonsäure (**I**) mit H_2SO_4. Aus dieser Mischung gewinnt man unter Zugabe der Alkali- oder Erdalkalisalze die entsprechenden Salze der **I**. Bei der Herst. der Alkalisalze von **I** ist die Konz. der H_2SO_4 um 40 Gew.-% zu halten, die Alkalisalze fallen bei dieser Konz. aus. Bei der Herst. der Erdalkalisalze ist die H_2SO_4-Konz. auf ca. 10 Gew.-% u. die Temp. auf ca. 50° zu halten, die Erdalkalisulfate sind bei dieser Temp. abzuscheiden, das Filtrat wird konz., hierbei kristallisieren die Erdalkalisalze der **I** aus. — Zeichnung. (**A. P. 2 552 421** vom 29/12. 1948, ausg. 8/5. 1951.) G. KÖNIG. H 670

Clemens Schöpf, Darmstadt, *Herstellung von Succindialdehyd*, dad. gek., daß man Furan durch 1.4-Addition von Alkoxy- oder Acyloxyresten in entsprechende Anlagerungsverbb. überführt u. diese in beliebiger Reihenfolge hydriert u. verseift. Man kann ohne vorherige Isolierung die Additionsverbb. hydrieren u. die Hydrierungsprodd. verseifen. Verwendung des Aldehyds zur Synth. des *Tropinons* u. verwandter Verbb. durch Kondensation mit prim. Aminen oder NH_3 u. Acetondicarbonsäure oder deren Halbester. (**D. B. P. 854 350** Kl. 12o vom 2/10. 1948, ausg. 4/11. 1952.) G. KÖNIG. H 680

Thüringische Zellwolle Akt.-Ges., Schwarza/Saale, und **Zellwolle-& Kunstseide-Ring G. m. b. H.**, Berlin (Erfinder: **Werner Münch**, Bad Blankenburg/Thür., und **Gustav Geist**, Rudolstadt), *Herstellung von aliphatischen α, ω-Dicarbonsäuren mit mehr als 6 C-Atomen in gerader Kette* aus entsprechenden gesätt. oder ungesätt. Ketosäuren durch Red., dad. gek., daß die Red. durch H in Ggw. von Hydrierungskatalysatoren bei erhöhter Temp. u. erhöhtem Druck vorgenommen wird. Nach den Beispielen wird γ-Ketopimelinsäure in alkal. Medium bei 100—150 atü u. 180—240° zu Pimelinsäure; die α.β-ungesätt. ε-Ketoazelainsäure, erhalten durch Aufspaltung von 4-Furylbutadien-1-carbonsäure (nach PERKINS aus Furylacrolein), mit HCl zu Azelainsäure, u. die 3.6.9-Trioxoundecan-(1.11)-dicarbonsäure, erhalten durch HCl-Aufspaltung von Difuralaceton, zu Brassylsäure reduziert. (**D. R. P. 765 970** Kl. 12o vom 28/8. 1941, ausg. 4/11. 1952.) SCHINDLER. H 820

Badische Anilin- & Soda-Fabrik (Erfinder: **Hanns Ufer**), Ludwigshafen/Rh., *N-substituierte Asparaginsäuren* entstehen durch Erhitzen von 1 (Mol) Maleinsäure oder Maleinsäureanhydrid mit mindestens 1 eines aliphat. Diamins u. Verseifung des Reaktionsprod. mit solchen alkal. Mitteln, die mit den N-substituierten Asparaginsäuren in W. schwer- bis unlösl. Salze bilden. — *N-(ω-Aminohexyl)-asparaginsäure.* Man erwärmt Maleinsäureanhydrid mit Hexamethylendiamin in W. auf 90—100° u. verseift mit $Ba(OH)_2$; Kristalle. (**D. B. P. 848 045** Kl. 12q vom 10/8. 1944, ausg. 1/9. 1952.) LANGER. H 950

Badische Anilin- & Soda-Fabrik (Erfinder: **Karl Adam** und **Karl Wimmer**), Ludwigshafen/Rh., *ω-Aminocapronsäurenitril* entsteht, wenn man Adipinsäuredinitril, bes. in Verdünnung mit aromat. KW-stoffen bei mehr als 250 at mit H_2 u. NH_3 in Ggw. von Metallen der 8. Gruppe, bes. in Form ihrer Spinelle bei Tempp. hydriert, bei denen noch keine vollständige Hydrierung beider Nitrilgruppen erfolgt, z. B. zwischen 70 u. 80°. (**D. B. P. 848 654** Kl. 12q vom 19/8. 1950, ausg. 8/9. 1952.) LANGER. H 950

Allied Chemical & Dye Corp., New York, N. Y., übert. von: **Edward W. Pietrusza**, Morristown, N. J., V. St. A., *3.3.3-Nitrilotrispropanamid*, $N(CH_2 \cdot CH_2 \cdot CONH_2)_3$ (**I**), erhält man durch Rk. von NH_3 mit Estern der Acrylsäure mit gesätt. 1-wertigen Alkoholen C_1-C_4 bei -20 bis $+50°$ in Ggw. eines OH-haltigen Lösungsm. mit höherer dielektr.

Konstante als der des CH_3OH, z. B. W., Äthylenglykol, Glycerin. — Beispiel: 86 (Gewichtsteile) Acrylsäuremethylester werden innerhalb 2 Std. zu 304 konz. NH_3 (D. 0,9) unter Kühlen im Eisbad u. Rühren gegeben, die klare Lsg. wird 5 Std. bei —10 bis —20° stehengelassen, der Nd. abfiltriert, mit CH_3OH gewaschen u. bei 60° getrocknet. Gesamtausbeute (auch aus den Wasch- u. Mutterlaugen) 58 (76%) I, F. 176—179°. Nach 3-maligem Umkristallisieren aus 75%ig. CH_3OH F. 183—184°. — Die Mutterlaugen können in den Prozeß zurückgeführt werden. (**A. P. 2 580 832** vom 6/10. 1949, ausg. 1/1. 1952.) MÜLLER-MEININGEN. H 950

Dow Corning Corp., Midland, Mich., übert. von: **John Leopold Speier jr.**, Pittsburgh, Pa., V. St. A., *Organosilane* der allg. Formel $(CH_3)_3SiCH_2OR$ (R = Alkyl) erhält man durch Kondensation von Chlortrimethylsilan mit einem Chlormethylalkyläther in fl. Phase in Ggw. von Na, zweckmäßig in geschmolzenem Zustand oder als Na-Alkoholat. — Beispiel: Chlormethylmethyläther u. Chlortrimethylsilan werden mit Na im Druckgefäß auf 100° erhitzt, wobei die Temp. von selbst auf 155° steigt; durch Dest. erhält man $(CH_3)_3SiCH_2 \cdot OCH_3$, Kp.$_{740}$ 83°; n_D^{25} 1,3878; D.$^{25}_4$ 0,7576. — $(CH_3)_3SiCH_2OC_2H_5$, Kp.$_{751}$ 103°; n_D^{25} 1,3911; D.$^{25}_4$ 0,755. — $(CH_3)_3SiCH_2OC_3H_7$, Kp. 124°; n_D^{25} 1,3957; D.$^{25}_4$ 0,764. — $(CH_3)_3 \cdot SiCH_2OC_4H_9$, Kp.$_{738}$ 150°; b_D^{25} 1,4038; D.$^{25}_4$ 0,774. — (**A. P. 2 572 402** vom 17/3. 1948, ausg. 23/10. 1951.) KRAUSS. H 980

Givaudan Corp., N. J., übert. von: **Frederick G. Eichel**, Rutherford, N. J., V. St. A., *Benzaldehyd, Benzylalkohol, Benzoesäure und Benzoesäurebenzylester* erhält man bei der Oxydation von Benzyläthern mit trockener Luft oder O_2 bei 160—300° (180—220°). — Skizze. (**A. P. 2 561 350** vom 20/7. 1948, ausg. 24/7. 1951.) G. KÖNIG. H 1210

Eastman Kodak Co., Rochester, N. Y., übert. von: **William M. Gearhart, Roy O. Hill jr.** und **Margaret H. Broyles**, Kingsport, Tenn., V. St. A., *Resorcinmonobenzoat*. Man setzt Resorcin in 15—20%ig. wss. Lsg. mit NaOH bis zu p_H 7,5—8,5 um, stellt auf 19—21° ein, versetzt mit 1 Mol C_6H_5COCl u. hält durch Zugabe von NaOH bei p_H 7,5 8,5 u. die Temp. bei 19—21°. — 3 graph. Darstellungen. (**A. P. 2 571 703** vom 30/6. 1949, ausg. 16/10. 1951.) LANGER. H 1210

Dow Chemical Co., übert. von: **William H. Williams, Ray D. Holmes** und **Hubert F. V. Fruehauf**, Midland, Mich., V. St. A., *Herstellung von aromatischen Aminen* aus halogenierten aromat. KW-stoffen durch Erhitzen mit einer wss. Lsg. von NH_3 oder eines prim. oder sek. aliphat. Amins u. einer darin gelösten Cu-Verb. oder einer anderen zur Ammonolyse geeigneten katalyt. Substanz im Kontakt mit einer metall. Fe-Fläche bei 180—220°. Danach wird z. B. aus Chlorbenzol *Anilin* erhalten. — Zeichnung. (**Can. P. 477 048** vom 15/8. 1947, ausg. 18/9. 1951.) M. F. MÜLLER. H 1310

Dow Chemical Co., übert. von: **William H. Williams, Ray D. Holmes** und **Alexander H. Widiger jr.**, Midland, Mich., V. St. A., *Herstellung von aromatischen Aminen* aus Halogenbenzol im Gemisch mit einer wss. Lsg. von NH_3 u. einer darin gelösten Cu-Verb. durch Erhitzen bei Tempp. oberhalb 200° unter Druck. Die wss. Reaktionslsg. soll mindestens 20%ig. sein. Aus Chlorbenzol entsteht dabei *Anilin.* — Zeichnung. (**Can. P. 477 049** vom 27/8. 1947, ausg. 18/9. 1951.) M. F. MÜLLER. H 1310

Dr. A. Wander Akt.-Ges., Schweiz, *Herstellung von 4-Amino-2-oxybenzoesäure* (I). Man behandelt m-Aminophenol mit einem Carboxylierungsmittel, z. B. Alkali- oder NH_4HCO_3 oder Alkali- oder $(NH_4)_2CO_3$. Man kann unter Druck oder im offenen Gefäß, auch in Ggw. eines Lösungsm. arbeiten. — 3,2 (Teile) m-Aminophenol, 75 W. u. 34 $NaHCO_3$ werden bei 95° 2 Std. unter Rückfluß u. danach 2 Std. weiter erhitzt, mit HCl bis zur schwach alkal. Rk. gegen Phenolphthalein versetzt, auf 5° abgekühlt u. vom nicht umgesetzten m-Aminophenol abgetrennt. Man gibt HCl bis zur lackmussauren, noch kongoneutralen Rk. zu, kühlt auf 5° ab u. läßt I auskristallisieren, F. 142° (Zers.) leichtlösl. in A., mit $FeCl_3$ rotviolette Färbung. — Weitere Beispiele. (**F. P. 979 706** vom 27/1. 1949, ausg. 2/5. 1951.) WITTHOLZ. H 1350

Dow Corning Corp., übert. von: **Arthur J. Barry**, Midland, Mich., V. St. A., *Arylhalogensilane* erhält man durch Kondensation eines benzoiden KW-stoffes ohne aliphat. ungesätt. Bindungen in den Seitenketten, mit einem Organodichlormonohydrosilan der allg. Formel $RHSiCl_2$ (R = KW-stoffrest, frei von aliphat., ungesätt. Bindungen) in Ggw. eines Borhalogenids bei $>$150° u. solchem Druck, daß mindestens ein Teil der Reaktionsmischung in fl. Phase vorliegt. — Bzl., CH_3HSiCl_2 u. BCl_3 werden 16 Std. bei 1160 lbs./sq.in. auf 300° erhitzt; man erhält durch Dest. $C_6H_5CH_3SiCl_2$ u. als Rückstand (Kp. $>$200°) *Bis-(methyldichlorsilyl)-benzol* u. wenig CH_3SiCl_3, $(CH_3)_2SiCl_2$ u. $C_6H_5SiCl_3$. — *Diphenyldichlorsilan.* — *Bis-(phenyldichlorsilyl)-benzol.* — *Tolylmethyldichlorsilan.* — *Methylditolylchlorsilan.* — *Bis-(methyldichlorsilyl)-toluol.* — *Diphenylmethyldichlorsilan.* — *Bis-(methyldichlorsilyl)-diphenyl.* (**A. P. 2 572 302** vom 16/10. 1948, ausg. 23/10. 1951. E. Prior. 4/12. 1947.) KRAUSS. H 1380

Canadian General Electric Co. Ltd., übert. von: **Eugene G. Rochow**, Toronto, Ontario, Can., *Herstellung von Organogermaniumhalogeniden* durch Rk. von Germaniummetall mit einem KW-stoffhalogenid in der Dampfphase bei 200—500°, in Ggw. von Metallen wie Cu, Ag, Ni, Sn, Sb, Mn oder Ti, als Katalysatoren. — Aus Ge u. Chlorbenzol in Ggw. von Ag bei 200—500° entsteht *Phenylgermaniumchlorid* (vgl. A. P. 2 506 386; C. **1951**. I. 2082). (**Can. P. 477 219** vom 19/4. 1947, ausg. 25/9. 1951.) M. F. MÜLLER. H 130.

Chemische Werke Hüls G. m. b. H. (Erfinder: **Walter Franke** und **Johannes Bueren**), Marl (Kr. Recklinghausen), *Cyclohexanderivate* erhält man durch Rk. von α.β-ungesätt. Ketonen (I) in Ggw. bas. wirkender Katalysatoren (Alkalimetalle, -hydroxyde, -carbonate, -cyanide, -alkoholate, sek., tert. u. quaternäre organ. Basen) mit Aldehyden der allg. Formel $R_1R_2CH-CHO$ (R_1 u. R_2 = gegebenenfalls substituierte Alkylreste; Isobutyraldehyd, α-Äthylbutanal, α-Äthylhexanal). Als I sind genannt: Methylisopropenylketon, Methylisobutenylketon. — Äquimol. Mengen Methylvinylketon u. Isobutyraldehyd werden in Ggw. von 20%ig. methanol. KOH auf 70—80° gehalten, wobei auf 3 (Mol.) Keton 0,2 KOH verwendet werden. Man erhält *1.1-Dimethylcyclohexen-(2.3)-on-(4)*, $Kp._3$ 63—70°, das bei der Hydrierung *1.1-Dimethylcyclohexanol-(4)* liefert, $Kp._4$ 65—70°; $D.^{25}{}_4$ 0,895; n_D^{20} 1,4588, campherartiger Geruch. — *1.1-Diäthylcyclohexen-(2.3)-on-(4)*, $Kp._4$ 80—90°, das bei der Hydrierung *1.1-Diäthylcyclohexanol-(4)* liefert. — *1-Äthyl-1-butylcyclohexen-(2.3)-on-(4)*, daraus durch Hydrierung *1-Äthyl-1-butylcyclohexanol-(4)*. (**D. B. P. 833 645** Kl. 12o vom 2/10. 1948, ausg. 10/3. 1952.) KRAUSS. H 1850

Universal Oil Products Co., übert. von: **Vladimir N. Ipatieff** und **Herman Pines**, Chicago, Ill., V. St. A., *Diarylalkane* erhält man durch Kondensation eines, durch eine tert. Alkyl- oder Cycloalkylgruppe substituierten Phenols mit einem aromat. KW-stoff, enthaltend 2 KW-stoffradikale in p-Stellung, wovon mindestens ein Radikal 2 H-Atome an dem C-Atom besitzt, das direkt an ein Ring-C-Atom gebunden ist. Die Rk. erfolgt in Ggw. eines sauer wirkenden Katalysators bei —30 bis +100° oder höher, je nach dem angewandten Katalysator, u. gegebenenfalls unter erhöhtem Druck. — 1-Methyl-4-äthylbenzol ergibt, mit p-tert.-Amylphenol bei 0—5° mit wasserfreiem HF 2 Std. behandelt, *1-p-Tolyl-1-(2-methyl-5-äthylphenyl)-äthan*, $Kp._5$ 155—161°, neben geringen Mengen *Amyl-p-äthyltoluol*. Ferner können hergestellt werden: *1-Tetraäthylphenyl-1-(2.3.4.5.6-pentaäthylphenyl)-äthan*; *1-Pentaäthylphenyl-1-(2.3.4.5.6-pentaäthylphenyl)-äthan*; *1-p-Tolyl-1-(2-methyl-5-n-propylphenyl)-propan*. (**A. P. 2 557 505** vom 24/3. 1950, ausg. 19/6. 1951.) G. KÖNIG. H 2210

Dow Corning Corp. (Erfinder: **Harold Arthur Clark**), Midland, Mich., V. St. A., *Dimere Organosiliciumverbindungen* der allg. Formel $(R')_3SiRSi(R)_3$ ($R' = C_6H_5$ oder CH_3 oder eine Mischung dieser Reste, $R = C_6H_4$; $C_6H_4C_6H_4$; $C_6H_4OC_6H_4$) erhält man durch Kondensation eines Halogensilans der Formel $(R')_3SiX$ mit einer Verb. der Formel XRY (X = Halogen, Y = Halogen oder Triorganosilyl, das auch CH_3- u. oder C_6H_5-Reste enthalten kann) in Ggw. von Alkalimetallen. — Aus Chlorphenyltrimethylsilan u. Triphenylchlorsilan erhält man in Toluol mit geschmolzenem Na eine Mischung von Isomeren des *Triphenylsilyltrimethylsilylbenzols* als klebriges Wachs, Kp. 205—215°, durch fraktionierte Kristallisation kann man *p-Triphenylsilyltrimethylsilylbenzol*, F. 162,5°, abtrennen. — *1.4-Trimethylsilylbenzol*, Nadeln, F. 88°. — *1.3-Trimethylsilylbenzol*, $Kp._{22}$ 112°; E. —26°; n_D^{25} 1,4867. — *1.2-Trimethylsilylbenzol*, $Kp._{20}$ 135°; n_D^{25} 1,5110. — *4.4'-Trimethylsilyldiphenyl*, $Kp._1$ 150°, aus A. Nadeln, F. 79°. — *4.4'-Phenyldimethylsilyldiphenyl*, $Kp._1$ 241°; F. 75°. — *4.4'-Phenyldimethylsilyldiphenyläther*, $Kp._{2,5}$ 249°; E. —8°. Die fl. Stoffe können als *Schmiermittel* u. als *Fll.* für *Vakuumdiffusionspumpen*, die fl. u. festen als *Bad-Fll.* mit konstanter Temp. verwendet werden. (**D. B. P. 845 514** Kl. 12o vom 26/9. 1950, ausg. 31/7. 1952. A. Prior. 23/2. 1949.) KRAUSS. H 2580

Soc. An. des Manufactures des Glaces et Produits Chimiques de Saint-Gobain, Chauny et Cirey, Paris, Frankreich, *2-Aminothiazol* erhält man durch Rk. äquimol. Mengen Thioharnstoff (I) u. $ClCH_2CHO$ in Ggw. von W., u. zwar von 40—135, bes. 50 bis 75 cm^3 pro g-Mol I. F. 90°; Ausbeute: 91%. (**E. P. 667 251** vom 3/1. 1950, ausg. 27/2. 1952. F. Prior. 4/1. 1949.) BRÖSAMLE. H 3142

Sprague Electric Co., North. Adams, Mass., übert. von: **Lester A. Brooks**, East Norwalk, Conn., und **Moushy Markarian**, North Adams, und **Mathew Nazzewski**, Adams, Mass., V. St. A., *2-Vinylthiazole* erhält man durch Wasserabspaltung aus den 2-Oxyäthylthiazolen; z. B. *2-Vinylbenzthiazol*, $Kp._{0,8}$ 68—73°, durch Erhitzen von 2-(β-Oxyäthyl)-benzthiazol auf ca. 480°. *2-Vinylthiazol*, $Kp._{10}$ 43—46°, erhält man auch durch Pyrolyse von 2-(α-Benzoxyäthyl)-thiazol bei ca. 460° in Ggw. von aktiviertem Al. — Ferner werden dargestellt: *4-Methyl-2-vinylthiazol*, $Kp._8$ 51—54°; *4-Methyl-2-(α-methylvinyl)-thiazol*, $Kp._{0,8}$ 40—42°. (**A. P. 2 591 506** vom 11/9. 1948, ausg. 1/4. 1952.) BRÖSAMLE. H 3142

X. Färberei. Organische Farbstoffe.

R. B. Patel und **H. A. Turner**, *Untersuchungen über die grundlegenden Vorgänge des Textildrucks. 4. Mitt. Der Übergang saurer Farbstoffe auf Cellulose während des Dämpfens* (3. vgl. C. **1952**. 6132.) Nach der Meth. von MUNSHI u. TURNER (C. **1950**. I. 1533) wurden folgende, für den direkten Druck auf regenerierter Cellulose geeigneten sauren Farbstoffe untersucht: *Naphthalinscharlach R* (ICI), *Coomassie Brilliant Blue FF* (ICI), *Coomassie Brilliant Blue R* (ICI), *Carbolan Yellow 3 G* (ICI). Als Verdickungsmittel wurden Stärke, Traganth, Natriumalginat u. Methylcellulose, als Hilfsmittel, NaCl, Harnstoff, Glycerin, Pyridin u. Cetylpyridiniumbromid verwendet. Der Übergang der Farbstoffe aus dem 0,1 mm dicken Stärkefilm auf die im gequollenen Zustand 0,082 mm dicke Cellophanschicht wurde in Abhängigkeit von der Dämpfdauer, der Konz. der Farbstoffe im Stärkefilm, sowie der Hilfsmittel u. Verdickungsmittel geprüft. Hierbei wurde ein Maximum im Übergang der Farbstoffe gefunden. Die Erschöpfung der Stärkeschicht nimmt mit der Anfangskonz. des Farbstoffs im Stärkefilm zu. Die Autoren gelangen zu der Annahme, daß die Verteilung der Farbstoffe zwischen Stärke u. Cellulose mit der Verteilung des W. zwischen den beiden Phasen eng verknüpft ist. (J. Soc. Dyers Colourists **68**. 77—87. März 1952. Manchester, Univ., Coll. Technol., Dep. Textile Chem.) ZAHN. 7002

—, *Neue Farbstoffe und Hilfsmittel.* FARBENFABRIKEN BAYER, Leverkusen: *Benzoechtkupferbordo BLN* besitzt sehr gute Lichtechtheit u. gute bis sehr gute Wasch-, Wasser-, Schweiß-, Seewasser-, Bügel- u. Avivierechtheit. — *Cotolanechtreinblau R* u. *Cotolanechtblau GT* färben Mischmaterialien aus Baumwolle u. Wolle gut fasergleich u. ergeben Färbungen mit beachtenswert guten Echtheitseigg. auf Strick- u. Wirkgarnen sowie auf Damenkleidern- u. Mantelstoffen aus Wolle u. vegetabil. Fasern. — *Syntharesin WL 48, WL 48 Lösung*, neue wachsähnliche Körper, die gegenüber den Naturwachsen den Vorzug haben, nicht nur lösungsmittellösl., sondern auch wasserlösl. zu sein u. eine vielseitige Anwendung in der Textilindustrie ermöglichen. (Textil-Rdsch. [St. Gallen] **7**. 389. Aug. 1952.) P. ECKERT. 7018

N. P. Ssolowjew, *Die Stabilität von Hydrosulfit in wässerigen Lösungen.* Vf. untersucht den Einfl. verschied. Faktoren (wie Temp., Zusatz von Schutzkolloiden) auf die Zers. von Hydrosulfit (I) durch O_2 der Luft. Verluste an I werden bei Verwendung von Küpenfarbstoffen am besten durch Benutzung geschlossener Gefäße herabgesetzt. Die für den n. Färbevorgang notwendige Mindestmenge an I verringert sich durch Zusatz von Stoffen, die ein Aggregieren der Farbteilchen verhindern, u. erhöht sich in Ggw. von Elektrolyten stärkerer Konzentration. (Текстильная Промышленность [Textil-Ind.] **12**. Nr. 7. 34—35. Juli 1952.) STSCHERBINA. 7020

H. Hansen, *Sustilan N, ein neues Schutzmittel gegen Reduktion von substantiven Farbstoffen beim Färben und Dämpfen von Textilien aller Art.* Das sogenannte „Verkochen" der Farbstoffe ist ein Reduktionsvorgang, der durch die den Textilien noch anhaftenden Verunreinigungen beim Färben nahe dem Kp. in alkal. Flotte verursacht wird. Die Red. hängt ab von der Art u. der Menge der den Textilien anhaftenden Verunreinigungen, von dem Alkaligeh (p_H-Wert) der Flotte, von der Färbetemp. u. der Färbedauer. Zur Feststellung der Farbstoffzerstörung wurden Verss. mit *Siriuslichtgrün BB* (leicht zum Verkochen neigender Farbstoff), die im einzelnen beschrieben werden, durchgeführt. Die Versuchsergebnisse werden besprochen. Das Färben von nichtausgekochtem Baumwollmaterial, Zellwolle sowie Viscosereyon kann unbedenklich auch bei Kochtemp. erfolgen, ohne daß Reduktionsschäden bei substantiven Farbstoffen auftreten, wenn die Flotte einen Zusatz von *Sustilan N* (BAYER-Prod.) erhält. Es besteht aus Ammoniumsalzen u. Amiden höherer Fettsäuren, Sulfosäuren u. substituierten Carbonsäuren mit anionakt. Charakter. (Textil-Praxis **7**. 536—39. Juli 1952.) P. ECKERT. 7020

H. O. Hameister, *Superoxydechte Naphthol AS-Bordofärbungen.* Es wird auf die durch den Perboratgeh. in den Waschmitteln auftretenden Schädigungen an Färbungen hingewiesen. Anschließend werden Arbeitsvorschriften zur Erzielung superoxydechter Färbungen aus Kombinationen des Naphthols AS-Sortiments besprochen. (Textil-Praxis **7**. 541. Juli 1952.) P. ECKERT. 7020

Hubert Faldik, *Probleme der Wollechtfärbung.* Ausgehend von der Struktur der Wolle u. ihrem chem. Aufbau, beschreibt Vf. kurz den Färbevorgang. Näher eingegangen wird dann auf das Färben der Wolle mit Chrom- u. Küpenfarbstoffen, vor allem auch mit Indigosolen. Die Echtheitseigg. zahlreicher Farbstoffe werden tabellar. wiedergegeben u. die bei der Wolle mit den verschied. Farbstofftypen auftretenden Schwierigkeiten erörtert. (Textil-Praxis **7**. 532—34. Juli 1952.) P. ECKERT. 7020

—, *Über das Färben von Spinnkuchen aus Viscosegarn.* Erwiderung auf die C. **1952**. 4535 referierte Arbeit von VENTURA. (Reyon, Zellwolle andere Chemiefasern **30**. 372. Juli 1952.) P. ECKERT. 7020

Hans-Joachim Henk, *Ursachen unegaler Färbungen auf Viscosereyon.* Zusammenfassender Überblick. (Textil-Praxis **7.** 543—44. Juli 1952.) P. ECKERT. 7020

K.-H. Fluss, *Die Telonchromfarbstoffe für das Färben von Wolle–Polyamidfaser-Mischartikeln sowie von reinen Polyamidfasern.* Nach einem kurzen Überblick über die Eigg. der Polyamidfasern geht Vf. auf das Färben mit Telonchromfarbstoffen, unter Anführung entsprechender Farbstoffsortimente, ein. Die Färbevorschriften werden angeführt u. besprochen. (Textil-Praxis **7.** 534—36. Juli 1952.) P. ECKERT. 7020

—, *Das Färben von Fibrolane in loser Form oder als Kammzug.* Es wird darauf hingewiesen, daß zum Färben von Fibrolane für Strick- u. Wirkgarne sowie für Mantel- u. Anzugsstoffe ausgewählte Farbstoffe der folgenden Farbstoffklassen am besten geeignet sind: Schwachsaurer Farbstoff (Polar, Sulphanine usw.), Metallkomplexfarbstoffe (Neolan, Palatin, Irgalan usw.), Chromfarbstoffe (Eriochrom u. a.), Fibrolan selbst benötigt keinerlei Vorbehandlung, wie z. B. Spülen usw., vor dem Färben. Die Faser wird in das 50° warme Färbebad gegeben (für lose Ware ist der OBERMAYER am besten geeignet) u. 15 Min. bei dieser Temp. behandelt; erst dann wird innerhalb 30 Min. auf 80—85° gebracht u. bei dieser Temp. fertiggefärbt, was ca. 1 Std. dauert. Der p_H-Wert während des Färbens soll bei etwa 4 liegen. Nach dem Färben wird mit kaltem W. gespült. Das Trocknen erfolgt bei 60—70°; Tempp. über 70° sind zu vermeiden. (Wool Rec. Textile Wld. **82.** 825—26. 9/10. 1952.) H. G. FRÖHLICH. 7020

R. Haller, *Wirkung des Dampfes verschiedener Zusammensetzung auf Gespinstfasern.* Beschrieben wird ein kleiner, für die Unterss. verwendeter Dämpfer aus Glas. Die verschiedensten Gespinstfasern werden bestimmten Druckproben (Direkt- u. Ätzdrucke) bei verschiedensten Dampfatmosphären ausgesetzt. Verwendet wurden folgende Kombinationen: Reiner Dampf, Essig- u. Ameisensäure, NH_3, CH_2O, SO_2, SO_2 u. CH_2O, Cl, Br, CO_2, NH_2Cl, O_2. Die Ergebnisse der Verss. werden kurz diskutiert. (Textil-Rdsch. [St. Gallen] **7.** 359—65. Aug. 1952.) P. ECKERT. 7022

—, *Prüfgeräte zur Bestimmung der Farbechtheiten.* Es werden einige Geräte zur Prüfung der Lichtechtheit angeführt. Ferner werden Vorrichtungen u. Geräte zur Best. der Wasch- u. Walkechtheit sowie der Reibechtheit beschrieben. (Textil-Rdsch. [St. Gallen] **7.** 368—69. Aug. 1952. Schweizerische-Normen-Vereinigung SNN 95 8 08.) P. ECKERT. 7028

F. Moosmann, *Die Nachbehandlung substantiver Färbungen.* Die verschied. in der Praxis angewandten Verff. versuchen durch Blockierung der löslichmachenden Gruppen der Farbstoffe, durch Vergrößerung der Farbstoffmoll. sowie durch Erzeugung sogenannter Lacke eine Echtheitssteigerung herbeizuführen. An Hand von Beispielen werden die einzelnen Verff. besprochen. (Dtsch. Textilgewerbe **54.** 875—78. 20/9. 1952.) P. ECKERT. 7028

August Goeb, *Über den Stand der Bestimmung der Lichtbeständigkeit von Farbkörpern.* Nach Vf. dürfte die 8stufige Wollskala für die Praxis die besten Werte zur Best. der Lichtechtheit von Pigmenten liefern. Durch Kombination mit einem Luxmesser ist die Möglichkeit gegeben, statt der subjektiven Beurteilung einer Farbänderung die Lichtechtheit als Funktion der Luxstunden anzugeben. Bei Bewährung des Heliotest-Lichtbeständigkeits-Schnellprüfers nach GASSER u. ZUKRIEGEL in Verbindung mit der geeichten Wollskala wäre es dann möglich, Lichtechtheiten von Farbproben nach einer Schnellmeth. zu bestimmen. (Chemiker-Ztg. **76.** 433—36. 5/7. 1952. Stuttgart.) DOSSMANN. 7028

Hellmut Goeroldt, Manfred Richter und **Herbert Weise,** *Die Meßgenauigkeit visueller Farbmessungen an Seidenfärbungen.* Es wurden die gleichen Farbproben nach verschied. Meth. gemessen, um Unterlagen über die erzielbare Meßgenauigkeit u. die Übereinstimmung der jeweiligen Maßzahlen zu erhalten. Verglichen werden Messungen nach dem trichromat. Verf. mit Leifo-Farbmeßgerät, mit Dreifarbenmeßgerät nach GUILD-BECHSTEIN u. nach OSTWALD-Verf. mit PULFRICH-Photometer. Auswertung der Ergebnisse nach Auswahlkoordinatenverfahren. Es ergaben sich große Diskrepanzen, selbst mit der äußerst exakt arbeitenden Bestimmungsmeth. nach GUILD-BECHSTEIN ist die Genauigkeit des menschlichen Auges nicht zu erreichen. (Melliand Textilber. **33.** 335—38. April 1952. Berlin-Dahlem, Farbforschungslabor. des Materialprüfungsamtes.) DOSSMANN. 7086

Ciba Soc. An., Schweiz, *Anthrachinonderivate.* Anthrachinon-2-arylketone, die in 1-Stellung eine Aminogruppe oder einen in eine Aminogruppe überführbaren Substituenten u. in 4-Stellung einen derartigen Substituenten enthalten, werden mit Mitteln behandelt, die diese Substituenten in Aminogruppen überführen. Die Prodd. sind im allg. Farbstoffe für Celluloseacetat (**A**) u. Superpolyamide. — In eine Schmelze von 430 (Teilen) p-Toluolsulfonamid (I), 65 Na-Acetat, 2,5 Cu-Acetat u. 2,5 CuCl trägt man bei 170—175° 38 1-Amino-4-brom-2-benzoylanthrachinon (II) ein, kocht nach 1 Std. mit W. aus, löst in

500 H_2SO_4 (95% ig.) bei 40—45° u. gießt auf Eis. *1.4-Diamino-2-benzoylanthrachinon* (**III**), F. 199°, färbt **A** echt blau. — Weitere Beispiele beschreiben die Herst. von: *1.4-Dichlor-2-benzoylanthrachinon* (**IV**), F. 204°, aus 1.4-Dichloranthrachinon-2-carbonsäurechlorid (**V**) u. Bzl. nach Friedel-Crafts; **III** aus **IV** u. **I**; *1.4-Dichlor-2-p-fluorbenzoylanthrachinon* (**VI**), F. 244°, aus **V** u. Fluorbenzol; *1.4 Diamino-2-p-fluorbenzoylanthrachinon*, F. 194°, aus **VI** u. **I**; *1.4-Dichlor-2-p-toluylanthrachinon* (**VII**), F. 204°, aus **V** u. Toluol; *1.4-Diamino-2-p-toluylanthrachinon*, F. 207°, aus **VII** u. **I** u. Verseifen mit HF (95% ig.); *1.4-Dichlor-2-anisoylanthrachinon* (**VIII**), F. 165°, aus **V** u. Anisol; *1.4-Diamino-2-anisoylanthrachinon*, F. 219°, aus **VIII** u. **I** u. Verseifen mit HF; *1-Amino-4-methylamino-* oder *-4-β-oxyäthylamino-2-benzoylanthrachinon* aus **II** u. Methylamin bzw. β-Aminoäthanol. (**F. P. 979 688** vom 26/1. 1949, ausg. 30/4. 1951. Schwz. Priorr. 30/1. u. 29/12. 1948.) Hoppe. 7059

Ciba Soc. An., Schweiz, *Anthrachinonküpenfarbstoffe.* Man führt in die 4-Stellung von 1-Aminoanthrachinonyl-2-arylketonen eine Aminogruppe ein, die durch eine aromat. oder araliphat. Carbonsäure mit höchstens 13 C-Atomen acyliert ist. Die Prodd. sind Küpenfarbstoffe für pflanzliche Fasern, ihre violetten bis blauen Färbungen u. Drucke sind licht-, chlor-, wassertropfecht u. leicht ätzbar. — Man erhitzt z. B. 6,6 (Teile) *1.4-Diamino-2-p-chlorbenzoylanthrachinon* (F. 245°, erhältlich nach F. P. 979 688; vorst. Ref.), 4,5 p-Chlorbenzoylchlorid, 6 Pyridin u. 150 o-Dichlorbenzol 2 Std. unter Rühren auf 110—115°. *1-Amino-4-p-chlorbenzoylamino-2-p-chlorbenzoylanthrachinon*, färbt Baumwolle aus olivgrüner Küpe in rötlichblauen Tönen. — Analog erhält man ähnliche Farbstoffe aus *1.4-Diamino-2-benzoyl-* oder *-2-m.p-dichlorbenzoyl-* oder *-2-p-fluorbenzoyl-* oder *-2-p-toluyl-* oder *-2-anisoyl-* oder *-2-naphthoylanthrachinon* mit den Chloriden der Benzoesäure, Mono- oder Dihalogenbenzoesäuren, Toluylsäure, p-Alkoxybenzoesäuren, β-Naphthoesäure, Diphenylcarbonsäure, Zimtsäure u. dergleichen. (**F. P. 979 711** vom 27/1. 1949, ausg. 2/5. 1951. Schwz. Priorr. 30/1. u. 28/12. 1948.) Hoppe. 7059

Ciba Soc. An., Schweiz, *Küpenfarbstoffe.* Zu Schwz. P. 272 572; C. **1952.** I. 1409 ist nachzutragen: Ähnliche Farbstoffe erhält man durch Acylierung von *5-Aminoisophthaloyl-di-(1′-anthrachinonyl)-amid* oder von entsprechenden, aus 1-Amino-6-chloranthrachinon oder 1-Amino-4- oder -5-benzoylaminoanthrachinon oder 4-Aminoanthrachinon-2.1(N)-benzacridon an Stelle von 1-Aminoanthrachinon erhaltenen Verbb. mit aromat. Monocarbonsäurechloriden, z. B. Benzoylchlorid, m- oder p-Methylsulfonylbenzoylchlorid, p-Phenylsulfonylbenzoylchlorid, m-Dimethylamidosulfonylbenzoylchlorid, β-Naphthoylchlorid, p-Phenylbenzoylchlorid, m-Methylmercaptobenzoylchlorid. (**F. P. 991 360** vom 25/7. 1949, ausg. 4/10. 1951. Schwz. Priorr. 30/7. 1948 u. 14/6. 1949.) Hoppe. 7059

Ciba Akt.-Ges., übert. von: **Eduard Mörgeli**, Neue Welt bei Basel, und **Walter Kern**, Sissach, Schweiz, *Küpenfarbstoffe*, die zum Färben u. Drucken von verschied., bes. aber cellulosehaltigen Fasern verwendet u. auch in die entsprechenden Leukoschwefelsäureestersalze übergeführt werden können, erhält man durch Rk. eines im Bz-Kern halogenfreien 4-Aminoanthrachinon-2.1(N)-benzacridons mit reinem p-Halogenbenzoylhalogenid. Die Farbstoffe können noch weiter mit substituierenden Mitteln, bes. Halogen, nachbehandelt werden. — So erhält man aus 4 (Gewichtsteilen) 4-Aminoanthrachinon-2.1(N)-1′.2′(N)-benzacridon (**I**) u. 6 p-Brombenzoylchlorid (**II**) durch 1std. Erhitzen bei 150 bis 160° in 200 o-Dichlorbenzol den Farbstoff der Zus. **III.** Er ergibt in konz. H_2SO_4 eine gelbrote Lsg. u. färbt pflanzliche Fasern aus rotvioletter Hydrosulfitküpe (**K**) in sehr echten tiefblauen Tönen. Etwas rotstichiger blaue Töne erhält man mit p-Fluorbenzoylchlorid. Analog können Farbstoffe erhalten werden aus **I** u.: p-Jodbenzoylchlorid, blaue Nadeln, färbt Baumwolle (**A**) aus rotvioletter **K** klar u. kräftig blau; 3.4-Dichlorbenzoylchlorid, blaue Nadeln, färbt **A** aus violetter **K** dunkelblau. — Färbebeispiel. (**A. P. 2 568 966** vom 9/3. 1945, ausg. 25/9. 1951. Schwz. Prior. 28/12. 1943.) Roick. 7059

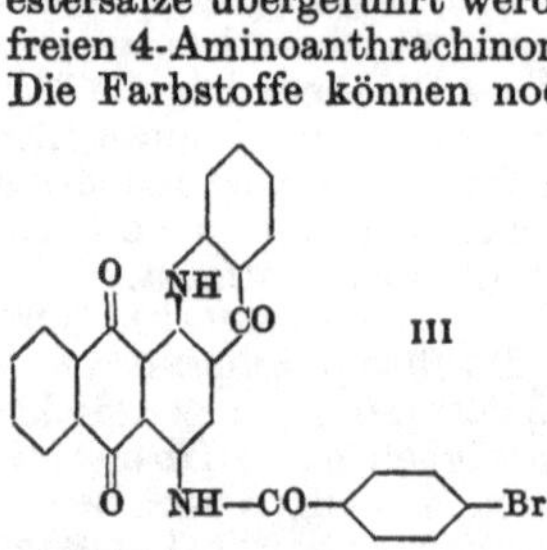

III

Ciba Akt.-Ges., Basel (Erfinder: **Eduard Mörgeli**, Neue Welt, **Paul Sutter**, Binningen, und **Walter Kern**, Sissach), Schweiz, *Küpenfarbstoffe*, die hauptsächlich in gelben Tönen färben u. sich teilweise durch die Stärke u./oder Reinheit des Farbtones, teilweise durch gute bis vorzügliche Echtheitseigg. auszeichnen, erhält man dadurch, daß man mindestens 2 Mol 1-Amino-5-(o-chlorbenzoyl)-aminoanthrachinon (**I**) zu säureamidartigen Verbb. kondensiert. Die Kondensation wird zweckmäßig in hochsd. indifferenten Lösungsmitteln bei erhöhter Temp. durchgeführt. — In gelben Tönen färbende Farbstoffe werden erhalten durch Rk. von **I** u.: Terephthalsäuredichlorid, Küpe (**K**), braunviolett; Isophthalsäuredichlorid, **K** braunviolett; Benzol-1.3.5-tricarbonsäuretrichlorid, **K** schwarzviolett; Cyanurchlorid (**II**), **K** rot; Thianthrendicarbonsäuredichlorid, **K** braunviolett; Fluoranthendicarbonsäuredichlorid, K braunviolett. — Setzt man 2 Gewichtsteile II mit 8,2 I um u. bringt das eine noch verbleibende Halogenatom von II mit 2,4 Teilen 1-Aminoanthrachinon zur Rk., so erhält man einen aus braunroter K ebenfalls in gelben Tönen färbenden Farbstoff. Analog erhält man aus I, II u. Anilin ein rotbraunes Pulver, das Baumwolle aus braunroter K gelbrot färbt. (**D. B. P. 824 816** Kl. 22b vom 11/7. 1950, ausg. 13/12. 1951. Schwz. Priorr. 22/7. 1949 u. 22/6. 1950.) ROICK. 7059

Ciba Akt.-Ges., Basel, Schweiz, *Küpenfarbstoffe.* In 4-Aminoanthrachinon-2.1(N)-1'.2'(N)-benzacridon wird mit Hilfe von p-Chlorbenzoesäure oder ihrem Chlorid durch Erwärmen in einem indifferentem Lösungsm., wie Nitro-, Di- oder Trichlorbenzol, eine p-Chlorbenzoylgruppe eingeführt. Das Reaktionsprod. färbt Pflanzenfasern aus rotvioletter Hydrosulfitküpe tiefblau mit guter Echtheit. (**Schwz. P. 277 307** vom 28/12. 1943, ausg. 16/11. 1951.) KALIX. 7059

Cassella Farbwerke Mainkur (Erfinder: **Emil Schwamberger**, Frankfurt/M.), *Schwefelhaltige Kondensationsprodukte.* Stickstofffreie Chinone, die 6 kondensierte Benzolringe u. gegebenenfalls carbocycl. Fünfringe enthalten, z. B. Dibenzopyrenchinon, Isodibenzopyrenchinon, Anthanthron, Acedianthron, bahandelt man bei Tempp. über 100° in einer $AlCl_3$-Schmelze mit SO_2. Die Ausgangsstoffe können auch erst aus ihren Vorprodd. in der $AlCl_3$-Schmelze unter der kondensierenden Wrkg. des $AlCl_3$ hergestellt u. dann gleich ohne Isolierung der SO_2-Behandlung unterzogen werden. Dem $AlCl_3$ können noch ähnliche Kondensationsmittel, wie $FeCl_3$, Alkalichloride oder Alkalibisulfite zugesetzt werden. Man erhält je nach den Reaktionsbedingungen Verbb. mit verschieden hohem Geh. an S, die in den meisten Fällen schon für sich allein echte, auch für den Zeugdruck geeignete Küpenfarbstoffe darstellen. Durch Alkylierung kann die Waschechtheit der erhaltenen Prodd. verbessert werden. — In eine Schmelze von 200 (Teilen) $AlCl_3$ u. 33 NaCl trägt man unter Durchleiten von SO_2 bei 150—160° 20 Anthanthron ein u. rührt 6 Stunden. Nach dem Eintragen auf Eis erhält man einen schwefelhaltigen, schokoladenbraunen Küpenfarbstoff mit ca. 11% S u. 17% Cl, der nach Alkylierung mit p-Toluolsulfonsäuremethylester einen rötlich- bis bräunlichgrau färbenden Küpenfarbstoff ergibt. — Weitere Beispiele. (**D. B. P. 829 925** Kl. 22b vom 14/7. 1949, ausg. 31/1. 1952.) ROICK. 7059

XIa. Farben. Anstriche. Lacke. Naturharze.

H. Zirngibl, *Bleicyanamid.* Cyanamid ist amphoter u. hydrolysiert zu NH_3. Pb-Cyanamid hat in W. einen p_H-Wert von 10—11, so daß es die Fähigkeit zur alkal. Passivierung u. zur schnelleren u. leichteren Seifenbldg. hat. Pb-Cyanamid ist also ein akt. Rostschutzpigment. Infolge seines geringen spezif. Gewichts u. der durch die Kristallstruktur bedingten voluminösen Form hat es die anstrichtechn. Eig., die Farbe nicht absitzen zu lassen. Trotz seiner großen Härte ist der Film elast. genug. Hervorzuheben ist das gute Haftvermögen u. die hohe Dehnbarkeit des Filmes. Trocknungs- u. Abbindefähigkeit mit Ölen sind bes. gut. Pb-Cyanamid ist sowohl als Grund- als auch als Deckanstrich geeignet. Es läßt sich mit allen inerten Pigmenten mischen. An Beispielen werden die Vorzüge der Anstriche gezeigt. (Fette Seifen einschl. Anstrichmittel **53.** 740—46. Dez. 1951. Duisburg, Duisburger Kupferhütte.) J. FISCHER. 7092

N. Kopyloff, *Bleicyanamid.* (Paint, Oil Colour J. **121.** 640. 14/3. 1952. — C. **1952.** 4537.) SCHEIFELE. 7092

Heinz Anders, *Zur Verwendung von eisenreichen Zinkerzen zwecks Herstellung von Zinkweiß und Lithopone.* Allg. Ausführungen. (Ind. Vernice **6.** 48—49. Febr. 1952.) WINIKER. 7092

D. D. Rubek und **R. E. Johnson**, *Kohlenwasserstofflösungs- und Verdünnungsmittel in der Lackindustrie.* Besprochen werden: Lösefähigkeit, Trockengeschwindigkeit, Geruch, Flammpunkt, Kosten von aliphat. u. aromat. KW-stoffen; Eignung von Lösergemischen; Herabsetzung der Oberflächenspannung durch Zusatz von Siliconen. (Off. Digest. Federat. Paint Varnish Product. Clubs. **1952.** 342—46. Mai. Chicago, Ill., N.-Ravenswood, Anderson-Prichard Oil Corp.) SCHEIFELE. 7096

Martin L. Stumpf, *Charakterisierung von Aluminiumseifengelen.* Von Al-Seifen, die bei Zimmertemp. in verschied. Lösungsmitteln Gallerten bilden u. lacktechn. Verwendung finden, werden bes. das Al-Salz der 2-Äthylhexansäure (I) u. Al-n.-Octoat (II) behandelt. I liefert ein sehr stabiles Gel. II geliert bei Zimmertemp. nicht genügend mit Lackbenzin, Terpentinöl oder Naphtha, ergibt jedoch beim Erwärmen auf 60° ein Gel von hoher Fließfestigkeit, das weder Synärese noch Phasentrennung zeigt. Mit 1% II geben Schwefel- u. Tetrachlorkohlenstoff bereits Gele von hoher Festigkeit. Von den Al-Seifen der Laurin-, Stearin-, Palmitin-, Myristin- u. Naphthensäure gelieren nur die letzteren mit Xylol bei Raumtemperatur. Im übrigen sind Gallerten mit Xylol viel stabiler als solche mit Lackbenzin. Al-Oleat geliert in einer Reihe von Lösungsmitteln bei gewöhnlicher Temp., doch ist es nicht genügend stabil, u. die Gele entbehren der Festigkeit. I kann auch als Sikkativ verwendet werden. (Amer. Paint J. **36**. Nr. 45. 69—73. 28/7. 1952.) SCHEIFELE. 7096

Hans Hebberling, *„Giftige“ Anstrichstoffe*. Vf. weist auf die Gefahren beim Umgang mit Bleifarben, chines. Holzöl, Bzl., Phenol u. chlorierten KW-stoffen hin. (Dtsch. Drogisten-Ztg. **6**. 296. 1/6. 1951. Obing im Chiemgau.) FIEDLER. 7096

F. Ijak, *Das Tallöl und seine Anwendungen in der Farben- und Lackindustrie*. Kurzer Überblick über Eigg. u. Rkk. des Tallöles u. seine Anwendungen. (Chim. Peintures **15**. 372—75. Okt. 1952.) WINIKER. 7096

Pierre Colomb, *Der Sorbit und seine Verwendung in der Farben- und Lackindustrie*. Kurzer Überblick über die Veresterungen des Sorbits sowie seine Verwendung zur Herst. von Öllacken. (Ind. Vernice **6**. 55—57. Febr. 1952.) WINIKER. 7096

L. Cleuet, *Neuigkeiten auf dem Gebiet der Farbanstriche und Lacke*. Überblick über die moderne Entwicklung. (Usine nouv. **1952**. 103—05. Mai.) J. FISCHER. 7106

G. Salomon, *Die Oxydation von Elastomeren in ihrer Bedeutung für die Untersuchung von Anstrichstoffen*. Vf. behandelt den Einfl. der Luft-, Licht- u. Ozonoxydation von Kautschuk auf die Rißbldg. in Anstrichfilmen. (Verfkroniek. **24**. 338—39. Dez. 1951. Delft.) SCHEIFELE. 7106

Max Schenk, *Aluminium und das Primer-Problem*. Kurzer Überblick über einige Grundierverff. für Aluminium. (Chem. Rdsch. [Solothurn] **5**. 200—01. 1/7. 1952. Basel.) WINIKER .7106

—, *Wasserundurchlässigmachen von Mauerwerk mit Hilfe von Siliconharzen*. Allg. Ausführungen. (Rev. Produits chim. **55**. 229—30. 30/6. 1952.) WINIKER. 7106

Aldo Accinelli, *Analytische Untersuchung von trocknenden Ölen mit besonderer Berücksichtigung des Leinöles*. Die Analyse erstreckt sich auf folgende Kennwerte: Absorptionsspektr., Hexabromidzahl, JZ., Rhodanzahl, Dienzahl, Reinheitsprüfung (Anwesenheit von Fischöl). — 27 Literaturzitate. (Olii minerali, Grassi Saponi, Colori Vernici **29**. 85—88. Juli/Aug. 1952. Stazione sperimentale degli Olii e Grassi.) SCHEIFELE. 7154

Säurefabrik Schweizerhall, Schweizerhalle (Erfinder: **Walter Frey**, Basel), Schweiz, *Herstellung neutraler anorganischer Pigmente* aus sauren, fein verteilten Oxyden, z. B. TiO_2. Man mischt letztere mit einer zur Neutralisation ausreichenden Menge eines trockenen Erdalkalioxyds (auch MgO) oder -hydroxyds bei ca. 100°, feuchtet dann mit W. an u. trocknet. (**D. B. P. 855 291** Kl. 22f vom 31/3. 1951, ausg. 10/11. 1952. Schwz. Prior. 3/4. 1950.) NEBELSIEK. 7093

C. D. Patents Ltd., übert. von: **Morris Kaufmann** und **Alan Fowler Williams**, London, England, *Hitzebeständige Lackgrundstoffe* erhält man durch Copolymerisation von 5—20 (%) Acenaphthylen, 20—30 trocknendem Öl, z. B. Leinöl, u. Rest Terpentin. Zuvor ist der Zusatz von Pb- u. Co-Naphthenat als Trockenmittel möglich. (**A. P. 2 595 676** vom 14/10. 1949, ausg. 6/5. 1952. E. Prior. 19/10. 1948.) SCHINDLER. 7097

K. Helmholtz, Flensborg, Dänemark, *Metallhaltiges Anstrichmittel*. Das Anstrichmittel enthält ein Schwermetall, ein Bindemittel u. einen Sauerstoffkatalysator, z. B. Verbb. der Platingruppe, wie $OsCl_2$ oder K_2OsO_4. Das Bindemittel soll bes. chlorierte Verbb., wie Chlorkautschuk mit niedriger Viscosität, u. ein Weichmachungsmittel, z. B. chlorierte unverseifbare hochsd. aromat. Verbb., wie chloriertes Diphenyl, enthalten. Als Schwermetalle sind Pb, Cu, Cr, Zn u. Sn genannt. Der Anstrich soll als Ersatz für Verbleiungen dienen. (**Schwed. P. 131 935** vom 17/3. 1950, ausg. 5/6. 1951. Dän. Prior. 15/10. 1949.) J. SCHMIDT. 7107

Standard Oil Co., Chicago, Ill., übert. von: **Ernest R. Irvin**, Hammond, Ind., V. St. A., *Rostschutzmittel*, bestehend aus 5—15 (%) öllösl. Petroleumsulfonat (Metallseifen der Mahoganysäuren mit 470—500 Mol.-Gew., 5—15 Petroleum, 0,5—5 Rückstände oder Petroleumdestillate, 0—2 Verdickungsmittel (Kondensationsprod. aus Naphthalin u. chloriertem Paraffinwachs in Ggw. von $AlCl_3$) u. 65—85 KW-stofföl. (**A. P. 2 593 676** vom 3/8. 1949, ausg. 22/4. 1952.) SCHINDLER. 7107

Werner Lienhard, Frankreich, *Herstellung eines undurchlässigen Belages* auf Asphalt- u. Bitumengrundlage. Die zu schützende Unterlage wird mit einem Jute- oder Drahtgewebe beklebt oder benagelt. Darauf erfolgt ein Anstrich mit einer Auflösung von Bitumen oder Asphalt in einem organ. Lösungsm. oder mit einer Emulsion dieser Stoffe. Es folgt nun wieder eine Lage Jute- oder Drahtgewebe u. ein zweiter Anstrich mit einer Bitumen- oder Asphaltlösung bzw. Emulsion. (**F. P. 972 651** vom 27/8. 1948, ausg. 1/2. 1951.) HEYNE. 7107

Svenska Oljeslageriaktiebolaget, Göteborg, Schweden (Erfinder: **P. Bane** und **H. Meyer**), *Kunstharzlösungen*. Die Lsgg. in höheren Alkoholen, wie Butyl-, Amyl- oder Octylalkohol, enthalten verätherte Phenolaldehydkondensationsprodd. u. Polyamide polymerer Fettsäuren oder Reaktionsprodd. beider Komponenten, wobei die Phenolaldehydkondensationsprodd. bes. mit den obigen Alkoholen veräthert sind u. sich bes. von substituierten Phenolen herleiten. — Z. B. stellt man zunächst ein Resol her, löst dieses in Butanol, veräthert mit diesem u. stellt gesondert hiervon ein Polyamidharz aus chines. Holzöl u. Äthylendiamin her u. vermischt beide in einer Lsg. von Xylol, Butanol u. Isopropanol. Die Harzlsg. ergibt einen *Einbrennlack*, der hart, elast. u. außerordentlich beständig gegen Chemikalien ist. (**Schwed. P. 131 936** vom 28/6. 1949, ausg. 5/6. 1951.) J. SCHMIDT. 7107

XIb. Plaste (Kunstharze. Plastische Massen).

Norman Klimmek, *Eigenschaften üblicher und neuer transparenter Materialien aus Kunststoffen*. Kurzer Überblick über einige Eigg. u. Anwendungsmöglichkeiten von transparenten Kunststoffmaterialien, namentlich für die Luftfahrt, unter besonderer Berücksichtigung von *Plexiglas 5105* (Mischpolymerisat der ROHM & HAAS CO. aus Methylmethacrylat u. einer [oder mehr] nicht bekanntgegebenen Komponente), *Sierracin 611* der SIERRA PRODUCTS CO. = *Selectron 44* der PITTSBURGH GLASS CO. (Polyesterharz) u. *Gafite* oder *MACA* der GENERAL ANILINE & FILM CORP. (Polymethyl-α-chloracrylat). (Plastics Ind. **10**. 14—16. Okt. 1952.) WINIKER. 7170

—, *Kautschukmodifizierte Kunststoffe*. Kurzer Überblick über die Entw. kautschukmodifizierter Kunststoffe. (Plastics **17**. 331. Nov. 1952.) WINIKER. 7170

H. Jones und **A. Hill**, *Weichmacher für Polyvinylchlorid*. An Hand der Ergebnisse von Unterss. mit zahlreichen verschied. Weichmachern werden eingehend behandelt: Löslichkeitsbeziehungen PVC-Weichmacher, physikal. Verh. der Systeme PVC-Weichmacher u. Beständigkeit der PVC-Weichmacher-Mischungen. (J. Oil Colour Chemists' Assoc. **35**. 485—501. Okt. 1952.) WINIKER. 7172

—, *Bessere Widerstandsfähigkeit für Styrol*. Überblick über die Anwendungsmöglichkeiten von Styrolcopolymerisaten (**I**) u. -„legierungen" (**II**; „alloys" = modifizierte Phenolharze), die sich durch besondere Widerstandsfähigkeit (namentlich gegen Hitze) auszeichnen, nebst einer tabellar. Zusammenstellung einiger Eigg. (Zerreißfestigkeit, Biegefestigkeit, Elastizitätsmodul, Verformungstemp., chem. Widerstandsfähigkeit, ROCKWELL-Härte, Durchsichtigkeit, Färbbarkeit) von Styrolpolymerisaten (*Styron 475*, *700* u. *777* der DOW CHEMICAL CO. sowie *Kralastic J* der NANGATUCK CHEMICAL), **I** (*BMC-11* der BAKELITE CO u. *Kralastic H* der NANGATUCK CHEMICAL, beides Styrol–Acrylnitril-Copolymere) u. **II**, deren chem. Zus. nicht angegeben ist (*MC-185*, *301*, *401*, *405* u. *409* der KOPPERS CO., INC.; *Medium Impact Styrene* der GAVING PRODUCTS, INC.; *BMSQ-151* u. *155* der BAKELITE CO.; *Lustrex LHA* u. *LHN* der MONSANTO CHEMICAL CO.; *Kralastic B*, *D* u. *F* der NANGATUCK CHEMICAL). (Mod. Plastics **30**. Nr. 3. 91—98. Nov. 1952.) WINIKER. 7172

—, *Die Äthylenoxydharze*. Übersicht über die wärmehärtenden *Epoxydharze* u. ihre Anwendung als Gießharze, zur Herst. von Schichtstoffen, als Stabilisatoren für Polyvinylchlorid, Klebstoffe u. Bindemittel in Anstrichstoffen. — 6 Literaturzitate. (Ind. Plast. mod. **4**. 6—9. März 1952.) K. FABER. 7176

Edwin G. Fisher, *Pressen von Hart-PVC*. Die Preßmassen aus hartgestelltem Polyvinylchlorid werden teilweise ganz ohne Weichmacher verarbeitet. Je härter der Preßstoff, desto höher ist die Verarbeitungstemperatur. PVC neigt in der Hitze u. bei UV-Strahlung zu HCl-Abspaltung, gefolgt von Oxydation. Stabilisatoren, die im hochplastifiziertem PVC gute Wrkg. haben, sind nicht ohne weiteres hier anwendbar. Beste Wirkungen haben Pb-Verbb., u. zwar bas. Pb-Carbonat, tribas. Pb-Sulfat u. dibas. Pb-Phosphit. Es folgen Cd-, Sr- u. Sn-Verbindungen. Füllstoffe, die zur Verbilligung zugesetzt werden, beeinträchtigen die Schweißbarkeit. Als Gleitmittel werden Stearate von Pb, Ba, Ca, Paraffin u. Mineralöl verwendet. (Austral. Plastics **7**. Nr. 76. 49—52. Nov. 1951.) H. BECKER. 7204

David L. Matson, *Klemmbrettmaterial auf Phenol–Nylon-Basis*. Zur Herst. von Klemmbrettern erwiesen sich auf Grund umfangreicher Verss. Schichtstoffe auf Phenol–Nylon-Basis als am geeignetsten. Vff. berichten kurz über diese Verss. u. geben einen Überblick über die Eigg. der Phenol–Nylon-Schichtstoffe. (Mod. Plastics **30**. Nr. 3. 137—40. 212. Nov. 1952.) WINIKER. 7204

F. G. Singleton, *Die Eigenschaften von Styrol 16 B–Glasgewebe-Schichtstoffen bei hohen Temperaturen*. Kurzer Hinweis auf einige Eigg. von Schichtstoffen aus *Stypol 16 B*

(Polyesterharz der H. H. ROBERTSON CO.) u. Glasgewebe mit besonderer Berücksichtigung des Verh. bei hohen Tempp. (500° F). (Mod. Plastics **30.** Nr. 3. 152. Nov. 1952.) WINIKER. 7204

Kenneth R. Hoffman, *Niederdruckschichtstoffe aus Siliconharzen.* Überblick über Herst. u. Eigg. von Niederdruckschichtstoffen aus Siliconharz (*Dow Corning 2104*) u. Glasgewebe. (Mod. Plastics **30.** Nr. 3. 146—48. 219—25. Nov. 1952.) WINIKER. 7204

John B. Alfers, *4 Wege des Baus von Booten aus Kunststoffen.* Vf. gibt einen Überblick über die Vor- und Nachteile der derzeit üblichen Herstellungsverff. für Boote aus glasfasergefüllten Kunststoffen. (Mod. Plastics **30.** Nr. 3. 103—06. Nov. 1952.) WINIKER. 7204

G. C. Hulbert, *Glasfaserverstärkte Kunststoffe in der Luftfahrtindustrie.* Überblick über Herst., Eigg. u. Verwendungsmöglichkeiten. (Plastics **17.** 325—30. Nov. 1952.) WINIKER. 7204

Universal Oil Products Co., Chicago, übert. von: **Warren W. Johnstone,** Riverside, Ill., V. St. A., *Polymerisation ungesättigter Kohlenwasserstoffe* mit olefin. oder acetylen. Bindungen erfolgt bei 150—900° u. erhöhten Drucken in Ggw. eines Borphosphorsäurekatalysators der Formel $B_4O_7(H_3P_2O_6)_2$. (**A. P. 2 559 576** vom 25/6. 1947, ausg. 3/7. 1951.) G. KÖNIG. 7173

E. I. du Pont de Nemours & Co., übert. von: **William A. Franta,** Wilmington, Del., V. St. A., *Herstellung von Äthylenpolymeren hoher Dichte und Festigkeit.* Die Polymerisation wird unter bekannten Bedingungen, aber in Ggw. bestimmter Mengen Cyclohexan (**I**) durchgeführt. Man verwendet z. B. bei einer Temp. von **140°** bei ca. 1200 at 300 (Teile pro 1000000 Äthylen) Benzoylperoxyd, 2,3 W., 0,16 Bzl. u. 0,04 **I.** Das Prod. hat eine D. von 0,925—0,950, eine Steifheit >30000 lbs./sq. in. u. eine Schmelzviscosität bei 190° von 6—9 (als $\log_{10}$ ausgedrückt). — Verwendung für Spritzguß. — Diagramm. (**A. P. 2 586 322** vom 3/6. 1950, ausg. 19/2. 1952.) DONLE. 7173

I. G. Farbenindustrie Akt.-Ges., Frankfurt/M. (Erfinder: **Hans Murke,** Leverkusen, **Alfred Blömer,** Imbach über Opladen, und **Wilhelm Becker,** Köln), *Herstellung von halogenhaltigen Filmbildnern.* Halogenhaltige Mischpolymerisate aus *Butadienen* u. *1.1-Dichloräthen* werden der Einw. von Halogen, bes. Cl_2, oder Halogenwasserstoffsäuren, bes. HCl, unterworfen. Das Ausgangspolymerisat soll mindestens 10% Cl enthalten. (**D. R. P. 753 657** Kl. 39b vom 20/6. 1939, ausg. 28/8. 1952.) OVERBECK. 7173

Hooker Electrochemical Co., übert. von: **David S. Rosenberg,** Niagara Falls, N. Y., V. St. A., *Chlorieren von Polyvinylchlorid.* Trocknes Polyvinylchloridpulver von einer Korngröße von <1 mm Durchmesser wird mit Cl_2, das mit 0,1—1,5% Wasserdampf beladen ist, bei 50—150° unter Einw. chem. akt. Strahlen (2000—500 Å) behandelt. Die Chlorierung kann bis zu ca. 71% Chlorgeh. erfolgen. (**A. P. 2 590 651** vom 6/6. 1949, ausg. 25/3. 1952.) HERBST. 7173

Badische Anilin- & Soda-Fabrik, Ludwigshafen/Rh. (Erfinder: **Hans Krzikalla,** Heidelberg, und **Richard Armbruster,** Madrid), *Als Weichmacher geeignete Ätherdicarbonsäureester* erhält man durch Rk. von n-Dipropyläther-$\omega.\omega'$-dicarbonsäure mit einwertigen, mindestens 4 C-Atome enthaltenden Alkoholen. Als solche sind z. B. ein techn. Gemisch von α- u. β-Dekahydronaphthol, β-Äthylhexanol, Dekahydronaphthylcarbinol, 3-Oxytetrahydrofuran u. ein Alkoholgemisch aus der katalyt. Hydrierung von Vorlauffettsäuren der Paraffinoxydation genannt. Mit diesen Estern weichgemachte Polyvinylchloridfolien zeigen nur geringe Wasseraufnahme. (**D. B. P. 854 506** Kl. 12o vom 20/7. 1940, ausg. 4/11. 1952.) SCHINDLER. 7173

Libbey-Owens-Ford Glass Co., Toledo, O., übert. von: **Thomas F. Anderson,** Huntsville, Ala., V. St. A., *Härtbare stabilisierte Polyester,* die z. B. aus 2 verschied. Alkoholen (Propylen- u. Äthylenglykol), 1 aliphat. oder aromat. mehrbas. gesätt. u. 1 ungesätt. Säure unter Zugabe eines Beschleunigergemisches, einem Peroxyd u. einem organ. Ozonid (Diisopropylen- oder Diisobutylenozonid) hergestellt werden, erhalten als Stabilisierungsmittel 4.4'-Dioxydiphenyl, 4.4'-Dioxy-3.3'-dimethyldiphenyl oder entsprechende Substitutionsverbindungen. Den Komponenten des Polyesters kann auch noch irgendeine andere, eine Äthylenbindung aufweisende Verb., z. B. Styrol, Isopropenyltoluol, Vinylnaphthalin, Acrylnitril, Methacrylsäure, Crotonaldehyd oder Allylacetat, zugefügt werden. Verwendung als Bindemittel u. für Formkörper. — Nach einer andern Ausführungsform werden Thiophenole oder ihre Substitutionsprodd. als Stabilisatoren empfohlen. (**A. PP. 2 559 837** u. **2 559 838** vom 8/11. 1950, ausg. 10/7. 1951.) SALZMANN. 7177

Pittsburgh Plate Glass Co., Pittsburgh, Pa., übert. von: **Irving Elkin Muskat** und **Franklin Strain,** Akron, O., V. St. A., *Herstellung komplexer Ester und deren Polymerer* aus einem neutralen Ester einer mehrbas. Säure (**I**) u. eines Monooxyesters einer aliphat. Monooxycarbonsäure (**II**) u. einem einwertigen Alkohol mit einer C:C-Doppelbindung in einer aliphat. Kette mit bis zu 10 C-Atomen; jeder Säurerest von **I** ist mit dem Monooxyester u. jede COOH-Gruppe von **II** mit dem einwertigen Alkohol verestert. Genannt ist ein Ester aus 1 Mol Kohlensäure u. 2 Mol Methallyl- oder Chlorallylricinoleat. (**Can. P. 477 089** vom 3/11. 1941, ausg. 18/9. 1951. A. Prior. 9/11. 1940.) PANKOW. 7177

Imperial Chemical Industries Ltd., London (Erfinder: **Henryk Zenftman**, Saltcoats, und **Andrew McLean**, West Kilbridge, Schottland), *Polyesterharze*, die die Struktureinheit **I** enthalten, gewinnt man durch Rk. von Aryloxyphosphoryldichloriden der allg. Struktur **II** mit aromat. Dioxyverbb. mit nicht benachbarten OH-Gruppen, z. B. Hydrochinon, Resorcin oder Dioxydiphenylen, unter Erhitzen im Vakuum oder inerter Atmosphäre u. in Ggw. HCl-abspaltender Stoffe, z. B. Sn, $CaCl_2$, BF_3, Zn oder $AlCl_3$, gegebenenfalls in einem Lösungsm., z. B. Ae., Bzl. oder Chlf., die einen HCl-bindenden Stoff, bes. Pyridin, enthalten. — Farblose Weichharze sind wasser- u. säureresistent, unlösl. in W., A., Ae. u. Paraffinen, lösl. in Chlf., Dioxan, Bzl. + A. u. dgl., bis 300° beständig, machen Nitrocellulose enthaltende Prodd. schwerer entflammbar u. dienen zur Herst. von Klebstoffen, Kitten, Grammophonplatten u. anderen thermoplast. Produkten. (**D. B. P. 818 696** Kl. 39c vom 7/11. 1948, ausg. 25/10. 1951. E. Prior. 2/1. 1948.) MÜLLER-MEININGEN. 7177

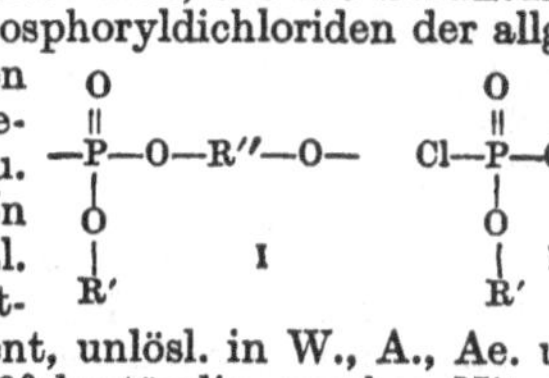

I II

United States Rubber Co., New York, N. Y., übert. von: **Pliny O. Tawney**, Passaic, N. J., V. St. A., *Herstellung von Mischpolymerisaten.* Ein Maleinsäuredi-2-alkenylester wird mit einem 2-Alkenylchlorid in Ggw. oder Abwesenheit von Styrol u. Katalysator polymerisiert. — Z. B. wird ein Gemisch von gleichen Mengen Maleinsäurediallylester u. 2.3-Dichlorpropen mit 2% Benzoylperoxyd (**I**) 120 Std. auf 60° ohne Gelbldg. erwärmt. — Acetonlösl. Prodd., die bei weiterer Hitzebehandlung mit **I** in Aceton unlösl. u. hitzebeständig werden. (**A. P. 2 592 211** vom 12/11. 1948, ausg. 8/4. 1952.) DONLE. 7177

Farbenfabriken Bayer (Erfinder: **Wolfgang Lehmann** und **Heinrich Rinke**), Leverkusen, *Herstellung von hochmolekularen, linearen, basischen Polyharnstoffen und Polyurethanen,* dad. gek., daß Diisocyanate oder Bischlorkohlensäureester mit diprim. aliphat. Diaminen, welche eine oder mehrere sek. Aminogruppen in der Kette enthalten, in Ggw. von Alkoholen umgesetzt werden. — Z. B. wird zu einer alkoh. Lsg. von 131 g Dipropylentriamin in 4,5 Liter Methanol bei gewöhnlicher Temp. eine frisch hergestellte Lsg. von 168 g Hexandiisocyanat in 3,5 Liter Methanol gegeben; nach 4 Std. wird der Alkohol abdestilliert. Es bleiben zurück 299 g bas. Polyharnstoff (**I**) vom F. 114—117,5° u. einer Viscositätszahl von 70. **I** ist lösl. in A. u. verd. Essigsäure, kann mit Vernetzungsmitteln, z. B. Oxalsäureestern oder Diisocyanaten, vernetzt u. aus der Schmelze versponnen oder aus Lsgg. zum Filmgießen benutzt werden. (**D. B. P. 851 550** Kl. 39c vom 25/7. 1950, ausg. 6/10. 1952.) HERBST. 7181

Badische Anilin- & Soda-Fabrik, Ludwigshafen/Rh., *Monomeres ε-Caprolactam.* Man setzt dimeres u. trimeres Lactam der ε-Aminocapronsäure (**I**) (aus Waschwässern von hochpolymerem Caprolactam) genügend lange Zeit in gelöster Form (als Lösungsm. wird eine Schmelze des Polyamids von **I** verwendet) in Ggw. von sauren oder alkal. Spaltmitteln (H_3PO_4, NaOH, Na_2CO_3), Tempp. $>200°$, z. B. 280°, aus u. dest. das monomere Lactam ab, zweckmäßig im Vakuum. (**D. B. P. 851 194** Kl. 12p vom 14/9. 1944, ausg. 2/10. 1952.) BRÖSAMLE. 7181

Monsanto Chemical Co., St. Louis, Miss., V. St. A., *Beschleuniger für Aminoplaste.* Zwecks Kondensierung von Harnstoff- oder Aminotriazin–CH_2O-Harzen fügt man ihnen 0,1—5% eines HCl-Salzes eines Oxyamins, z. B. des 2-Amino-2-methyl-1-propanols oder 2-Aminobutanols zu u. härtet sie bei 65—93° aus. Auch Salze anderer Mineral- oder organ. Säuren sind geeignet. Verwendung der wss. Ansätze zum Imprägnieren u. Knitterfestmachen von Geweben, zur Herst. von Formpulvern mit Cellulose (Walnußschalenmehl). (**E. P. 660 366** vom 4/8. 1948, ausg. 7/11. 1951.) SALZMANN. 7181

American Cyanamid Co., V. St. A., *Herstellung N-substituierter Triazinharze* durch Rk. eines Aldehydes (1—6 Mol, bes. 1,5—4 Mol) mit 1 Mol eines Reaktionsprod. aus äquimol. Teilen des Amins eines trocknenden Öles mit einem Monochlortriazin, wie Chlordi-(äthyl-, -butyl-, -octyl- oder -tetradecyl)-triazin oder einem Polychlortriazin, wie Trichlortriazin oder Dichloräthylaminotriazin. Verwendung der Harze für Lacke u. Farben, zum Imprägnieren von Gewebe oder Papier u. für Filme u. Überzüge. Man erhitzt eine Suspension von 24 (Teilen) 2-Chlor-4.6-diamino-1.3.5-triazin in 750 W. u. 44 Sojaölamine unter Rückfluß, gibt 7 NaOH in 15 W. zu u. erhält nach 3 Std. ein Reaktionsprod., das aus wss. A. ein klares wachsartiges Prod. (**I**) gibt, das mit Sikkativen Filme bildet. Zu 19 g **I** gibt man 16,2 37%ig. Formalin u. 40 Butanol u. heizt unter Rückfluß, bis alles W. entwichen ist. Das Harz kann bei 150° gehärtet werden. (**F. P. 974 734** vom 6/11. 1948, ausg. 26/2. 1951.) PANKOW. 7181

American Cyanamid Co., V. St. A., übert. von: **Henry P. Wohnsiedler, Edward L. Kropa** und **Walter M. Thomas**, *Kunstharzmasse.* Man mischt in der Wärme Amidaldehydharz, wie Thioharnstoff-, Harnstoff-, Aminodiazin-, Protein-, Phthalamidaldehydharz, mit 5—50 Gew.-% eines aus ε-Caprolactam (1 Mol) u. der Verb. HNR_2 (1—20 Mol) (R = H, Alkyl, Monooxyalkyl) erhaltenen Polymeren u./oder dem Aldehydderiv. dieses Polymeren, wobei das Mol.-Gew. des Polymeren 2000 nicht übersteigen soll. — Man erhitzt äquimol. Mengen ε-Caprolactam u. Monoäthanolamin $45^1/_4$ Std. unter Rückfluß u. dest. bei $Kp._2$ 150° Flüchtiges ab. Rückstand ist weiches Wachs (F. teilweise bei 119°, mittleres Mol.-Gew. vermutlich 513). 200 (Gewichtsteile) des Wachses, 158 37%ig. wss. CH_2O u. 0,25 MgO werden allmählich auf 140° in 3½ Std. u. danach 2 Std. unter Rückfluß u. zuletzt unter Vakuum geheizt. 163 des Prod., 487 Melamin–CH_2O (1 Mol:2 Mol)-Harz, 350 α-Cellulose u. 30 Zn-Stearat werden auf der Differentialwalze (130—126° u. 100° Walzentemp.) zu einer Platte ausgezogen, von der nach Zerkleinern bei 155° u. 264 kg/cm² Preßkörper hergestellt werden. Verwendung zum Imprägnieren von Fasermassen u. Herst. von Schichtstoffen. (**F. P. 982 385** vom 7/3. 1949, ausg. 11/6. 1951. A. Prior. 19/4. 1948.) PANKOW. 7181

Gaetano Francis D'Alelio, Fundamental principles of polymerization; rubbers, plastics and fibers. New York: Wiley. 1952. (527 S. m. Diagr.) $ 10,—.

XII. Kautschuk. Guttapercha. Balata.

Victor H. Vodra, *Feinstteiliges gefälltes Calciumcarbonat als „weißer" Ruß.* Nach einer einleitenden Definition des Begriffs „Verstärkung" gibt Vf. einen Überblick über die Teilchengrößen verschied. Ruße u. Calciumcarbonate (32 elektronenmkr. Aufnahmen, auch von anderen weißen Füllstoffen, z. B. ZnO) sowie deren Einfl. auf die Qualität der Gummiwaren. Ein Vgl. von GR–S-Mischungen mit MAF-Ruß bzw. feinstteiligem gefällten Calciumcarbonat ergab, daß MAF-Ruß der Mischung einen höheren Modul, eine bessere Abriebfestigkeit u. im allg. ein niedrigeres spezif. Gewicht verleiht, während die Verwendung des $CaCO_3$ folgende Vorteile aufweist: Ersparnis an GR-S, Möglichkeit der Erzielung eines beliebigen Farbtons, größere Dehnung (bei gleicher Zugfestigkeit), bessere Zerreißfestigkeit, bessere Biegefestigkeit. (Rubber Age [New York] **71.** 507—14. Juli 1952. Wyandotte, Mich., Wyandotte Chemicals Corp.) WINIKER. 7226

Arthur R. Dabald, *Spurenelemente in natürlichen und künstlichen Kautschuken.* An Hand der Literatur (15 Hinweise) gibt Vf. einen zusammenfassenden Überblick über die schädliche Wrkg. von gewissen Spurenelementen auf Kautschuk sowie derer Ursachen u. Verhütung. (Rubber Age [New York] **71.** 621—24. Aug. 1952. Montreal, Can., Dominion Rubber Co. Ltd.) WINIKER. 7228

W. Je. Gul, T. W. Dorochina und **B. A. Dogadkin**, *Änderung der Ermüdungsfestigkeit von Naturkautschukvulkanisaten bei der Quellung.* Vff. untersuchen den Einfl. der Quellung auf die Ermüdungsfestigkeit bei dynam. Deformationsbelastung. Die hierzu konstruierte Maschine ermöglicht die Prüfung von Gummiproben einerseits bei konstanter Deformationsamplitude u. andererseits bei Konstanz der Deformationsbelastung. Die Verformungsgeschwindigkeit kann im Bereich von 200—400 Cyclen/Min. geändert werden. Die Verss. wurden bei konstanter Belastung bei einer Vorspannung von 60% durchgeführt. Als Prüfobjekt diente ein Vulkanisat aus 100 (Gewichtsteilen) smoked sheets, 2 Schwefel, 0,2 Tetramethylthiuramdisulfid, 1 ZnO u. 1 Zinkstearat, 10 Min. bei 142° vulkanisiert. Die Proben wurden gestanzt. Die Amplitude der Deformation erstreckte sich von 60 bis 200%. Als Quellmittel kamen Vaselineöl u. Dibutylphthalat zur Anwendung. Es wurde der „relative Ermüdungswiderstand", d. h. das Verhältnis der Anzahl von Cyclen des gequollenen Prod. zu der entsprechenden Anzahl der ungequollenen Probe in Abhängigkeit vom Quellungsgrad festgestellt. Mit zunehmender Quellung erfolgt zunächst ein Anstieg des relativen Ermüdungswiderstandes, worauf ein Abfallen zu beobachten ist. Im Verlauf der alternierenden Beanspruchungen erfolgt ein allmähliches Ausrecken der Proben („dynam. Relaxation"). Der Unterschied zwischen dem Höchstwert der alternierenden Verformung u. der Bruchdehnung verringert sich mit Erhöhung des Quellungsgrades. Die Zerstörung der Probe tritt bei einem bestimmten Verhältnis zwischen diesen beiden Werten ein. Bei der gegebenen Deformationsgeschwindigkeit betrug es ca. 3. Dibutylphthalat wirkt sich auf die Erhöhung des Ermüdungswiderstandes bei einem viel geringeren Quellungsgrad aus als Vaselineöl, weil das Vorhandensein von polaren u. unpolaren Stellen im Dibutylphthalatmol. eine Wechselwrkg. zwischen dem Lösungsm. u. den Molekülkettengliedern bewirkt, die zu einer Minderung der Energieverluste führt. (Коллоидный Журнал [Kolloid-J.] **13.** 339—45. Sept./Okt. 1951. Moskau, Lomonossow-Inst. für feine chem. Technol.) ZELLENTIN. 7228

F. Lober, *Entwicklung und Bedeutung von Treibmitteln bei der Herstellung von Schaumstoffen aus Kautschuk und Kunststoffen.* Vf. bespricht die Eigg. u. Anwendung von anorgan. u. organ. Treibmitteln zur Herst. von Kautschukschwamm (Ammoniumcarbonat, Natriumcarbonat + Fettsäure, Begasung unter Druck, Diazoaminoderivv., Azonitrile, die nicht verfärbenden u. ungiftigen Derivv. der Azodicarbonsäure u. des Hydrazins, des Dinitrosopentamethylentetramins u.a.). Von den Kunststoffschäumen wird auf die Herst. aus Viscose, Harnstoff–Formaldehyd-Kondensaten, Chlorkautschuk u. Polyvinylchlorid näher eingegangen. Bes. geringe D. (0,02) u. gute mechan. Eigg. haben die Polyesterisocyanat-Schäume. (Angew. Chem. **64**. 65—76. 7/2. 1952, Leverkusen, Farbenfabriken BAYER.) MOLL. 7230

Ross E. Morris und **Robert R. James**, *Das Verhalten von Vibrationsisolatoren aus Neopren bei verschiedenen Temperaturen.* Vff. stellten fest, daß *Neopren Typ RT* nicht zur Herst. von Vibrationsisolatoren geeignet ist, wenn dieselben längere Zeit mäßig erhöhten (145° F) oder mäßig erniedrigten (30° F) Tempp. ausgesetzt werden sollen. (Rubber Age [New York] **71**. 625—27. Aug. 1952. Vallejo, Calif., Mare Island Naval Shipyard, Rubber Labor.) WINIKER. 7230

Elmer F. Greenleaf, *Neue Verwendungen von Gummi an Bord von Schiffen der Marine.* Vf. gibt einen Überblick über die vielseitige Verwendung von Gummi für die Schiffe der amerikan. Marine. (Rubber Age [New York] **71**. 495—99. Juli 1952. Washington, D. C., Navy Dep., Elastomer Branch, Bureau of Ships.) WINIKER. 7230

United States of America, übert. von: **William W. Howerton**, Oreland, Pa., V. St. A., *Koagulieren von synthetischer Kautschukmilch oder Polymerisationskunststoffdispersionen.* Emulsionspolymerisatdispersionen, die Sulfonate als Emulgiermittel enthalten, werden mit wenig Koaguliermittel, z. B. krist. Al-Sulfat, verdickt, mit W. vermischt, hierdurch koaguliert u. gewaschen. (**A. P. 2 562 191** vom 19/11. 1948, ausg. 31/7. 1951.) OVERBECK. 7225

Commercial Solvents Corp., übert. von: **Arthur W. Campbell**, Terre Haute, Ind., V. St. A., *Kautschuklösung*, bestehend aus 2—25 (%) unmastiziertem natürlichem oder synthet. Kautschuk, gelöst in einem Kautschuklösungsm., 1—5 ZnO, etwas S, 0,1—1 Ultrabeschleuniger u. 5—20 ungesätt. einwertigem Alkohol mit 3—10 C-Atomen, der so zu dosieren ist, daß weder eine Fällung noch eine Gelatinierung des Kautschuks eintritt, z. B. 2-Methyl-2-butin-2-ol oder 2-Methyl-2-penten-4-ol. (**A. P. 2 562 139** vom 23/6. 1948, ausg. 24/7. 1951.) OVERBECK. 7225

General Tire & Rubber Co., übert. von: **Gilbert H. Swart**, Akron, O., V. St. A., *Kautschukartige Mischpolymere.* Eine oder mehrere Butadienverbb. werden mit einer oder mehreren Zimtsäureverbb. der allg. Formel $(R_1)(R_2)C{=}CH{-}X$, worin X für $COOR_3$, CN, $C(O)R_3$ oder eine Carbonamidgruppe steht, mischpolymerisiert. R_1 ist bes. ein im Ring halogenierter Aryl-, Aralkyl- oder heterocycl. Rest; R_2 bedeutet H oder Alkyl; R_3 bes. Alkyl oder Aryl. — Z. B. rührt man eine Mischung von 25 g β-(p-Chlorphenyl)-N-methylacrylamid, 75 g Butadien-(1.3), 4 g Na-Stearat, 0,1 g $K_2S_2O_8$, 0,5 g „Tamol R-100“, 3 g Na-Silicat, 0,1 g Dodecylmercaptan u. 0,1 g Kaliumcobaltinitrit einige Std. bei 40°, bis die Polymerisation beendet ist. Aus dem Latex gewinnt man einen plast. Kautschuk von guten mechan. Eigenschaften. Weitere Beispiele u. Ausgangsstoffe. (**A. P. 2 594 824** vom 10/8. 1946, ausg. 29/4. 1952.) DONLE. 7225

Polymer Corp. Ltd. (Erfinder: **William Harold Watson**), Sarnia, Ontario, Can., *Stabilisierung von Mischpolymerisaten*, die aus emulgiertem *Butadien* u. *Styrol* oder *Acrylnitril* erhalten sind, erfolgt durch Zusatz von 0,5—1,5 (Teile) Lignin (I) auf 100 dispergiertes Polymerisat vor der Gerinnung. Man verwendet I als wss. Lsg. u. erreicht eine hohe Licht- u. Alterungsbeständigkeit (Tabelle). Geeignet sind sowohl weiches, das ist unoxydiertes, als auch hartes, das ist oxydiertes I. (**D. B. P. 842 120** Kl. 39c vom 5/11. 1949, ausg. 23/6. 1952. A. Prior. 28/4. 1948.) MÖLLERING. 7225

United States Rubber Co., New York, N. Y. (Erfinder: **Thomas H. Newby**, Waterbury, Conn.), V. St. A., *Herstellung von 2-(2'-Thiazylthio)-hydrochinonen* durch Rk. von 2-Mercaptothiazolen der allg. Formel I, worin R u. R' Alkyl, Aryl oder H bedeuten oder R u. R' zusammen Bestandteile eines aromat., anellierten Ringes darstellen, mit p-Benzochinon oder 1.4-Naphthochinon oder deren Substitutionsprodd. in inerten Lösungsmitteln. — Z. B. werden 22 g Chinon in 150 cm^3 Methanol (I) gelöst u. gekühlt u. in der Kälte mit 33 g 2-Mercaptobenzothiazol in 100 cm^3 I 2 Std. kalt gerührt. Ausbeute 70% *2-(2'-Benzothiazyl-thio)-1.4-dioxybenzol*, F. 204,5—208°. — Alterungsschutzmittel für Kautschuk. (**D. B. P. 826 135** Kl. 12p vom 7/4. 1950, ausg. 27/12. 1951. A. Prior. 7/4. 1949.) HEINZE. 7227

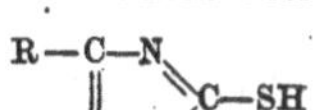

I

Monsanto Chemical Co., St. Louis, Mo. (Erfinder: **Marion Wesley Harman**, Nitro, Va.), V. St. A., *Sulfonamide von Mercaptoarylenthiazolen.* Man setzt ein Mercaptoarylenthiazol (I) oder dessen Alkalisalze mit einem prim. Amin, bes. dem prim. Amin eines cycl. KW-stoffs, z. B. Cyclohexylamin (I) oder Benzylamin (II) in Ggw. eines Oxydationsmittels, z. B. H_2O_2, um. Aus Mercaptobenzthiazol (III) u. I wird z. B. *Cyclohexylamino-2-thiobenzthiazol*, $C_{13}H_{16}N_2S_2$, F. 103—104°, aus II u. III *Benzylamino-2-thiobenzthiazol*, F. 117—118°, erhalten. Geht man von 2-Mercapto-4-methylbenzthiazol u. I aus, so entsteht *Cyclohexylamino-2-thio-4-methylbenzthiazol*. — *Vulkanisationsbeschleuniger*. (**D. B. P. 855 564** Kl. 12p vom 4/8. 1938, ausg. 13/11. 1952. A. Prior. 16/10. 1937.) BRÖSAMLE. 7229

Monsanto Chemical Co., St. Louis, Mo., V. St. A., übert. von: **William McGillivray Morgan**, Oswestry, England, *Kautschukvulkanisation*. Leicht anvulkanisierende Mischungen, bes. solche mit feinteiligem Ofenruß, erhalten als Beschleuniger eine Mischung aus N-Cyclohexyl-2-benzothiazolsulfonamid u. 2.4-Dinitrophenyl-2′-benzthiazolsulfid im Verhältnis 5:95 bis 40:60. (**A. P. 2 564 788** vom 3/6. 1949, ausg. 21/8. 1951. E. Prior. 30/6. 1948.) OVERBECK. 7229

Dominion Rubber Co. Ltd., Montreal, Quebec, Can., übert. von: **Lawrence Eugene Daly**, Osceola, Ind., V. St. A., *Wasser- und gasolinfestes Thermoplast*. Man verwendet ein Weichkautschukvulkanisat, z. B. aus Buna S, das 10—100% eines harten harzartigen Butadien–Styrol-Mischpolymerisates enthält. (**Can. P. 476 703** vom 4/6. 1943, ausg. 4/9. 1951.) PANKOW. 7229

Colombes-Goodrich (Pneumatiques et Caoutchouc Manuf.) Soc. An., *Herstellung von porösen Gegenständen aus Kautschuk und thermoplastischen Kunststoffen*. Die gekörnten Ausgangsstoffe werden mit bei Erwärmung gasbildenden Substanzen als Füllmittel (Na_2CO_3) vermischt. Bei der Erwärmung oder Vulkanisation verbinden sich die plast. Körnchen um die Carbonatpartikelchen, die nach der Verfestigung/Vulkanisation ausgewaschen werden. Verwendungszweck: Akkumulatorenscheidewände. (**F. P. 984 438** vom 24/9. 1943, ausg. 5/7. 1951.) SCHLITT. 7231

Metallgesellschaft Akt.-Ges., Frankfurt/M. (Erfinder: **Karl Wedekind**, Homburg vor der Höhe), *Kautschukmater*. Eine aus natürlichem oder synthet. Kautschuk (I) bestehende I-Schicht wird mit einer Trägerschicht aus Metall oder Kunststoffen mittels einer oder mehrere Haftschichten aus Chlor-I, gegebenenfalls in Verbindung mit Hämoglobin u. Dispersionen von natürlichem oder synthet. I, verbunden. Das Haftmittel kann auch in die I-Platte eingearbeitet werden. — Z. B. wird eine unvulkanisierte I-Platte auf den mit Seifenlsg. bestrichenen Schriftsatz bzw. das Original gelegt, u. auf die Rückseite der I-Platte eine mit einer oder mehreren Haftschichten versehene Metallplatte. Dann wird unter Druck bei entsprechend hoher Temp. in der Heizpresse vulkanisiert. (**D. B. P. 816 856** Kl. 15b vom 2/10. 1948, ausg. 15/10. 1951.) BAUR. 7231

Georges-Alexandre Dreyer, Indre-et-Loire, Frankreich, *Kautschuk enthaltendes Gewebe*. Man verstärkt Gewebe durch Gummierung (z. B. 150 g/m^2) u. verbessert die Haltbarkeit des Kautschuks durch Zusatz von Al-Pulver. Verwendung für Taschen, Rucksäcke, Koffer. (**F. P. 976 370** vom 10/12. 1948, ausg. 16/3. 1951.) PANKOW. 7231

XIII. Ätherische Öle. Parfümerie. Kosmetik.

F. R. Morrison, A. R. Penfold und **John Simonsen**, *Die ätherischen Öle von Zieria Smithii (Andrews) und ihrer Abarten*. 2. Mitt. Die in Neusüdwales, Victoria u. Queensland vorkommende Rutaceenart hat äther. Öle, die reich an Phenoläthern, *Safrol, Methyleugenol* u. *Elemicin*, sind. Aus Pflanzen von Neusüdwales wurden *l-Δ³-Caren-5.6-epoxyd, d-α-Pinen, Linalool, Eugenol, Nopinon* (?) u. nicht identifizierter *Alkohol $C_{10}H_{14}O$* isoliert.

V e r s u c h e : Die Blätter wurden mit Dampf dest.; das Öl wurde dest. (10 mm) u. fraktioniert. Es wurden gefunden: in Fraktion $Kp._{766}$ 153—158° *d-α-Pinen*, F. des *Nitrosochlorids* 115°, gibt mit $KMnO_4$ *Pinonsäure* ⟨F. 69—70°, $[\alpha]_D^{20}$ +90,1° (c = 3,3 in Chlf.), *Semicarbazon*, F. 208°⟩; in Fraktion $Kp._{10}$ 100—110° u. 110—140° *Safrol*, $Kp._{762}$ 230—233°, F. 11°, $D.^{15}_{15}$ 1,046, n_D^{20} 1,5375, $[\alpha]_D^{20}$ —0,2°; gibt durch Oxydation mit $KMnO_4$ *Piperonylsäure*, F. 228°; in Fraktion $Kp._{10}$ 140—150° *Elemicin*, bestimmt durch Oxydation mit $KMnO_4$ zu *Trimethylgallussäure*, F. 169—170°, u. *Trimethylhomogallussäure*, F. 119—120°. Ferner *Nopinon* (?), $n_D^{14,5}$ 1,4760, *Semicarbazon*, $C_{10}H_{17}ON_3$, F. 189—190°; *Linalool*; *Xenylurethan*, F. 83—85°; *Alkohol $C_{10}H_{14}O$, 3.5-Dinitrobenzoat*, F. 119°; *Eugenol, Benzoat*, F. 69—70°; *Essigsäure* u. *Citronellsäure* (?). — *l-Δ³-Caren-5.6-epoxyd*, $C_{10}H_{14}O$, wurde in der Fraktion $Kp._{17}$ 88—90° gefunden, $Kp._{14}$ 83—85°, n_D^{25} 1,7729, $D.^{25}_{25}$ 0,9454, $[\alpha]_{5461}$ —88°. — *Methyleugenol*, $Kp._{10}$ 130—135°, $D.^{15}_{15}$ 1,0435, n_D^{20} 1,5274, $[\alpha]_D^{20}$ 1,5°; gibt durch Oxydation mit $KMnO_4$ *Veratrumsäure*, F. 179—180°. (J. Proc. Roy. Soc. New South Wales **84**. 196—201. 1951. Sydney, Museum of Applied Arts and Sci., u. London, Imp. Inst., Colonial Prod., Res. Council.) ALTPETER. 7262

Waldemar Raoul, Abrahão Iachan und **Otto Richard Gottlieb,** *Die graue Ambra.* Vff. untersuchen die physikal. u. chem. Eigg. der grauen Ambra u. ihres in organ. Lösungsmittel lösl. Anteils u. geben eine Zusammenstellung der in der Literatur vorhandenen Angaben über die bisher isolierten Bestandteile. An zwei untersuchten Proben von vermeintlicher Ambra wird festgestellt, daß es sich nicht um solche handelt. (Rev. Quím. ind. **21.** Nr. 238. 18—23. Febr. 1952.) R. K. Müller. 7268

H. Kroeper, *Tetrahydrolavandulol und seine Ester.* Vf. bespricht die Synth. des Tetrahydrolavandulols (**I**). **I** steht nicht nur in reinem Zustand, sondern auch als Essig-, Butter- u. Isobuttersäureester zur Verfügung. Die Konstanten der verschied. Verbb. werden mitgeteilt, ferner Rezepte, die zur Herst. von Lavendelöl- u. Roseparfümen geeignet sind. (Riv. ital. Essenze, Profumi, Piante officin., Olii veget., Saponi **34.** 60—61. 15/2. 1952. Ludwigshafen/Rh., Badische Anilin- & Soda-Fabrik.) Fiedler. 7276

Victor Di Giacomo, *Parfümaerosole.* Es werden die Probleme besprochen, die bei Verwendung von Parfüm als Aerosol auftreten, so vor allem die Verträglichkeit der Parfümöle mit den anderen Bestandteilen der Zerstäubungs-Fl. in der Flasche. Als allg. Regel kann die Tatsache gelten, daß äther. Öle mit hohem %-Geh. an Terpenen u. Sesquiterpenen diesbzgl. Schwierigkeiten bereiten. Ebenso ist die Löslichkeit der Öle entscheidend. *Isoeugenol* z. B., in der Sprüh-Fl. kaum lösl., wird durch ein vermittelndes Lösungsm. gelöst. Die für solche Aerosole häufig benutzten Glykole, wie etwa Triäthylen- u. Propylenglykol, lassen sich durch Zugabe von Dipropylenglykol auflösen. Zu beachten ist ferner die Korrosion des Behältermaterials sowie die Veränderung der Parfümnote durch verschied. Drucke, unter denen das Parfüm zerstäubt wird. (Drug Cosmet. Ind. **69.** 30—31. Juli 1951.) Freytag. 7276

W. Schweisheimer, *Lavendelduft und Lavendelwasser. Gewinnung und Erhaltung guter Qualität.* (Parfümerie u. Kosmet. **33. 444**—45. Dez. 1952.) Winiker. 7276

Helmut Führer, *„MS 33 = Sorbitanmonostearat und TO 33 = Sorbitantrioleat“.* Kurzer Überblick über Eigg. u. Verwendungsmöglichkeiten der Sorbitan-Fettsäureester *MS 33* u. *TO 33* in der Kosmetik. Rahmenrezepte für Cremes. (Parfümerie u. Kosmet. **33.** 438—39. Dez. 1952.) Winiker. 7284

R. Foulon, *Kolloide in der Kosmetik.* Allg. Ausführungen. (Parfümerie u. Kosmet. **33.** 445. Dez. 1952.) Winiker. 7284

Karl Rothemann, *Puder.* Überblick. (Seifen-Oele-Fette-Wachse **77.** 547—48. 7/11. 571—73. 21/11. 1951.) Freytag. 7284

Felice Bucci, *Bestimmung der Thioglykolsäure in Gegenwart von schwefliger Säure, Thioschwefelsäure und Schwefelwasserstoff.* Vf. beschreibt eingehend eine Meth. zur quantitativen Best. von *Thioglykolsäure* (**I**) neben H_2SO_3 (**II**), *Thioschwefelsäure* (**III**) u. H_2S (**IV**) in Präpp. für kalte Dauerwellen. In neutralem Medium werden **II** u. ein Teil von **III** als Ba-Salze, der Rest von **III** sowie **I** u. **IV** als Ag-Salze gefällt. Aus diesen wird **I** mittels HCl bestimmter Konz. in Freiheit gesetzt u. jodometr. bestimmt. (Ann. Chimica **42.** 193—204. März 1952. Rom, Ist. Sup. di Sanità, Labor. di Chim.) Petters. 7294

Badische Anilin- & Soda-Fabrik (Erfinder: **Hans Brandeis**), Ludwigshafen/Rh., *Ungesättigte Ketone* erhält man durch Kondensation von Hexahydrobenzaldehyden, die im Cyclohexylrest durch eine oder mehrere Alkyl-, Aryl-, Aralkyl- oder Cycloalkylgruppen substituiert sind, mit niedrigmol. Dialkylketonen in Ggw. alkal. Mittel. — Frisch dest. p-Methylhexahydrobenzaldehyd u. Aceton werden in 5%ig. NaOH 2 Std. auf 40° erwärmt. Nach dem Neutralisieren mit verd. HCl u. Extraktion mit Ae. erhält man durch Dest. *4-Methylhexahydrobenzalaceton*, $Kp._{10}$ 124°, von herbem, chypreartigem Geruch. — *p-tert.-Butylhexahydrobenzalaceton*, $Kp._{10}$ 153—155°; guajacolähnlicher Geruch. — Verwendung als *Riechstoffe* oder als Zusatz zu diesen. (**D. B. P. 847 745** Kl. 12o vom 18/10. 1950, ausg. 28/8. 1952.) Krauss. 7277

Colgate-Palmolive-Peet Co., Jersey City, übert. von: **Lester D. Apperson,** Convent Station, und **Earl Leroy Richardson,** Fair Lawn, N. J., V. St. A., *Mittel gegen Körperschweiß*, bestehend aus 5—50% Al-Sulfamat als wirksamem Bestandteil neben anderen üblichen Zusätzen. (**A. PP. 2 586 287** u. **2 586 288,** beide vom 11/12. 1948, ausg. 19/2. 1952.) E. Petersen. 7285

Colgate-Palmolive-Peet Co., Jersey City, übert. von: **Lester D. Apperson,** Convent Station, N. J., V. St. A., *Mittel gegen Schweißbildung*, bestehend aus 10—30% Zn-Sulfamat neben sonst üblichen Bestandteilen. (**A. P. 2 586 289** vom 3/5. 1949, ausg. 19/2. 1952.) E. Petersen. 7285

Arno Müller, Internationaler Kodex der ätherischen Öle. Heidelberg: A. Hüthig. 1952. (244 S. m. Abb.) 8°. DM 24,—.

XV. Gärungsindustrie.

Max Lindemann, *Einiges über das Vitamin B_1 der Brauereihefe.* Vf. stellte fest, daß der Aneurin (I)-Geh. der in den Brauereien anfallenden untergärigen Hefen (Kernhefen) prakt. als konstant angesehen werden kann, gleichgültig ob dieselben aus Lager- oder Starkbieren stammen. Bei sachgemäßer Lagerung unter W. wird der I-Geh. der Brauereihefe nicht verringert. Ebenso wird derselbe durch Behandlung der Bierhefe mit verd. Alkalien (Entbitterung) kaum beeinträchtigt. I-Anreicherungsverss. an Bierhefe führten Vf. zu dem Schluß, daß beim Gärprozeß in einer I-reichen Nährlsg. von der Bierhefe aufgespeichertes u. angereichertes I chem. gebunden ist, während durch Ausschütteln einer stark I-haltigen Lsg. von der Hefe aufgenommenes u. angereichertes I nur oberflächlich adsorbiert ist. (Brauwissenschaft **1952.** 170—73. Okt. München, Labor. der Cenovis-Werke G. m. b. H.) WINIKER. 7506

W. Heyer und **W. Haebich,** *Die ersten Hopfen der Ernte 1952.* Analysenwerte von 58 Hopfenmustern der verschiedensten deutschen Anbaugebiete. Im Vgl. mit den Untersuchungsergebnissen der Ernte 1951 zeigte sich, daß der Gesamtharzgeh. im Mittel um 18% niedriger ist. Ebenso sind die Anteile an hexanlösl. Bitterstoffen sowie an α- u. β-Säuren geringer. Der Bitterwert nach WÖLLMER liegt um 1,2 niedriger. Der Feuchtigkeitsgeh. sowie der Geh. an Hartharzen (15% der Gesamtharze) sind als n. anzusehen. (Brauwelt **1952.** 1021—24. 16/10. München, Wiss. Stat. für Brauerei.) WINIKER. 7540

W. Kleber, *Amerikanische Hopfen.* Analysendaten von 5 Mustern amerikan. Hopfens. Im Vgl. zu deutschen Hopfen fällt auf, daß die amerikan. im Durchschnitt einen höheren Gesamtharzgeh. bei etwa gleichem Hartharzanteil besitzen. Die Bitterwerte der amerikan. Hopfen sind im Mittel um 1,4 höher als die der deutschen. (Brauwelt **1952.** 1005—06. 16/10. München, Wiss. Stat. für Brauerei.) WINIKER. 7540

Fritz Knorr, *Über Vitamine in Brauerei und Mälzerei.* Vortrag. (Brauwissenschaft **1952.** 174—78. Okt. Nürnberg, Versuchsanst. für Bierbrauerei.) WINIKER. 7544

Richard Brunner, *Der Bittertrub und seine Verwertung.* Nach Ausführungen über die Zus. der einzelnen Trubarten, Heißtrub u. Kühltrub, behandelt Vf. die Bedeutung des Absetzens des Trubes für seine Zus. u. weist schließlich auf ein Verf. zur rationellen Verwertung hin, bei dem durch Säureaufschluß ein bitter- u. gerbstofffreies Eiweißhydrolysat gewonnen wird, das z. B. zu Suppenwürze verwertet werden kann. (Brauwissenschaft **1952.** 91—96. Mai. Beilage zu: Brauwelt, Ausg. B.) WINIKER. 7544

Fritz Knorr, *Bierstabilität und Schaumhaltigkeit.* Allg. Ausführungen. (Brauwelt **1952.** 1081—85. 6/11. Nürnberg, Versuchsanst. für Bierbrauerei.) WINIKER. 7550

Wilhelm Krämer, *Bierfiltration auf neuen Wegen.* Vortrag über die Möglichkeiten der Verwendung von Kieselgur zur Bierfiltration. (Brauwelt **1951.** 112—14. 15/2.) WINIKER. 7550

M. Mayer-Oberplan, *Bessere Rotweine durch neuzeitliche Bereitungsmethoden.* Allg. Ausführungen. (Schweiz. Weinztg. **60.** 759—60. 29/10. 1952.) WINIKER. 7554

James F. Guymon, *Bericht über Methanol. Colorimetrische Bestimmung von Methanol in Äthylalkohol enthaltenden Lösungen.* Vf. untersuchte die Analysenbedingungen der beiden offiziellen Methoden, d. h. die Menge des angewendeten $KMnO_4$, Länge der Oxydationszeit, Konz. des gleichzeitig anwesenden A., sowie Zeit u. Temp. der Farbentwicklung. Alle Faktoren haben einen Einfl. auf die Farbintensität. Die vom Vf. entwickelten Analysenvorschriften erlauben eine Kontrolle dieser Faktoren u. die Best. bis zu 1 mg Methanol in 0,95%ig. Lösung. (J. Assoc. off. agric. Chemists **34.** 310—28. 15/5. 1951. Davis, Calif., Univ. of California.) HAEVECKER. 7596

E. Schild und **W. Riedl,** *Beitrag zur chromatographischen Hopfenbitterstoff-Analyse.* Vff. schlagen folgende Variante der Meth. von GOVAERT u. VERZELE vor: Der Hopfen wird in einem hochtourigen Homogenisator mit Methanol quantitativ extrahiert. Dann wird mit Hexan ausgeschüttelt. Ein Teil dieser Lsg. dient zur Best. des Gesamtweichharzes, der andere Teil wird an Kieselgel chromatographiert. Im benzol. Eluat wird die Summe von α- u. β-Säure durch Eindampfen im Vakuum, ferner das Humulon als Pb-Humulat bestimmt. Aus diesen 3 Werten erhält man rechner. den Geh. von α- + β-Weichharz u. an β-Säure (Gesamtweichharzgeh. = α- + β-Weichharz + α- + β-Säure). (Brauwissenschaft **1952.** 81—87. Mai. Beilage zu: Brauwelt, Ausg. B. München, TH, Inst. für chem.-techn. Analyse Weihenstephan.) WINIKER. 7598

Franz Heilmeier, *Die Elektrophorese im Dienste des Brauers. Eine neue Analysenmethode zur fraktionierten Bestimmung von Proteinen.* Kurzer Überblick über die Theorie der Elektrophorese u. deren apparative Entw. sowie deren Verwendungsmöglichkeit in der Brauerei. — 13 Literaturhinweise. (Brauwissenschaft **1952.** 89—91. Mai. Beilage zu: Brauwelt, Ausg. B. Köln, Univ., Inst. für Gärungswissenschaft.) WINIKER. 7598

C. H. Boehringer Sohn (Erfinder: **Wilhelm Kiessling**), Ingelheim/Rh., *Herstellung geschmackfreier Enzympräparate*, bes. solcher zum *Klären* von *Wein, Süßmost* u. dergleichen. Das Mycel von Ascomyceten, bes. von Aspergillusarten, wird bei niedriger Temp. getrocknet u. mit Lösungsmitteln, die mit W. mischbar u. in denen die Enzyme unlösl. sind, extrahiert, z. B. Methanol, A., Aceton u. Dioxan. (**D. R. P. 752 313** Kl. 6a vom 19/2. 1941, ausg. 26/6. 1952.) KETTNER. 7509

United States of America, übert. von: **Sigmund Schwimmer,** Albany, und **Arnold K. Balls,** Berkeley, Calif., V. St. A., *α-Amylase aus Malzextrakt.* Der Extrakt wird zur Inaktivierung seines β-Amylasegeh. erhitzt, der entstandene Nd. abgetrennt, aus der Fl. die rohe α-Amylase (**I**) als Nd. ausgesalzen, der Nd. in wss. A. gelöst, die Lsg. mit einem festen stärkehaltigen Adsorptionsmittel (**II**), wie Stärke, Amylose, Amylopektin oder Glykogen, behandelt, **I** aus **II** mit gesätt. $CaSO_4$-Lsg. herausgelöst, mit $(NH_4)_2SO_4$ gefällt, wieder gelöst u. zur Kristallisation gebracht. (**A. P. 2 594 356** vom 24/6. 1949, ausg. 29/4. 1952.) KETTNER. 7509

Julius H. Fessler, Berkeley, Calif., V. St. A., *Weinbehandlung.* An Stelle der Pasteurisation u. der Anwendung von baktericiden Mitteln wird die Filterschicht im Plattenfilter mit einer Filterhilfsmittelschicht aus Kieselgur überzogen, das Filter (**I**) mit einem fl. Mittel, z. B. Citronensäure, sterilisiert, der Wein durch das so präparierte **I** filtriert, wobei der Bakterien- u. Hefengeh. so weit vermindert wird, daß keine Vermehrung mehr erfolgen kann, u. dann der Wein in sterile Behälter abgefüllt. (**A. P. 2 590 076** vom 29/12. 1948, ausg. 25/3. 1952.) KETTNER. 7555

XVI. Nahrungs-, Genuß- und Futtermittel.

Francis Aylward, *Die Verwendung von Chemikalien in der Nahrungsmittelindustrie.* Allg. Ausführungen, z. B. auch über Mineralölverwendung, über Gebrauch synthet. Hormone sowie über Schädlingsbekämpfungsmittel bei der Ernte. Bes. erwähnt werden Konservierungsmittel, Antioxydantien, Insekticide, Fungicide, Herbicide, Pflanzenwachstumsstoffe, Emulgatoren, Netzmittel, Geruchstoffe, Lösungsmittel, Farbstoffe, künstliche Süßstoffe, Vitamine, Mineralstoffe usw. (Food Manufact. **26.** 402—05. 1/10. 434—37. 1/11. 1951.) LIEBNER. 7630

R. Gane, *Kältetrocknung von Nahrungsmitteln.* Schemat. u. bildliche Wiedergabe eines Trockenapp. sowie 4 Kurven über Versuchsergebnisse mit Äpfelschnitten, Ei, gehacktem Rindfleisch u. Fischfilet. (Food Manufact. **26.** 389—91. 1/10. 1951. Cambridge, Univ., and Dep. of Scient. and Ind. Res., Low Temp. Stat for Res. in Biochem. and Biophys.) LIEBNER. 7636

C. G. Harrel, *Reifungs- und Bleichmittel in der Müllerei.* Vf. untersuchte den Einfl. von Cl, ClO_2 u. NCl_3 auf Farbe u. Backfähigkeit von Hart- u. Weichwinterweizenmehlen. Es werden die damit zusammenhängenden möglichen Veränderungen des Nährwerts der Backprodd. u. tox. Eigg. der behandelten Mehle besprochen. (Ind. Engng. Chem. **44.** 95—100. Jan. 1952. Minneapolis, Minn., Pillsbury Mills, Inc.) HAEVECKER. 7670

Lewis P. Mac Adams, *Die Rolle bakterieller Enzyme in der Brotherstellung.* Vf. bespricht die Anwendung bakterieller Enzyme in Vorteigen u. Teigen, ihre verbessernde Wrkg. auf mangelnde Diastase im Weizenmehl, zähe u. weiche Krume als Folge zu hoher α-Amylasekonz., die verschied. Funktionen der α-Amylase, die Möglichkeiten der Steuerung der Proteasentätigkiet in lang geführten Vorteigen durch Anwendung von bakteriellen Proteasen. (Bakers Weekly **155.** Nr. 9. 25—26. 45. 1/9. 1952.) HAEVECKER. 7674

R. Illies, *Über den Fett- und Aschegehalt von Mandel- und Aprikosenkernen.* Ergebnisse einer Anzahl Analysen von Mandel (**I**)- u. Aprikosen (**II**)-Kernen verschied. Herkunft (marokkan., span., iran. u. Bari-**I**, französ. **II** sowie **II** aus China u. der Levante). (Zucker- u. Süßwaren-Wirtsch. **5.** 293—94. 22/4. 1952. Köln-Marienburg, Wissenschaftl. Forsch.- u. Beratungsstelle der Süßwarenindustrie Detmold.) WINIKER. 7688

Frank Perry, *Pektin bei der Herstellung von Geleemassen.* Kurze allg. Ausführungen nebst Rezept zur Geleeherstellung. (Zucker- u. Süßwaren-Wirtsch. **5.** 703—04. 5/9. 1952.) WINIKER. 7702

Virginia R. Charles und **Frances O. van Duyne,** *Vergleich von frischem, gefrorenem konzentriertem, konserviertem konzentriertem und konserviertem Orangensaft.* Frischer Saft von kaliforn. Orangen enthält im Mittel 0,51 mg/g *Ascorbinsäure*, die Werte für frische Floridaorangen sowie für gefrorene, konz. u. konservierte Säfte liegen ohne wesentliche Unterschiede zwischen 0,34 u. 0,44 mg/g. Während auch in Trockensubstanz u. p_H-Wert keine wesentlichen Differenzen gefunden wurden, nahmen im Sinnenbefund die Qualitäten von frischen über gefrorene zu konservierten Säften ab. Bei der Heimgefrierung bleibt der Ascorbinsäuregeh. innerhalb von 3 Monaten zu 93—96% erhalten. (J. Amer. dietet. Assoc. **28.** 534—38. Juni 1952. Urbana, Univ. of Illinois, Dep. of Home Econ.) KRUSEN. 7706

K. Kappeller, *Vanille und Vanillin sowie ihre Anwendungen in Kakaoerzeugnissen.* Allg. Ausführungen. (Zucker- u. Süßwaren-Wirtsch. **5.** 322—25. 22/4. 1952.) WINIKER. 7726

K. Täufel und **H. Burmeister,** *Über das Verhalten der Stickstoffsubstanz bei der Fermentation des Tabaks.* Mit der Zielsetzung, weitere Beiträge zum Problem des Verh. der Stickstoffsubstanz bei der Fermentation des Tabaks zu liefern, werden an fermentierten u. nichtfermentierten Proben definierter Herkunft systemat. Extraktionsverss. mit verschied. Lösungsmitteln (W., 5%ig. KCl-Lsg. 75- u. 96%ig. A., 5%ig. HCl, 1%ig. NaOH) ausgeführt. Ermittlung des gelösten N im Vgl. mit dem Gesamt-N (KJELDAHL). Als wirksamstes Lösungsm. erweist sich die 5%ig. HCl, die 90% des Gesamt-N extrahiert. Aussalzverss. mit $(NH_4)_2SO_4$ (Tabakextrakt mit 5%ig. KCl-Lsg.) lehren, daß sich verschied. Tabaksorten dabei merklich unterschiedlich verhalten. Bei Behandlung der Extrakte (HCl-Auszug) mit Eiweißfällungsmitteln (75%ig. A., Uranylacetat, alkal. $CuSO_4$-Lsg. nach BARNSTEIN) tritt der Einfl. der Fermentation mehr oder weniger stark in Erscheinung. Unter Hinweis auf das Schrifttum wird auswertend festgestellt, daß die Erfassung der Veränderungen der Stickstoffsubstanz bei der Tabakfermentation, wobei der Melanoidinbldg. Aufmerksamkeit zu schenken ist, eine Frage der method.-experimentellen u. -analyt. Arbeitsweise ist. (Z. Lebensmittel-Unters. u. -Forsch. **95.** 9—16. Juli 1952. Potsdam-Rehbrücke, Inst. für Ernährungsforsch.) TÄUFEL. 7734

D. J. S. Gray, L. Novellie und **R. G. Shuttleworth,** *Gewinnung wasserlöslicher Nährfaktoren aus Fischlebern.* Vff. verwenden Lebern von Merluccius capensis, die in zerkleinertem Zustande der Einw. von Papain in verschied. Konzz. (0,066—0,33%) bei ca. p_H 6 u. 60° während 1—3 Std. ausgesetzt werden. Dann wird zum Sieden erhitzt u. zentrifugiert; das Ungelöste u. das koagulierte Protein werden bei 115° getrocknet, wobei ca. 4—1% erhalten werden. Der Extrakt selbst enthält ca. 5% gelöste Bestandteile. Aus 12—15 Teilen Leber wird 1 Teil Trockenpulver gewonnen, das enthält (%): Asche 9,68; Glykogen 28,80; Gesamt-N 7,64; α-Amino-N 1,30 u. Ammoniak-N 0,32. Neben der Menge der im Material vertretenen Elemente werden Angaben über die Gehh. an Vitaminen (mg/100 g) gegeben: B_1, B_2, Nicotinamid, B_{12}, Pyridoxin, Pantothensäure u. Folsäure. (J. Sci. Food Agric. **2.** 91—94. Febr. 1951. Cape Town, Vitamin Oils Ltd., und Pretoria, Nat. Chem. Res. Labor.) LIEBNER. 7752

M. A. Worotilow, *Vitamin-A-Futterpflanzen im Südosten.* Die Unters. verschied. Trockensteppenweiden ergab einen genügend hohen Geh. der Pflanzen an *Carotin* (I) im Juni, nicht dagegen im trockenen Juli, wo der I-Geh. auf ca. $^1/_5$ abfällt. Von wild wachsenden Pflanzen führen einige Kochia- u. Knötericharten bis zu 100 mg/kg I. Von gleicher Größenordnung ist auch der I-Geh. bei einigen Arten von Luzerne u. bei Esparsette. Einjährige Futterpflanzen, wie Sudangras, Futterhirse, Sorgho u. Mais, führen reichlich I nur in der ersten Vegetationsperiode (70—100 mg/kg). Zur Zeit der Blüte sinkt der I-Geh. auf ca. 36 mg/kg. Von saftreichen Futterfrüchten ist für südliche Gebiete der Kürbis mit 22 mg/kg I, bezogen auf die frische Frucht, am empfehlenswertesten. Im Herbst geerntete Zuckerrüben u. Futterrüben enthielten kein I. (Кормовая База [Futtermittel-Versorg.] **3.** Nr. 5. 48—50. Mai 1952. Tschkalowsk, Wiss. Forschungsinst. für Milchvieh- u. Fleischviehzucht.) ULMANN. 7782

G. Kyi, *Die Bereitung von Sauerfutter und dessen Anwendung.* Allg. Ausführungen. (Tierzucht **6.** 391—92. Nov. 1952. Berlin.) WINIKER. 7786

A. Guilbot, *Die Wasserbestimmung in den Getreiden. Standardmethode, Eichung und Auswahl von Apparaten zur Schnellbestimmung.* Vf. empfiehlt als Standard- u. Eichmeth. Trocknen der geschroteten Getreidemuster bei Tempp. nicht über 50° in Ggw. von P_2O_5 bis zur Gewichtskonstanz. (Bull. anciens Élèves École franç. Meunerie **1952.** 103—06. Mai/Juni.) HAEVECKER. 7796

M. Dubois, *Die Schnellbestimmung von Wasser in Getreiden.* Besprechung bekannter Methoden u. der ihnen zugrunde liegenden Trocknungstempp. u. Trocknungszeiten. (Bull. anciens Élèves École franç. Meunerie **1952.** 107—11. Mai/Juni. Labor. d'Études et de Contrôle de la Qualité des Blés Français.) HAEVECKER. 7796

Philip DeC. Kratz, Jay I. Lewis und **Arthur Feldman,** *Die Bestimmung von Kupfer in Zuckersäften und Getränken. Abgeänderte Dithizonmethode.* Zuckersäfte u. Getränke, die keine mit CCl_4 extrahierbare Farbe enthalten, werden ohne Veraschung, andere nach Veraschung, mit einem Dithizonreagens in CCl_4 behandelt u. die Farbintensität mit Standardlsgg. verglichen. Bei geeigneter Versuchsführung genügt eine spektrophotometr. Ablesung. Färbungen durch andere Metalle, die in geringeren Mengen vorhanden sind, können vernachlässigt werden. (Analytic. Chem. **24.** 524—26. März 1952. Newark, N. J., Hoffman Beverage Co.) ROSSOW. 7818

Georges van Heel, *Das Auffinden von Konservierungsmitteln in Fruchtsaft.* Der sterile Fruchtsaft von bestimmtem Glucosegeh. (12%) u. p_H 13,4 wird mit 1 Vol.-% frischer Bäckerhefe (Saccharomyces cerevisiae) versetzt. Die Inkubation erfolgt im sterilisierten Kolben bei 28°. Das entstandene CO_2 wird in ml zu verschied. Zeiten gemessen. Die Verss. zeigten, daß *Cetyltrimethylammoniumbromid* (Cetavlon) noch in einer Konz. von 0,002% auf die Hefe wirkt; *Monobromessigsäure* hemmt prakt. völlig bei einer Konz. von 0,002%. Die Entfernung des Pektins u. ein Glucosegeh. von 12% ist nicht nötig. (Fermentatio [Gand] **1951.** 124—25.) FREYTAG. 7818

A. Knapp, *Die Bestimmung der Mineralbestandteile (Asche) und deren Alkalität in Schokolade und Kakaoprodukten.* Eine krit. Prüfung der internationalen Methoden zur Best. des Aschengeh. u. der Aschenalkalität in Schokolade u. Kakaoprodd. seitens der Schweizer. Chemikerkommission ergab, daß sich dieselben im Prinzip sehr gut bewährten. Immerhin war es möglich, deren Genauigkeit durch kleine Abänderungen (vgl. Original) noch zu erhöhen. (Zucker- u. Süßwaren-Wirtsch. **5.** 829—32. 20/10. 1952. Bern.) WINIKER. 7832

A. Knapp, *Die Bestimmung der Feuchtigkeit und des Fettgehaltes in Kakao- und Schokoladenprodukten.* Eine eingehende Prüfung der internationalen Bestimmungsmethoden (sowie einiger Verbesserungsvorschläge) seitens der Schweizer. Chemikerkommission führte zu einem Verbesserungsvorschlag für die Feuchtigkeitsbest., der dem Umstand Rechnung trägt, daß Sand sich gegenüber Feuchtigkeit nicht so indifferent verhält, wie meist angenommen wird. Bzgl. der Fettgehaltsbest. erwies sich die internationale Meth. als die genaueste. (Zucker- u. Süßwaren-Wirtsch. **5.** 682—84. 5/9. 1952. Bern.) WINIKER. 7832

Hans Streuli, *Die Bestimmung der Feuchtigkeit und des Fettgehaltes in Kakao und Schokoladenprodukten. Eine Entgegnung.* In Erwiderung auf die Ausführungen von KNAPP (vgl. vorst. Ref.) weist Vf. auf eine Meth. zur Feuchtigkeitsbest. von FINCKE hin, bei welcher kein Sand verwendet wird, u. vertritt ferner die Ansicht, daß die internationale Meth. zur Best. des Fettgeh. nicht die relativ genaueste ist. (Zucker- u. Süßwaren-Wirtsch. **5.** 799. 5/10. 1952. Zürich.) WINIKER. 7832.

R. Schober und **A. Fricker,** *Eine neue Methode zur Bestimmung des Kaliumgehaltes der Milch.* 1. Mitt. 10 ml Milch werden eingedampft u. bei genau 400° verascht. Asche wird mit HCl-haltigem W. ausgezogen, Filtrat mit K-freiem Na_2CO_3 alkal. gemacht, nach Erwärmen auf 60°, unbeschadet des Erdalkalicarbonat-Nd., mit einer Lsg. von 200 mg *Tetraphenylbor-Na* in 10 ml W. versetzt u. mit 10%ig. Essigsäure angesäuert. Nach Abkühlung wird der Nd. abfiltriert u. bei 120° 30 Min. getrocknet. Umrechnungsfaktor f = 0,1091. Das Verf. ist auch nach nasser Veraschung mit H_2SO_4/H_2O_2 anwendbar. (Z. Lebensmittel-Unters. u. -Forsch. **95.** 107—08. Aug. 1952. Wangen/Allgäu, Staatl. Milchwirtsch. Lehr- u. Forschungsanst.) KRUSEN. 7856

XVII. Fette. Seifen. Wasch- u. Reinigungsmittel. Wachse. Bohnermassen usw.

C. Griffiths, *Herstellung und Verwendung von Ricinusöl.* Während das Ricinusöl früher ausschließlich in der pharmazeut. Industrie Verwendung fand, gelten die nach erfolgtem Blasen, Sulfurieren, Sulfonieren, Verseifen, Dehydratisieren oder oxydativem Abbau anfallenden Prodd. als hochwertige Rohstoffe, die in verschied. Industriezweigen benötigt werden. (Manufact. Chemist pharmac. fine chem. Trade J. **23.** 140—43. April 1952.) FIEDLER. 7894

John E. Jackson, Raymond F. Paschke, Wesley Tolberg, Harold M. Boyd und **Donald H. Wheeler,** *Isomere der Linolsäure. Infrarot- und Ultravioletteigenschaften der Methylester.* Ausführungen an Hand der Literatur über die Isomeriemöglichkeiten bei Linolsäure je nach Lage der beiden Doppelbindungen im Mol. in isolierter bzw. in konjugierter Anordnung unter Berücksichtigung der cis- u. trans-Formen. Darst. von n-Methyllinolat (durch Entbromung von Tetrabromstearinsäure, F. 115°) mit schwacher Absorption bei 968 cm^{-1}, von krist. Methyllinolat (aus einer 12 mal bei —65 bis —60° aus Skelly F umkrist. Linolsäure; F. der Säure —4,3°; Veresterung mit Methanol), das nach dem opt. Verh. als reiner 9-cis-, 12-cis-Ester anzusehen ist. Methyllinolelaidinat, durch Veresterung der Linolelaidinsäure gewonnen, die durch Isomerisierung von n-Linolsäure mit 1% Se (6 Std. bei 210°) hergestellt, im Vakuum dest. u. dann 3 mal aus Aceton bei —40° umkrist. wird, F. 28—29°; dieser Methylester zeigt folgende Kennzahlen: F. —7,8°; n_D^{30} 1,4562; spezif. (sp.) α bei 231 mμ = 4,8; JZ. (WIJS) 166,9$_1$; JZ. (Hydrierung) 175,5;

Infrarotabsorption bei 968 cm^{-1} etwa doppelt so groß wie beim Methylelaidinat; das Präp. wird als prakt. reiner 9-trans-, 12-trans-Ester angesehen. Aus den aus dehydratisiertem Ricinusöl dargestellten Methylestern werden durch fraktionierte Dest. (PODBIELNIAK-Hyper-Cal-Kolonne) die nichtkonjugierten C_{18}-Ester abgetrennt; Ausbeute 54%; JZ. 155; 80% Methyllinolat; sp. α bei 231 mμ = 1,0, also 1% konjugiertes Linolat enthaltend; Infrarotabsorption bei 968 cm^{-1} zeigt an, daß ein Gemisch von isolenen 9-cis-, 12-trans- u. 9-cis-12-cis-Formen vorliegt. Zur Isolierung der 9-cis–12-trans-Form werden 200 g des Gemisches wiederholt aus Aceton bei —60 bzw. —70° umkrist.; in einer Ausbeute von 22 g (11%) fällt ein Prod. an (JZ. 170,2; F. der Säure —6,3°; sp. α bei 231 mμ = 1,0), das als prakt. reine 9-cis–12-trans-Linolsäure betrachtet wird. Dies wird sichergestellt durch die Infrarotabsorption bei 968 cm^{-1}, durch die Übereinstimmung der sp. α mit derjenigen von Methylelaidinat, durch die sp. α, die die Hälfte derjenigen von Methyllinolelaidinat beträgt, ferner durch das andersgeartete F.-Diagramm der 9-cis–12-cis- u. 9-trans–12-trans-Form (s. Original) sowie das UV-Verh. nach der Alkaliisomerisierung. Die 10.12-Linolsäure wird durch Alkaliisomerisierung der nichtkonjugierten Ester nach VON MIKUSCH (J. Amer. chem. Soc. **64.** [1942.] 1580) aus dehydratisiertem Ricinusöl dargestellt [F. des Esters 24,0°; sp. α bei 230 mμ = 105,9; n_D^{30} 1,4698; JZ. (WOBURN) 175,4; JZ. (WIJS) 129,4]; es liegt zweifelsohne der Ester der 10-trans–12-trans-Säure vor. n-Linolsäure wird durch Alkaliisomerisierung konjugiert; der Ester [JZ. (WOBURN) 180,0; JZ. (WIJS) 146,1; sp. α bei 230 mμ = 82,3; n_D^{30} 1,4691] stellt ein Gemisch aus 9-cis-, 11-trans- u. 10-trans–12-cis-Form dar. Dieses Gemisch wird nach NICHOLS u. Mitarbeitern (C. **1951**. I. 3569) fraktioniert krist.; das erzielte Präp. stellt nach seinen Eigg. [F. —12 bis —9°; sp. α bei 232 mμ = 97,7; JZ. (WOBURN) 182; Hydrier-JZ. 174,2; n_D^{30} 1,4702] die prakt. reine 10-trans-, 12-cis-Form dar. Die durch Alkali isomerisierten Linolelaidinester in konjugierter Form werden, wie vorher beschrieben, durch Ausdehnung der Isomerisierung auf 6 Std. gewonnen. Aus dem Rückstand von der Dest. der nichtkonjugierten Ester aus dehydratisiertem Ricinusöl werden die analogen konjugierten Verbb. durch fraktionierte Dest. im Vakuum gewonnen [sp. α bei 232 mμ = 71,1; JZ. (WOBURN) 174,8; JZ. (WIJS) 139,5]. Das Präp. stellt vermutlich ein Gemisch von 9-cis–11-trans- sowie 9-cis–11-cis-Ester dar; die Infrarotabsorption bei 988 cm^{-1} läßt eine geringe Beimischung von konjugiertem trans–trans-Ester erkennen; außerdem ist noch etwas von isolierten trans-Verbb. vorhanden. Zur Abtrennung der eben erwähnten konjugierten trans–trans-Form erfolgt wiederholtes Umkristallisieren aus Skelly F bei —60°; das Endprod. (11% Ausbeute) gibt nur die charakterist. Absorption der konjugierten trans–trans-Form (sp. α bei 231 mμ = 93,5). Letztere Verb. wird durch Behandlung einer Lsg. in Methylisobutylketon mit Harnstoff abgetrennt u. durch 2maliges Umkristallisieren aus Methanol bei —65 bzw. —72° gereinigt [sp. α bei 232 mμ = 82,5; JZ. (WOBURN) 177,0; JZ. (WIJS) 136,2; n_D^{30} 1,4684; F. —38 bis —28°]; es handelt sich wahrscheinlich um den unreinen Ester der 9-cis–11-trans-Form. Die früher beschriebene, nichtkonjugierte 9-cis–12-trans-Linolsäure wird durch 3std. Alkaliisomerisierung konjugiert u. mit Methanol verestert (sp. α bei 231 mμ = 93,4). — Durch Vorprüfung wird ermittelt, daß der Bereich von 900—1000 cm^{-1} für die infrarote Charakterisierung (Schwingungsfrequenz des am olefin. C-Atom gebundenen H) am besten geeignet ist; dabei sind die Ester bei der Unters. charakteristischer als die freien Säuren. Messungen mit dem BECKMAN-Spektrophotometer JR–2 in der 0,1 mm-Zelle in 10%ig. Lsg. von CS_2, wobei die Durchlässigkeit von CS_2 bei 968 cm^{-1} zu 100% zugrunde gelegt wird; die Ergebnisse sind als qualitativ bzw. halbquantitativ zu betrachten. Krit. Besprechung der Resultate an Hand des Schrifttums. Aus den Prüfungen im infraroten Bereich wird abgeleitet, daß die Absorption bei 968 cm^{-1} (isolierte trans-Doppelbindung) additiv ist; denn sie beträgt bei Linolelaidinat das Doppelte derjenigen des Elaidinates. Die konjugierte trans–trans-Doppelbindung des Linolates ist durch die Absorption bei 988 cm^{-1} charakterisiert, während diejenige für das konjugierte cis–trans-Linolat 2 Maxima bei 948 u. bei 982 cm^{-1} zeigt. Im nahen UV-Bereich sind die reinen nichtkonjugierten Isomeren des Linolates durchlässig, während die konjugierten scharf bei 230—233 mμ absorbieren. Erörterungen über den Verlauf der Alkaliisomerisierung an Hand der Literatur u. der eigenen Ergebnisse. Die Konjugenisierung des Linolelaidinates erfordert eine 6std. Einw. von Glykol-KOH bei 180°, während das n-cis–cis-Linolat in 24—45 Min. umgelagert ist (Tabelle, Kurve). Das verschied. Verh. der Isomeren bei der Konjugenisierung wird zur Aufstellung von Gleichungen benutzt: $X = 0{,}0450\,k_1 - 0{,}04189\,k_2 + 0{,}00933\,k_3$; $Y = 0{,}00773\,k_1 - 0{,}02971\,k_2 + 0{,}02313\,k_3$; $Z = 0{,}0535\,k_1 + 0{,}07347\,k_2 - 0{,}02183\,k_3$ (X = Geh. an nichtkonjugiertem cis–cis-Linolat; Y = Geh. an nichtkonjugiertem trans–trans-Linolat; Z-Geh. an nicht konjugierten cis–trans-Linolat; k_1 = sp. α nach 25 Min.; k_2 = sp. α nach 60 Min.; k_3 = sp. α nach 360 Min.). Auf Grund der Feststellung, daß die genannten 3 Isomeren nach 285 Min. der Isomerisierung nahezu die gleiche sp. α zeigen, ist die rechner. Ableitung des Geh. von Gemischen auch nach den folgenden Gleichungen möglich: $X = 0{,}04568\,k_1 - 0{,}4353\,k_2 + 0{,}01020\,k_3$; $Y = 0{,}00941\,k_1 - 0{,}03378\,k_2 + 0{,}02530\,k_3$; $Z = -0{,}05509\,k_1 + 0{,}07730\,k_2 - 0{,}02388\,k_3$ Hinweis, daß diese Gleichungen nur approximative Resultate liefern. Es wird ferner festgestellt, daß bei der progressiven therm. Polymerisierung von nichtkonjugierten Linolsäureisomeren die verbleibenden Monomeren rasch umgelagert werden. Die n-cis–cis-Formen liefern cis–trans- neben wenig trans–trans-Isomeren. Die Monomeren bei der gleichen Behandlung von Linolelaidinat lassen die Ggw. von reichlichen Mengen an der cis–trans- neben wenig cis–cis-Form erkennen; die Umlagerungen erfolgen aber langsamer als bei cis–cis-Isomeren. Hinweis, daß die vorliegenden Unterss. lehren, bei spektrometr. Prüfungen von Ölen u. Fettsäureestern die Ergebnisse mit strenger Kritik auszuwerten; läßt man dies außer acht, dann besteht die Möglichkeit zu schwerwiegenden Fehlern. (J. Amer. Oil Chemists' Soc. **29.** 229—34. Juni 1952. Minneapolis, Minn., General Mills, Inc.) TÄUFEL. 7894

E. T. Webb, *Glycerinwiedergewinnung.* 1. Mitt. An Hand von 7 tabellar. zusammengestellten Beispielen zeigt Vf., welche Bedeutung die feine Verteilung, die Art des Auswaschens, das Vol. der Wasch-Fl. u. das im zurückgewonnenen Salz vorhandene Glycerin (I) haben, um eine möglichst hohe Ausbeute an I bei der Herst. von Seife zu gewährleisten. (Soap Sanit. Chemicals **28.** Nr. 8. 95—99. Aug. 1952.) R. KÖNIG. 7908

C. F. Jelinek, R. L. Mayhew und **J. A. Yeager,** *Mehrzweckseife.* Vff. berichten ausführlich über die Arbeiten, die zur Entw. einer vielseitig verwendbaren Seife in Stückform führten. Im Hinblick auf Schaumbldg., Reinigungswrkg. u. Verwendbarkeit in hartem u. weichem W. bzw. Seewasser hat sich eine Seife („GAF Bar No. 275") folgender Zus. am besten bewährt: 47% Talgseife (mit 88% Seife u. 12% W.), 20% Sorapon SF conc. (ca. 85% akt.), 20% Nekal A (ca. 55% akt.), 10% Aerosol AY (ca. 100% akt.), 2% Carboxymethylcellulose, 1% Parfüm. Der p_H-Wert einer 1%ig. wss. Lsg. beträgt bei 25° 9,5. (Soap Sanit. Chemicals **28.** Nr. 8. 42—45. 161. Aug. 1952. General Aniline and Film Corp., Central Res. Labor.) R. KÖNIG. 7910

G. Frhr. v. Rosenberg, *Das plastische Verhalten der Wachse in Abhängigkeit von der Temperatur.* Mit Hilfe einer App. zur Best. des Kegelfließpunktes bei verschied. Tempp. wird für eine Reihe von Wachsen die Abhängigkeit der Temp. u. der Kegelfließdrucke gemessen. Zu diesem Zweck wurde das vorbereitete Wachs unter genauen Bedingungen in 10 Einzeltröge eingefüllt, die auf einem Bronzeblock, der an einem Ende erwärmt, am anderen gekühlt wurde, verschied. Tempp. ausgesetzt waren, die im allg. vom Schmelz- bis zum Fließpunkt reichten. Es wurden natürliche, künstliche (Gersthofener) Wachse, geradkettige Paraffine, Ozokerite u. Gemische von Paraffinen mit Ozokeriten untersucht. Die Mehrzahl der Kurven ist S-förmig, was darauf hindeutet, daß bei allmählicher Temperaturabnahme erst wenige, dann immer größere Teile in den festen Zustand übergehen, um dann, ist nahezu alles fest geworden, bei weiter abnehmender Temp. wieder eine nur langsame Zunahme des Kegelfließpunktes zu zeigen. (Fette Seifen einschl. Anstrichmittel **54.** 17—21. Jan. 1952. Gersthofen, Lech-Chemie, Anwendungstechn. Labor.) GRAU. 7914

D. H. Ross, *Reinigung verunreinigter Oberflächen. Ein neues Anwendungsgebiet für synthetische Reinigungsmittel: Reinigung von mit radioaktiven Stoffen verunreinigten Flächen.* Nach einer Besprechung der Anforderungen, die an die Einrichtung eines Labor., in welchem mit radioakt. Stoffen gearbeitet wird, im Hinblick auf die Oberflächen gestellt werden müssen, weist Vf. darauf hin, daß zur Reinigung von mit radioakt. Stoffen verunreinigten Oberflächen bes. synthet. Reinigungsmittel (es wird das Prod. *Nytron* der ALLIED CHEM. & DYE CORP. empfohlen) geeignet sind. Bei stark verunreinigten Oberflächen ist eine zusätzliche Behandlung mit einem milden Poliermittel erforderlich. Die abschließende Kontrolle mit dem MÜLLER-GEIGER-Zähler ist unerläßlich. (Soap Sanit. Chemicals **27.** Nr. 7. 30—32. Juli 1951. New York, Solvay Process Div., Allied Chem. & Dye Corp.) FIEDLER. 7916

XVIIIa. Holz. Cellulose. Zellstoff. Papier. Papierdruck. Celluloid. Linoleum.

A. B. Wardrop, *Die Kleinwinkelstreuung von Röntgenstrahlen an Conifertracheiden.* Proben von verschied. Jahresringen des Holzes von *Pinus taeda* wurden mit Hilfe von Weitwinkel- u. Kleinwinkelröntgenaufnahmen auf die Orientierung der Cellulosefibrillen untersucht. (Textile Res. J. **22.** 288—91. April 1952. South Melbourne, Australien, C. S. I. R. O., Div. of Forest Prod.) ZAHN. 7952

Kei Matsuzaki, *Polymerisationsgrade der Cellulose und ihre jeweilige Verbreitung und Verteilung.* Übersicht über native *Cellulose* u. ihre techn. Derivv. sowie Methoden zur Best. der Verteilung der *Polymerisationsgrade* u. des durchschnittlichen Molekulargewichts. — 55 Literaturangaben. (Chem. and chem. Ind. [Kagaku to Kogyo] **5.** 243—48. Mai 1952. [Orig.: jap.]) SCHULER. 7954

T. E. Timell und **H. M. Spurlin**, *Die Verteilung der Substituenten in partiell substituierten Carboxymethylcellulosen.* Die Verteilung der Substituenten pro Glucoseeinheit wurde bei einigen Oxymethylcellulosen (I) nach bereits früher ausgearbeiteten Methoden ermittelt (vgl. C. **1953**. 1265). Die Unterss. haben ergeben, daß nur eine von den zwei benachbarten sek. OH-Gruppen substituiert werden. Die Ursache hierfür wird in der abstoßenden Wrkg. der negativ geladenen Carboxymethylgruppe auf das negativ geladene Chloracetion gesehen. Unter der Annahme, daß nur eine von den zwei OH-Gruppen für die Umsetzung in Frage kommt, wurde eine statist. Berechnung der theoret. Verteilung der Substituenten bei verschied. Substitutionsgraden durchgeführt. Es ergab sich eine gute Übereinstimmung zwischen den gefundenen u. den berechneten Werten. Die Zus. von zwei etwas höher substituierten Präpp. läßt vermuten, daß auch OH-Gruppen in benachbarten Glucoseeinheiten nicht völlig unabhängig voneinander substituiert werden. (Svensk Papperstidn. **55**. 700—08. 30/9. 1952. Wilmington, Del., Hercules Exper. Stat., Hercules Powder Co., u. Montreal, Can., McGill Univ., Div. of Ind. and Cellulose Chem., u. Pulp and Paper Res. Inst. of Canada. [Orig.: engl.]) P. ECKERT. 7970

Hans Palmgren und **Bengt O. A. Hedström**, *Strömung von Papierstoffaufschwemmungen in Röhren.* Die Ausführungen beschäftigen sich mit einer rheolog. Analyse von Rohrströmungsdaten von Papierstoffaufschwemmungen. Es wird eine Literaturübersicht gegeben u. Rohrfließkurven werden aufgestellt. (Svensk. Papperstidn. **55**. 691—99. 30/9. 1952. Stockholm, Inst. for tekn. org. kemi, KTH, Royal Inst. of Technol. [Orig.: engl.]) P. ECKERT. 7974

—, *Neuzeitliche kontinuierlich arbeitende Stoffauflösung für Faserstoffe wie Altpapier, Cellulose usw.* Beschreibung der Konstruktion u. der Arbeitsweise des Auflöseholländers (schemat. Darst.) (Wbl. Papierfabrikat. **80**. 671—72. Sept. 1952.) P. ECKERT. 7976

A. Arnamo, I. Olsson und **L. Pihl**, *Eine neue Methode zur Bestimmung der Oberflächenfestigkeit des Papiers.* Beschrieben wird eine neue Meth. zur Best. der Oberflächenfestigkeit von Druckpapieren. Das Prinzip des Verf. beruht darauf, daß die maximal erforderliche Kraft zur Aufsplißung der Oberflächenschicht des Papiers ermittelt wird. Verwendet wird hierzu ein Cellophanstreifen, der in bestimmter Weise auf das zu prüfende Papier aufgebracht wird. Als Meßgerät dient ein SCHOPPER-Festigkeitsprüfer. Genaue Angaben über Bauart u. Arbeitsweise des Gerätes werden gemacht. (Svensk Papperstidn. **55**. 709—14. [Orig.: engl.]) P. ECKERT. 8010

XVIIIb. Textilfasern.

W. Je. Rosstowzew, *Berechnung der Auffrischung von Mercerisierungsbädern.* Ableitung einer Formel zur Berechnung des Laugepunktes bei kontinuierlich arbeitenden Mercerisierungsanlagen. (Текстильная Промышленность [Textil-Ind.] **12**. Nr. 7. 35—36. Juli 1952.) STSCHERBINA. 8032

George E. F. Brewer, *Die Beziehung zwischen dem Grauwerden von Textilien und der Reibungselektrizität, erzeugt in organischen Lösungsmittelsystemen.* Mittels einer Spezialapp. wird die beim Rühren eines Lösungsm. in einem Metallgefäß entstehende Reibungselektrizität gemessen. Es zeigt sich, daß Stromspannung u. -stärke im wesentlichen von der Intensität des Rührens, von der relativen Größe der Zelle u. des Rührers abhängen (Systeme Trichloräthylen/Stoddard bzw. Stoddard/Butanol). Reproduzierbarkeit der Messungen $\pm 30\%$: bei den beiden Systemen treten ein bzw. mehrere Maxima oder Minima der Elektrizitätsbldg. auf. Der Grautest von Textilien wird durch Behandlung derselben mit einer Suspension von koll. Graphit + Stearinsäure ermittelt. Es zeigt sich, daß der Grautest des Gewebes bei der Behandlung in den beiden vorgenannten Zweikomponentensystemen unter Rühren mit der entstehenden Reibungselektrizität sich symbat entweder verstärkt oder abnimmt. (J. Amer. Oil Chemists' Soc. **29**. 218—19. Juni 1952. Ferndale, Mich., Gage Products Co.) TÄUFEL. 8040

A. A. Panferowa, *Für eine weitgehende Anwendung von Schlichte mit Chloramin.* 1. Mitt. *Beratung in der technischen Verwaltung.* Hingewiesen wird auf die Vorteile einer mit Chloramin aufgeschlossenen Stärke für Baumwollschlichte. (Текстильная Промышленность [Textil-Ind.] **12**. Nr. 6. 28. Juni 1952.) STSCHERBINA. 8044

Ss. M. Nikitin, *Für eine weitgehende Anwendung von Schlichte mit Chloramin.* 2. Mitt. *Betriebserfahrungen.* (1. vgl. vorst. Ref.) Vf. beschreibt die Betriebserfahrungen mit Chloraminschlichte. Angeführt wird nachst. Rezept: 50 kg Kartoffelstärke, 100 g Chloramin, 700 Liter W. bzw. 50 kg Maisstärke, 250 g Chloramin. Kochdauer 50—60 bzw. 90 Minuten. Die Gewichtszunahme der Ketten betrug 7,2—8,1%, die Festigkeitszunahme 24,8%. (Текстильная Промышленность [Textil-Ind.] **12**. Nr. 6. 28. Juni 1952.) STSCHERBINA. 8044

W. Kind und **H. Vollenbruck,** *Bestimmungen des Faserabbaues bei der Leinengarnbleiche.* Nach einem Hinweis auf den Feinbau der Fasern gehen Vff. auf den Abbau der Fasern u. deren Bestimmungsmethoden (Reißfestigkeit, Celluloseabbauprodd., Viscositätsmessungen, Löslichkeitszahlbestimmungen) ein. Gegenübergestellt werden die Ergebnisse von DP- u. Löslichkeitszahlbestimmungen verschiedener Bleichstufen. Bei geringen Differenzen zwischen den einzelnen Bleichstufen ergeben die DP-Bestimmungen bessere Auswertbarkeit. Im Verlauf der Bleiche ist ein DP-Abfall in den Cl-Bleichstufen zu erwarten, während durch die alkal. Zwischenbehandlungen sowie durch die Chloritbleiche kein Sinken des DP-Wertes erfolgen muß. Beim Leinengarn entspricht eine Löslichkeitszahl von 7,0 einem DP-Wert von 1300—1400. Auf die Unsicherheit der Löslichkeitszahlbest. wird hingewiesen. Die DP-Best. erfaßt, ebenso wie die Löslichkeitszahl, nur die chem. Schädigung der Cellulose. Einwirkungen auf die Cellulosebegleitstoffe werden nicht erfaßt. Da letztere die Festigkeit der Leinentextilien maßgeblich beeinflussen, ist keine unmittelbare Beziehung zwischen Festigkeit u. DP bei Leinen gegeben, wenn auch der Celluloseabbau eine Festigkeitsabnahme stets nach sich zieht. (Textil-Praxis **7.** 716—20. Sept. 1952.) P. ECKERT. 8050

K. B. Pal, H. Chatterjee und **P. B. Sarkar,** *Molekulargewicht von α-Cellulose aus Jute.* Die Methoden der Abscheidung des Lignins nach CROSS u. BEVAN mit Natriumchlorit, nach NORMAN-JENKINS u. mit ClO_2 geben etwa denselben Geh. an α-Cellulose (60,0—61,2%). Der Polymerisationsgrad fällt aber in dieser Reihenfolge ab von 894 auf 520 (Baumwolle 1320). Die Isolierung der α-Cellulose aus Jute bewirkt einen Abbau in Abhängigkeit von der Konz. der Natronlauge. In 17,5% Lauge beträgt der Polymerisationsgrad 820, in 9,3% 1125. (Nature [London] **169.** 845—46. 17/5. 1952. Calcutta, Indien, Ind. Zentral-Jutekommittee.) MOLL. 8052

H. J. Callow, *Ligninentfernung bei Jute mit Natriumchlorit.* Zur Entfernung von *Lignin* (**I**) aus *Jute* (**II**), ohne die anderen Bestandteile u. funktionellen Gruppen anzugreifen, wurde die $NaClO_2$-Meth. von CHATTOPADHYAY u. SARKAR (Proc. nat. Acad. Sci., India **12.** [1946.] 23) untersucht. Hierzu wurden bis zu 13 bzw. 7 wiederholte abwechselnde Extraktionen von **II** mit 0,7 bzw. 2,8%ig. $NaClO_2$-Lsg. in Puffer (p_H 5,20) u. 0,5%ig. $NaHSO_3$-Lsgg. (p_H 5,5) bei 100° durchgeführt. Bei der Einw. der 2,8%ig. $NaClO_2$-Lsg. betrug der Gewichtsverlust von **II** 34,1%, u. 67% der Acetylgruppen wurden abgespalten. Es werden demnach neben **I** auch hohe Anteile der acetylhaltigen Komponenten gleichzeitig entfernt. (J. Textile Inst., Trans. **43.** T 247—4. Mai 1952. Leeds, Univ., Dep. Textile Ind.) ZAHN. 8052

Hans-Joachim Henk, *Die Einwirkung von Chlor auf Wolle.* Übersichtsarbeit. (Textil-Praxis **6.** 897—98. Dez. 1951.) P. ECKERT. 8060

F. I. Ssadow und **I. A. Schikanowa,** *Das Wesen des Walkprozesses.* Nach Ansicht der Vff. beruht die Walkbarkeit auf den elast. Eigg. des Wollkeratins unter bestimmten p_H- u. Temperaturbedingungen. Durch Dehnung u. Verkürzung der Wollfaser bewegt sich diese in einer Richtung. Diese Bewegung wird durch partielles Aufheben der Querbindungen salzartigen Charakters einerseits u. der chem. Disulfitbindungen des Keratins andererseits gefördert. Die beim Walkprozeß auftretenden Reibungskräfte verursachen die Verfilzung, wobei als Vorbedingung eine ausreichende Annäherung der Fasern, ihre Kräuselung u. eine gegenseitige Haftung durch die Elemente der schuppenartigen Oberfläche notwendig sein sollen. (Текстильная Промышленность [Textil-Ind.] **12.** Nr. 7. 36—39. Juli 1952.) STSCHERBINA. 8060

—, *Amerikanische Chemiefasern.* Übersicht über die Fasern unter Anführung der entsprechenden Herstellerfirmen. (Textil-Praxis **7.** 512—13. Juli 1952.) P. ECKERT. 8070

Ki Watano, *Über Acetatseide.* Übersicht über die Entw. der Kunstseidenindustrie im allg., die Grundindustrie der Acetatseide, die gegenwärtigen Verff. für Acetylcellulose u. für Acetatseide, sowie deren Weiterverarbeitung. (Chem. and chem. Ind. [Kagaku to Kogyo] **5.** 56—58. Febr. 1952. [Orig.: japan.]) SCHULER. 8076

P.-A. Koch, *Erdnußeiweißfaser: Ardil.* In tabellar. Form werden behandelt: Begriffsbest., Erfinder u. Entw., Ausgangsstoff, Herstellungsverff., chem. Zus., Eigg. (technolog. Werte), Grundpatente, Verarbeitungs- u. Verwendungsgebiete. — Schrifttumsnachweis. (Dtsch. Textilgewerbe **54.** 381—83. 20/4. 1952.) P. ECKERT. 8078

Johann Peter, *Über die Regenerierung natürlicher Fasern.* Kurzer Überblick über die Regeneration von Naturseide u. Wolle zum Zwecke der Herst. künstlicher Fasern. (Textil-Praxis **7.** 721—22. Sept. 1952.) P. ECKERT. 8078

R. Lassé, *Mikroskopische Untersuchungen an Polyamidfasern (Nylon).* An Hand zahlreicher Mikroaufnahmen werden besprochen: Die Längsansichten u. die Querschnitte ungefärbter Nylonfasern, die Quellung der Polyamidfasern (I) in Chlorzinkjod, die Quellung u. Auflösung der I in Chloralhydrat sowie polarisationsopt. Unterss. an Polyamidfasern. (Textil-Rdsch. [St. Gallen] **7**. 353—59. Aug. 1952. Labor. der Wollfärberei Bürgeln, Dr. Jakob Cunz A. G.) P. ECKERT. 8080

J. R. Geigy Akt.-Ges. (Erfinder: **Henri Martin**, Basel, **Hans Zaeslin**, Riehen, **Rudolf Hirt** und **Curt Glatthaar**), Basel, Schweiz, *Halogensubstituierte sulfonierte Harnstoffe* der Benzol- u. der heterocycl. Reihe erhält man durch Rk. von reaktionsfähigen Kohlensäurederivv., Isocyansäureestern oder Carbonsäureaziden mit Aminosulfonsäuren oder Aminen der Benzol- oder heterocycl. Reihe, wobei man gegebenenfalls das Endprod. erst nachträglich sulfoniert. Beispiel: Durch Rk. von 4-Amino-4'-chlor-5'-methyl-1.1'-diphenyläther-2-sulfonsäure mit $COCl_2$ erhält man *N.N'-4.4'-(3''.3'''-Dimethyl-4''.4'''-dichlordiphenoxy)-3.3'-disulfonsäurediphenylharnstoff* als teigige M., die nach dem Trocknen u. Mahlen ein helles, in W. gut lösl. Prod. darstellt. — Mittel gegen *Motten* u. andere *Textilschädlinge*. (**D. R. P. 764 891** Kl. 12o vom 16/8. 1938, ausg. 12/5. 1952. Schwz. Prior. 16/6. 1938.) MÜLLER-MEININGEN. 8037

Finishing Processes Ltd., übert. von: **Ellis Clayton**, Nottingham, England, *Behandlung von Wolle* gegen Verfilzung u. Schrumpfen. Wolle oder Wollwaren werden mit einer Fl., bestehend aus einer Lsg. von Alkali- oder Erdalkalihypochlorit, z. B. 2,5 bis 3% NaOCl mit einem p_H-Wert von 9, die mit festem CO_2 gesätt. ist u. dieses im Überschuß enthält, behandelt. Eine Probe der Fl. darf nur eine schwach gelbe Farbe auf Zusatz von 10%ig. KJ-Lsg. zeigen. Nach dem Ansäuern wird eine kleine Menge Antichlor zugegeben. Zum Schluß wird die Fl. abgezogen, die Wolle gewaschen u. getrocknet. (**Can. P. 476 785** vom 5/5. 1949, ausg. 4/9. 1951.) WITTHOLZ. 8061

Comptoir des Textiles Artificiels (S. à R. L.), Frankreich, *Verspinnen von Viscose.* Ohne Alterung wird die Viscose in einem 10 g H_2SO_4 im Liter enthaltenden Bad versponnen, durch eine Röhre geführt u. am Ende derselben nochmals gestreckt. (**F. P. 993 756** vom 25/8. 1949, ausg. 7/11. 1951.) WITTHOLZ. 8075

Sidney M. Edelstein, Elizabeth, N. J., V. St. A., *Behandlung regenerierter Cellulose.* Gewebematerial aus regenerierter Cellulose wird in eine wss. Lsg. von Na-Zinkat eingetaucht, die NaOH im Überschuß, u. zwar 5—37 (Teile) NaOH auf 100 Lsg., enthält, bleibt höchstens 3 Min. im Bad, dann wird mit W. oder mit angesäuertem W. gewaschen, um das Alkali zu entfernen bzw. zu neutralisieren. (**Can. P. 475 441** vom 10/4. 1944, ausg. 24/7. 1951. A. Prior. 26/10. 1943.) WITTHOLZ. 8075

Comptoir des Textiles Artificiels (S. à R. L.), Frankreich, *Reinigung von schwefelsauren Fällbädern der Kunstseidefabrikation.* Die konz. H_2SO_4, mikrokristallin. Na_2SO_4 u. koll. S-Verbb. enthaltenden Lsgg. werden über Tabletten von Aktivkohle filtriert, die im Mittel $1 \times 2 \times 2$ mm Durchmesser besitzen. Das Behandlungsgefäß ist gegen Säureeinw. durch einen Überzug von Polyvinylchlorid oder Glasfäden geschützt. Die Regeneration der Aktivkohle erfolgt durch Spülen mit W. im Gegenstrom. (**F. P. 989 796** vom 29/4. 1949, ausg. 13/9. 1951.) WITTHOLZ. 8075

Fettchemie und Fewawerk VEB, Chemnitz (Erfinder: **Maximilian Hussong**, Greiz-Dölau), *Verbessern der Verspinnbarkeit von Zellwolle aus regenerierter Cellulose.* Man behandelt die Zellwolle mit wss. Lsgg. von 80—60 (Teilen) von hochmol. kationakt. Verbb., wie hochmol. Äthern von Oxalkylaminen (Dicetyläther des Trioxalkylamins), die 20 bis 40 hochmol. gesätt., ungesätt. oder chlorierte KW-stoffe, wie Mineralöle, Paraffine, Chlorparaffine, höhermol. Alkylhalogenide (Cetylchlorid) oder höhermol. Olefine, enthalten. Man erzielt die gleiche bzw. eine bessere faseröffnende Wrkg. als bei Verwendung der kationakt. Verbb. allein u. erhält eine gut geöffnete Zellwolle von vollem Griff, die prakt. frei von Verklebungen ist u. sich einwandfrei verspinnen läßt. — Beispiele. (**D. P. [DDR] 423** Kl. 29b vom 10/2. 1942, ausg. 22/3. 1952 [Wirtschaftspatent].) RAETZ. 8075

Fettchemie und Fewawerk VEB, Chemnitz (Erfinder: **Kurt Quehl**, Zwickau, Sachsen), *Verbessern der Verspinnbarkeit von Zellwolle.* Man behandelt die Zellwolle in der letzten Phase ihres Herstellungsganges (vor dem Verspinnen) mit einer Emulsion von höhermol. fl. Fettsäuren, bes. Ölsäure, deren wss. Phase durch einen Zusatz von wasserlösl., bes. aliphat. Carbonsäuren sauer eingestellt ist u. bes. auf einer einen p_H-Wert von 4—5 entsprechenden H-Ionenkonz. gehalten wird. Als Emulgatoren eignen sich Fettalkoholsulfonate, Fettsäurekondensationsprodd. oder Eiweißstoffe, als Carbonsäuren HCOOH, CH_3COOH oder Citronen-, Wein-, Äpfel- oder Furancarbonsäure; die Fettsäure kann ferner auch dispergiert im Gemisch mit Fetten, fetten len, Mineralöl, Paraffin, Wachs, Fettalkohol oder Fettsäureamid verwendet werden. Durch genaue Einstellung u. Aufrechterhaltung der H-Ionenkonz. in der wss. Phase der Dispersion kann man die Substantivität der Fettsäure in der dispersen Phase abstufen u. anpassen; die Fasern erlangen durch das Belasten mit H-Ionen eine hohe elektr. Leitfähigkeit, so daß eine Aufladung vermieden wird. Man erzielt so im Einbadverf. auf einfache Weise eine sichere u. genau abstufbare Avivage u. eine Zellwolle von naturseidenähnlichem Griff u. hervorragender Verspinnbarkeit. — Beispiel. (**D. P.** [**DDR**] **424** Kl. 29b vom 11/10. 1940, ausg. 10/3. 1952 [Wirtschaftspatent].) RAETZ. 8075

Ciba Akt.-Ges., Basel (Erfinder: **Luzius Schibler,** Riehen), Schweiz, *Binde-, Kleb-, Appretier- und Imprägniermittel für Textilien* erhält man dadurch, daß man 2phasige Emulsionen aus einer äußeren wss. Phase mit einem Geh. an lösl. Eiweiß (Gelatine) u. einem mit CH_2O härtbaren hydrotropen Carbamid [Harnstoff (**I**) oder Thioharnstoff (**II**)] u. einer inneren öligen Phase aus mit CH_2O härtbaren Aminoplasten von Amidcharakter durch Zusatz von indifferenten, in W. unlösl. organ. Lösungsmitteln in eine 3phasige Emulsion umwandelt. — In einer aus TiO_2, Casein, Borax u. W. angerührten Paste emulgiert man eine Lsg. aus **I**–**II**–Cyclohexanol-Kondensat in Cyclohexanol. Die homogenisierte u. mit W. verd. M. ermöglicht die Einemulgierung von Lackbenzin als 2. disperse Phase. Gewebe aus *Glanzviscose* wird auf dem Foulard mit dem Prod. imprägniert u. zeigt nach dem Trocknen bei 130° einen *Matteffekt.* (**D. B. P. 844 886** Kl. 8k vom 23/12. 1948, ausg. 24/7. 1952. Schwz. Prior. 24/12. 1947.) MÖLLERING. 8075

N. V. de Bataafsche Petroleum Mij., Den Haag (Erfinder: **Gottfried Ernst Rumscheidt** und **Johan Michael Goppel,** Amsterdam), Holland, *Fäden, Fasern, Bänder oder Filme* werden hergestellt, indem man ein *Butadien*-Emulsionspolymerisat (bes. bei $<25^0$ erhalten) in eine SO_2-Lsg. spritzt, wobei die Polymerisat- u. die SO_2-Lsg. zweckmäßig miteinander mischbar sind u. letztere 40—180 (g) SO_2/Liter, bes. 60—120, enthält. Arbeitstemp. 12—30°. (**D. B. P. 839 855** Kl. 39b vom 19/2. 1950, ausg. 26/5. 1952. Holl. Prior. 25/2. 1949.) OVERBECK. 8081

E. I. du Pont de Nemours & Co., übert. von: **Kenneth L. Berry,** Wilmington, Del., V. St. A., *Wässerige kolloidale Dispersionen von Polytetrafluoräthylen* zur Herst. von *Fäden* u. Filmen. In eine Lsg. von 2 (Teilen) des Na-Salzes von $H(CF_2)_nCOOH$ (n = 10,6) in 100 W., enthaltend 0,025 $(NH_4)_2S_2O_8$ als Dispergiermittel, wird Tetrafluoräthylen unter 4 at eingeleitet u. die Lsg. 13 Std. auf 65° erwärmt. Die 15—75% ig. Dispersion wird in 0,5% ig. HCl von 25—100° gesponnen, gewaschen, gegebenenfalls auch in Aceton getrocknet. Der Faden (Festigkeit von 5 kg/cm²) wird auf einer 327—400° warmen Metallplatte ½—1 Sek. erhitzt, wobei er trüb wird, in W. gekühlt u. um das 4fache gestreckt; Festigkeit 1 kg/cm² bei 80% Dehnung. Man kann die Fäden nach Behandlung mit 50% ig. H_2SO_4 mit chloriertem Cu-Phthalocyanin oder einem Küpenfarbstoff färben. (**A. P. 2 559 750** vom 27/7. 1949, ausg. 10/7. 1951.) SALZMANN. 8081

XIX. Brennstoffe. Erdöl. Mineralöle.

H. G. Schein, *Über die spontane Zündung von Kohlen.* Vf. behandelt die Frage der Selbstzündung von Kohlestapeln während langer Vorratslagerung in freier Luft u. stellt fest, daß sowohl die Annahme der atmosphär. Oxydation von Sulfiden zu Sulfaten bei Ggw. feinverteilter Pyrite als auch diejenige der langsamen Oxydation der Kohlesubstanz selbst nicht zur Erklärung der Selbstzündung ausreicht. Vf. vermutet, daß die Zündung als Folge der Benetzungswärme von trockener Kohle oder auch als Folge der Kondensation von Feuchtigkeit auf ihr eintritt. Vf. teilt eigene Versuchsergebnisse über Wärmeentw. bei verschied. Kohlesorten bei Benetzung mit u. zieht Verss. anderer Autoren (z. B. Großvers. von THRELFALL an trockener u. feuchter Kohle) sowie eine Reihe von Beobachtungen zum Beweise der obigen Vermutung heran. (Brennstoff-Chem. **32.** 298—301. 17/10. 1951. London, Powell Duffryn Techn. Services.) FREIWALD. 8126

W. W. Chodot, *Annähernde Bestimmung der Sorption und der Methanaufnahme der Steinkohle.* An Hand von durch Verss. erhaltenen Isothermen der Sorption von *Methan* (**I**) durch trockene Steinkohle bei 25° stellt Vf. eine Gleichung zur Berechnung der Methanaufnahme auf, die unabhängig von der Sorptionskraft ist. Ferner wird die Abhängigkeit der Sorption von **I** von der Temp. des Mediums u. der Feuchtigkeit der Kohle untersucht u. in einem Diagramm veranschaulicht, woraus der große Einfl. der Feuchtigkeit auf die Verminderung der Sorption hervorgeht. Für die Berechnung der Methanaufnahme durch feuchte Kohle stellt Vf. ebenfalls eine Gleichung auf. (Доклады Академии Наук СССР [Ber. Akad. Wiss. UdSSR] [N. S.] **84.** 1025—28. 11/6. 1952. Bergbau-Inst. der Akad. der Wiss. der UdSSR.) R. RICHTER. 8126

—, *Sauerstoff bei der industriellen Erhitzung und Vergasung.* 2. Mitt. (1. vgl. C. **1952.** 5352.) Beschreibung des *Rescol*-Verf. der BRITISH OXYGEN CO. zur Gewinnung von 100% ig. O_2, der industriell bei Erhitzungs- u. Vergasungsverff. eingesetzt werden soll. Verfahrensdiagramm im Original. (Coke and Gas **14.** 140—41. 146. April 1952.) K. O. MÜLLER. 8128

H. Reichelt, *Die Rohwasseraufbereitung für Ammoniakwasser.* Zur Herst. von techn. Ammoniakwasser kann enthärtetes W., für chem. reines Ammoniakwasser entsalztes W. an Stelle von Dest. verwendet werden. Zur Regeneration des Anionenaustauschers kann Ammoniakwasser benutzt werden, wobei der Regenerationsablauf zur Wiedergewinnung des NH_3 dem Gaswaschwasser zugeführt wird. (Bau u. Betrieb **4.** 16. Beilage zu: Gas- u. Wasserfach. Ausgabe Gas Sept. 1952. Celle.) MANZ. 8168

Fritz Rosendahl, *Einiges vom Benzolwaschöl.* Vf. gibt zunächst einen Überblick über die wissenschaftlichen Grundlagen der Auswaschung von Bzl. aus dem Gas, soweit sie für die Behandlung von Gas mit Teerölen in Frage kommen. Vf. erörtert die verschied. Einflüsse auf das Waschvermögen der Teeröle u. gibt Richtlinien für die Behandlung der Teeröle an. Die Ursachen für die Verdickung der Waschöle werden zusammenfassend dargestellt. Schilderung verschied. Verff. zur Aufarbeitung der gebrauchten Waschöle in unmittelbarer Verbindung mit dem Auswaschprozeß. (Gas- u. Wasserfach, Ausg. Gas **93.** 369—73. 1/7. 1952.) ROSENDAHL. 8170

H. B. Nisbet und **A. M. Pryde,** *Isolierung von 2.3.4.6-Tetramethylpyridin aus Kohlenteer.* Aus einer durch Bzl. absorbierten Fraktion ($Kp._{100}$ 135—135,2°) aus Steinkohlenteer (vgl. C. **1951.** II. 2971) wurde mit H_2SO_4 *2.3.4.6-Tetramethylpyridin* (**I**) isoliert. I wurde als *Pikrat,* F. 122,5—123° (Aceton) gefällt, dieses mit NaOH zers. u. durch Dampf abgetrieben. Die reine *Base* I ist eine farblose Fl. mit angenehmem Geruch, $Kp._{750}$ 203°; n_D^{25} 1,5087; $D.^{25}_4$ 0,9322. *Pikrolonat,* F. 225,5° (Zers.). *Methojodid,* F. 192—193°. Infrarotabsorptionsspektrum. Damit sind 17 der 19 möglichen Methylhomologen des Pyridins isoliert. (Nature [London] **168.** 832—33. 10/11. 1951. Edinburgh, Heriot-Watt Coll., Chem. Dep.) GOEBEL. 8176

—, *Die Untersuchung des Bohrloches auf die Anwesenheit von Kohlenwasserstoffspuren.* Beschreibung automat. arbeitender Meßapparate. — 36 Literaturhinweise. (Erdöl-Ztg. **68.** 91—95. Sept. 1952.) K. O. MÜLLER. 8186

J. C. Chaudhuri, *Tetraäthylblei.* Zusammenfassender Bericht über Entdeckung, Gewinnung, Verwendung von Tetraäthylblei zur Erhöhung der Octanzahl bei Kraftstoffen für Fahr- u. Flugzeuge. (Sci. and Cult. **17.** 320—23. Febr. 1952. Kanpur, Techn. Developm. Establ., Labor. Stores.) K. O. MÜLLER. 8208

Karl Krenkler, *Bituminöser Straßenbau bei Nässe und Kälte.* Die beim bituminösen Straßenbau auftretenden Schwierigkeiten sind auf die größere Verwandtschaft des polaren W. zum Gestein zurückzuführen. Hochviscoser, schnell abbindender Teer eignet sich besser für die Oberflächenbehandlung als Verschnittbitumen. Bituminöser Bindemittelfilm wird selbst bei Anwendung von bas. Gestein u. hochviscosen Bindemitteln leicht vom Gestein durch W. verdrängt. Netzmittel mit möglichst geringer Verwandtschaft zum W. ermöglichen selbst bei quarzhaltigem Gestein die Verwendung niedrigviscoser Bindemittel. Bes. vorteilhaft ist die Mitverwendung gebrannten Kalks. (Straßen- u. Tiefbau **6.** 169—72. Juni. 206—08. Juli 1952. Stuttgart.) STEINER. 8236

Anton Scheuerer, *Über die Bestimmung der Klebekraft und des Verfestigungsfortschrittes bituminöser Straßenbaubindemittel.* Es wurde ein Gerät entwickelt, um die Klebekraft u. ihre Wirkungsdauer bis zur Verlackung an der Oberfläche für bituminöse Straßenbaubindemittel aus der Bewegung heraus messen zu können. Eine quantitative Messung der Größe der Klebekraft ist möglich bis zu dem Zeitpunkt, an dem die Klebekraft auf Null herabsinkt, d. h. bis zum Verlust derselben. Zur Best. der nach innen fortschreitenden Verharzung bis zur Versprödung bzw. der Verfolgung des Verdunstungsverlustes bei Verschnittbitumen kann mit derselben App., durch Verwendung von Nadeln, die Ritzkraft bestimmt werden. — Im beigefügten Diagramm ist der Verlauf des Abbindevorganges der verschied. Bindemittel anschaulich zu verfolgen. Durch dieses ausführlich beschriebene Gerät besteht die Möglichkeit, nicht nur Straßenbaumittel zu beurteilen, sondern auch zur Entw. derselben mit hoher Klebekraft u. gewünschtem Abbindeverlauf beizutragen. (Bitumen, Teere, Asphalte, Peche verwandte Stoffe **3.** 29—35. Febr. 1952.) F. C. MÜLLER. 8236

Geo. E. Mapstone und **B. Nartsissov,** *Der Schwefel im Ölschiefer oder Torbanit.* Der S im Glen Davis-Ölschiefer liegt wie bei der Kohle in 3 verschied. Formen vor: Sulfat (**I**)-, Pyrit(**II**)- u. organ. S (**III**). Vff. überprüfen die verschied. Methoden zur S-Best. u. schlagen vor, den Gesamt-S wie folgt zu bestimmen: Extraktion der Probe mit kochender verd. HCl u. Best. des I im Extrakt; im extrahierten Material wird der noch vorliegende S nach der Quarzrohrmeth. (Standardmethoden zur Unters. von Petroleum u. Petroleumprodd., I. P. 63/42 [T] 1949, 10. Ausgabe, London) gravimetr. bestimmt. Der **II**-Geh. wird durch Best. des Fe-Geh. (MOTT, Gas J. **264.** [1944.] 44) ermittelt. **III** errechnet sich aus: Gesamt-S-Geh. des mit HCl extrahierten Materials — **II.** — Beleganalysen. — Es werden für den Glen Davis-Ölschiefer z. B. folgende Werte (%) ermittelt: 0,058 **I**, 0,097 **II** u. 0,340 **III**. (J. appl. Chem. **2**. 405—08. Juli 1952. Glen Davis, Australien, National Oil Pty. Ltd., Labor.) FIEDLER. 8246

Universal Oil Products Co., Chicago, übert. von: **Kenneth M. Brown**, Hinsdale, Ill., V. St. A., *Entschwefeln von Kohlenwasserstoffen*. Ein Mercaptane u. Phenole enthaltendes KW-stofföl, z. B. Bzn., wird, falls es auch H_2S enthält, zunächst einer Vorwäsche mit Alkalilsg. von 5—15° Bé u. anschließend einer Wäsche mit einer wasserhaltigen methylalkoh. NaOH-Lsg. (**I**) unterworfen, wobei Na-Mercaptide (**II**) u. Phenolate gebildet werden, die in **I** gelöst sind. Die Lsg. wird in ein zylinderförmiges Gefäß eingeleitet, dessen unterer Teil auf 285° F u. dessen oberer Teil auf 200—250° F erhitzt wird u. in dem die **II** zu Mercaptanen unter Freiwerden von NaOH zers. werden. Die NaOH-Lsg. wird in das Waschgefäß zurückgeleitet, ein Teil kann auch in das Zersetzungsgefäß (**III**) zurückgeleitet u. ein weiterer Teil aus dem Prozeß entfernt werden. Die im **III** verdampften Mercaptane, Methanol u. W. werden kondensiert u. gehen in ein Trenngefäß, in dem sich eine Mercaptanschicht u. eine Methanol–W.-Schicht bildet. Letztere wird durch Dest. in Methanol u. W. getrennt, ein Teil des Methanols wird in die Destillationskolonne, ein weiterer Teil in das Waschgefäß für das Bzn. zurückgeführt u. der Rest aus dem Prozeß abgezogen. Die aus dem Trenngefäß abgezogene Mercaptanschicht, die noch teils gebundene, teils freie KW-stoffe enthält, wird einem Erhitzer zugeführt, in dem eine Spaltung in H_2S u. KW-stoffe stattfindet. Die Prodd. treten dann in ein Reaktionsgefäß ein, das einen Katalysator enthalten kann, u. werden anschließend in eine Fraktionierkolonne (**IV**) geleitet. Man kann der Mercaptanfraktion auch vor ihrem Eintritt in den Erhitzer Rohöl, getopptes Rohöl, Gasöl oder Bzn. zumischen u. in dem Erhitzer einen Crack-, Reformierungs- oder Entschwefelungsprozeß, gegebenenfalls unter Zufuhr von H_2, durchführen, wobei beim Cracken u. Reformieren auf 800 bis 1000° F, beim Entschwefeln auf 650—800° erhitzt wird. Auch in diesem Falle treten die Prodd. dann in die **IV**, von deren Kopf Bzn. u. leichtere Anteile abgezogen u. nach Passieren eines Kondensators in ein Sammelgefäß geleitet werden. Nichtkondensierte Gase, einschließlich H_2S, werden aus dem Prozeß entfernt, während das Bzn. entweder zwecks Entfernung noch mitgerissener Gase einem Stabilisator zugeführt oder in die Stufe der Mercaptanextraktion zurückgeführt wird oder in den Vorwäscher. (**A. P. 2 549 053** vom 24/12. 1948, ausg. 17/4. 1951.) BEIERSDORF. 8195

Universal Oil Products Co., Chicago, übert. von: **Kenneth M. Brown**, Hinsdale, und **Clarence G. Gerhold**, Riverside, Ill., V. St. A., *Entschwefelung von Kohlenwasserstoffen*. Mercaptanhaltige KW-stoffe werden mit einer wss. Lsg. von Alkali u. einem organ. Lösungsm., z. B. Methanol, gewaschen. Aus der Lsg. wird das Alkali durch Dest. abgetrennt u. in die Wäsche zurückgeführt. Das dampfförmig übergehende Mercaptan, Methanol u. W. wird kondensiert, das Mercaptan abgeschieden, Methanol anschließend abdest. u. sein Restgeh. an Mercaptan durch Auswaschung mit dem Einsatzprod. entfernt. (**A. P. 2 556 157** vom 29/1. 1949, ausg. 12/6. 1951.) v. HUHN. 8195

Comp. Française de Raffinage, Paris, Frankreich, *Reinigung von Benzin und anderen flüssigen Petroleumprodukten*. Zur Entfernung von Mercaptanen aus Benzinen usw. wäscht man diese mit Na_2CO_3-Lsg., bis alle in der wss. Phase lösl. Mercaptane entfernt sind. Anschließend wäscht man mit Natriumplumbitlsg., um Pb-Mercaptide zu bilden, die in der öligen Phase lösl. sind, u. behandelt letztere mit Luft bei genügend hoher Temp. u. unter einem Druck, der ausreicht, um die fl. Phase zu erhalten u. die Mercaptide zu Disulfiden u. Pb-Oxyd zu oxydieren. Die Plumbitlsg. wird durch Auflösen des gefällten Pb-Oxyds in der verbrauchten Plumbitlsg. aus einem früheren Arbeitsgang regeneriert. Nach einer anderen Ausführungsform kann man auch nach der Plumbitbehandlung die KW-stoffe unter Luftabschluß dest., z. B. in einem inerten Gas, um die Pb-Mercaptide in dem schweren Rückstand anzureichern, u. lediglich diesen Rückstand mit Luft blasen, um die Mercaptide zu Disulfiden u. Pb-Oxyd zu oxydieren. Zur Beförderung des Pb-Mercaptids kann an einer passenden Stelle des Kreislaufs ein schwerer KW-stoff eingeführt werden. Die Behandlung mit Luft findet im allg. bei 120—150° statt. — Zeichnung. (**E. P. 668 089** vom 10/3. 1949, ausg. 12/3. 1952. F. Prior. 9/4. 1948.) UNGER. 8195

Badische Anilin- & Soda-Fabrik, Ludwigshafen/Rh. (Erfinder: **Wilhelm Flesch**, Neckargemünd, und **Paul Feiler**, Ludwigshafen/Rh.), *Spalten von gasförmigen oder flüssigen Kohlenwasserstoffen* oder KW-stoffe enthaltenden Stoffen, wie Teeren, Ölrückständen oder dgl., zwecks Erzeugung von niedriger sd. KW-stoffen, bes. *Olefinen*, z. B. C_2H_4, oder Brenngasen, bes. Stadtgas u. dgl., durch Einführen der Ausgangsstoffe in eine Schicht hocherhitzter körniger, bes. katalyt. wirkender Feststoffe, die durch von unten oder von der Seite her eingeführte Gase oder Dämpfe, gegebenenfalls die zu spaltenden KW-stoffe selbst, in der ganzen Schichthöhe in wallende Bewegung versetzt sind, wobei die benötigte Reaktionswärme durch exotherme Rk. von kontinuierlich zugeführtem O_2 mit den bewegten Feststoffen oder den zu spaltenden Stoffen oder deren Rückständen laufend entsteht, dad. gek., daß einerseits der O_2 oder die O_2 enthaltenden Gase ganz oder zum überwiegenden Teil über dem Rost in das bewegte Feststoffbett u. andererseits von unten her durch den Rost in die mit den bewegten Feststoffen oder den zu spaltenden Stoffen endotherm reagierenden Gase oder Dämpfe, bes. Wasserdampf, eingeführt werden. Als Feststoffe wird körniger Koks, bes. aber bei niedrigen Spalttempp. stark reaktionsfähige Kohle, wie Braunkohle oder Grude, verwendet. Über dem bewegten Feststoffbett werden für die abziehenden Reaktionsprodd. Abkühlmittel, bes. Wasserdampf, eingeführt. (**D. B. P. 837 992** Kl. 12o vom 4/3. 1950, ausg. 5/5. 1952.) G. KÖNIG. 8197

Houdry Process Corp., Wilmington, Del., übert. von: **William W. Weinrich**, Wallingford, Pa., V. St. A., *Behandlung von flüssigen Kohlenwasserstoffen.* Zur Umwandlung von KW-stoffen führt man heiße, körnige Kontaktmassen in Berührung mit einem Dampfstrom durch eine senkrechte Röhre, in deren unteres Ende man fl. KW-stoffe einspritzt, die durch Wärmeaustausch mit den Katalysatorteilchen teilweise verdampfen. An der Eintrittsstelle der fl. KW-stoffe sind die Katalysatorteilchen in lebhafter Bewegung nach oben u. in genügender Konz., um fl. KW-stoffe zu adsorbieren. Der Wärmeinhalt der Katalysatorteilchen genügt, um die fl. KW-stoffe zu verdampfen u. teilweise zu niedrigersd. Prodd. zu spalten. Die Röhre taucht mit ihrem unteren Ende in ein Katalysatorbett ein u. ragt mit dem oberen in eine Trennzone, in der KW-stoffdämpfe u. Katalysatorteilchen sich trennen. Durch ein von unten in das Katalysatorbett eingeblasenes, mit den KW-stoffen verträgliches Gas wird in der Röhre ein heftiger Katalysator–Dampf-Strom erzeugt. Der verbrauchte Katalysator wird in einem weiteren Behälter durch Abbrennen regeneriert u. gelangt heiß u. frisch wieder in das Katalysatorbett. Arbeitstempp. 900—1100° F. — Zeichnung. (**A. P. 2 587 669** vom 3/1. 1950, ausg. 4/3. 1952.) UNGER. 8197

Glenn L. Martin Co., Middle River, übert. von: **Regis Raab**, Baltimore, Md., V. St. A *Verfestigung flüssiger Brennstoffe.* Bzn. wird in etwa dem gleichen Vol. W. emulgiert, in dem hochviscoses, 10—12% unlösl. Cellulosebestandteile enthaltendes Na-Alginat (I) u. raffiniertes niederviscoses I zusammen mit Dextrin (II) u. Zucker (III) gelöst sind. Die Emulsion wird dann durch ein Sieb in eine 10%ig. $CaCl_2$-Lsg. eingetropft, wobei sich feste Kügelchen bilden, die mit einer Schutzschicht aus Ca-Alginat, **II** u. **III** überzogen sind. Die Kügelchen werden dann bei 100° F auf konstantes Gewicht getrocknet u. enthalten 87(%) Bzn., 2,9 W. u. 9,7 feste Stoffe. (**A. P. 2 581 441** vom 26/2. 1948, ausg. 8/1. 1952.) DERSIN. 8211

Socony-Vacuum Oil Co., Inc., New York, übert. von: **Alexander N. Sachanen**, Woodbury, N. J., V. St. A., *Hochdruckschmieröle*, die gegen O_2 beständig sind, bestehend aus Polyfluorcyclobutanen der allg. Formel I, in der m = 10—18, bes. 12—16, bedeutet. Sie werden durch Rk. eines Tetrafluorolefins $F_2C{=}CF_2$ mit einer Verb. der allg. Formel II bei

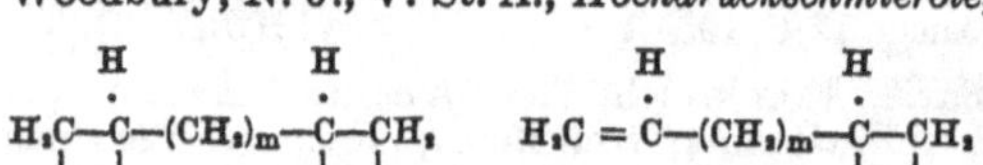

400—600° F u. 400—600 lbs/sq.in. erhalten. Die Verb. $C_4H_3F_4-(CH_2)_{16}-C_4H_3F_4$ enthält 32% F, besitzt bei guten Schmieröleigg. einen hohen Viscositätsindex, ist nicht entflammbar u. eignet sich für O_2-Kompressoren. (**A. P. 2 582 283** vom 10/8. 1950, ausg. 15/1. 1952.) DERSIN. 8221

Steinkohlenbergwerk Rheinpreußen (Erfinder: **Herbert Kölbel und Albert Meusel**), Homberg/Ndrh., *Verbesserung von Schmieröl.* Verbesserung von aus den halogenierten Prodd. der Benzinsynth. nach FISCHER u. TROPSCH durch Kondensation mit mehrcycl. Aromaten enthaltenen Schmierölen, dad. gek., daß aus dem Schmieröl einzelne, feste Paraffin-KW-stoffe enthaltende Fraktionen, z. B. durch Dest., abgetrennt, hierauf entparaffiniert u. dem Schmieröl wieder beigefügt werden. — Dadurch soll der Stockpunkt verbessert werden, ohne daß das gesamte Öl tiefgekühlt zu werden braucht. (**D. R. P. 767 412** Kl. 23b vom 5/5. 1939, ausg. 7/8. 1952.) DERSIN. 8221

XXI. Leder. Gerbstoffe.

F. L. Jones, *Der Schutz von feucht eingesalzenen Fellen.* (Vortragsbericht.) Der Zusatz von Na_2CO_3 zum Salz fördert das Wachstum der roten Hitzebakterien (red heat bacteria) (I), wobei ihre Farbe nach Purpur umschlägt. Lediglich der Fettgeh. der Felle wird durch Na_2CO_3-Zusatz herabgesetzt. Fügt man dem mit Na_2CO_3 behandelten Salz

Naphthalin zu, so unterbleibt das Wachstum von **I**, u. das Fell bleibt von Anfärbungen frei. NaF verhindert zwar ebenfalls das Wachstum von **I**, beeinflußt aber den Narben des fertigen Leders. (Leather Trades' Rev. **105.** 359—60. 20/8. 1952.) H. G. FRÖHLICH. 8334

O. Grimm, *Enzymatische Enthaarung.* Übersicht über die enzymat. Enthaarungsverfahren. Es wird angenommen, daß das Wesen der enzymat. Enthaarung auf einer Einw. proteolyt. Enzyme auf die unteren Epidermisschichten besteht. Die Hautfasern des Coriums werden nicht angegriffen. Auf eine alkal. Schwellung vor oder nach der Haarlockerung kann nicht verzichtet werden. (Leder **2.** 265—68. Nov. 1951. Darmstadt, Röhm & Haas G. m. b. H.) O. ENGEL. 8334

O. Gerngroß und **E. Gülbaran,** *Das Rinden–Borken-Gerbstoffproblem.* Vff. erläutern die morpholog. u. funktionellen Unterschiede von Rinde u. Borke sowie die Entstehung des toten Borkengewebes aus dem lebenden Rindengewebe bei der Gattung Pinus u. weisen darauf hin, daß es sich bei dem Gerbmaterial von Pinus halepensis u. Pinus brutia um Borken u. nicht um Rinden handelt. An 4 Pinus-Borken wurden Sulfitierungsverss. vorgenommen u. die „Phlobaphenzahl" (Qu) nach GRASSMANN u. KUNTARA bestimmt. [Qu = (% wasserlösl. Gerbstoff + % Phlobaphen)/% wasserlösl. Gerbstoff.] Hierbei zeigte sich, daß Qu mit steigendem Gerbstoffgeh. der Borken sinkt u. alte P. brutia-Borken eine sehr niedrige Qu (in der Größenordnung von Eichenschälrinde) haben. Vff. weisen auf die Vorteile der Borkengerbmittel im Vgl. zu Rindengerbmitteln hin. (Leder **3.** 205—10. Sept. 1952. Ankara, Univ., Naturwiss. Fakultät, Inst. für angew. u. techn. Chemie.) WINIKER. 8336

D. M. Rice, *Die Verwendung von Calgon zur Verhinderung von Ca-Oxalatverkrustungen in Verdampfern während der Herstellung von Mimosagerbstoffextrakten.* Die Bldg. von Ca-Oxalatverkrustungen in Mehrstufenverdampfern bei der Herst. von Gerbstoffextrakten geht mit dem Ca-Geh. des verwendeten W. parallel. Durch Zusatz von *Calgon* (Na-Hexametaphosphat) in Mengen von ca. 250 g pro Tonne hergestelltem Gerbstoff kann die Bldg. von Ca-Oxalatverkrustungen verhindert werden. Alte Ablagerungen werden ebenfalls in kurzer Zeit wieder gelöst. Die Ergebnisse werden ausführlich diskutiert. (South African ind. Chemist. **5.** 206—09. Nov. 1951.) H. G. FRÖHLICH. 8336

A. Küntzel, *Die moderne Koordinationslehre als theoretische Grundlage von Gerbvorgängen.* Vf. ruft die wichtigsten Grundtatsachen der Komplexchemie in Erinnerung u. zeigt sodann, wie sich die Fortentw. der rein anorgan. Komplexchemie zu der Koordinationslehre, die auch organ. Molekülverbb. in eine komplexchem. Betrachtungsweise einbezieht, auf unser gegenwärtiges Verständnis der Gerbvorgänge auswirkt. (Leder **3.** 196—203. Sept. 1952. Darmstadt, TH, Inst. für Gerbchemie.) WINIKER. 8336

—, *Chromseifen in der Lederherstellung. Drei Versuche zu ihrer Entfernung.* Zur Entfernung von gebildeten Chromseifen (Verb. zwischen den Cr-Gerbstoffen u. den freien Fettsäuren in der Haut) von der Oberfläche von Handschuhleder werden vorgeschlagen: 1. Bürsten der Lederoberfläche mit sulfuriertem Ricinusöl, dann mit warmem W. anfeuchten u. nach dem Trocknen unter Verwendung von Toluol ausrecken. Der nun aufgebrachte Pigmentfinish zeigt sehr gute Haftfähigkeit. 2. Wie vorst., nur an Stelle von Ricinusöl wurde *Corilene DG* von der I. C. I. verwendet u. beim Ausrecken ohne Toluol gearbeitet. 3. Wie 1., an Stelle von Ricinusöl wird *Zylasil W. E. T.* benutzt. Trotz des anion. Charakters dieses Netzmittels werden die Ledereigg. nicht ungünstig beeinflußt. Sonst verwendet man im allg. nichtionogene Prodd. als Hilfsmittel. Corilene DG u. Zylasil W. E. T. verhalten sich dem Ricinusöl ähnlich. (Leather Trades' Rev. **103.** 656. 26/3. 1952.) H. G. FRÖHLICH. 8338

G. Otto, *Die anionische Färbung des Chromleders.* Zur Erklärung der verschieden starken Affinität anion. Azofarbstoffe zu Chromleder wurden Adsorptionsverss. an Hautpulversäulen u. Filtrierpapier, Modellverss. an isoelektr. $Cr(OH)_3$ u. Färbungen mit ausgewählten Farbstoffen gemacht. Je schwächer die Affinität ist, um so mehr dringen die Farbstoffe in das Innere des Leders ein. Das Verh. der Farbstoffe wird nicht nur durch die Bindung an das Hauteiweiß bestimmt, sondern auch durch das Verh. gegen die an die Haut gebundenen Chromverbindungen. Die Bindungsneigung steigt im allg. mit einem Wachsen des Verhältnisses Mol.-Gew.: Anzahl der Sulfogruppen im Farbstoffmolekül. Es steht dies im Einklang mit der Beobachtung, daß anion. Reste um so stabiler an Cr-Atome gebunden werden, je geringer ihre Dissoziation ist. Im gleichen Sinne wirkt sich eine Vermehrung der positiven Gruppen (Azo- u. Aminogruppen) im Farbstoffmol. aus. Eine Nachgerbung von Chromledern mit pflanzlichen Gerbstoffen vermindert die Fähigkeit zur Restvalenzbindung u. damit auch die Affinität zu anion. Farbstoffen. Im ähnlichen Sinne wirkt auch eine stärkere Chrombeladung in den lockeren Teilen der Haut. Beim Trocknen der Chromleder werden offenbar vorher ionogen gebundene Säurereste in der inneren Sphäre der Chromkomplexe verankert, wodurch ihre anion. Natur verstärkt u. ihre Reaktionsfähigkeit gegenüber anion. Farbstoffen vermindert wird. Es ist deshalb möglich, zwischengetrocknete u. wieder aufgewalkte Chromleder mit hochaffinen Farbstoffen durchzufärben, was bes. für Velourleder von Bedeutung ist. — 3 Tabellen. (Ledertechn. Rdsch. [Zürich] **3.** 64—72. 1951. Ludwigshafen/Rh., BASF.) O. ENGEL. 8340

O. Engel, *Fortschrittsbericht über Imprägnierung von Leder.* 12 Literaturhinweise. (Leder **3.** 182—86. Aug. 1952.) WINIKER. 8340

L. Weil, *Textilleder und ihre Herstellung.* Zusammenfassende Darst. über die Herst. von Schlagriemenleder-Croupon, Band-, Gurten-, Riemen- u. Transmissionsleder, sowie bes. Leder für das Kämmen u. Abteilen von Krempelflor (Kammgarnspinnerei) u. das Aufnehmen des Kammzuges auf Bobinen mit ausführlichen Gerbvorschriften. (Leather Trades' Rev. **104.** 223—25. 30/4. 1952.) H. G. FRÖHLICH. 8340

J. A. Sagoschen und **E. Mantzell,** *Die Anwendung der Schnell-Wasserbestimmung nach der Karl-Fischer-Methode für gerbereichemische Arbeiten.* Eine experimentelle Überprüfung der jodometr. Meth. der Wasserbest. nach KARL FISCHER (Angew. Chem. **48.** [1935.] 394) im Zusammenhang mit gerbereichem. Fragestellungen ergab, daß sie gegenüber den zur Zeit üblichen Methoden den Vorteil besitzt, daß sie rasch durchführbar ist (meist höchstens 1 Std.) u. daß Fehler durch Verdunsten leicht flüchtiger Stoffe vermieden werden. Es werden sehr exakte u. gut reproduzierbare Werte erhalten. (Leder **3.** 213—17. Sept. 1952. Wien, Versuchsanstalt für Lederindustrie, u. Fa. L. Seibold, Forschungslabor.) WINIKER. 8360

W. Graßmann und **O. Endisch,** *Halbmikromethode zur Bestimmung des Gerb- und Bindungswertes.* Beschreibung einer Modifikation des Verf. nach STATHER u. HERFELD, die es gestattet, unter entsprechender Verkleinerung der App., mit ca. $^1/_{10}$ der sonst üblichen Gerbstoffmengen auszukommen. Die Prüfung dieser Halbmikrometh. ergab prakt. eine vollkommene Übereinstimmung mit der bisherigen Makromethode. Bei Doppelbestimmungen scheint die Streuung der Halbmikrometh. eine Kleinigkeit größer zu sein. (Leder **3.** 211—13. Sept. 1952. Regensburg, Max-Planck-Ges., Forschungsstelle für Eiweiß u. Leder.) WINIKER. 8364

Farbenfabriken Bayer, Leverkusen (Erfinder: **Hermann Noerr, Gustav Mauthe,** Opladen, **Walter Hees,** Köln, **Christoph Thomsen, Walter Pense,** Frankfurt/M.), *Herstellung synthetischer Gerbstoffe.* Techn. Phenolgemische (bes. Brenzöle) oder deren Kondensationsprodd. mit CH_2O werden mit bis zu ½ (Mol) Sulfit pro 1 Brenzcatechinhomologe u. CH_2O bei schwach alkal. Rk. behandelt. (**D. B. P. 851 949** Kl. 12q vom 30/1. 1943, ausg. 9/10. 1952.) FABEL. 8337

I. G. Farbenindustrie Akt.-Ges., Frankfurt/M. (Erfinder: **Hermann Noerr, Gustav Mauthe,** Opladen, und **Martin Meister,** Leverkusen), *Lösliche Kondensationsprodukte* erhält man durch Kondensation von durch alkal. Behandlung unterhalb 200° weitgehend entschwefelten ligninsulfonsauren Salzen mit Aldehyden in Ggw. schwefligsaurer Salze. — Ein pulverförmiges Prod., das aus eingedickter Fichtenholzsulfitablauge (ca. 55% Trockengeh.) durch Behandeln mit NaOH bei 160—180° erhältlich ist, wird in W. unter Zusatz von 50%ig. H_2SO_4 mit 30%ig. HCHO 2 Std. zum Sieden erhitzt. Bei 60—80° setzt man nochmals 50%ig. H_2SO_4 zu, wobei SO_2 entweicht u. sich ein amorphes Prod. abscheidet, das in W. lösl. ist u. ein *Gerbmittel* darstellt. (**D. R. P. 753 346** Kl. 12o vom 30/3. 1940, ausg. 28/8. 1952.) KRAUSS. 8337

Böhme Fettchemie G. m. b. H. (Erfinder: **Friedrich Schmitt**), Düsseldorf, *Gerben von Blößen mit basischen Aluminiumsalzlösungen* unter Zusatz von Maskierungsmitteln. Man verwendet als solche das Kühlwasser bzw. das Oxydwaschwasser der Paraffinoxydation, gegebenenfalls unter Mitverwendung von Fettalkoholsulfonaten. Die Blößen können mit CH_2O vorbehandelt u. mit geringen Mengen von vegetabil. Gerbstoffen oder Gemischen vegetabil. u. synthet. Gerbstoffe nachbehandelt werden. (**D. B. P. 853 041** Kl. 28a vom 25/5. 1943, ausg. 20/10. 1952.) v. SCHILLER. 8337

Soc. des Produits Chimiques des Terres Rares (Erfinder: **Maxime Paquet**), Frankreich, *Gerbung mit Zirkonsalzen.* Den üblichen Gerblsgg. wird eine Lsg. eines Zirkonsalzes, z. B. Zr-Oxychlorid, u. Na_2SO_3 oder $NaHSO_3$, oder das Sulfit- bzw. Bisulfitsalz eines anderen Alkalimetalls oder NH_4-Salz zugesetzt. Der p_H-Wert der Lsg. soll 1,8—3,8 betragen. (**F. P. 978 549** vom 18/11. 1948, ausg. 16/4. 1951.) WITTHOLZ. 8337

United Shoe Machinery Corp., Flemmington, N. J., übert. von: **Robert C. Putnam,** Markblehead, Mass., V. St. A., *Gerben von Häuten und Fellen.* Man trocknet die Haut durch Eintauchen in ein mit W. mischbares inertes organ. Lösungsm. (I), entfernt I bis auf einen Feuchtigkeitsgeh. von 10—15% u. taucht in ein **I**, das 0,3—4 (Vol.-%) einer konz. wss. Lsg. einer starken Mineralsäure (**II**) u. wenigstens 2 eines Formals (**III**) der Formel $H_2C(OR)_2$ enthält, worin R einen aliphat. Rest mit >1 C-Atom bedeutet. Auf 1 (Volumenteil) **II** werden 5—15 **III** angewendet. (**A. P. 2 577 033** vom 5/3. 1948, ausg. 4/12. 1951.) V. SCHILLER. 8337

Hubbard Shoe Co., Inc., übert. von: **Thuribe Gelinao**, Rochester, N. H., V. St. A., *Weichmachungsmittel für Leder* besteht aus 80 (Gew.-%) natürlicher Gummilsg., 2—18 Propylalkohol u. 2—18 sulfoniertem Castoröl. Es hat gute Imprägniereigg. u. verhindert das Brechen des Leders beim Falten. (**A. P. 2 580 167** vom 23/3. 1950, ausg. 25/12. 1951.) V. SCHILLER. 8339

Fritz Stather, Haut- und Lederfehler. 2. erw. Aufl. Wien: Springer-Verl. 1952. (VII + 178 S. m. 97 Textabb.) gr. 8°. DM 30,—.

XXII. Leim. Klebstoffe usw.

J. Meynis de Paulin, *Die Metallverleimung.* Der Heißleim *Redux* (AEORESEARCH LTD.) besteht aus einer Mischung von Polyvinylformal (*Formvar*) mit einem Phenolformaldehydharz, dem p-Amylphenol zugrunde liegt. Die zu verleimenden Flächen werden mit fl. *Redux* überstrichen, mit *Formvar*-Staub eingepudert u. entweder sofort oder besser nach 24 Std. bei einem Preßdruck von 7—20 kg cm² 3 Min. bei 190° oder 8 Min. bei 170° oder 15 Min. bei 145° verpreßt. Der Metalleim *Araldit* der CIBA (Schweiz), ein Äthoxylinharz, verleimt ohne Druckanwendung u. ohne Wasser- bzw. Formaldehydabspaltung lediglich in hohem Temperaturbereich oder bei niedrigen Tempp. unter Gebrauch von Härtern (Cyanamid, Säureanhydriden oder Metallverbb.). *Araldit*-Verleimungen sind noch bis 100° stabil, während bei *Redux*-Verleimungen die Grenze bei 70° liegt. — Die Kaltleime *Araldit 101* u. *Araldit 102* mit den Härtern *951* u. *952* sowie die Leime auf Basis *Desmodur-Desmophen* gestatten eine befriedigende Verleimung, vorausgesetzt, daß die Metalloberflächen entsprechend vorbereitet werden. (Nature [Paris] **1951.** 241—44. Aug.) WAHRENHOLZ. 8388

—, *Metall-Kautschuk-Bindung.* Als Klebstoff wird ein in der Wärme (140—150°) aushärtendes Kunstharz verwendet, das für Metalle wie Al, Mg, Stahl, brauchbar ist. (Metalloberfläche **6.** Nr. 5. Ausg. B **4.** 76. Mai 1952.) MARKHOFF. 8388

A. Ja. Korolew, I. W. Stepanowa und **Ss. B. Issakowa**, *Über das Verkleben von Metallen mit Carbinolklebmitteln und über die inhibierende Wirkung einiger Metalle auf den Prozeß der Polymerisationseinleitung.* Die Polymerisation des als „Carbinolklebmittel" (NASAROW, Успехи Химии [Fortschr. Chem.] **14.** [1945.] Nr. 1. 3) bezeichneten monomeren oder niedrigmol. polymeren *Vinyläthinyldimethylcarbinols* (**I**), $CH_2{=}CH{-}C{\equiv}C{-}C(CH_3)_2{-}OH$, ferner auch von *Styrol, Acrylestern* u. *Methacrylsäure* (bei Anregung mit Benzoylperoxyd **II**) wird durch Pb, Cu u. Cu-Legierungen stark verzögert, während Stahl, Zn, Cr u. andere Metalle indifferent sind u. sich ohne Schwierigkeit kleben lassen. Die Klebfestigkeit von **I**-Verbb. (mit Zusatz von 3% **II**) beträgt bei Nichtmetallen (Kunststoffen, Marmor, Glas usw.) 100—200 (kg/cm²), bei Stahl, Zn, Sn 270—320, bei Ni, Cr, Ag, Au 250—300, bei Duralumin 190—225; nach 5 Monaten (18—20°) erreicht sie bei allen diesen Metallen 300—350. Bei Cu, Pb, Messing u. Bronze wird die Polymerisation so stark verzögert, daß erst nach 5—6 Monaten eine Klebfestigkeit von 230—270 erreicht wird; auch Erhöhung des **II**-Zusatzes bis zu 12% oder 20std. Erhitzen auf 60° bei 3% **II**-Zusatz führte nicht zu einer Aktivierung der Polymerisation. Zuverlässiges u. schnelles Kleben wurde nur mit vorher stark verdicktem, z. B. mindestens 4 Std. mit **II** erhitztem **I** (Viscosität 100—500 Poise) erzielt. (Доклады Академии Наук СССР [Ber. Akad. Wiss. UdSSR] [N. S.] **85.** 331—33. 11/7. 1952.) R. K. MÜLLER. 8388

Eugen Bock, *Die Prüfung der Warmfestigkeit von Schuhsohlenklebern.* Die Methoden zur Prüfung der mit Sohlenklebern hergestellten Klebeverbb. auf Trennfestigkeit werden erörtert (rascher Kraftanstieg bzw. längere Einw. einer konstanten Kraft) u. Verss. bei 20 u. 50° beschrieben. Es wird gezeigt, daß die Warmfestigkeit der Klebungen am zweckmäßigsten bei konstanter Krafteinw. (stat. Zeitstandbelastung) geprüft wird. (Kunststoffe **42.** 67—68. März 1952. Leverkusen, Farbenfabriken Bayer, Kautschuk- u. Kunststoff-Abt.) SCHÄFF. 8416

Hans Merkel, Nürtingen, Württemberg, *Schnellösliche Tierleime.* Man behandelt gemahlene Knochen-, Leder-, Haut- oder Fischleime in Ggw. von wasserfreien Salzen mit Neigung zur Hydratbldg. oder Absorption, bes. Polyphosphaten, wie Alkalisalzen der Tripolyphosphorsäure [z. B. $Na_5P_3O_{10}$ (**I**)], mit wasserlösl. Ölen oder Fetten, wie hoch-%ig. sulfonierten u. emulgierten Ölen oder Fetten. Die so behandelten Tierleime quellen wenig auf, gehen in eine aufgelockerte, spezif. leichtere Modifikation über u.

bleiben trotzdem trocken u. locker; sie lassen sich in warmem oder heißem W. schnell auflösen, entfalten höchste Bindekraft u. sind lagerbeständig; ferner werden ihre elastischmachenden Eigg. wesentlich erhöht. Man vermischt z. B. 94 kg gemahlenen Tierleim mit 2 kg **I** u. verarbeitet dieses Gemisch mit 4 kg 90% ig. sulfoniertem Ricinusöl zu einer einheitlichen aufgelockerten Trockenmasse. (**Oe. P. 171 710** vom 8/12. 1950, ausg. 25/6. 1952. D. Prior. 12/12. 1949.) RAETZ. 8385

Industrial Tape Corp., übert. von: **Charles O. Pike**, Highland Park, und **Cyrus W. Bemmels**, Milltown, N. J., V. St. A., *Klebstoff für Klebbänder.* Man geht von einem Butadien–Styrol-Copolymeren aus, das mit weniger als der erforderlichen Menge Vulkanisierungsmittel in Ggw. von 10—50% Lösungsm. bei ca. 200—250° F vollständig vulkanisiert u. anschließend zur Erniedrigung der wahren Viscosität kalt gewalzt wird. (**A. P. 2 576 968** vom 28/2. 1945, ausg. 4/12. 1951.) LÜTTGEN. 8389

Dow Chemical Co., Midland, Mich., V. St. A., *Vulkanisierbarer Klebstoff* (I), bestehend aus einem Copolymeren von 85—92 (%) Vinylidenchlorid u. 15—8 Acrylnitril u. 4—8 Tetramethyl- oder Tetraäthylthiuramdisulfid. Übliche Zusätze, wie Ruß, Plastifizierungsmittel, Bleioxyd, können gemacht werden. 3—15 wasserfreies $CuSO_4$ erhöht die Haftfestigkeit des **I** an Stahl. **I** dient hauptsächlich zum Befestigen von Kautschuk auf Metallen. (**E. P. 662 926** vom 22/12. 1949, ausg. 12/12. 1951. A. Prior. 13/4. 1949.) LÜTTGEN. 8389

Weyerhaeuser Timber Co., Longriew, Wash., übert. von: **Clark C. Heritage**, Cloquet, Minn., V. St. A., *Phenolharzleim.* Durch alkal. Kondensation gewonnene Phenolharzleime (**I**) erhalten einen Zusatz von alkal. behandelter, feingemahlener Baumrinde (**II**) als Füllstoff. — 20 (Teile) **II** werden mit 5 Na_2CO_3, 4 NaOH u. 40 W. 20 Min. auf 180° F erhitzt, mit 100 **I** vermischt u. noch 20 Min. erhitzt. (**A. PP. 2 574 784** vom 26/12. 1944 u. **2 574 785** vom 12/4. 1947, beide ausg. 13/11. 1951.) LÜTTGEN. 8389

Gebr. de Trey, Akt.-Ges., Zürich, Schweiz, *Klebmittel,* gek. durch einen Geh. an polymerisierbaren Monomeren, die im Mol. eine polare Gruppe u. mindestens 2 die Polymerisation ermöglichende Gruppen enthalten, z. B. Dimethylacrylglycerophosphorsäureester oder Di- u. Trimethacrylgluconsäure. Als Katalysator dient eine Sulfinsäure. (**Schwz. P. 278 946** vom 21/7. 1949, ausg. 16/2. 1952.) LÜTTGEN. 8389

XXIV. Photographie.

N. I. Kirillow und **A. Ss. Cheinman**, *Photographische Abbildungen auf oxydiertem Aluminium.* Vff. verwenden gehärtetes Blatt-Al (99,4% Al, 0,38% Si, 0,3% Fe), die Oxydation wird in elektrolyt. Glaswanne mit Rührwerk durchgeführt. Die Stärke der Oxydationsschicht wird durch Schnitt u. nach der Meth. doppelter Brennpunktsbest. mit gleichem Ergebnis ermittelt. Die günstigsten Resultate werden bei Oxydation in 10% ig. H_2SO_4 bei 30° mit Stromdichte 1,5 A/dm² nach 45—60 Min. erzielt. Bei der Sensibilisierung der Schicht werden die besten Ergebnisse mit 10% ig. Lsg. von KBr u. $AgNO_3$ bei 20° erzielt. Schnelles Abspülen der Platten bei Badwechsel u. Abreiben während des Badens begünstigt die Empfindlichkeit. Mehrmaliges Baden ist für ausreichendes Füllen der Oxydschicht notwendig, es begünstigt jedoch die Korrosion. Die getrockneten Platten wurden hinter einem Keil mit Hg-Quarzlampe belichtet u. chem. oder physikal. entwickelt. Zur Vermeidung von Flecken ist eine Behandlung der Schicht nach dem Sensibilisieren oder Entwickeln mit Abschwächen notwendig. Die besten Resultate werden mit Amidolentwickler (5 g Amidol, 5 g Na_2SO_3 krist. u. 10—15 g KBr in 1000 cm³ W.) erhalten, ein Zusatz von 3—5 cm³ Milchsäure (40%) erhöht die Haltbarkeit. Ein Kontaktabzug von n. Negativ wird mit 300—500-Wattlampe in 15—20 cm Entfernung bei 1 bis 2 Sek. Belichtung erhalten. Der Farbton ist gelb bis dunkelbraun je nach Oxydationsart u. Häufigkeit des Badens. Physikal. Entw. gibt tiefere Töne als chem., auch die Korngröße von AgBr u. Ag beeinflußt den Ton. Der elektr. Strom wird durch das Bild nicht geleitet, da die Ag-Teilchen voneinander isoliert sind. Siedendes W. vertieft die Färbung; wird die Schicht vor oder nach dem Sensibilisieren mit sd. W. behandelt, dann läßt das Bild sich nicht fixieren. Bedeutende Farbvertiefung wird durch Behandeln der empfindlich gemachten Schicht mit einer durch an AgBr gesätt. gelatinehaltigen KBr-Lsg. bei 35—40° erhalten. Die Empfindlichkeit solcher Schichten ist 10—15mal geringer als die der üblichen Photopapiere. Auch mit *Diazoverbb.* lassen sich bei Zimmertemp. lichtempfindliche Schichten erhalten durch Baden in einer Lsg. von p-Diazodimethylanilin (I) u. R-Salz (Lsg. von 3,82 R-Salz u. 22 g H_3PO_4 in 100 cm³ W. u. Zugabe von 3,56 g I). Die Belichtung erfolgte hinter Keil mit einer Hg-Quarzlampe APK-2 in 10—20 cm Entfernung (Belichtungszeit 20—30 Sek. bis 2,3 Min., entwickelt im Exsiccator über 20—25% NH_3), der Ton ist blau bis violett. (Журнал Прикладной Химии [J. angew. Chem.] **24.** 1019—25. Okt. 1951. Allunions Wiss. Kino-Photo-Forschungsinst.) OEHRN. 8602

G. A. Isstomin, *Wiedergabe von Mikro- und Makrodetails durch photographische Schichten.* Die Eigg. photograph. Schichten werden gek. durch die Kurve D (lg H), bestimmt durch den Gradienten g = d D/d lg H, im geradlinigen Teil durch den Kontrastkoeffizienten. Dies trifft jedoch nur für kornlose, nicht streuende Schichten zu. Die Größe des Kontrastes wird durch $K = B_1 - B_2)/B_1$ bestimmt, wobei $B_1 > B_2$ entsprechend der Helligkeit des Objektes ist. Der Helligkeitsintervall $l_0 = \lg B_{max}/B_{min}$ drückt die Helligkeitsunterschiede des Objektes aus. Für die Praxis ist die Wiedergabe von Mikro- u. Makrodetails bei geringen Werten von K im gegebenen l_0 wichtig. Bei den Unterss. nach dieser Meth. wurden die Details mit einem Stufenmodulator fixiert bei einem Belichtungsspielraum 1 : 30000 u. einem Netztestobjekt mit Kontrastwert K_t. Das Auflösungsvermögen R wurde durch verschied. D. des Netzes im Bereich $20 \cdot 1{,}25\ mm^{-1}$ bestimmt, die Seiten der Quadrate betrugen 2,5, 1,25 u. 0,8 mm. Für dieses Testobjekt änderte sich K_t von 0,99—0,024. Für Makrodetails war der Detailwert konstant 4 mm, K_t änderte sich von 0,20—0,025. Die Lichtquelle hatte die Farbtemp. 5000 u. 2800° K. Die günstigste Detailwiedergabe zeigte der mittlere Abschnitt von D (lg H) bei $D \cong 1{,}0$. Δ lg H steigt bei gegebener Entwicklungszeit bei $K_t \rightarrow 1{,}0$, es fällt jedoch bei konstantem K_t oder R, obwohl die Kurvenform, bes. im geradlinigen Teil, unverändert bleibt. Auf gleichmäßigem Untergrund wird die Netzstruktur besser wiedergegeben als gröbere Details. Bei steigenden Entwicklungszeiten verschiebt sich D (lg H) parallel zur Abszisse. Beim Übergang vom roten zum violetten Teil des Spektr. steigt Δ lg H an bei gleichem γ u. unverändertem geradlinigen Teil von D (lg H). Diese Verss. wurden mit einer Lichtquelle von Farbtemp. 5000° K hinter Violettfilter ($< 450\ m\mu$) u. Rotfilter ($> 625\ m\mu$) durchgeführt. Die experimentellen Ergebnisse lassen sich nicht mit modernen Anschauungen in Einklang bringen, da die Eigg. der Photoschichten von dem Gradienten D (lg H) abhängig sind, während bei visueller Wahrnehmung K u. die Schärfe der Abgrenzung vom Detailuntergrund wesentlich sind, was bisher in der Literatur zu wenig beachtet wurde, auch von der sogenannten GOLDBERGschen Regel. (Доклады Академии Наук СССР [Ber. Akad. Wiss. UdSSR] [N. S.] **82.** 897—900. 21/2. 1952.) OEHRN. 8604

N. M. Sjusskin, *Über die Rolle von Komplexverbindungen des Silbers beim Entwicklungsprozeß.* Zur Aufklärung des photograph. Entwicklungsprozesses verwendet Vf. für die mkr. Prüfung ein Verf. kombinierter photograph. Schichten, welches ermöglicht, zwei Schichten einzeln oder im engen Kontakt miteinander zu untersuchen. Solche Schichten untersucht Vf. in zwei Richtungen: Schichten, in denen keine Diffusion im Entwickler stattfindet, u. solche mit Diffusion. Für den ersten Fall wurde ein Kinopositivfilm verwendet, für die zweite Schicht wurde eine Platte mit dünner AgBr-Emulsion so versehen, daß nach der Entw. γ nicht über 2,5 betrug. Der Positivfilm wurde mit Stufenkeil belichtet, in Metol-Hydrochinon entwickelt, fixiert, gewässert. Eine Hälfte wurde für Kontrollvers. verwendet, die andere nochmals 30 Min. entwickelt, die unbelichtete Platte im gleichen Entwickler 30 Sek. behandelt u. beide Schichten in engen Kontakt gebracht, danach der Film nach Waschen getrocknet u. die Platte nach Belichtung mit AGFA-12-Entwickler entwickelt. Auf der Platte wurde nach einem Kontakt mit dem Film (15 Min.) die umgekehrte Abb. des Keiles erhalten. AgBr wurde somit in den Stellen aufgelöst, die mit Ag in Berührung waren. Bei Verwendung von Entwicklern mit verschied. KBr-Geh. zeigte es sich, daß die Löslichkeit von AgBr unter dem Einfl. von Ag durch KBr beschleunigt wird. Die Ergebnisse zeigen, daß die Menge des gelösten AgBr unter dem Einfl. von Ag diesem proportional sind, bei bestimmter Menge Ag verläuft jedoch die Kurve parellel zur Abszisse. Bei Verwendung eines zweiten Filmes statt der Platte zeigten Mikroschnitte, daß die Löslichkeit des Ag nur bis zu einer gewissen Tiefe erfolgt. Die Lsg. von AgBr unter Einw. von Ag erfolgt mit bestimmter Geschwindigkeit bei hohen KBr-Konzentrationen. Weitere Verss. ergaben, daß bei einer Konz. von 0,03 Mol $Na_2S_2O_3$ im Liter eine Erhöhung der KBr-Konz. über 0,4 g-Mol/Liter keine weitere Lsg. von AgBr verursacht. Auch über die Rolle der physikal. Entw. für die Entstehung des Bildes bei chem. Entw. geben diese Verss. Aufschluß: das Ansteigen der D. des Ag-Bildes während des Kontaktes entspricht annähernd der Ag-Menge bei physikal. Entwicklung. Die gleichen Beobachtungen wurden bei Schichten mit ungehinderter Diffusion gemacht. Diapositivbilder wurden durch Formalin von der Glasplatte abgelöst u. auf exponierte u. nichtexponierte Diapositivplatten aufgelegt. Im TSCHIBISSOW-Entwickler erfolgt hauptsächlich chem. Entwicklung. Die Auflsg. der benachbarten AgBr-Körner u. die Red. des Ag aus der Lsg. ist der langsamere Prozeß. Das beschleunigte Auflösen von AgBr unter dem Einfl. von metall. Ag erklärt Vf. durch Störung des Gleichgewichtes infolge katalyt. Wrkg. des Ag, es wird Lösungsm. frei, das auf AgBr einwirken kann. Die Diffusion des Entwicklers aus der Schicht in die entwickelnde Lsg. ist der langsamere Prozeß. Vf. erläutert diese Annahme durch Zugabe von $Na_2S_2O_3$ zum TSCHIBISSOW-Entwickler in den verschied. Stadien. Die Zugabe von $Na_2S_2O_3$ im Endstadium führt zum Anwachsen des red. Ag auf Kosten der lösl. Komplexsalze. Bei der Entw. nehmen nicht nur die exponierten u. entwickelbaren AgBr-Kristalle teil, sondern auch andere benachbarte Körner (Umkehrung, diffuse Umkehrung, SABATTIER-Effekt). Im Zusammenhang hiermit erscheint die Hypothese von STEVENS u. NORRISH (Photographic J. **78**. [1938.] 11. 513) zweifelhaft. Die Red. von Ag aus lösl. Komplexverbb. ist außer anderen Faktoren von Bedeutung für den Effekt der „benachbarten Stellen". Die größere D. von Abbildungen bei Zugabe von $Na_2S_2O_3$ in Fe-Entwickler ebenso wie den SABATTIER-Effekt werden durch diese Beobachtung erklärt. (Журнал Прикладной Химии [J. angew. Chem.] **24**. 1143—50. Nov. 1951.) OEHRN. 8618

Ohio State University Research Foundation, übert. von: **Wallace R. Brode** und **Robert J. Morris**, Columbus, O., V. St. A., *Lichtfilter*. Als Schichtbildner wird ein Gemisch aus 30—70 (Teilen) Melamin–Formaldehyd- u. 70—30 Phthalsäureanhydrid–Glycerin-Harz verwendet. I enthält ferner 1—4% eines spritlösl. Di-o-tolyl-, Di-o-xylyl- oder Diphenylderiv. eines Azo-, Disazo- oder Trisazofarbstoffes, z. B. Luxol-Fast Black I, -Fast Blue G, -Fast Green B, -Fast Red B, -Fast Orange R, so daß das Filter nur das sichtbare oder außerdem auch das UV-Spektr. absorbiert. Schichtbildner u. Farbstoff werden zusammen in Butanol, Xylol oder Methylcellosolve gelöst, die Lsg. 6—12 Std. an der Luft getrocknet u. die entstandene Schicht durch Erhitzen auf 80° gehärtet. (**A. P. 2 579 543** vom 1/10. 1945, ausg. 25/12. 1951.) KALIX. 8613

May & Baker Ltd., Dagenham, England (Erfinder: **David Hugh Oakley John**), *Haltbarer farbgebender Entwickler*. p-Aminodiäthylanilin wird mit wss. SO_2-Lsg. zur Bldg. eines stabilen Additionsprod. in Ggw. von ca. 1 Mol eines aliphat. oder aromat. Alkohols, z. B. A., Methanol, sek. Butylalkohol, Äthylenglykol, Glycerin oder Benzylalkohol bei n. Temp. umgesetzt. Es entstehen dabei z. B. Prodd. der Zus. $C_{10}H_{15}N_2 \cdot SO_2 \cdot \frac{1}{2} CH_3OH$, F. 120° (Zers.) oder $C_{10}H_{16}N_2 \cdot SO_2 \cdot \frac{1}{2} CH_2OH \cdot CH_2OH$, F. 120° (Zers.). (**E. P. 658 010** vom 8/7. 1949, ausg. 3/10. 1951.) KALIX. 8631

Hans Huber, Zürich, Schweiz, *Druckplatten für Flachdruck*. Das Druckbild wird auf eine ungekörnte Platte übertragen u. mit einem Einbrennlack überdeckt. Dann werden die nichtdruckenden Teile tiefgeätzt u. mit einer, einen ätzfesten Stoff, z. B. Schellack, enthaltenden Fl. punktartig überdeckt, worauf wieder geätzt wird, um ein Korn auszubilden, das tiefer liegt als die druckenden Teile u. damit die Wasserhaltung begünstigt. Nach Entfernung des ätzfesten Stoffes werden die nichtdruckenden Teile farbabstoßend gemacht. Sie können außerdem durch partielles Ätzen der Plattenrückseite verd. werden, so daß der Druck auf das hochstehende Relief beschränkt wird, wodurch die gekörnten Teile geschont u. ein Tonen der Platte weitgehend vermieden wird. (**Schwz. P. 274 868** vom 27/5. 1948, ausg. 2/7. 1951.) KALIX. 8645

General Aniline & Film Corp., New York, N. Y. (Erfinder: **Joseph A. Sprung** und **Willy A. Schmidt**, Easton, Pa.), V. St. A., *Diazokomponenten für die Diazotypie* stellen *Diazosulfone* (I) der allg. Formel $R—N_2—SO_2—R'$ dar, in der R einen beliebigen, auch substituierten aromat. Rest u. R' einen aliphat. oder gegebenenfalls substituierten aromat. Rest bedeuten. Bes. geeignet sind I mit elektropositiven Substituenten, z. B. *2.5-Diäthoxy-4-benzamidobenzol-(p-acetaminophenyl)-* (II), *4-Diäthylaminobenzol-(p-aminophenyl)-* u. *Morpholinobenzol-(p-aminophenyl)-diazosulfon* zusammen mit 2.3-Dioxynaphthalin (III), Resorcin, Phloroglucin, Acetoacetanilid u. 1-Phenyl-3-methyl-5-pyrazolon. — Beispiel: Diazotypierohpapier wird mit einer Lsg. sensibilisiert, die aus 1 (g) **II**, **1 III**, 5 Oxalsäure u. 50 cm³ Aceton besteht, u. nach der Belichtung mit NH_3-Dampf entwickelt. (**D. B. P. 815 301** Kl. 57b vom 1/1. 1949, ausg. 1/10. 1951. A. Prior. 2/7. 1947.) KALIX. 8647

General Aniline & Film Corp., New York, übert. von: **Sam Charles Slifkin**, Binghamton, N. Y., V. St. A., *Kupplungskomponente*. Als solche wird in der gegen vorzeitige Entw. stabilisierten lichtempfindlichen Schicht eines *Diazotypie*-Materials eine Verb. der Zus. $R—CH_2—CN$ (R = Carboxylgruppe, aliphat. Acylrest oder Arylrest mit mindestens einer NO_2-Gruppe in o- oder p-Stellung), bes. Cyanessigsäure oder Acetylacetonitril, angewandt. (**Can. P. 476 718** vom 8/11. 1948, ausg. 4/9. 1951. A. Prior. 26/11. 1947.) ASMUS. 8647

Herausgeber u. verantwortlich für den Inhalt: Prof. Dr. Maximilian Pflücke, Berlin W 8, Jägerstraße 22/23, Fernsprecher: 200481, 201464. Redaktion: Chefredakteure Dr. Eugen Klever und Prof. Dr. Maximilian Pflücke. Verlag: Akademie-Verlag GmbH, Berlin NW 7, Schiffbauerdamm 19 (Fernsprecher 425571, Postscheckkonto Berlin 35021) u. Verlag Chemie, GmbH, Weinheim/Bergstraße (Postscheckkonto Frankfurt/M. 145314 u. Berlin [West] 7430, Fernsprecher: Weinheim 2017). Bestell- u. Verlags-Nr. dieses Heftes: 1007/124/9. Das Chemische Zentralblatt erscheint wöchentlich.
Satz u. Druck: VEB Leipziger Druckhaus, Leipzig, III/18/203. III. 53.
Veröffentlicht unter der Lizenznummer 1212 des Amtes für Literatur und Verlagswesen der Deutschen Demokratischen Republik.
Printed in Germany.

FSC
www.fsc.org
MIX
Papier | Fördert
gute Waldnutzung
FSC® C083411

Zeitfracht Medien GmbH
Ferdinand-Jühlke-Straße 7
99095 Erfurt, Deutschland
produktsicherheit@kolibri360.de